Ingo-Peter Lorenz, Norbert Kuhn, Stefan Berger, Dines Christen, Ebei

Symmetrie in der instrumentellen Analytik

De Gruyter Studium

I0047771

Weitere empfehlenswerte Titel

Physikalische Chemie Kapieren
Sebastian Seiffert und Wolfgang Schärtl, 2021
ISBN 978-3-11-069826-8, e-ISBN 978-3-11-071322-0

Inertgastechnik
Uwe Böhme, 2020
ISBN 978-3-11-062703-9, e-ISBN 978-3-11-062704-6

Einführung in die Physikalische Chemie
Michael Springborg, 2020
ISBN 978-3-11-063691-8, e-ISBN 978-3-11-063693-2

Allgemeine und Anorganische Chemie
Erwin Riedel und Hans-Jürgen Meyer, 2018
ISBN 978-3-11-058394-6, e-ISBN 978-3-11-058395-3

Macromolecular Chemistry
Mohamed Elzagheid, 2022
ISBN 978-3-11-076275-4, e-ISBN 978-3-11-076276-1

Ingo-Peter Lorenz, Norbert Kuhn,
Stefan Berger, Dines Christen,
Eberhard Schweda

Symmetrie in der instrumentellen Analytik

2. Auflage

DE GRUYTER

Autoren
Prof. Dr. Ingo-Peter Lorenz
Landsberger Str. 6c
82205 Gilching
ipb.lorenz@gmx.de

Prof. Dr. Norbert Kuhn
Eberhard Karls Universität Tübingen
Institut für Anorganische Chemie
Auf der Morgenstelle 18
72076 Tübingen
norbert.kuhn@uni-tuebingen.de

Prof. Dr. Stefan Berger
Herrenackerstr. 23
72379 Hechingen
stberger@rz.uni-leipzig.de

Prof. Dr. Dines Christen
Holderweg 7
72116 Mössingen
dines.christen@uni-tuebingen.de

Prof. Dr. Eberhard Schweda
Eberhard Karls Universität Tübingen
Institut für Anorganische Chemie
Auf der Morgenstelle 18
72076 Tübingen
eberhard.schweda@uni-tuebingen.de

ISBN 978-3-11-073635-9
e-ISBN (PDF) 978-3-11-073636-6
e-ISBN (EPUB) 978-3-11-073115-6

Library of Congress Control Number: 2022935928

Bibliografische Information der Deutschen Nationalbibliothek
Die Deutsche Nationalbibliothek verzeichnet diese Publikation in der Deutschen Nationalbibliografie; detaillierte bibliografische Daten sind im Internet über http://dnb.dnb.de abrufbar.

Umschlaggestaltung: MF3d / iStock / Getty Images Plus
Satz: le-tex publishing services GmbH, Leipzig
Druck und Bindung: CPI books GmbH, Leck

www.degruyter.com

Vorwort zur 2. Auflage

Der Leser mag sich wundern, dass sieben Jahre nach Erscheinen des Buches „Molekülsymmetrie und Spektroskopie“ nunmehr eine 2. Auflage mit geändertem Titel vorgelegt wird.

Neben dem erfreulichen Erfolg der 1. Auflage war für die Autoren der Wunsch nach einer Ergänzung des Inhalts bestimmend. So wurde der Molekülsymmetrie nun die Festkörpersymmetrie zur Seite gestellt. Dies machte die Änderung des Titels erforderlich. Die Abfassung des zugehörigen Kapitels, das neben der Entwicklung der Raumgruppen als Anwendungsbeispiel die Röntgendiffraktometrie enthält, hat mit Eberhard Schweda ein gleichfalls in Tübingen tätiger Kollege übernommen.

Darüber hinaus waren, abgesehen von einem neu verfassten Unterkapitel zur temperaturabhängigen Kernresonanz sowie einem Unterkapitel zur Symmetrie eines rotierenden und schwingenden Moleküls, im vorhandenen Bestand der 1. Auflage nur geringfügige Korrekturen erforderlich.

Unser Dank gebührt der Redaktion (Frau *Kristin Berber-Nerlinger*) für die sorgfältige Editierung des Manuskripts sowie Herrn *Klaus Eichele* für dessen kritische Durchsicht.

Ingo-Peter Lorenz
Norbert Kuhn
Stefan Berger
Dines Christen
Eberhard Schweda

Vorwort zur 1. Auflage

Das vorliegende Buch basiert auf einem zweiwöchigen Kompaktkurs, der ab 1987 ursprünglich von *Ingo-Peter Lorenz* an der Eberhard-Karls-Universität Tübingen, später an der Ludwig-Maximilians-Universität München für Studierende der Studiengänge Chemie abgehalten wurde. Als Hilfestellung für die Studierenden erschien im Jahr 1991 im Attempto-Verlag (Tübingen) ein schon bald vergriffenes Taschenbuch mit dem Titel *Gruppentheorie und Molekülsymmetrie – Anwendung auf Schwingungs- und Elektronenzustände*, der den damaligen Inhalt der Lehrveranstaltung wiedergibt.

Im Jahre 1994 wurde der Kurs an der Universität Tübingen von *Norbert Kuhn* übernommen und inhaltlich den geänderten Erfordernissen angepasst. Hierbei entfielen einige Abschnitte zur Orbitalsymmetrie und Molekülgestalt zugunsten der in Forschung und Lehre nunmehr stärker gewichteten kernmagnetischen Resonanz. Beibehalten wurde das grundlegende Konzept, spektroskopische Befunde mithilfe der Molekülsymmetrie zu erklären und umgekehrt aus Messdaten Informationen zur Molekülsymmetrie zu erhalten. Der Abschnitt zur kernmagnetischen Resonanz wur-

https://doi.org/10.1515/9783110736366-201

de von *Stefan Berger* verfasst. *Dines Christen* hat die Kapitel zur Symmetrielehre und Gruppentheorie sowie Schwingungsspektroskopie einer kritischen Überarbeitung unterzogen.

Das Buch beginnt mit einem Abschnitt zu Definitionen und Erklärungen des Symmetriebegriffs und der hiermit verbundenen Symmetrieoperationen, deren Zusammenfassung zu Punktgruppen nach den Gesetzen der Gruppentheorie nachfolgend behandelt wird. Anschließend werden mit Schwerpunkt auf die Anorganische Chemie die Schwingungsspektroskopie, Elektronenspektroskopie und die kernmagnetische Resonanz in ihrer Symmetrieabhängigkeit besprochen. Eine mathematisch korrekte Darstellung wird angestrebt; jedoch werden nicht alle Gesetzmäßigkeiten abgeleitet.

Schwierige Sachverhalte werden im Text anhand von Beispielen verdeutlicht. Jeweils am Kapitelende werden Übungsaufgaben eingefügt, deren Lösungen sich im Anhang finden. Gleichfalls dort sind Empfehlungen zur weiterführenden Literatur aufgelistet.

Die Autoren, mittlerweile sämtlich im Ruhestand, verbindet eine frühere, allerdings nicht immer zeitgleiche Tätigkeit an der Universität Tübingen. Es ist unser Anliegen, den mit der Komplexität des Stoffes belasteten Studierenden entgegenzukommen, da ein kompaktes Buch über dieses Thema auf dem deutschsprachigen Markt derzeit nicht verfügbar ist. Inzwischen ist der Stoff an den meisten Universitäten Pflicht im Bachelor- und Masterstudiengang Chemie.

Die Bearbeitung des ursprünglich mit dem Textverarbeitungsprogramm LaTeX erstellten Manuskript erforderte, insbesondere unter Berücksichtigung zahlreicher Korrekturen und Zeichnungen, die Mitarbeit von Frau *Isabel Walker* und *Fabian Uhlemann*, ohne deren Erfahrung und Einsatz den Autoren die Erstellung des Buches nicht möglich gewesen wäre. Hierfür gebührt ihnen, wie auch der Redaktion (Frau *Julia Lauterbach* und Frau *Sabina Dabrowski*) unser Dank. Sachliche Hinweise und Verbesserungsvorschläge werden gerne entgegengenommen.

Mai 2015

Ingo-Peter Lorenz
Norbert Kuhn
Stefan Berger
Dines Christen

Inhalt

Liste der Abkürzungen

A, a	Symbol für Symmetrierasse
a	axial, aktiv
α	Polarisierbarkeit
ab	antibindend
a, b, c	Gleitspiegelebenen
ac	Acetyl
acac	Acetylacetonat
a_m	Zahl der irreduziblen Darstellungen
AO	Atomorbital
Ar	Aryl
as	antisymmetrisch
b	bindend, Bindigkeit
B	Racah-Parameter
B	Symmetrierasse
β	nephelauxetisches Verhältnis
BH	Bor-Wasserstoff-Gruppe
BHB	2e3c-BHB-Bindung
$\mathrm{B}\overset{\mathrm{B}}{\smile}\mathrm{B}$	2e3c-BBB-Bindung (offen)
$\mathrm{B}\overset{\mathrm{B}}{\perp}\mathrm{B}$	2e3c-BBB-Bindung (geschlossen)
BM	Bohrsches Magneton
BO	Bindungsordnung
bpy	$2,2'$-Bipyridyl
Bu	Butyl
BW	Bindungswinkel
c	Ladungszahl (bei Boranaten)
C	Racah-Parameter
CA	Chemical Abstracts
cap	monocapped (überdacht)
CDT	1,5,9-Cyclododekatrien
Γ_i	irreduzible Darstellung
cm^{-1}	Wellenzahl
C_n	Drehachse, Punktgruppe
Cp	Cyclopentadienyl
Cp*	Pentamethylcyclopentadienyl
Γ_r	reduzible Darstellung
Cy	Cyclohexyl
D	2e-Donorligand
D	Diedergruppe
D	Termsymbol
d	d-Orbital, diedrisch, diagonal
δ	Deformationsschwingungsfrequenz
Δ	Laplace-Operator, Änderung
Δ	Termsymbol (lineare Gruppen)

$\Delta\alpha$	Deformationskoordinaten
ΔH	Enthalpieänderung
Δl	Bahnverbot
def	Deformationsschwingung
dia	diamagnetisch
dien	Dienligand
D_n	Punktgruppe
dp	depolarisiert
dppe	1,2-Bis(diphenylphosphino)ethan
10 Dq	Ligandenfeldparameter
Δr	Valenzkoordinaten
Δs	Spinverbot
E	Energie, Termsymbol, Identität
e	äquatorial
$e_{(g)}$	Orbitalsymbol
ε	$\mathrm{e}^{i\varphi} = \cos\varphi + i\sin\varphi$
ε	Extinktionskoeffizient
ebp	exo-bonding-pair
2e3c	Zweielektronen-Dreizentrenbindung
EN	Elektronegativität
en	Alkenligand
en	1,2-Diaminoethan
Et	Ethyl
ev	Elektronenschwingungszustand (Index)
EZ	Elektronenzahl (von Liganden)
f	Funktion von, fest
f	ligandenabhängiger Teil von 10 Dq
F	(altes) Termsymbol $\widehat{=}\ T$
fac	facial (aee)
FG	Freiheitsgrad(e)
fl	flüssig
G	Termsymbol
G	Gesamtfreiheitsgrade
g	gasförmig
g	gerade, symmetrisch zu i (Index)
H	Termsymbol
H	Hamiltonoperator
h	Ordnung der Gruppe
h	horizontal (Index)
η	hapto, pro Atom bindend
HG	Hauptgruppe

https://doi.org/10.1515/9783110736366-202

HM	Hermann–Mauguin
HOMO	highest occupied MO
I	Intensität
I, I_h	Ikosaedergruppe
i	Inversionszentrum
ia	inaktiv
IK	Innere Koordinaten
IR	Infrarot
j, J	Gesamtquantenzahl
J	Niveau (Index)
K	Symmetrieklasse
K_h	Punktgruppe
KZ	Koordinationszahl
L	Ligand
l	Bahnquantenzahl
λ	Wellenlänge [nm bzw. μm]
λ	Spin–Bahn–Kopplungskonstante
LF	Ligandenfeld
LFSE	Ligandenfeldstabilisierungsenergie
LUMO	lowest unoccupied MO
M	Metall
m	Zahl der bindenden Elektronenpaare (Gillespie)
μ	verbrückend
$\boldsymbol{\mu}$	Dipolmoment
μ	magnetisches Bahnmoment in BM
Me	Methyl
m_j	magnetische Gesamtquantenzahl
m_l	magnetische Bahnquantenzahl
m_s	magnetische Spinquantenzahl
M^L	Bahnmultiplizität
M^S	Spinmultiplizität
MO	Molekülorbital
MZ	Mikrozustand
n	normal, Hauptquantenzahl
n	Ligandenzahl, Zahl der CH–Einheiten bei Polyenen
n_x	Symbol für spezielle Atomlagen (bei Abzählregeln)
N	Normierungsfaktor
N	Elektronenzahl (Exponent)
N	Atomzahl (FG)
$\overline{n}$	Drehinversionsachse
ν	Valenzschwingungsfrequenz
nb	nicht bindend
nm	Nanometer, Wellenlänge
n_m	Schraubenachse
N_r	Zahl der ortsfesten Atome
NS	Normalschwingungen
o	ortho
O, O_h	Oktaedergruppe
OZ	Ordnungszahl
p	para, polarisiert, p–Orbital
P	Termsymbol
π	Bindungscharakter
Π	Termsymbol
para	paramagnetisch
PG	Punktgruppe
Ph	Phenyl
phen	o–Phenanthrolin
p_l	Bahndrehimpuls
pm	Pikometer
pr	Propyl
p_s	Spindrehimpuls
Q	el. Übergangsmoment
q	el. Ladung
R	Organylsubstituent, Organoligand
R	Rotationsfreiheitsgrad
r	Radius
ϱ	Deformationsschwingung (wagging, rocking, twisting)
RA	Raman
$R(r)$	Radialfunktion
s	Spinquantenzahl, s–Orbital
s	symmetrisch
S	Termsymbol
S_n	Punktgruppe
S	Solvens(molekül)
σ	Bindungscharakter
σ	Spiegelebene
$\sum$	Summe von
Σ	Termsymbol
Sch	Schoenflies–Symbolik
styx	Bindungsbausteine bei Boranen
t	Orbitalsymbol, tertiär
T	Symmetrierasse, Termsymbol

T	Translation(sfreiheitsgrad)
$\boldsymbol{T}$	Tensor
THF	Tetrahydrofuran
tp	teilpolarisiert
u	ungerade, antisymmetrisch gegen i
ÜM	Übergangsmetall
UV	Ultraviolett
$\boldsymbol{v}$	Vektor
v	vertikal (Index), verboten
V	Schwingung
val	Valenzschwingung
VB	Valence Bond
VE	Valenzelektronen
VEK	Valenzelektronenkonzentration
VIS	sichtbarer Spektralbereich
VS	Valence Shell
VSEPR	Valence Shell Electron Pair Repulsion
W	Wahrscheinlichkeit
WW	Wechselwirkung
X	Halogenligand
x	Koordinatenachse
χ_{i}	irreduzibler Charakter
χ_{r}	reduzibler Charakter
y	Koordinatenachse
$Y(\varphi, \vartheta)$	Winkelfunktion
z	Koordinatenachse
ZA	Zentralatom

1 Einleitung

Man lege der Materie Unkundigen eine Anzahl zweidimensionaler geometrischer Figuren, beispielsweise Raute, Rechteck, Kreis, gleichschenkliges und gleichseitiges Dreieck, Ellipse, Quadrat u. a. vor und lasse sie diese in eine Ordnung fallender Symmetrie bringen. Fast immer wird man ein „korrektes" Ergebnis erhalten, allerdings ohne jede Begründung. Das Symmetrieempfinden scheint folglich uns Menschen angeboren zu sein.

Normalerweise verstehen wir unter Symmetrie die allgemeine Formeigenschaft eines Objekts, d. h. eine regelmäßige Form oder ein periodisches Muster. Unter Symmetrie versteht man auch Harmonie von Proportionen, Stabilität, Ordnung, Schönheit oder gar Perfektion; sie ist aber mehr: Die Symmetrie ist eines der fundamentalsten Prinzipien der Naturwissenschaften. Ihre Begründung erfährt sie durch die Gruppentheorie, ihre Auswirkung zeigt sie in makroskopischen und mikroskopischen Relationen, sie findet sich in allen Lebensbereichen, sie verbindet Natur- und Geisteswissenschaften, sie ist gemeinsames Thema von Mathematik, Physik, Kristallografie, Chemie, Biologie, Pharmazie, Medizin, Technologie, Philosophie, Religion, Literatur, Bildender Kunst, Musik und Sport.

Symmetrie wird außerdem durch den sogenannten „Urknall" mit der Geschichte des Kosmos in Verbindung gebracht. Symmetrie und ihre mathematische Anwendung ist für die Naturwissenschaften die Basis zur Vereinfachung von Phänomenen und Problemen. In der Chemie spielen Symmetriebetrachtungen eine dominierende Rolle; Untersuchungen der Strukturen von Materie liefern räumliche Beziehungen der Atome in Molekülen bzw. der Moleküle in Kristallen. Neben den rein räumlichen Symmetrien, die durch klassische Symmetrietransformationen – Drehung, Spiegelung, Verschiebung – charakterisiert werden, gibt es auch die sog. inneren Symmetrien, d. h. andere als räumlich geometrische Eigenschaften; zu diesen gehören z. B. die Ladungskonjugation (Elektron/Positron) oder die Parität (räumliche Spiegelung).

Typische Anwendungsbeispiele für Symmetriebetrachtungen in der Chemie sind im Falle von Schwingungsübergängen die Infrarot- und Raman-Spektroskopie, von Elektronenübergängen die UV/VIS- und Photoelektronenspektroskopie, von Kernübergängen die NMR- und Mößbauer-Spektroskopie, von Röntgenbeugung an Kristallen die Kristallstrukturanalyse, von Symmetrieerfordernissen die optische Aktivität und von Energiezuständen die Ligandenfeld- und Molekülorbitaltheorie sowie die Woodward-Hoffmann-Regeln.

Von diesen Anwendungen werden im folgenden beispielhaft die Schwingungsspektroskopie (IR/Raman), ganz kurz die Rotationsspektroskopie (Mikrowellen), die *d*-*d*-Elektronenspektroskopie (UV/VIS), die Kernresonanzspektroskopie (NMR) sowie die Röntgenbeugung zur Ermittlung und Behandlung von Molekül- und Festkörperstruktur und -symmetrie erläutert.

https://doi.org/10.1515/9783110736366-001

Mehr an der Praxis orientiert, bilden die wichtigsten, notwendigen gruppentheoretischen Grundlagen lediglich die Basis für einen möglichst weit gespannten Rahmen der Anschaulichkeit, die Symmetriebetrachtungen und -ableitungen, Molekülbeispiele und Diskussionen von Spektren und Term-Diagrammen umfasst. Der vorliegende Text erhebt deshalb keinen Anspruch auf mathematische Exaktheit oder Raffinesse: Aussagen und Gleichungen werden z. T. ohne Beweis mitgeteilt. Schwerpunkt und Zielrichtung sind die physikalischen Zusammenhänge und die Anwendungen von Symmetriebetrachtungen und -überlegungen auf Moleküle und Komplexe.

Im folgenden Kapitel soll zunächst Symmetrie quantifizierbar gemacht, d. h. mit abzählbaren Kriterien versehen werden. Hierzu werden Symmetrieoperationen, die den betrachteten Gegenstand in einen vom Ursprung nicht unterscheidbaren Zustand überführen, definiert. Eine Zusammenfassung dieser sog. Äquivalenzen nach den Gesetzen der Gruppentheorie führt zu bestimmten Sammlungen von Symmetrieoperationen, den sog. Punktgruppen, die den Gesetzen der Gruppentheorie gehorchen. Hierzu ergibt die Anzahl der vorliegenden Äquivalenzen, die sog. Gruppenordnung, h, das gesuchte Sortierungskriterium zur Quantifizierung der Symmetrie. Die zur Anwendung auf Probleme der Spektroskopie erforderliche Verknüpfung der Symmetrieoperationen führt zu ihrer Darstellung in Matrizenform. Hieraus lassen sich die Symmetrieeigenschaften der Punktgruppen in Form ihrer Charaktertafeln gewinnen. Hieran anschließend wird die Anwendung der so gewonnenen Erkenntnisse auf ausgewählte Probleme der Schwingungsspektroskopie, Elektronenspektroskopie, Kernmagnetischen Resonanzspektroskopie und Röntgenbeugung erarbeitet.

Über die Anwendung der Symmetriebetrachtungen auf stationären Systemen hinaus, werden auch dynamische Systeme in Betracht gezogen.

Bei der Schwingungsrotationsspektroskopie werden Systeme mit sogenannten Großamplitudenbewegungen behandelt. Die „wahren" Symmetriegruppen sind dann nicht mehr Punktgruppen, sondern Permutationsgruppen, die jedoch isomorph zu Punktgruppen sind. Somit weicht dieses Kapitel von den übrigen in der Nomenklatur nicht ab.

Bei der NMR-Spektroskopie wird die Temperaturabhängigkeit der Spektren analysiert. Es zeigt sich, dass sich die Spektren von Molekülen, die interne Bewegungen mit geringen Barrieren besitzen, bei Temperaturveränderungen verändern können. Dies wird auf Strukturveränderungen der Moleküle durch Mittelung über die Bewegungen erklärt. Dabei müssen die „dynamischen" Strukturen mit den „stationären" verknüpft sein.

Den Abschluss bildet ein Abschnitt zur symmetrieabhängigen Betrachtung der Molekülorbitale.

2 Symmetrieelemente und Symmetrieoperationen

2.1 Symmetriebegriff

Symmetrie ist eine allgemeine Eigenschaft von konkreten oder abstrakten Objekten. Als umfassendes Naturprinzip wirkt sie beim Aufbau des Universums wie bei den Elementarteilchen. Sie ermöglicht sowohl einen Aufbau durch Wiederholung als auch eine Analyse durch Vereinfachung. Symmetrie kann verschieden definiert werden; eine speziell für Symmetrieuntersuchungen an Molekülen geeignete Definition lautet:

Definition. Ein Objekt (Molekül) ist symmetrisch, wenn es nach einer Operation (Umorientierung) in einen nicht unterscheidbaren Zustand überführt werden kann. Wir können folglich nicht feststellen, ob die Operation durchgeführt wurde. Die Abbildung durch die Operation führt zu einen äquivalenten Orientierung.

Die Art der Umorientierung nennt man Symmetrieoperation, den zugehörigen Operator Symmetrieelement. Symmetrieelemente sind Drehungen, Spiegelungen und Inversionen bezüglich Punkten, Linien oder Flächen.

Man unterscheidet:
Einfache Symmetrieelemente bzw. *Symmetrieoperationen*:
Drehung, Spiegelung, Inversion
Zusammengesetzte Symmetrieelemente bzw. *Symmetrieoperationen*:
Drehspiegelung

Letztere entstehen entweder durch Kopplung (nicht realisierte Zwischenzustände, beteiligte Symmetrieoperationen verlieren ihre Eigenständigkeit) oder durch Kombination aus einfachen Symmetrieoperationen (realisierte Zwischenzustände, beteiligte einfache Symmetrieoperationen behalten ihre Eigenständigkeit).

Beispiele für die Drehung um eine Achse bzw. Spiegelung an einer Ebene sind in der Abbildung 2.1 dargestellt.

Oft werden die geometrischen Elemente wie die Symmetrieoperationen bezeichnet.

Wie später (vgl. Kapitel 4.2) gezeigt wird, sind zur Erzeugung von Äquivalenz nicht nur der Platzwechsel von Atomlagen sondern auch die Änderung von Atomkoordinaten (z. B. die Vertauschung von Vorder- und Rückseite) geeignet. Diese tritt, abgesehen von der Operation C_1 bei allen möglichen Operationen auf. Aus diesem Grund führt die in Abbildung 2.1 gezeigte Operation σ_h nicht zur Identität, sondern zu einer Äquivalenz.

https://doi.org/10.1515/9783110736366-002

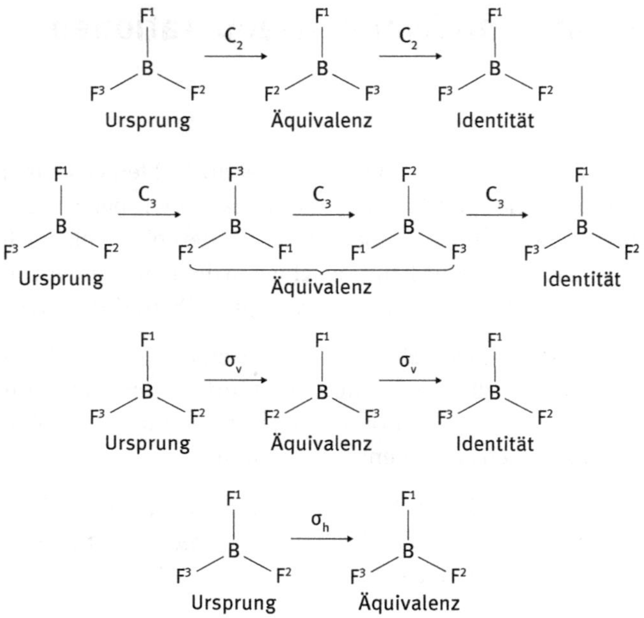

Abb. 2.1: Drehung des BF_3-Moleküls um 180° bzw. 120° und Spiegelung an zwei unterschiedlichen Ebenen.

2.2 Symmetrieelemente (in der Schoenflies-Notation)

2.2.1 Identität *E*

Die einfachste Operation überhaupt ist die *Identitätsoperation E*, d. h. die Drehung der Moleküle um eine beliebige Drehachse mit dem Winkel 0° (das „Nichtstun") oder 360°; das Molekül bleibt unverändert (0°) oder wird in den identischen Zustand überführt (360°). Führt man die Nomenklatur C_n = Drehung um den Winkel $\varphi = 360°/n$ ein, kann man die Drehung um 360° als C_1 bezeichnen.

2.2.2 Drehung C_n

Diese Operation ist allgemein die Drehung um eine Achse mit dem Winkel $\varphi = 2\pi/n$. Der Index n (Zähligkeit) gibt den Bruchteil einer kompletten Drehung an, der zu Äquivalenz führt. Die Drehung erfolgt konventionell im Uhrzeigersinn. $n\,C_n$-Drehungen führen zur Identität E. Bei mehreren räumlich verschiedenen Drehachsen ist diejenige mit der höchsten Zähligkeit die *Hauptachse* (Abbildungen 2.2 und 2.3).

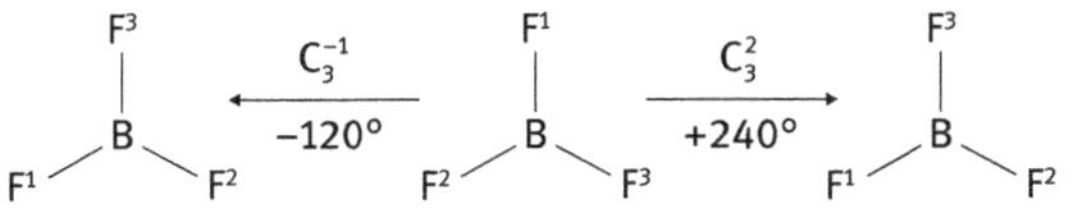

Abb. 2.2: Drehoperationen, C_n (n = 3) anhand von BF_3.

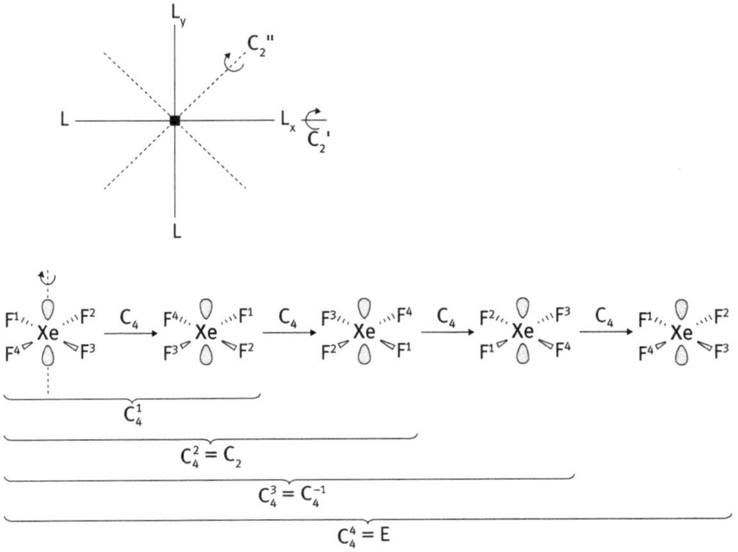

Abb. 2.3: Drehoperationen, C_n (n = 4) anhand von XeF_4.

2.2.3 Spiegelung σ

Diese Operation ist eine Spiegelung an einer Ebene; entsprechende Atome vertauschen gegebenenfalls ihre Position. Wird zweimal an einer Ebene gespiegelt, resultiert die Identität.

Man unterscheidet zwischen *vertikalen*, σ_v (Spiegelebene parallel zur Hauptachse), *horizontalen*, σ_h (Spiegelebene senkrecht zur Hauptachse), und *diagonalen*, σ_d (Spiegelebene zwischen zwei zweizähligen Achsen, C_2 senkrecht zur Hauptachse), Spiegelebenen. σ_d treten bei höherer und gerader Zähligkeit der Hauptachse auf (n = 4, 6, . . .). Die Zuordnung von σ_v und σ_d ist willkürlich. Wichtig ist nur, dass zwischen zwei Sätzen von Spiegelungen unterschieden wird. Bei n = 2 bezeichnet man die Spiegelungen lediglich mit σ_v und $\sigma_{v'}$ (Abbildungen 2.4 und 2.5).

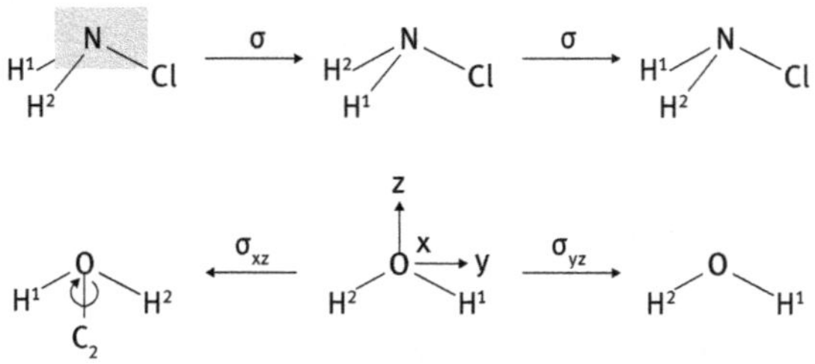

Abb. 2.4: Spiegelungen anhand von NH_2Cl (1 Spiegelebene) und H_2O (2 Spiegelebenen).

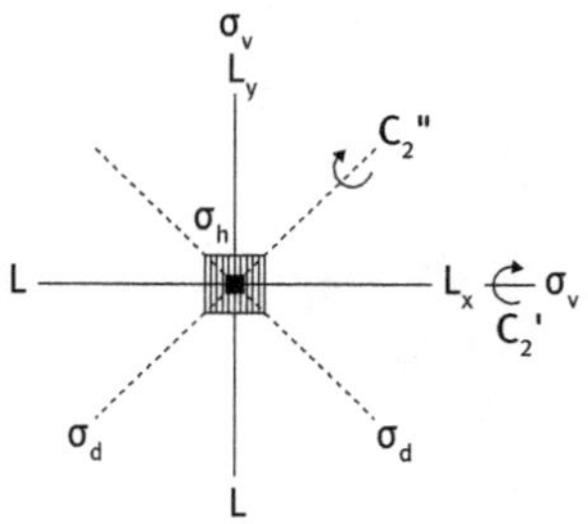

Abb. 2.5: Unterscheidung von Spiegelebenen σ_h, σ_v und σ_d.

2.2.4 Inversion *i*

Die Operation ist eine Spiegelung am Molekülzentrum (Punktspiegelung), dem sog. *Inversionszentrum*, *i* (Abbildung 2.6).

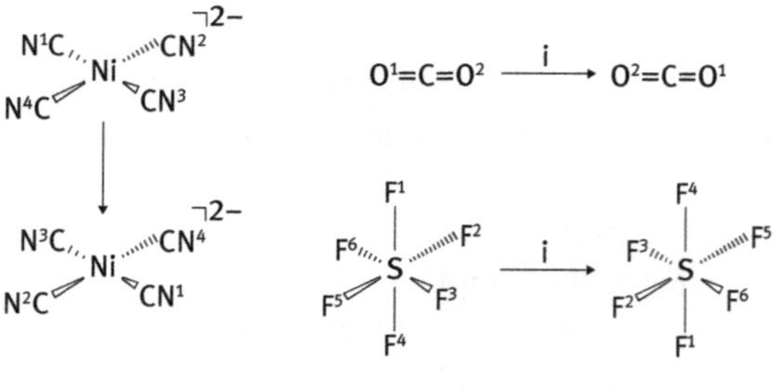

Abb. 2.6: Die Auswirkung der Inversion an verschiedenen Beispielen.

2.2.5 Drehspiegelung S_n

Die Drehspiegelung ist eine Kopplung oder Kombination von C_n und σ_h, d. h. eine *Drehung*, C_n, um eine Drehachse mit dem Winkel $\varphi = 2\pi/n$, gefolgt von einer *Spiegelung* an der hierzu *horizontalen Spiegelebene*, σ_h (senkrecht auf der Drehachse). Da die Teiloperationen für sich allein nicht existieren müssen, dürfen sie im Allgemeinen nicht getrennt werden. Eine Ausnahme bilden planare Moleküle, wo C_n und σ_h unabhängig voneinander existieren.

Eine S_n (n gerade) erzeugt n Symmetrieoperationen. Eine S_n (n ungerade) erzeugt $2n$ Symmetrieoperationen. Das Inverse von S_n^m ist S_n^{n-m} (n gerade) bzw. S_n^{2n-m} (n ungerade) (Abbildungen 2.7, 2.8 und 2.9).

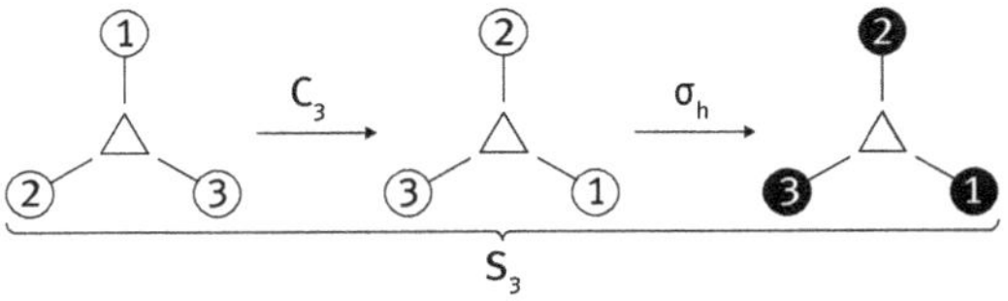

Abb. 2.7: In BF_3 (trigonal planar) kann S_3 aufgefasst werden als $\sigma_h \times C_3$, weil beide Operationen Teil der Punktgruppe sind.

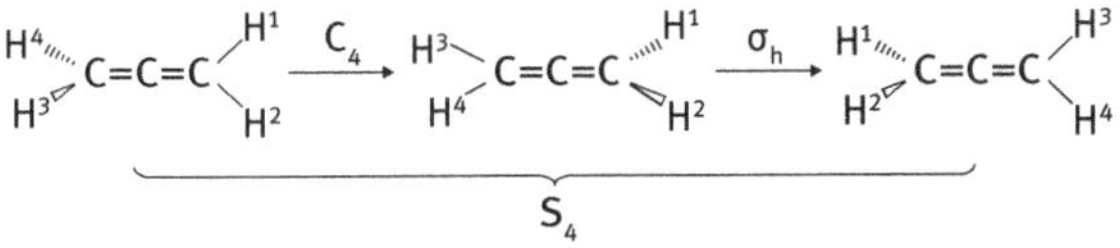

Projektion des Allens: Blickrichtung auf C=C

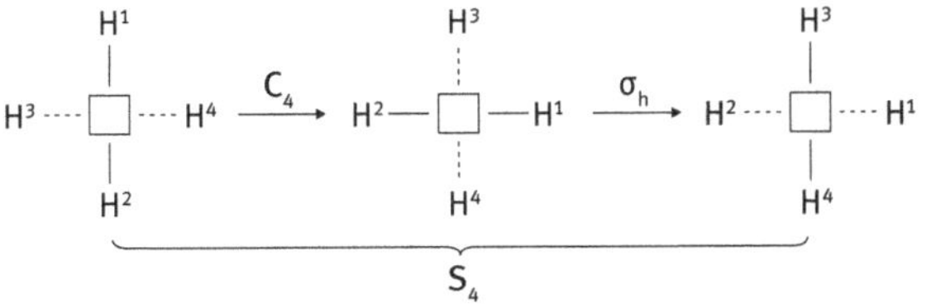

Abb. 2.8: In Allen, C_3H_4, ist S_4 eine Symmetrieoperation, obwohl weder σ_h noch C_4 Symmetrieoperationen sind. Manchmal ist die Aufsicht (Projektion auf eine Ebene) anschaulicher als ein perspektivisches Modell des Moleküls.

$$S_3^1 \; ; \; S_3^2 = C_3^2 \; ; \; S_3^3 = \sigma_h \; ; \; S_3^6 = E$$

$$S_4^1 \; ; \; S_4^2 = C_2 \; ; \; S_4^4 = E$$

$$S_6^1 \; ; \; S_6^2 = C_3 \; ; \; S_6^3 = S_2 \; ; \; S_6^6 = E$$

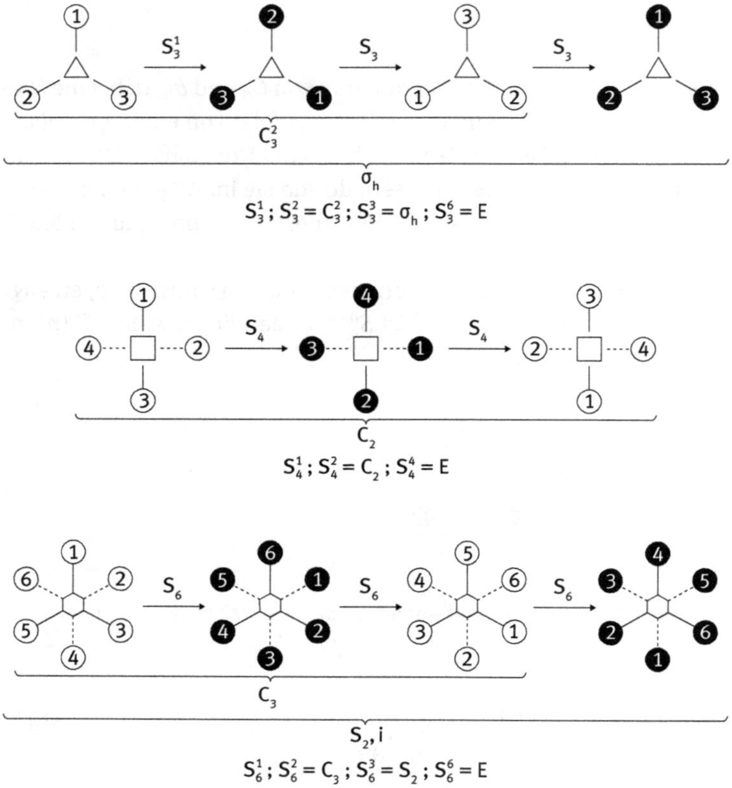

Abb. 2.9: Die Wirkung von S_n-Operationen.

2.3 Übungsaufgaben

1. Schreiben Sie die Symmetrieelemente von Ferrocen, $(C_5H_5)_2Fe$, auf.
2. Erklären Sie den Unterschied zwischen Kombination und Kopplung von Symmetrieoperationen
3. Warum wird zwischen eigentlichen und nicht eigentlichen Symmetrieoperationen unterschieden?
4. Ordnen Sie folgende Moleküle in das Koordinatensystem ein:
   PF_5, SO_2Cl_2, SF_4, XeF_6
5. Warum sind für ungerade Werte von n in S_n $2n$ Drehungen zum Erreichen der Identität erforderlich?

3 Theorie der Punktgruppen

Grundlage für die Anwendung der Symmetrieelemente aus Kapitel 2 zu Aussagen über bestimmte Moleküleigenschaften ist die *Gruppentheorie*. Weil aber die Gesamtheit aller Symmetrieoperationen eines Moleküls wenigstens einen Punkt im Raum unverändert lässt, durch den alle Symmetrieelemente verlaufen, spricht man hier von *Punktgruppen*. Jedes Molekül lässt sich einer Punktgruppe zuordnen. Den unterschiedlichen Symmetrieelementen der Moleküle entsprechen hierbei unterschiedliche Punktgruppen.

3.1 Gruppentheorie

Eine Gruppe enthält eine endliche oder unendliche Menge von Operationen, die bestimmte Bedingungen erfüllen. Diese Operationen bilden die Elemente einer Gruppe. Hierzu müssen folgende Voraussetzungen (Axiome) erfüllt sein:

3.1.1 Gruppenaxiome

(0) Es besteht ein Verknüpfungsgesetz, ×, das *Produkt* genannt wird (nicht notwendigerweise identisch mit der Rechenoperation Multiplikation).

(1) Es gilt das Gesetz der *Abgeschlossenheit*, jedes *Produkt* zweier Elemente oder das Produkt eines Elements mit sich selbst ist wieder ein Element der Gruppe.

(2) Es gilt das *Assoziativgesetz*. Das Produkt von Operatoren ist assoziativ, d. h., Operationen können beliebig zusammengefasst werden, solange die Reihenfolge erhalten bleibt. Das Produkt dreier Elemente A, B, C ist unabhängig davon, ob man das Produkt $A \times B$ mit C oder A mit dem Produkt $B \times C$ bildet.

(3) Die Menge besitzt ein *Einselement* E mit folgenden Eigenschaften: $E \times A = A \times E = A$.

(4) Jedes Element der Menge besitzt ein *inverses* Element. Das *Produkt* eines Elements (Operators) mit seinem Inversen ergibt die Identität.

Die Erfüllung der Axiome (1) bis (4) besagt, dass die Operatoren eine *Gruppe* bilden.

Die Erfüllung eines fünften Axioms (5), das *Kommutativgesetz*, ist keine Bedingung dafür, dass die Elemente eine Gruppe bilden, kann aber sehr nützlich für die Analyse eines Problems sein. Man redet in dem Fall von einer *kommutativen* oder *abelschen* Gruppe:

(5) Es gilt das *Kommutativgesetz*. Die Reihenfolge von Operatoren spielt keine Rolle für den Wert eines Produkts.

https://doi.org/10.1515/9783110736366-003

Bei nicht abelschen Gruppen muss aber die Reihenfolge der Elemente bei der Produktbildung unbedingt eingehalten werden.

Bei Operatoren sind Produkte *von rechts* nach *links* zu lesen, d. h., bei $A \times B$ ist zuerst B und danach A auszuführen.

Beispiele für allgemein bekannte Gruppen sind:

(1) Die Menge aller ganzen positiven und negativen Zahlen (einschließlich 0) mit dem Verknüpfungsgesetz ADDITION. 0 ist das Einselement. Das inverse Element zu A ist $-A$. Die Gruppe ist unendlich, aber abzählbar. Die Gruppe ist abelsch.

(2) Die Menge aller reellen Zahlen außer 0 mit dem Verknüpfungsgesetz MULTIPLIKATION. 1 ist das Einselement. Das inverse Element zu A ist $1/A$. Die Gruppe ist unendlich und kontinuierlich (eine Lie-Gruppe). Die Gruppe ist abelsch.

3.1.2 Ordnung der Gruppe

Man versteht unter *Ordnung h* der Gruppe H die Anzahl der Elemente dieser Gruppe.

Die kleinste Gruppe überhaupt besteht aus einem Element, E. Es ist in diesem Fall sehr leicht einzusehen, dass die Gruppenaxiome erfüllt sind. Diese Gruppe ist eine zyklische Gruppe, C_1.

Oft möchte man bildlich darstellen, dass die Gruppe *abgeschlossen* ist; dies lässt sich sehr bequem über eine *Multiplikationstabelle* bewerkstelligen:

(1) Reihenfolge $A \times B$: Spalte × Zeile.

(2) Das erste Element in der Spalte bzw. Zeile ist E, somit stimmen erste Spalte und erste Zeile mit Eingangsspalte bzw. Eingangszeile überein.

(3) Jedes Element ist in jeder Zeile und in jeder Spalte nur einmal vorhanden.

(4) Die Einselemente liegen symmetrisch zur Hauptdiagonalen (gegebenenfalls auf ihr).

(5) Bei einer abelschen Gruppe sind die Elemente symmetrisch zur Hauptdiagonalen angeordnet.

Als Beispiele sind eine (allgemeine) Gruppe, H (wobei z. B. $A \times B$ auch ein Element der Gruppe ist), sowie eine zyklische Gruppe C_4 gezeigt.

$\mathbf{G}$	E	A	B	C
E	E	A	B	C
A	A	$A \times A$	$A \times B$	$A \times C$
B	B	$B \times A$	$B \times B$	$B \times C$
C	C	$C \times A$	$C \times B$	$C \times C$

$\mathbf{C_4}$	E	C_4	C_2	C_4^3
E	E	C_4	C_2	C_4^3
C_4	C_4	C_2	C_4^3	E
C_2	C_2	C_4^3	E	C_4
C_4^3	C_4^3	E	C_4	C_2

3.1.3 Zyklische Gruppen

Zyklische Gruppen sind abelsche Gruppen, deren Operationen nur aus Potenzen eines einzigen Elements bestehen. Ein Beispiel ist C_4. Weil die Rotationen alle um dieselbe Achse stattfinden, sind alle Operatoren vertauschbar.

3.1.4 Untergruppen

Ein Blick auf die Multiplikationstabelle (z. B. C_4) zeigt, dass einige Elemente sich so verhalten, dass sie unter sich abgeschlossen sind; sie bilden unter sich eine Gruppe (da alle anderen Axiome ohnehin erfüllt sind), man spricht von einer *Untergruppe*. Von den Untergruppen gibt es immer zwei, die *trivial* oder *uneigentlich* sind: $\{E\}$ und $\{H\}$. Es gibt aber oft auch *eigentliche* Untergruppen. In C_4 würden E und C_2 eine solche Untergruppe bilden. Die Ordnung der Gesamtgruppe ist 4, die Ordnung der Untergruppe $\{E, C_2\}$ ist 2. Es gibt eine allgemeingültige Gesetzmäßigkeit nach der die Ordnung einer eigentlichen Untergruppe ein echter Teiler der Gesamtgruppenordnung sein muss. Das Verhältnis zwischen Ordnung der Untergruppen und der Ordnung der gesamten Gruppe wird *Index* genannt. Hat die Gruppe H die Ordnung h und die dazugehörige Untergruppe G die Ordnung g, ist der Index:

$$I = g/h$$

Schauen wir als Beispiel die Gruppe D_4: $\{E, C_4, C_2, C_4^3, C_2^a, C_2^b, C_2^c, C_2^d\}$ an: Die Multiplikationstabelle sieht folgendermaßen aus:

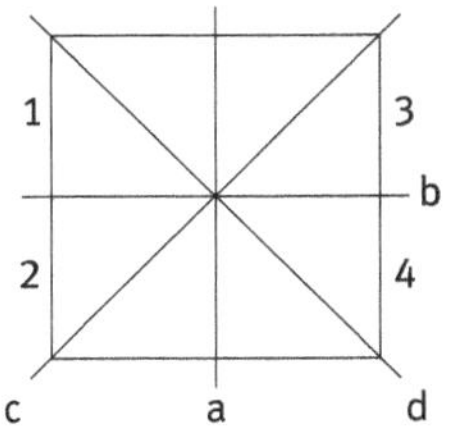

D_4	E	C_4	C_2	C_4^3	C_2^a	C_2^b	C_2^c	C_2^d
E	E	C_4	C_2	C_4^3	C_2^a	C_2^b	C_2^c	C_2^d
C_4	C_4	C_2	C_4^3	E	C_2^c	C_2^d	C_2^b	C_2^a
C_2	C_2	C_4^3	E	C_4	C_2^b	C_2^a	C_2^d	C_2^c
C_4^3	C_4^3	E	C_4	C_2	C_2^d	C_2^c	C_2^a	C_2^b
C_2^a	C_2^a	C_2^d	C_2^b	C_2^c	E	C_2	C_4^3	C_4
C_2^b	C_2^b	C_2^c	C_2^a	C_2^d	C_2	E	C_4	C_4^3
C_2^c	C_2^c	C_2^a	C_2^d	C_2^b	C_4	C_4^3	E	C_2
C_2^d	C_2^d	C_2^b	C_2^c	C_2^a	C_4^3	C_4	C_2	E

Bei der Gruppe D_4 gibt es folgende Untergruppen:

$\{E\}$	(uneigentliche Untergruppe)
$\{E, C_2\}$	
$\{E, C_4, C_2, C_4^3\}$	
$\{E, C_2^a\}$	
$\{E, C_2^b\}$	
$\{E, C_2^c\}$	
$\{E, C_2^d\}$	
$\{E, C_4, C_2, C_4^3, C_2^a, C_2^b, C_2^c, C_2^d\}$	(uneigentliche Untergruppe)

Die Einteilung von Elementen einer Gruppe in Untergruppen ergibt möglicherweise Überschneidungen, da ein Element mehreren Untergruppen angehören kann. E gehört z. B. jeder Untergruppe an, weil sie ja sonst nicht den Gruppenaxiomen gehorchen würde.

3.1.5 Klassen

Eine andere Einteilung der Elemente einer Gruppe, die die Elemente in getrennten Mengen ordnet, ist die *Klasseneinteilung*.

Der Begriff der *Klasse* gründet sich auf dem Begriff der *konjugierten Elemente*. Wählt man ein Element A der Gruppe H sowie ein weiteres Element X mit dessen inversen Element X^{-1}, kann man folgende Transformation oder Abbildung bilden:

$$B = X^{-1}AX$$

(wobei das Verknüpfungszeichen „×“ weggelassen wurde). Es zeigt sich, dass B nicht nur H angehört, sondern auch ein Element derselbe Klasse wie A ist. Solche Elemente sind zueinander *konjugiert*, und konjugierte Elemente gehören derselben Klasse an.

Unter konjugierten Elementen gelten folgende Beziehungen (Äquivalenzrelationen):

(1) Wenn A zu B konjugiert ist, ist auch B zu A konjugiert.
(2) Wenn sowohl B als auch C zu A konjugiert sind, sind B und C auch zueinander konjugiert.
(3) E bildet eine Klasse für sich.
(4) Kein Element kann mehr als einer Klasse angehören.
(5) In abelschen Gruppen besteht jede Klasse aus *einem* Element.
(6) Das zu A inverse Element A^{-1} gehört nicht notwendigerweise zur selben Klasse wie A. Es ist oft nützlich die Klassen von A und A^{-1} in einer gemeinsamen *Oberklasse* zusammenzufassen.
(7) Die Zahl der Elemente einer Klasse ist Teiler der Gruppenordnung h.
(8) Es gibt die Konstruktion des *Kommutators*, $X^{-1}AXA^{-1}$. Wenn A und X kommutieren (vertauschbar sind), hat der Kommutator den Wert E. (Auch in der Algebra

gibt es den Kommutator-Begriff: $[A, B] = AB - BA$. Der algebraische Kommutator hat den Wert null, wenn A und B kommutieren).

3.1.6 Isomorphie, Homomorphie

Manchmal sieht man beim Vergleich zweier Multiplikationstabellen derselben Ordnung, dass eine Übereinstimmung besteht. Nehmen wir z. B. die zwei Gruppen $H(E, A, B, C)$ und $H^*(E, \alpha, \beta, \gamma)$. Wenn folgender Zusammenhang in der Gruppe H, $C = A \times B$, darauf schließen lässt, dass in H^* $\gamma = \alpha \times \beta$ sowie umgekehrt, d. h. $C = A \times B \Leftrightarrow \gamma = \alpha \times \beta$, dann herrscht zwischen beiden Gruppen eine *Isomorphie* oder treue Korrespondenz. In diesem Falle können Überlegungen zu Untergruppen und Klassen direkt aus den Überlegungen zu einer Gruppe auf die andere übertragen werden. Kann man aber nur in eine Richtung eine Korrespondenz herbeiführen, redet man von einer Homomorphie oder untreuen Korrespondenz.

3.1.7 Das direkte Produkt

Aus zwei Gruppen, die außer E keine Elemente gemeinsam haben, kann man durch Bildung eines direkten Produkts eine neue Gruppe schaffen. In diesem Fall kommutieren nämlich die Elemente, die mit einander multipliziert werden. So kann z. B. C_6 aus dem direkten Produkt $C_2 \otimes C_3$ gebildet werden:

$$\{E, C_2\} \otimes \{E, C_3, C_3^2\} = \{EE, EC_3, EC_3^2, C_2E, C_2C_3, C_2C_3^2\} = \{E, C_3, C_3^2, C_2, C_2C_3, C_2C_3^2\}$$
$$= \{E, C_6^2, C_6^4, C_6^3, C_6^5, C_6\} = C_6$$

3.1.8 Nebengruppe (oder Nebenklasse)

Nebengruppen sind keine Gruppen, weil sie kein Einselement beinhalten. Sie entstehen auf folgende Weise: Man greift eine Untergruppe G von H mit den Elementen $\boldsymbol{A}_1 \equiv E, A_2, \ldots A_g$ heraus, sodann ein Element von H, X, das dieser Untergruppe *nicht* angehört und bildet dann alle Produkte $A_i \times X$ $(i = 1, 2, \ldots g)$. Die entstehenden Elemente bilden Nebengruppen (engl. cosets). Alle Elemente einer Nebengruppe unterscheiden sich von den Elementen aus der Untergruppe G (weil $X \notin G$). Zwei Nebengruppen zu G sind entweder völlig identisch oder völlig verschieden.

Nun können alle $h - g$ Elemente von H in Nebengruppen einer bestimmten Untergruppe G aufgeteilt werden. Jede dieser Nebengruppen muss g verschiedene Elemente enthalten. Sind nun, bei einer solchen Aufteilung, noch Elemente aus H übrig, die nicht in einer der schon gebildeten Nebengruppen enthalten sind, wird ein solches Element aufgegriffen, z. B. Z, und es wird eine neue Nebengruppe (ausgehend von Z)

gebildet. Weil H endlich ist, kann sich dieser Schritt höchstens endlich oft wiederholen. Jedes mal sind g Elemente betroffen; somit gilt:

$$h = m \cdot g$$

Wobei in m auch die Untergruppe G mitgezählt wird.

Das eben beschriebene Verfahren zeigt, dass es nur ein Ergebnis der Aufteilung in Nebengruppen geben kann, wenn H und G gegeben sind.

Unter den Untergruppen einer Gruppe gibt es welche, die eine Sonderrolle spielen. Um dies zu erläutern, soll von einer Untergruppe G der Gruppe H ausgegangen werden. Alle Elemente der Untergruppe $G\{\ldots, A_i, A_j, \ldots\}$ werden mit einem fest gewählten Element T der Gruppe $H \backslash G$ transformiert, indem die zu den G-Elementen konjugierten Elemente gebildet werden: $\ldots TA_iT^{-1}, TA_jT^{-1}, \ldots$.

Auch diese Elemente bilden eine Untergruppe von H. Diese Untergruppe G' ist isomorph mit G. Es kann sogar sein, dass G' und G identisch sind. In diesem Fall enthält G also alle zu A_i konjugierten Elemente, mit A_i somit auch dessen ganze *Klasse*. Solche Untergruppen heißen *invariant* oder *Normalteiler*, N von H.

Alle Untergruppen mit *Index* 2 sind Normalteiler. Die Faktoren eines direkten Produkts sind Normalteiler.

Beispiele (aus D_4).

(1)	Untergruppe $G_1: \{E, C_2\}$;	Element X: C_2^a
	$C_2^a \; E \; C_2^a = E$	
	$C_2^a \; C_2 \; C_2^a = C_2$ usw.	Diese Untergruppe ist ein Normalteiler.
(2)	Untergruppe $G_2: \{E, C_4, C_2, C_4^3\}$;	Element X: C_2^a
	$C_2^a \; C_4 \; C_2^a = C_4^3$	
	$C_2^a \; C_2 \; C_2^a = C_2$	
	$C_2^a \; C_4^3 \; C_2^a = C_4$.	Diese Untergruppe ist ein Normalteiler.
(3)	Untergruppe $G_3: \{E, C_2^a\}$;	Element X: C_2^c
	$C_2^c \; E \; C_2^c = E$	
	$C_2^c \; C_2^a \; C_2^c = C_2^b$!!!	Diese Untergruppe ist kein Normalteiler.

Aus dem Begriff des Normalteilers einer Gruppe entwickelt sich der Begriff der *Faktorgruppe*. Die Faktorgruppe enthält als Elemente nicht irgendwelche Elemente der Gruppe H selbst, sondern die Nebengruppen eines Normalteilers (zusammen mit dem Normalteiler), wobei die Nebengruppen zu individuellen Einheiten zusammengefasst werden, und die Einzelelemente, aus denen sie bestehen, nicht mehr als Individuen auftreten. Die Faktorgruppe hat so viele Elemente als Nebengruppen (mit ihrem Normalteiler, der das Einselement darstellt).

Im Falle von D_4 mit zwei verschiedenen Normalteilern kann man somit zwei unterschiedliche Faktorgruppen konstruieren, wobei die Nebengruppen nach dem englischen „coset" mit Co (und das erzeugende Element) gekennzeichnet sind.

F_1: Normalteiler $N_1 : \{E, C_2\}$,
Nebengruppen: Co $C_4 : \{C_4, C_4^3\}$, Co $C_2^a : \{C_2^a, C_2^b\}$, Co $C_2^c : \{C_2^c, C_2^d\}$
Multiplikationstabelle:

$\boldsymbol{F_1}$	N_1	Co C_4	Co C_2^a	Co C_2^c
N_1	N_1	Co C_4	Co C_2^a	Co C_2^c
Co C_4	Co C_4	N_1	Co C_2^c	Co C_2^a
Co C_2^a	Co C_2^a	Co C_2^c	N_1	Co C_4
Co C_2^c	Co C_2^c	Co C_2^a	Co C_4	N_1

F_2: Normalteiler $N_2 : \{E, C_4, C_2, C_4^3\}$;
Nebengruppe: Co $C_2^a : \{C_2^a, C_2^b, C_2^c, C_2^d\}$
Multiplikationstabelle:

$\boldsymbol{F_2}$	N_2	Co C_2^a
N_2	N_2	Co C_2^a
Co C_2^a	Co C_2^a	N_2

Der Begriff der Faktorgruppe ist bei den Punktsystemen ohne größere Bedeutung, obwohl er bei der Aufstellung einer *Charaktertafel* gute Dienste leisten kann; aber bei der Anwendung der Gruppentheorie auf die Verhältnisse in einem Kristallgitter wird sich die Faktorgruppe als entscheidendes Hilfsmittel erweisen. Hier liegt der große Nutzen der Faktorgruppe darin, dass sie eine Gruppe mit *unendlich* vielen Elementen in *endlich* viele Nebengruppen aufteilen kann (die ihrerseits dann unendlich sein müssen). In diesem Fall bestünde möglicherweise eine Homomorphie oder sogar eine Isomorphie zwischen der endlichen Faktorgruppe und einer schon bekannten endlichen Gruppe; dies könnte zu erheblichen Vereinfachungen führen, weil die bekannten Eigenschaften einfach auf die Faktorgruppe übertragen werden können.

3.2 Klassifikation von Punktgruppen

Eine Punktgruppe besteht aus einem Satz von Symmetrieelementen, die einem gemeinsamen Punkt besitzen, der sich bei der Ausführung der Symmetrieoperationen nicht verändert. Die wichtigsten Punktgruppen sind in der Tabelle 3.1 aufgelistet, während die geometrischen Elemente, auf denen sich die Symmetrieoperationen beziehen, in der Tabelle 3.2 aufgeführt sind.

Tab. 3.1: Die wichtigsten Punktgruppen

Typ	Schoenflies-Notation	Symmetrieelemente	Gruppen-ordnung
nicht axial	C_1	E	1
	$C_s = S_1$	E, σ_h	2
	$C_i = S_2$	E, i	2
axial, zyklisch	C_2	E, C_2	2
	C_3	$E, 2C_3$	3
	C_4	$E, 2C_4, C_2$	4
	C_5	$E, 2C_5, 2C_5^2$	5
	C_6	$E, 2C_6, 2C_3, C_2$	6
	S_4	$E, 2S_4, C_2$	4
	$S_6 = C_{3i}$	$E, 2C_3, i, 2S_6$	6
C_{nh}	C_{2h}	E, C_2, i, σ_h	4
	$C_{3h} = S_3$	$E, 2C_3, \sigma_h, 2S_3$	6
	C_{4h}	$E, 2C_4, C_2, i, 2S_4, \sigma_h$	8
	$C_{5h} = S_5$	$E, 2C_5, 2C_5^2, \sigma_h, 2S_5, 2S_5^2$	10
	C_{6h}	$E, 2C_6, 2C_3, C_2, i, 2S_3, 2S_6, \sigma_h$	12
C_{nv}	C_{2v}	$E, C_2, 2\sigma_v$	4
	C_{3v}	$E, 2C_3, 3\sigma_v$	6
	C_{4v}	$E, 2C_4, C_2, 2\sigma_v, 2\sigma_d$	8
	C_{5v}	$E, 2C_5, 2C_5^2, 5\sigma_v$	10
	C_{6v}	$E, 2C_6, 2C_3, C_2, 3\sigma_v, 3\sigma_d$	12
diedrisch, D_n	D_2	$E, C_2, 2\sigma_v$	4
	D_3	$E, 2C_3, 3C_2$	6
	D_4	$E, 2C_4, C_2, 2C_2', 2C_2''$	8
	D_5	$E, 2C_5, 2C_5^2, 5C_2$	10
	D_6	$E, 2C_6, 2C_3, C_2, 3C_2', 3C_2''$	12
D_{nh}	D_{2h}	$E, C_2, C_2', C_2'', i, \sigma_h, \sigma_v, \sigma_d$	8
	D_{3h}	$E, 2C_3, 3C_2, \sigma_h, 2S_3, 3\sigma_v$	12
	D_{4h}	$E, 2C_4, C_2, 2C_2', 2C_2'', i, 2S_4, \sigma_h, 2\sigma_v, 2\sigma_d$	16
	D_{5h}	$E, 2C_5, 2C_5^2, 5C_2, \sigma_h, 2S_5, 2S_5^2, 5\sigma_v$	20
	D_{6h}	$E, 2C_6, 2C_3, C_2, 3C_2', 3C_2'', i, 2S_3, 2S_6, \sigma_h, 3\sigma_d, 3\sigma_v$	24
D_{nd}	D_{2d}	$E, C_2, 2C_2', 2\sigma_d, 2S_4$	8
	D_{3d}	$E, 2C_3, 3C_2, i, 2S_6, 3\sigma_d$	12
	D_{4d}	$E, 2S_8, 2C_4, 2S_8^3, C_2, 4C_2', 4\sigma_d$	16
	D_{5d}	$E, 2C_5, 2C_5^2, 5C_2, i, 2S_{10}^3, 2S_{10}, 5\sigma_d$	20
	D_{6d}	$E, 2S_{12}, 2C_6, 2S_4, 2C_3, 2S_{12}^5, C_2, 6C_2', 6\sigma_d$	24
kubisch	T	$E, 8C_3, 3C_2$	12
	T_h	$E, 8C_3, 3C_2, i, 8S_6, 3\sigma_h$	24
	T_d	$E, 8C_3, 3C_2, 6\sigma_d, 6S_4$	24
	O	$E, 8C_3, 3C_2, 6C_2', 6C_4$	24
	O_h	$E, 8C_3, 3C_2, 6C_2', 6C_4, i, 8S_6, 3\sigma_h, 6\sigma_d, 6S_4$	48
ikosaedrisch	I	$E, 12C_5, 12C_5^2, 20C_3, 15C_2$	60
	I_h	$E, 12C_5, 12C_5^2, 20C_3, 15C_2, i, 12S_{10}, 12S_{10}^3, 20S_6, 15\sigma$	120
linear	$C_{\infty v}$	$E, 2C_\infty^\varphi, \ldots, \infty\sigma_v$	∞
	$D_{\infty h}$	$E, 2C_\infty^\varphi, \ldots, i, 2S_\infty^\varphi, \infty C_2$	∞

Tab. 3.2: Geometrische Elemente in Bezug zu den Symmetrieoperationen

Punktgruppe	Lage der Achsen und Ebenen
C_n	nur in eine Achsenrichtung
S_n	nur in eine Achsenrichtung
C_{nh}	C_n, $\sigma_h \perp C_n$
C_{nv}	C_n, $n\sigma_v \parallel C_n$, die sich unter π/n schneiden
D_n	C_n, $nC_2 \perp C_n$ mit gleichen π/n zueinander
D_{nh}	C_n, $nC_2 \perp C_n$ mit gleichen π/n zueinander, $\sigma_h \perp C_n$, $n\sigma_v \parallel C_n$, die sich unter $\pi/2$ schneiden
D_{nd}	C_n, $nC_2 \perp C_n$ mit gleichen π/n zueinander; S_{2n}; $n\sigma_d \parallel C_n$, die sich unter $\pi/2$ schneiden
T_d	Tetraedersymmetrie, C_3 und C_2
O_h	Oktaedersymmetrie, C_4, C_3 und C_2
I_h	Ikosaedersymmetrie, C_5, C_3 und C_2

3.3 Anwendung der Gruppenaxiome auf Punktgruppen

Die Gruppenaxiome werden nun an zwei konkreten Beispielen erläutert:

Beispiel 1 (H_2O, gewinkeltes AB_2-Molekül).
Die Punktgruppe ist C_{2v} : $\{E, C_2, \sigma_{xz}, \sigma_{yz}\}$
(0) und (1): Verknüpfungsgesetz und Abgeschlossenheit:

$$\sigma_{xz} \times C_2 = \sigma_{yz}$$

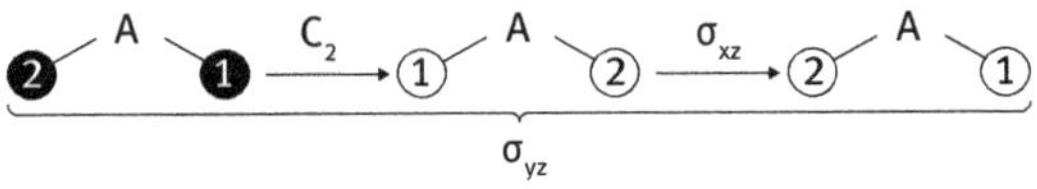

$$\sigma_{xy} \times \sigma_{xz} = C_2$$

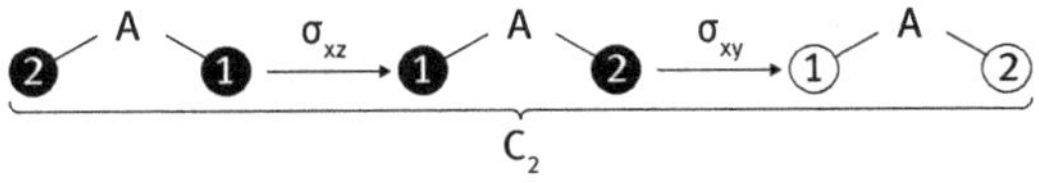

(2): Assoziativgesetz:

$$C_2 \times (\sigma_{yz} \times \sigma_{xz}) = (C_2 \times \sigma_{yz}) \times \sigma_{xz} = C_2 \times C_2 = \sigma_{xz} \times \sigma_{xz} = E$$

(3): Identität

$$E \times C_2 = C_2 \times E = C_2; \quad E \times \sigma_{xz} = \sigma_{xz} \times E = \sigma_{xz}$$

(4): Inverse Elemente

$$C_2 \times C_2 = C_2^2 = E; \quad \sigma_{xz} \times \sigma_{xz} = E$$

(5): Kommutativgesetz

$$C_2 \times \sigma_{yz} = \sigma_{yz} \times C_2 = \sigma_{xz}$$

Das Kommutativgesetz ist erfüllt, weshalb C_{2v} eine abelsche Gruppe darstellt.

Beispiel 2 (NH_3, trigonal-pyramidales Molekül).
Die Punktgruppe ist C_{3v}: $\{E, C_3, C_3^2, \sigma_1, \sigma_2, \sigma_3\}$.
(0) und (1): Verknüpfung und Abgeschlossenheit:

$$\sigma_1 \times C_3 = \sigma_2 \quad \text{bzw.} \quad C_3 \times \sigma_1 = \sigma_3 \,.$$

Das Kommutativgesetz ist nicht erfüllt.

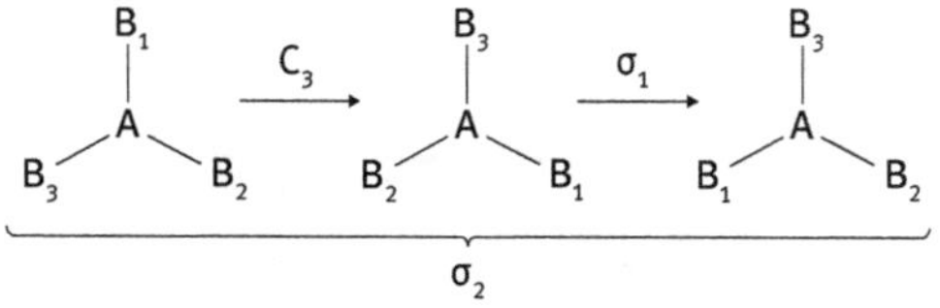

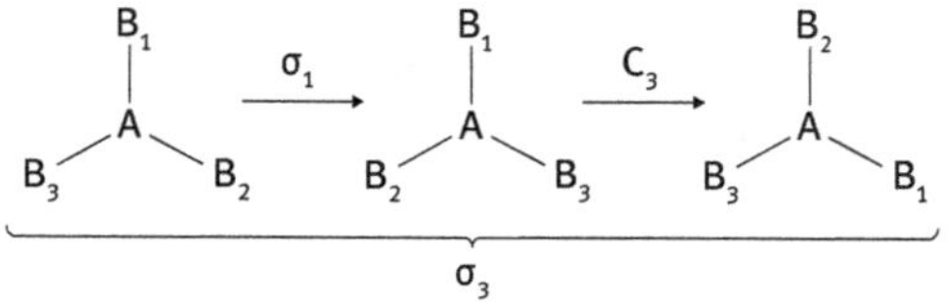

Konjugierte Elemente: C_3 und C_3^2 sowie σ_1, σ_2 und σ_3 sind zu einander konjugiert.

$$C_3 = \sigma_1 \times C_3^2 \times \sigma_1; \quad C_3^2 = \sigma_1 \times C_3 \times \sigma_1 \,.$$

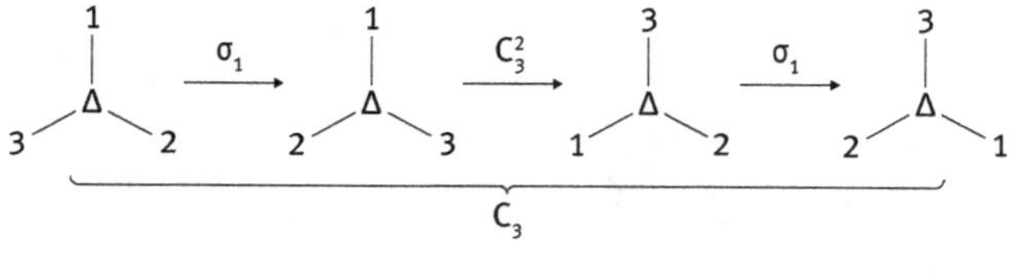

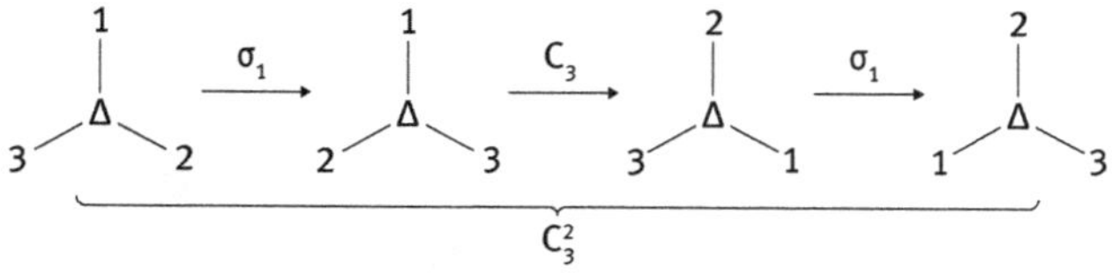

$$\sigma_3 = C_3 \times \sigma_1 \times C_3^2; \quad \sigma_1 = C_3^2 \times \sigma_3 \times C_3 \,.$$

Folglich gibt es eine Aufteilung der Elemente in drei Klassen: $\{E\}$, $\{C_3, C_3^2\}$, $\{\sigma_1, \sigma_2, \sigma_3\}$; oft werden diese Angaben abgekürzt: E, $2C_3$ und $3\sigma_v$.

3.4 Punktgruppen und Molekülbeispiele

Das Korrelieren von Molekülstrukturen und Punktgruppen hängt vom Erkennen der Symmetrieelemente des Moleküls ab; dies erfordert eine gewisse Übung.

Die folgende Zuordnungshilfe in Form eines *Fließschemas* kann die Suche nach der relevanten Punktgruppe erleichtern.

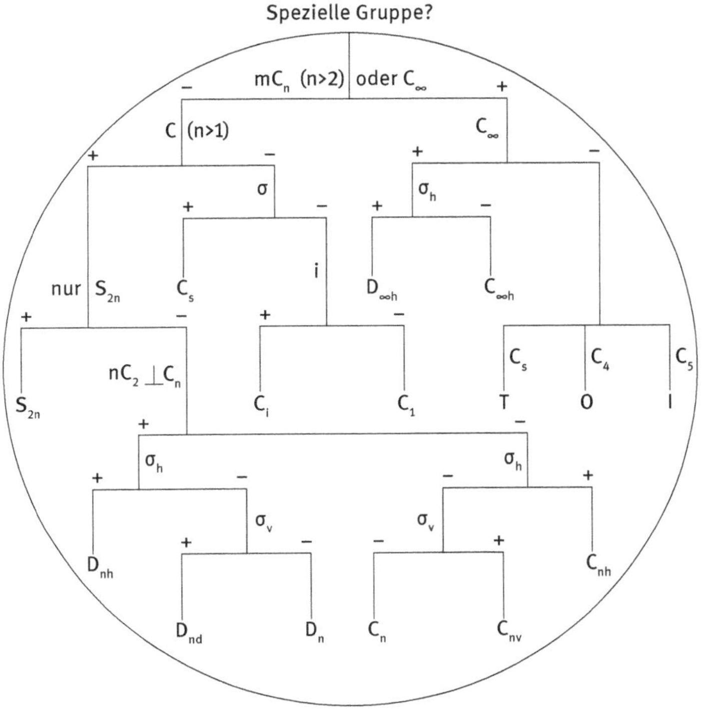

Abb. 3.1: Zuordnung von Punktgruppen mithilfe eines Fließschemas. Mit drei einfachen Überlegungen lassen sich aber die meisten oft vorkommenden Gruppen sehr einfach bestimmen: Gibt es eine C_n-Drehachse? Gibt es senkrecht dazu C_2-Achsen? Gibt es eine horizontale Spiegelebene?

Die Einordnung von Molekülen geschieht normalerweise wie folgt:

Wenn keine spezielle Gruppe mit mehreren unterschiedlich liegenden, mehrzähligen (C_n oder C_∞) vorliegt (polyedrische oder lineare Gruppen), so sucht man die Hauptachse, C_n. Ist keine vorhanden, so liegen die nicht axialen Gruppen (C_1, C_s oder C_i) vor; ist eine C_n vorhanden, die sich nicht aus S_{2n} ergibt, so muss man nach $nC_2 \perp C_n$ suchen, die zwischen C- und D-Gruppen entscheiden. Gibt es $n\sigma_v \parallel C_n$, so kommt man zu C_{nv} oder D_{nd}; liegt außerdem eine $\sigma_h \perp C_n$ vor, so resultieren die Punktgruppen C_{nh} oder D_{nh}.

3.4.1 Illustration von Punktgruppen

In der Abbildung 3.2 sind wichtige Punktgruppensymbole mit den zugrunde liegenden geometrischen Figuren schematisch wiedergegeben. Sie sollen bei Molekülen zum besseren Erkennen von Punktgruppen dienen.

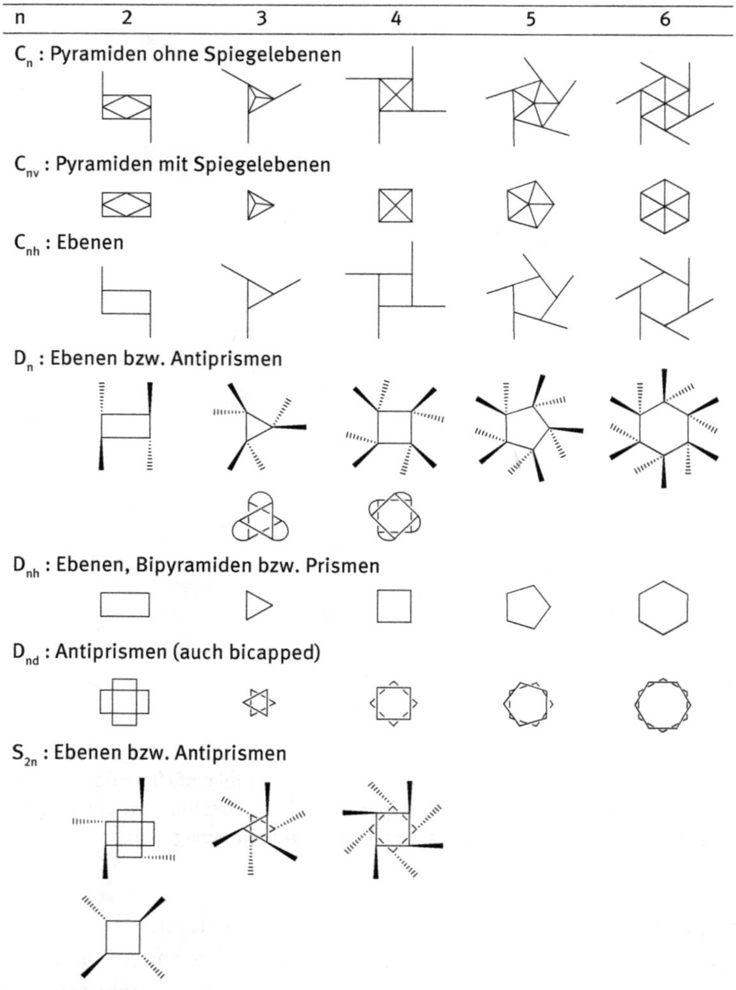

Abb. 3.2: Schematische Illustration von Punktgruppen.

3.4.2 Klassifikation von Molekülen in Punktgruppen

3.4.2.1 Nicht axiale Gruppen, C_1, C_s und C_i

$\boldsymbol{C_1}$ Triviale Gruppe von Molekülen ohne eigentliches Symmetrieelement. Die Punktgruppe enthält außer die Identitätsoperation, E, kein einziges Element.
Beispiele: HNClF, HCBr(Me)Et.

$\boldsymbol{C_s}$ Moleküle, die außer E nur eine Spiegelebene, σ_h als Symmetrieelement aufweisen.
Beispiele: HCOCl, SOX_2 (X = Cl, F), R_2NH, S_8^{2+}, alle „nicht symmetrische" dreiatomige Moleküle (Abbildung 3.3).

$\boldsymbol{C_i}$ Moleküle, die außer E nur ein Inversionszentrum als Symmetrieelement aufweisen. $I = S_2$ (Abbildung 3.4).
Beispiele: All-trans-Ethane.

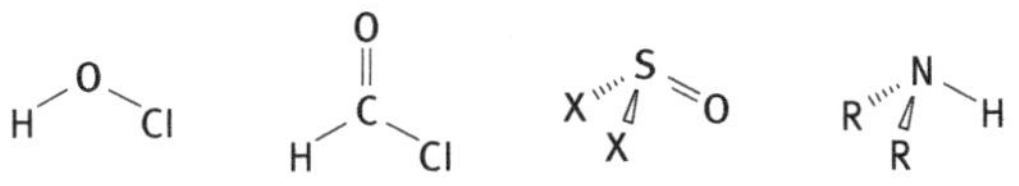

Abb. 3.3: Molekülbeispiele für die Punktgruppe C_s.

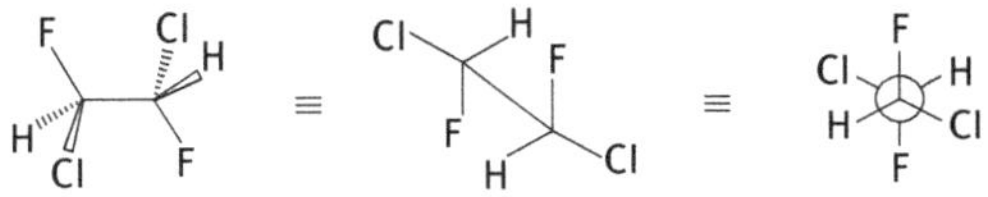

Abb. 3.4: Molekülbeispiele für die Punktgruppe C_i.

3.4.2.2 Axiale Gruppen, C_n, S_n, C_{nv}, C_{nh}

$\boldsymbol{C_n}$ Moleküle mit einer Drehachse, C_n (dissymmetrische Moleküle) (Abbildung 3.5).

C_2 Beispiele: H_2O_2, N_2H_4, 1,2-Dichlorethan (gauche), trans-1,2-Dichlorcyclopropan, S_2F_2.

C_3 Beispiele: $P(C_6H_5)_3$, H_3NBF_3.

$\boldsymbol{S_n}$ Moleküle mit einer Drehspiegelachse, S_n (zyklische Gruppen)(Abbildung 3.6).

$S_2 = C_i$ Siehe oben.

S_4 Beispiele: $(NSF)_4$, $(t\text{–}BuP)_4Si$, Spiropentan, Tetrafluorospirononan,

S_6 Beispiele: $C_6Et_6 \cdot 2AsBr_3$

$\boldsymbol{C_{nv}}$ Moleküle mit Hauptachse C_n und $n\sigma_v \parallel C_n$ (n gerade) bzw. $(n/2)\sigma_v + (n/2)\sigma_d \parallel C_n$ (n ungerade).

C_{2v} Es existieren viele Beispiele, z. B. H_2O, H_2S, SO_2, NO_2, $SnCl_2$, $B_2H_7^-$, $COCl_2$, ClF_3, C_6H_5Cl, SO_2Cl_2, CH_2Cl_2, SF_4, SOF_4, IO_2F_3, BrF_4^+, $F_2ClO_2^-$, MF_7^- (M = Mo, W), Cyclopropen, P_4S_7, B_4H_{10}, B_4H_{14}, $(NSO)_4$, N_5S_5, $S_3N_2^+$ (Abbildung 3.7).

C_{3v} Beispiele: NH_3, PF_3, NSF_3, XeO_3, SO_3^-, $CHCl_3$, $HCo(CO)_4$, P_4S_3, P_7^{3-}, $(CH_2S)_3$, $Co_4(CO)_{12}$, $NbOF_6^{3-}$, $Os(N)O_3^-$, $FClO_3$ (Abbildung 3.8)

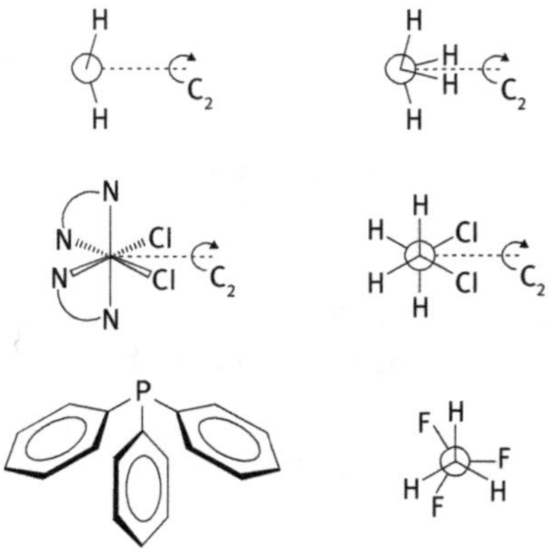

Abb. 3.5: Molekülbeispiele für die Punktgruppen C_n ($n = 2, 3$).

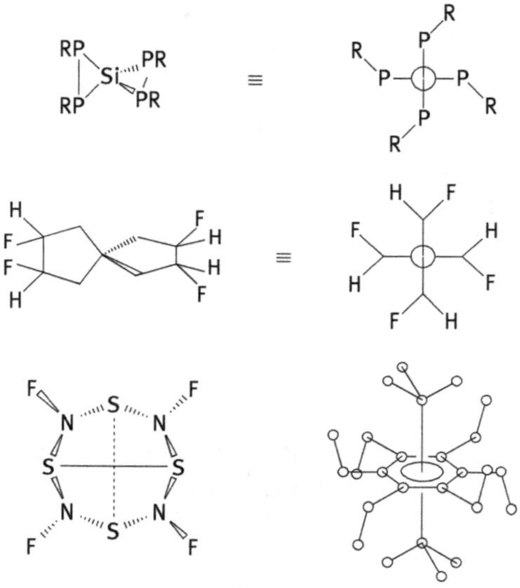

Abb. 3.6: Molekülbeispiele für die Punktgruppen S_n ($n = 4, 6$).

C_{4v} Beispiele: IF_5, $XeOF_4$, $XMn(CO)_5$ (X = H, Halogen), B_5H_9, $(SNH)_4$, cis-Tetrachlorcyclobutan, $Fe_5C(CO)_{15}$, $OsNCl_4^-$ (Abbildung 3.9)

C_{5v} Beispiel: CpCO (Abbildung 3.10)

$\boldsymbol{C_{nh}}$ Moleküle mit Hauptachse C_n und Spiegelebene σ_h; zusätzlich dazu kommen S_n und (bei geraden n) i (Abbildung 3.11).

C_{2h} Beispiele: trans-N_2H_2, Azobenzol, trans-1,2-Dichlorethen, $[CpFe(CO)_2]_2$, Butadien, trans-N_2H_4, S_4

C_{3h} Beispiele: $B(OH)_3$, Ni-all-trans-1,5,9-Cyclododekatrien

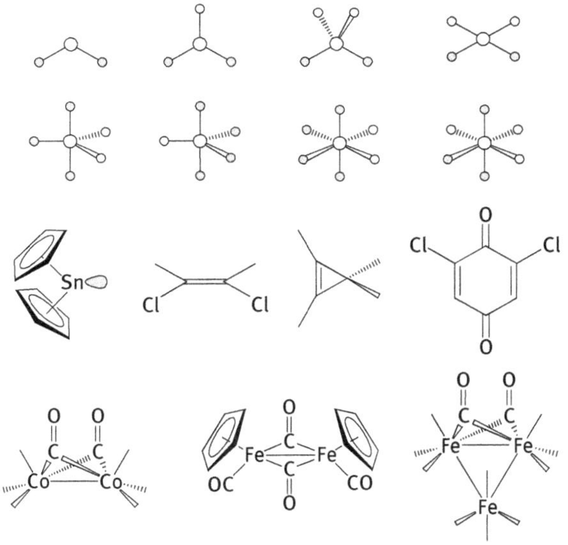

Abb. 3.7: Molekülbeispiele für die Punktgruppe C_{2v}.

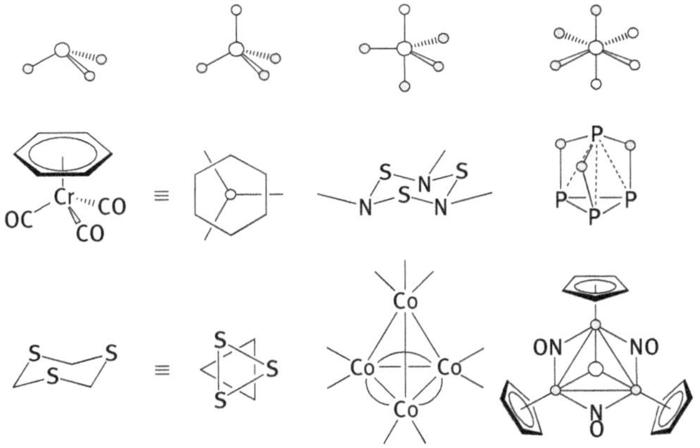

Abb. 3.8: Molekülbeispiele für die Punktgruppe C_{3v}.

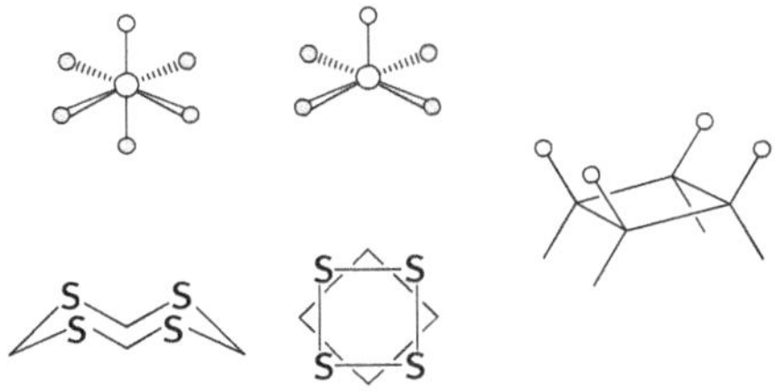

Abb. 3.9: Molekülbeispiele für die Punktgruppe C_{4v}.

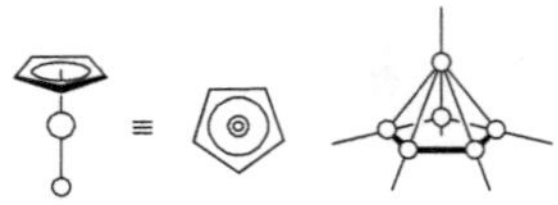

Abb. 3.10: Molekülbeispiele für die Punktgruppe C_{5v}.

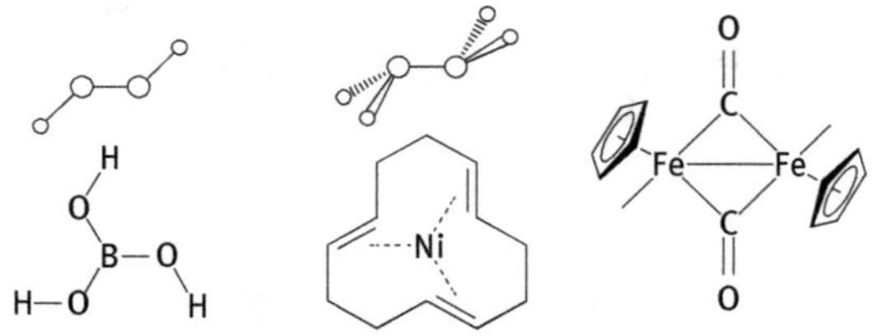

Abb. 3.11: Molekülbeispiele für die Punktgruppen C_{nh} (n = 2, 3).

C_{4h} Beispiel: $Pt(NH_3)_4$

C_{5h} Beispiele: CpNiNO, CpCuCO, B_6H_{11}

3.4.2.3 Diedrische Gruppen, D_n, D_{nh}, D_{nd}

D_n Die Moleküle besitzen eine Hauptachse, C_n und $nC_2 \perp C_n$ (n ungerade) bzw. C_n und $(n/2)C_2' + (n/2)C_2'' \perp C_n$ (n gerade) (Abbildung 3.12).

D_2 Beispiele: verdrillte Ethene, S_{10}

D_3 Beispiele: Trichelat-Komplexe

D_{nh} Die Moleküle besitzen eine C_n, σ_h und $nC_2 \perp C_n$ (n ungerade) bzw. $(n/2)C_2' + (n/2)C_2'' \perp C_n$ (n gerade) und zusätzlich S_n und σ_v.

D_{2h} Beispiele: C_2H_4, B_2H_6, $(AuCl_3)_2$, $Pt_2Cl_6^{2-}$, trans-$Pt(NH_3)_2Cl_2$, $[(CO)_4MnX]_2$ (X = Halogen), $Co_4(CO)_{10}S_2$, Benzochinon (Abbildung 3.13).

D_{3h} Beispiele: BF_3, CO_3^{2-}, SO_3, PF_5, $Fe(CO)_5$, $Fe_2(CO)_9$, $Os_3(CO)_{12}$, ReH_9^{2-}, $Ni_5(CO)_{12}^{2-}$, $[C_6H_6Co]_3(CO)_2$, $B_3N_3H_6$, 1, 5 – $B_3C_2H_5$, $(PCl_2N)_3$, Cyclopropan, $Cs_{11}O_3$, $S_3N_3^-$ (Abbildung 3.14).

D_{4h} Beispiele: XeF_4, $PtCl_4^{2-}$, $Ni(CN)_4^{2-}$, ICl_4^-, trans-$Co(NH_3)_4Cl_2$, $Re_2Cl_8^{2-}$, $Cr_3(CO)_{14}^{2-}$, $[Br_5Ta]_2N^{3-}$, $C_4H_4^{2-}$, S_4^{2+}, $S_4N_4^{2+}$, $(PF_2N)_4$ (Abbildung 3.15)

Abb. 3.12: Molekülbeispiele für die Punktgruppen D_n (n = 2, 3).

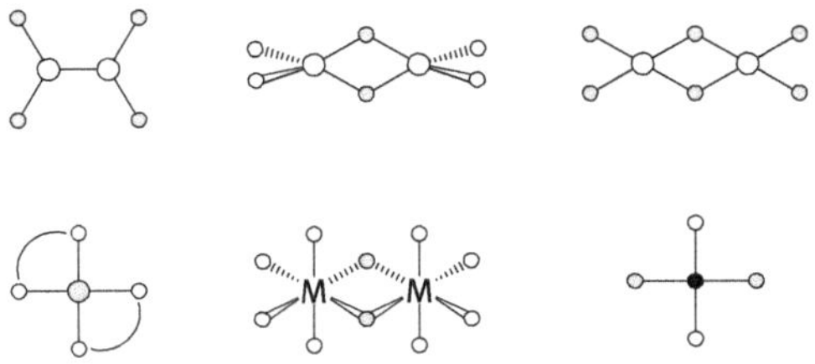

Abb. 3.13: Molekülbeispiele für die Punktgruppe D_{2h}.

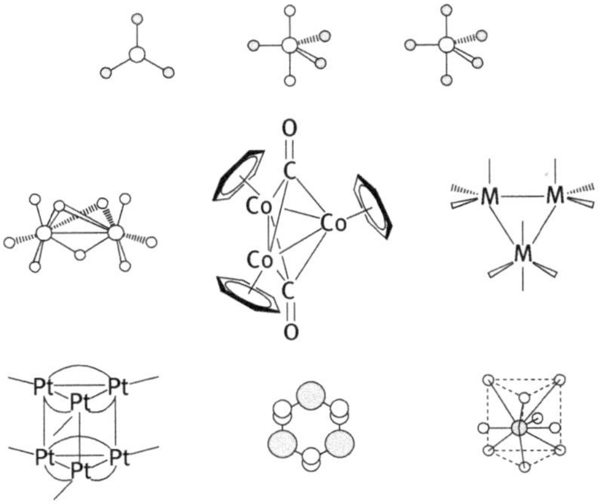

Abb. 3.14: Molekülbeispiele für die Punktgruppe D_{3h}.

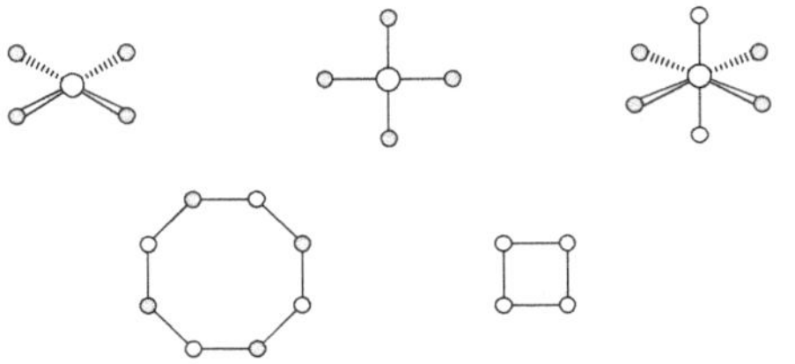

Abb. 3.15: Molekülbeispiele für die Punktgruppe D_{4h}.

D_{5h} Beispiele: $C_5H_5^-$, $M(C_5H_5)_2$ (M = Ru, Os), IF_7, $UO_2F_5^{3-}$, MF_7^{3-} (M = U, Zr, Hf), 1, 7 – $B_5C_2H_7$ (Abbildung 3.16)

D_{6h} Beispiele: C_6H_6, $Cr(C_6H_6)_2$, P_6^{4-} (Abbildung 3.17)

D_{8h} Beispiel: $U(C_8H_8)_2$ (Abbildung 3.17)

$\boldsymbol{D_{nd}}$ Die Moleküle besitzen eine Hauptachse C_n, $nC_2 \perp C_n$, $n\sigma_d \parallel C_n$ (zwischen C_2); zusätzlich S_{2n} und i (n ungerade). Zum Erkennen der Symmetrieelemente bietet sich hier speziell die Betrachtung der jeweiligen Projektion an.

D_{2d} Beispiele: Allen, N_4S_4, ZrF_8^{4-}, $M(CN)_8^{4-}$ (M = Mo, W), $CuCl_4^{2-}$, Cyclooktatrien, $M(NO_3)_4$ (M = Sn, Ti) (Abbildung 3.18)

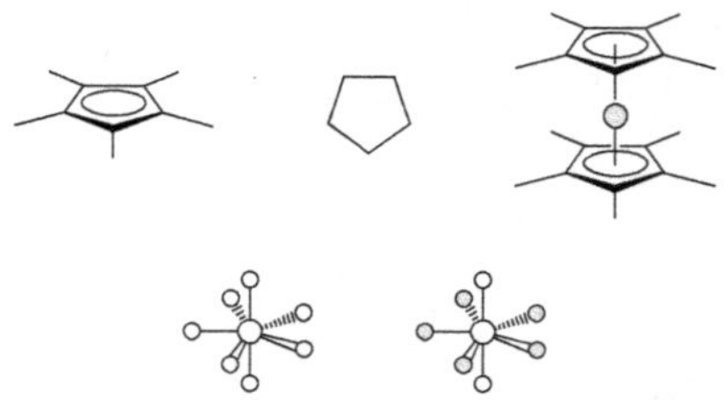

Abb. 3.16: Molekülbeispiele für die Punktgruppe D_{5h}.

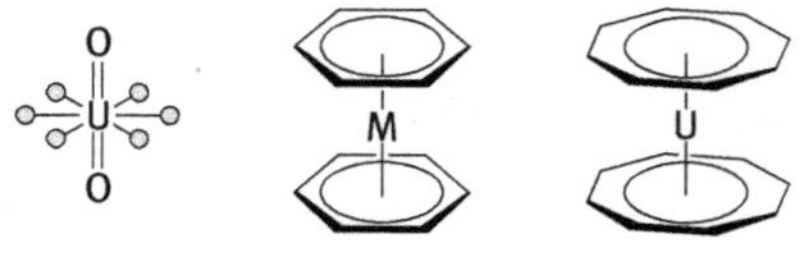

Abb. 3.17: Molekülbeispiele für die Punktgruppen D_{6h} und D_{8h}.

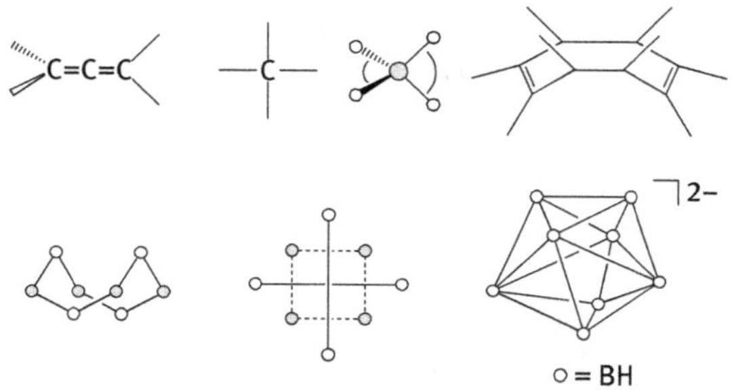

Abb. 3.18: Molekülbeispiele für die Punktgruppe D_{2d}.

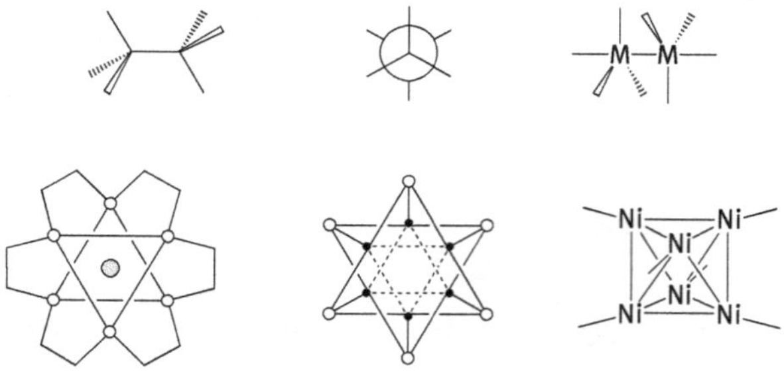

Abb. 3.19: Molekülbeispiele für die Punktgruppe D_{3d}.

D_{3d} Beispiele: trans-C_2H_6, $B_2H_6^{2-}$, $N_2H_6^{2+}$, Cyclohexan, S_6, S_{12}, $Co_2(CO)_8$, $Mo_2(NMe_2)_6$, $Fe_2(CO)_8^{2-}$, $(XeF_6)_6$ (Abbildung 3.19)

D_{4d} Beispiele: $B_{10}H_{10}^{2-}$, $Mn_2(CO)_{10}$, S_8, UF_8^{4-}, S_2F_{10} (Abbildung 3.20)

D_{5d} Beispiele: $Fe(C_5H_5)_2$, $B_{10}C_2H_{12}$ (Abbildung 3.21)

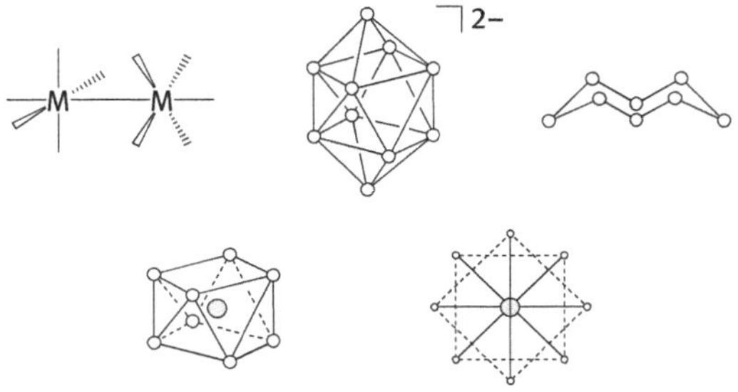

Abb. 3.20: Molekülbeispiele für die Punktgruppe D_{4d}.

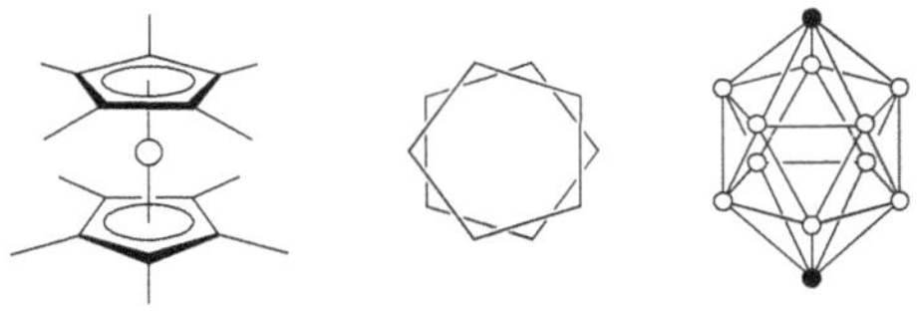

Abb. 3.21: Molekülbeispiele für die Punktgruppe D_{5d}.

3.4.2.4 Lineare Gruppen: $C_{\infty v}$, $D_{\infty h}$

$\boldsymbol{C_{\infty v}}$ Moleküle mit den Symmetrieelementen C_∞^φ und $\infty\sigma_v$ (Abbildung 3.22).
Beispiele: CO, HCl, OCS, N_2O, ClC_2H, HCN

$\boldsymbol{D_{\infty h}}$ Moleküle mit den Symmetrieelementen C_∞^φ, $\infty C_2 \perp C_\infty$, σ_h, i und $\infty\sigma_v$ (Abbildung 3.22).
Beispiele: H_2, O_2, N_2, CO_2, $HgCl_2$, C_2H_2, XeF_2, ICl_2^-

A − B	A = A = B	A = B = C	Cl − C ≡ C − H
A − A	A = B = A	A = B = A	H − C ≡ C − H

Abb. 3.22: Molekülbeispiele für die Gruppen $C_{\infty v}$ und $D_{\infty h}$.

3.4.2.5 Polyeder-Gruppen: T, T_h, T_d, O, O_h, I, I_h

Hier sind die kubischen, oktaedrischen und ikosaedrischen Formen vertreten; es liegen allgemein mehrere mehrzählige Achsen und unterschiedliche Spiegelebenen vor.

$\boldsymbol{T}$ Moleküle mit $8C_3$ und $3C_2$ (Gruppenordnung 12) (Abbildung 3.23).
Beispiele: $(t-Bu)_4P^+$, $(CF_3)_4C$, $(t-Bu)_4C_4$

$\boldsymbol{T_h}$ Moleküle mit $8C_3$, $3C_2$, $8S_6$, I, $3\sigma_d$ (Gruppenordnung 24) (Abbildung 3.23).
Beispiel: $Cu(NO_6)_6^{4-}$

T Moleküle mit $8C_3$ und $3C_2$ (Gruppenordnung 12):

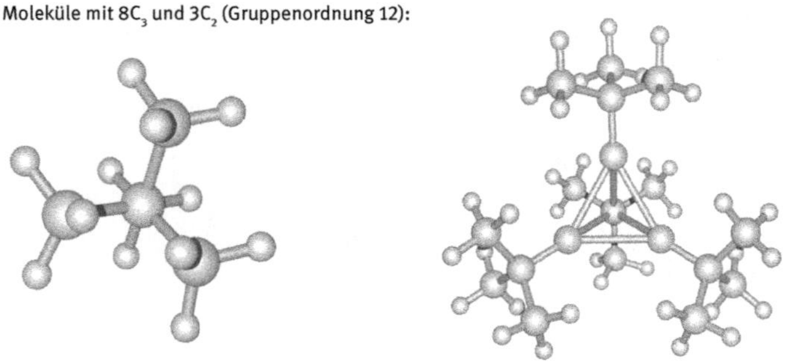

T_h Moleküle mit $8C_3$, $3C_2$, $8S_6$, I, $3\sigma_d$ (Gruppenordnung 24):

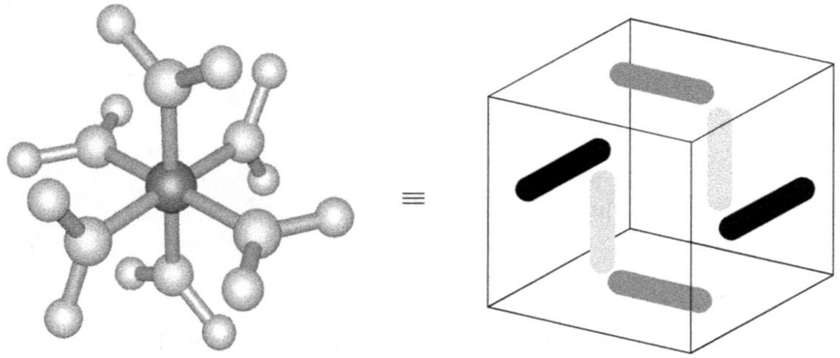

Abb. 3.23: Molekülbeispiele für die Gruppen T und T_h.

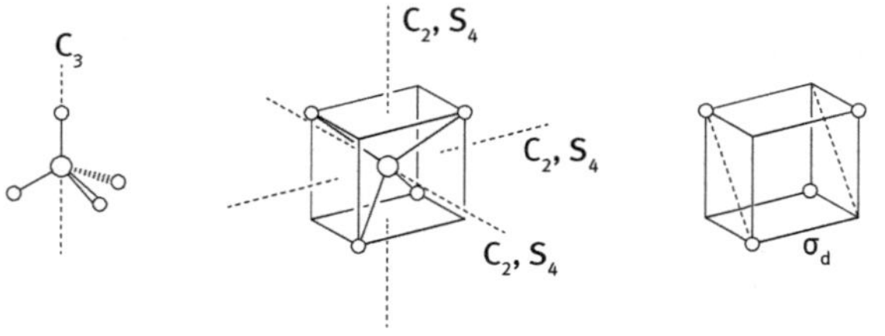

Abb. 3.24: Symmetrieelemente von T_d.

***T*d** Moleküle mit Tetraederform (4 Flächen, 4 Ecken, 6 Kanten): $8C_3$, $3C_2$, $6S_4$, $6\sigma_d$ (Gruppenordnung 24) (Abbildung 3.24).
Beispiele: CH_4, NH_4^+, PO_4^{3-}, SO_4^{2-}, XeO_4, $Ni(CO)_4$, $[CpFeCO]_4$, B_4Cl_4, $Ir_4(CO)_{12}$, $Rh_6(CO)_{16}$, P_4O_6, P_4O_{10}, $N_4(CH_2)_6$, $(MeSi)_4S_6$, Adamantan, $(Ph_3Au)_4C$ (Abbildung 3.25)

O Moleküle mit den Symmetrieelementen $8C_3$, $3C_2$, $6C_2'$, $6C_4$ (Gruppenordnung 24).
Beispiel: per-Methylcuban

***O*h** Moleküle mit den Symmetrieelementen $8C_3$, $3C_2$, $6C_2'$, $6C_4$, i, $8S_6$, $6S_4$, $3\sigma_h$, $6\sigma_d$ (Gruppenordnung 48) (Abbildung 3.26).

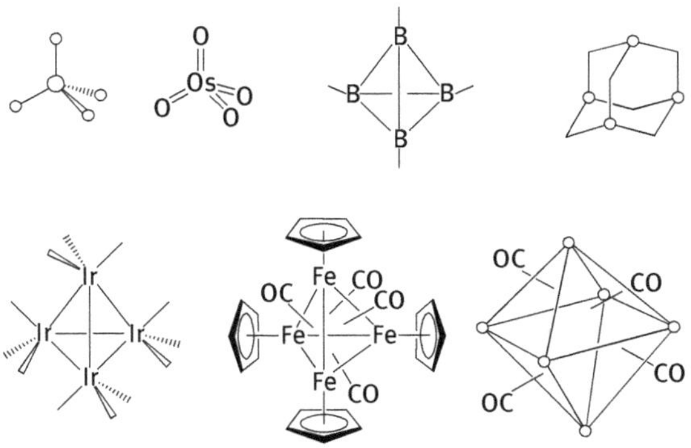

Abb. 3.25: Molekülbeispiele für die Gruppe T_d.

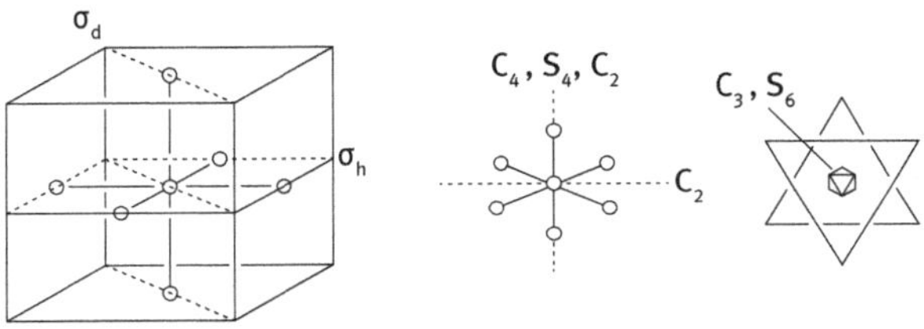

Abb. 3.26: Symmetrieelemente von O_h.

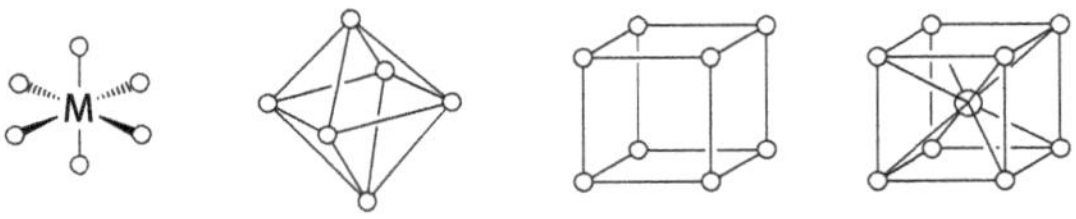

Abb. 3.27: Molekülbeispiele für die Gruppe O_h.

Zur besseren Veranschaulichung bieten sich die Projektionen entlang der C_3-Achsen an, d. h. beim Oktaeder durch zwei gegenüberliegende Flächen, beim Würfel durch zwei gegenüberliegende Ecken.
Beispiele: (Oktaeder [8 Flächen, 6 Ecken, 12 Kanten]) SF_6, $M(CO)_6$ (M = Cr, Mo, W), $Mn(H_2O)_6^{2+}$, CoF_6^{3-}, $B_6H_6^{2-}$
Beispiele: (Würfel [6 Flächen, 8 Ecken, 24 Kanten]) MF_8^{3-} (M = Pa, U, Np), Cuban
Beispiel: (Kuboktaeder [14 Flächen, 12 Ecken, 24 Kanten]) S_{12} (Abbildungen 3.27 und 3.28)

I Moleküle mit den Symmetrieelementen $12C_5$, $12C_5^2$, $20C_3$, $15C_2$.

***I*h** Moleküle mit den Symmetrieelementen $12C_5$, $12C_5^2$, $20C_3$, $15C_2$, i, $12S_{10}$, $12S_{10}^3$, $20S_6$, 15σ (Gruppenordnung 120) (Abbildungen 3.29 und 3.30).
Beispiele: (Ikosaeder [12 Ecken, 20 Flächen, 30 Kanten]) $B_{12}H_{12}^{2-}$, B_{12}
Beispiel: (Dodekaeder [20 Ecken, 12 Flächen, 30 Kanten]) $C_{20}H_{20}$
Beispiel: (Buckminsterfulleren [60 Ecken, 32 Flächen, 90 Kanten]) C_{60}

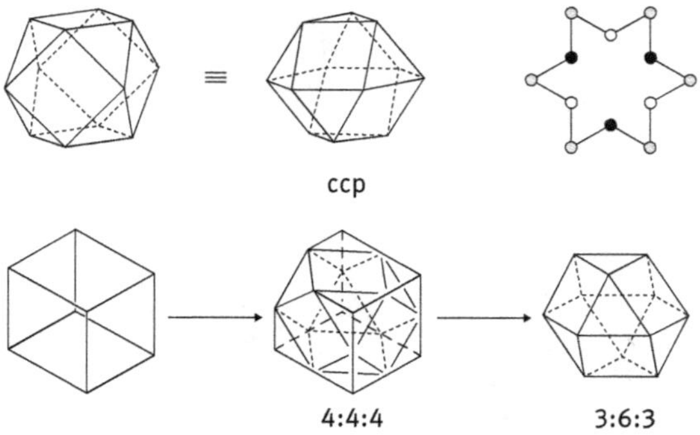

Abb. 3.28: Kuboktaederdarstellungen, z. B.: Nach Verbindung der 12 Kantenmitten eines Würfels werden die 8 Spitzen (der 8 entstehenden Tetraeder) entfernt. Alternativ kann eine 4 : 4 : 4-Anordnung durch Kippen um 30° eine 3 : 6_{planar} : 3-Anordnung entstehen lassen.

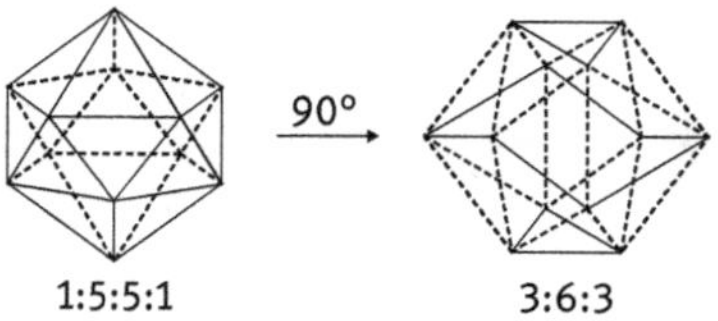

Abb. 3.29: Ikosaederdarstellungen. 1 : 5 : 5 : 1-Anordnung (durch Kippen um 90° entsteht die) 3 : 6_{gewellt} : 3-Anordnung.

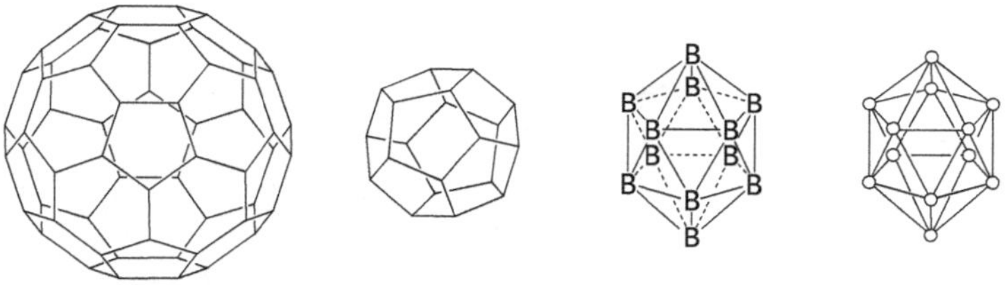

Abb. 3.30: Molekülbeispiele für die Gruppe I_h.

3.5 Symmetrieerniedrigung und Untergruppen

Durch Störungen sterischer oder elektronischer Art werden die idealen Symmetrien in der Praxis oft erniedrigt, d. h., es resultieren Punktgruppen niedriger Ordnung. Weil einige Symmetrieelemente keine mehr sind aber andere noch ihre Gültigkeit bewahren, sind die „gestörten“ Gruppen Untergruppen der ursprünglichen Gruppen. Die Beziehung zwischen Gruppen und Untergruppen wird nach Einführung der irreduziblen Darstellungen nochmals behandelt, wobei auch kurz Gründe für eine Störung genannt werden. (Vgl. Kapitel 7.9.)

3.5.1 Störung des Oktaeders

Die wichtigsten Änderungen sind in Tabelle 3.3 und Abbildung 3.31 dargestellt.

Tab. 3.3: Störungen des Oktaeders

Gruppe	Achse	Untergruppe	Störung	Bewegung von
O_h	C_4	D_{4h}	tetragonal	2 Ecken
O_h	C_3	D_{3d}	trigonal	6 Ecken
O_h	C_2	D_{2h}	rhombisch	4 Ecken

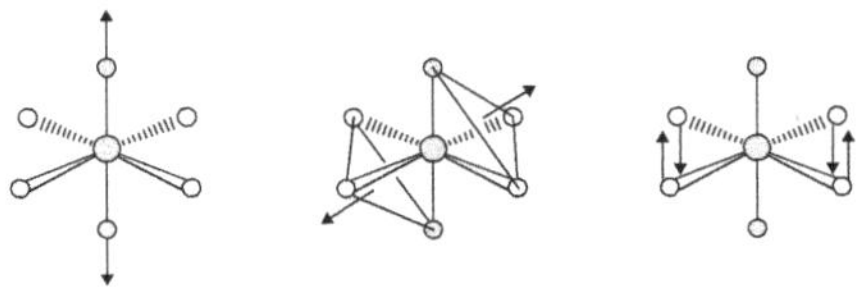

Abb. 3.31: Störungen des Oktaeders.

3.5.2 Störungen des Tetraeders

Die wichtigsten Änderungen sind in Tabelle 3.4 und in Abbildung 3.32 dargestellt.

Tab. 3.4: Störungen des Tetraeders

Gruppe	Achse	Untergruppe	Störung	Bewegung von
T_d	S_4	D_{2d}	diagonal	2 + 2 Ecken
T_d	C_3	D_{3v}	trigonal	3 + 1 Ecken
T_d	C_2	C_{2v}	rhombisch	2 – 2 Ecken

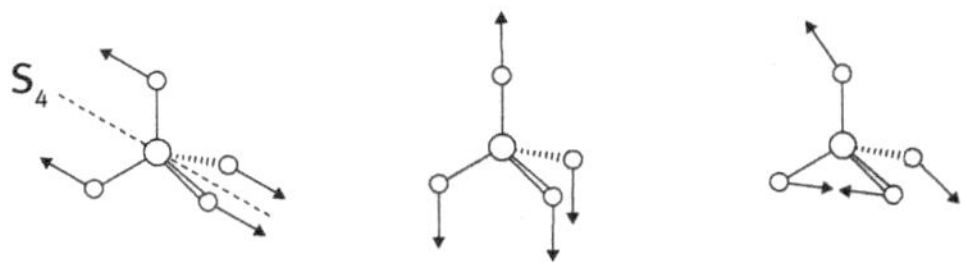

Abb. 3.32: Störungen des Tetraeders.

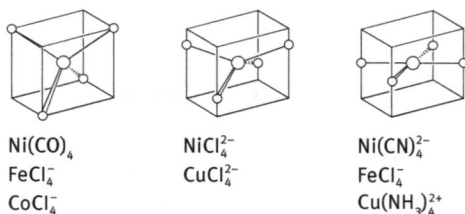

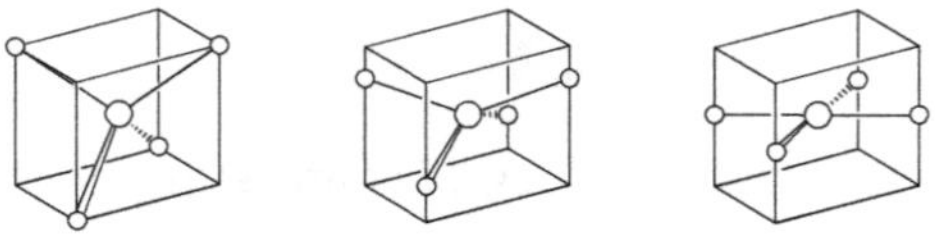

$Ni(CO)_4$	$NiCl_4^{2-}$	$Ni(CN)_4^{2-}$
$FeCl_4^-$	$CuCl_4^{2-}$	$FeCl_4^-$
$CoCl_4^-$		$Cu(NH_3)_4^{2+}$

Abb. 3.33: Der Übergang von tetraedrischen zu tetragonal-planaren Molekülstrukturen.

3.5.3 Symmetrie und Chiralität

Jeder Mensch kennt sein Spiegelbild. Trotz großer Ähnlichkeit ist es nicht durch Drehung mit seinem Original zur Deckung zu bringen. Diese Tatsache spielt für die Chemie, Biochemie und Physiologie eine entscheidende Rolle weil die „Spiegelbilder" unterschiedliche Aktivitäten haben können. Im Zusammenhang mit Symmetrie und Chiralität führt die fehlende Deckungsgleichheit zur *optischen Aktivität* von Molekülen und Naturstoffen.

Hier sollen einige stereochemische Begriffe aufgelistet werden:

Stereoisomere sind zwei oder mehr Moleküle mit gleicher empirischer Summenformel und gleicher Bindungsfolge von Atom zu Atom, aber unterschiedlicher räumlicher Anordnung.

Enantiomere sind spiegelbildliche Stereoisomere, d. h. Stereoisomere, die durch Drehung nicht zur Deckung gebracht werden können.

Diastereomere sind alle nicht enantiomeren Stereoisomere.

Asymmetrie bedeutet vollständiges Fehlen von Symmetrieelementen (außer der Identität).

Dissymmetrie bedeutet Fehlen von Drehspiegelachsen, S_n. Da keine S_n vorhanden ist, hat ein dissymmetrisches Molekül weder Spiegelebenen (S_1) noch ein Inversionszentrum (S_2). Um Enantiomere zu erzeugen, darf das Molekül also keine S_n-Achse besitzen; einfache Drehachsen, C_n ($n > 1$) sind dagegen erlaubt.

Chiralität Ein asymmetrisches oder dissymmetrisches Molekül ist chiral und daher nicht mit seinem Spiegelbild deckungsgleich. Chiralität bedeutet *Händigkeit*. Moleküle entgegengesetzter Chiralität verhalten sich zu einander wie linke und rechte Hand.

Optische Aktivität ist die Eigenschaft chiraler Moleküle, die Ebene von linear polarisiertem Licht zu drehen. Enantiomere drehen die Polarisationsebene um den gleichen Betrag, aber in entgegengesetzter Richtung (*optische Antipoden*).

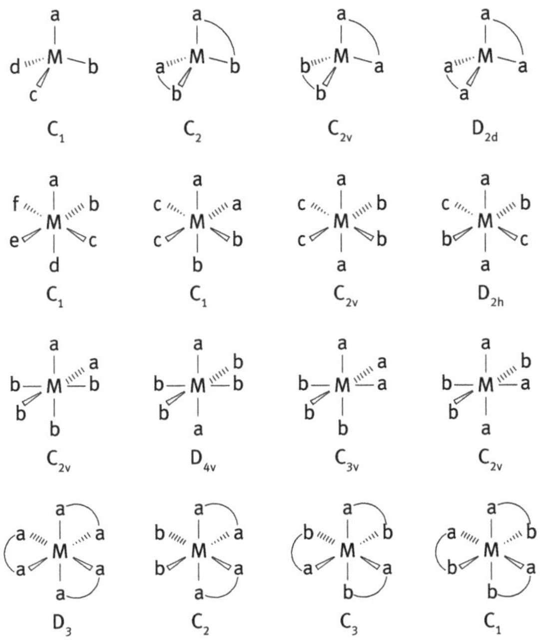

Abb. 3.34: Stereochemie tetraedrischer und oktaedrischer Komplexe. Chirale Moleküle sind mit * gekennzeichnet.

Moleküle mit einer Drehspiegelachse (S_n, σ, i) sind *achiral* (optisch inaktiv), da Bild und Spiegelbild durch Drehung zur Deckung gebracht werden können.

Nach der sterischen Ursache unterscheidet man *zentrale*, *axiale*, *planare* und *helicale Chiralität*, worauf nicht näher eingegangen werden soll.

Tetraedrisch bzw. oktaedrisch konfigurierte Komplexverbindungen von Übergangsmetallen erhalten je nach Substitutionsmuster und Zähligkeit der Liganden unterschiedliche Punktgruppensymbole (siehe Abbildung 3.34) in einigen Fällen resultieren chirale Moleküle.

3.5.4 Besetzungsmöglichkeiten im Würfel

Durch Besetzung der unterschiedlichen Positionen im Würfel (siehe Abbildung 3.35) resultieren die in der Tabelle 3.5 aufgeführten Stöchiometrien.

Tab. 3.5: Würfelbesetzung und Stöchiometrie

Besetzung	Typ	Punktgruppe	Beispiel
$M\odot_4$	MX_4	T_d	$Ni(CO)_4$, $NiCl_4^{2-}$
$M\otimes_4$	MX_4	D_{4h}	$Ni(CN)_4^{2-}$
$M\otimes_6$	MX_6	O_h (Okt)	$Ni(NH_3)_6^{2+}$
$MO_4\odot_4$	MX_8	O_h (Kub)	UF_8^{3-}
$M\bullet_{12}$	MX_{12}	O_h (Kubokt)	
$\otimes_6O_4$	A_6X_4	T_d	$(CH^2)_6N_4$, $Rh_6(CO)_{16}$
$\otimes_6O_4\odot_4$	A_6X_8	O_h	$MoCl_2 = [Mo_6Cl_8]Cl_2Cl_{4/2}$
$\otimes_6\bullet_{12}$	A_6X_{12}	O_h	$WCl_3 = [W_6Cl_{12}]Cl_6$
$O_4\odot_4$	A_4X_4	T_d	$(CpM)_4S_4$
$\otimes_4\odot_4$	A_4X_4	D_{2d}	N_4S_4, As_4S_4

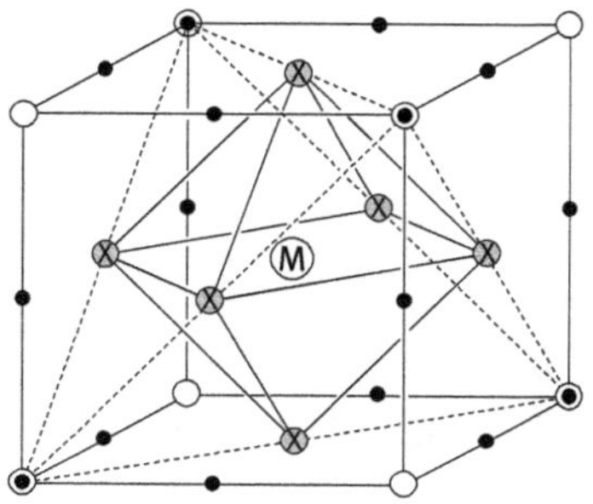

Abb. 3.35: Besetzbare Positionen im Würfel.

3.6 Übungsaufgaben

1. Bestimmen Sie die Punktgruppe für Cyclohexan in den jeweiligen Konformationen:
   a: Wannenform; b: Sesselform; c: Twistform.
2. Bestimmen Sie die Punktgruppen der Moleküle BF_3, SiF_4 und BrF_3.
3. Stellen Sie die Multiplikationstabellen der Punktgruppen D_3 und C_4 auf.
4. Überprüfen Sie die Gruppenaxiome am Beispiel der Punktgruppe D_3.
5. Zeigen Sie Untergruppen und konjugierte Elemente der Punktgruppe D_3 auf.
6. Warum tritt nur in C_1 die Identität E als erzeugendes Element auf?
7. Diskutieren Sie die Symmetrieoperationen der Punktgruppe T_h.
8. Warum bilden die Elemente E, σ, σ', σ'' keine Punktgruppe?
9. Warum erlaubt nur eine gerade Anzahl von Chiralitätszentren („asymmetrische Kohlenstoffatome") die Bildung achiraler Moleküle?
10. Warum ist in chiralen organischen Molekülen die Gegenwart „asymmetrischer Kohlenstoffatome" nicht zwingend erforderlich?

4 Darstellung von Gruppen

4.1 Vektoren und Matrizen

Nach der Definition und Beschreibung von Punktgruppen stellt sich die Frage, wie man mit der Bewegung der einzelnen Teile eines Moleküls umgehen kann. Hiervon betroffen sind Translationen, Rotationen und Schwingungen der Kerne sowie die Orbitale der Elektronen. Es geht um Eigenschaften von Zuständen und um die Wechselwirkung zwischen ihnen.

4.1.1 Vektorielle Darstellung von Bewegungen

Ein einzelnes Atom kann sich im dreidimensionalen Raum frei bewegen. Man kann diese Bewegung (Translation) in drei Richtungen auffassen (entlang den drei Achsen des raumfesten Koordinatensystems). Somit hat ein Atom drei Freiheitsgrade (FG). Ein Ensemble von N Atomen hat $3N$ Freiheitsgrade, wobei einige FG die Gesamtbewegung des Ensembles beschreiben, während andere für die relative Bewegung der Teilchen untereinander verantwortlich sind.

Bei Molekülen können sich die Atome nicht mehr unabhängig voneinander bewegen. Die Gesamtzahl der FG bleibt $3N$, aber die Bewegungsformen müssen jetzt konsequent unterschieden werden. Das Molekül als Einheit kann drei Translationsbewegungen durchführen und im Prinzip drei Rotationen um Achsen durch den Massenschwerpunkt des Moleküls. Nur bei linearen Molekülen gibt es keine Rotation um die eigene Achse, und somit nur insgesamt zwei Rotationen. Die übrigen Bewegungen stellen relative Bewegungen der einzelnen Atome des Moleküls dar; man bezeichnet sie als Schwingungsfreiheitsgrade.

Es gilt:

Nicht lineare Moleküle:	$3N - 6$ Schwingungsfreiheitsgrade
Lineare Moleküle:	$3N - 5$ Schwingungsfreiheitsgrade

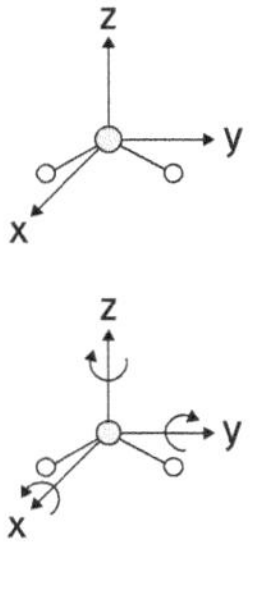

Abb. 4.1: Translations- und Rotationsbewegungen.

https://doi.org/10.1515/9783110736366-004

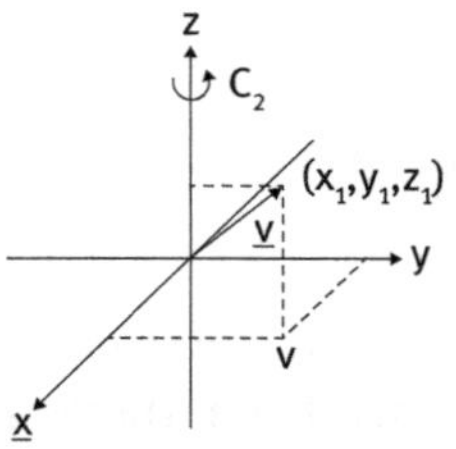

Abb. 4.2: Die Wirkungen der Symmetrieoperationen von C_{2h} $\{E, C_2, \sigma_h, i\}$ auf einen Vektor $\underline{v}(x, y, z)$.

Tab. 4.1: Tabelle 4.1 Die Wirkungen der Symmetrieoperationen von C_{2h} $\{E, C_2, \sigma_h, i\}$ auf einen Vektor $\underline{v}(x, y, z)$.

Symmetrieoperation	Transformation	Transformationsmatrix
E	$E \times \underline{v} = \begin{pmatrix} x \\ y \\ z \end{pmatrix}$	$\begin{pmatrix} 1 & 0 & 0 \\ 0 & 1 & 0 \\ 0 & 0 & 1 \end{pmatrix}$
C_2	$C_2(z) \times \underline{v} = \begin{pmatrix} -x \\ -y \\ z \end{pmatrix}$	$\begin{pmatrix} -1 & 0 & 0 \\ 0 & -1 & 0 \\ 0 & 0 & 1 \end{pmatrix}$
σ_h	$\sigma_h(xy) \times \underline{v} = \begin{pmatrix} x \\ y \\ -z \end{pmatrix}$	$\begin{pmatrix} 1 & 0 & 0 \\ 0 & 1 & 0 \\ 0 & 0 & -1 \end{pmatrix}$
i	$i \times \underline{v} = -\begin{pmatrix} x \\ y \\ z \end{pmatrix}$	$\begin{pmatrix} -1 & 0 & 0 \\ 0 & -1 & 0 \\ 0 & 0 & -1 \end{pmatrix}$

Sämtliche Freiheitsgrade lassen sich als Vektoren darstellen, also als gerichtete Größen, die hier durch Unterstreichung gekennzeichnet sind.

Bei Anwendung von Symmetrieoperatoren auf einem Vektor kann er

(i) nach Betrag und Richtung erhalten bleiben (symmetrisches Verhalten);
(ii) den Betrag behalten, die Richtung aber umkehren (antisymmetrisches Verhalten);
(iii) den Betrag behalten, die Richtung aber ändern (asymmetrisches Verhalten).

Fall (i) und (ii) sollen an den folgenden Beispielen der Spiegelung und C_2-Drehung verdeutlicht werden. Siehe Abbildung 4.2 bzw. Tabelle 4.1:

Die Abbildung verdeutlicht, dass die Symmetrieelemente als Operatoren aufgefasst werden können:

(i)

$$\underline{v}' = \sigma \times \underline{v} = (1) \cdot \underline{v}$$
$$\underline{v}' = C_2 \times \underline{v} = (1) \cdot \underline{v}$$

(ii)

$$\underline{v}' = \sigma \times \underline{v} = (-1) \cdot \underline{v}$$
$$\underline{v}' = C_2 \times \underline{v} = (-1) \cdot \underline{v}$$

Bei der Symmetrieoperation i gilt: $\underline{v}' = i \times \underline{v} = (-1) \cdot \underline{v}$.

Der Faktor in Klammern beschreibt die Wirkung der Symmetrieoperationen auf jeden Vektor $\underline{v}$. Jedes Symmetrieelement kann daher allgemein als *Operator* beschrieben werden. Die Operatoren ihrerseits lassen sich als *Matrizen* darstellen.

4.1.2 Matrizendarstellung

Eine Matrix ist eine (passive) Sammlung von Elementen (Zahlen), die in *Zeilen* und *Spalten* angeordnet sind. Hier soll kurz auf die Rechenregeln quadratischer Matrizen eingegangen werden. Wir betrachten eine Matrix A mit den allgemeinen Elementen (a_{ij})

$$A = \begin{pmatrix} a_{11} & a_{12} & a_{13} & \dots & a_{1n} \\ a_{21} & a_{22} & a_{23} & \dots & a_{2n} \\ a_{31} & a_{32} & a_{33} & \dots & a_{3n} \\ \vdots & & & & \vdots \\ a_{n1} & a_{n2} & a_{n3} & \dots & a_{nn} \end{pmatrix}$$

Matrizen können mit Vektoren oder mit anderen Matrizen multipliziert werden.

Die Multiplikation eines Vektors mit einer Matrix ergibt einen Vektor:

$$A \cdot \underline{v} = \underline{u} \quad \text{oder} \quad (a_{ij}) \cdot v_j = u_i$$

Die Komponenten des Produktvektors $\underline{u}$ lauten:

$$u_i = \sum_{j=1}^{n} a_{ij} \cdot v_j = a_{i1} \cdot v_1 + a_{i2} \cdot v_2 + \dots + a_{in} \cdot v_n$$

Auch ein Vektor kann als Matrix aufgefasst werden, dann allerdings als *Spaltenmatrix*.

Bei der Matrixmultiplikation werden die Elemente der linken Matrix der Reihe nach mit den Elementen der rechten Matrix der Spalte nach multipliziert (Reihe × Spalte).

Zwei Beispiele, Matrix mal Vektor und danach Matrix mal Matrix, sollen das Vorgehen veranschaulichen:

$$\begin{pmatrix} a_{11} & a_{12} & a_{13} \\ a_{21} & a_{22} & a_{23} \\ a_{31} & a_{32} & a_{33} \end{pmatrix} \cdot \begin{pmatrix} v_1 \\ v_2 \\ v_3 \end{pmatrix} = \begin{pmatrix} a_{11}v_1 + a_{12}v_2 + a_{13}v_3 \\ a_{21}v_1 + a_{22}v_2 + a_{23}v_3 \\ a_{31}v_1 + a_{32}v_2 + a_{33}v_3 \end{pmatrix} = \begin{pmatrix} v_1' \\ v_2' \\ v_3' \end{pmatrix}$$

$$\text{oder} \quad (a_{ij}) \cdot \underline{v} \quad \text{oder} \quad A\underline{v} = \sum_{j=1}^{n} a_{ij} \cdot v_j = \underline{v}'$$

$$\begin{pmatrix} a_{11} & a_{12} & a_{13} \\ a_{21} & a_{22} & a_{23} \\ a_{31} & a_{32} & a_{33} \end{pmatrix} \cdot \begin{pmatrix} b_{11} & b_{12} & b_{13} \\ b_{21} & b_{22} & b_{23} \\ b_{31} & b_{32} & b_{33} \end{pmatrix} = \begin{pmatrix} c_{11} & c_{12} & c_{13} \\ c_{21} & c_{22} & c_{23} \\ c_{31} & c_{32} & c_{33} \end{pmatrix}$$

$$\text{oder} \quad (a_{ij}) \cdot (b_{jk}) = (c_{ik}) \quad \text{oder} \quad AB = C$$

Hier ist beispielsweise: $c_{11} = a_{11}b_{11} + a_{12}b_{21} + a_{13}b_{31}$.

Die Matrixmultiplikation ist assoziativ aber im Allgemeinen nicht kommutativ.

Das Produkt von zwei Diagonalmatrizen (alle Elemente außerhalb der Diagonale sind 0) ist wieder eine Diagonalmatrix. Jedes Diagonalelement der Produktmatrix ist das Produkt der beiden entsprechenden Diagonalelemente der zu multiplizierenden Matrizen:

$$\begin{pmatrix} a_1 & 0 & 0 & \dots & 0 \\ 0 & b_1 & 0 & \dots & 0 \\ 0 & 0 & c_1 & \dots & 0 \\ \vdots & \vdots & \vdots & & \vdots \\ 0 & 0 & 0 & \dots & z_1 \end{pmatrix} \begin{pmatrix} a_2 & 0 & 0 & \dots & 0 \\ 0 & b_2 & 0 & \dots & 0 \\ 0 & 0 & c_2 & \dots & 0 \\ \vdots & \vdots & \vdots & & \vdots \\ 0 & 0 & 0 & \dots & z_2 \end{pmatrix} \begin{pmatrix} a_1a_2 & 0 & 0 & \dots & 0 \\ 0 & b_1b_2 & 0 & \dots & 0 \\ 0 & 0 & c_1c_2 & \dots & 0 \\ \vdots & \vdots & \vdots & & \vdots \\ 0 & 0 & 0 & \dots & z_1z_2 \end{pmatrix}$$

Das Produkt von zwei Blockdiagonalmatrizen d. h., von Matrizen mit Untermatrizen quadratischer Form auf der Diagonalen und sonst Nullen, ist wieder eine Blockdiagonalmatrix derselben Form:

$$\begin{pmatrix} 1 & 2 & 3 & 0 & 0 & 0 \\ 3 & 2 & 1 & 0 & 0 & 0 \\ 0 & 1 & 2 & 0 & 0 & 0 \\ 0 & 0 & 0 & 2 & 3 & 0 \\ 0 & 0 & 0 & 1 & 2 & 0 \\ 0 & 0 & 0 & 0 & 0 & 1 \end{pmatrix} \begin{pmatrix} 2 & 0 & 0 & 0 & 0 & 0 \\ 1 & 0 & 2 & 0 & 0 & 0 \\ 0 & 1 & 1 & 0 & 0 & 0 \\ 0 & 0 & 0 & 0 & 2 & 0 \\ 0 & 0 & 0 & 1 & 2 & 0 \\ 0 & 0 & 0 & 0 & 0 & 3 \end{pmatrix} = \begin{pmatrix} 4 & 3 & 7 & 0 & 0 & 0 \\ 8 & 1 & 5 & 0 & 0 & 0 \\ 1 & 2 & 4 & 0 & 0 & 0 \\ 0 & 0 & 0 & 3 & 10 & 0 \\ 0 & 0 & 0 & 2 & 6 & 0 \\ 0 & 0 & 0 & 0 & 0 & 3 \end{pmatrix}$$

4.2 Symmetrieoperationen

Die Symmetrieoperationen transformieren Vektoren von einem Koordinatensystem in ein anderes.

Ein Beispiel zeigte die Anwendung der Operatoren der Punktgruppe C_{2h} (E, i, σ_h und $C_2(z)$) auf einen Vektor $\underline{v}(x, y, z)$ in Abbildung 4.2.

4.2.1 Allgemeine Ableitung der Matrix für beliebige Drehungen, C_n um die z-Achse

Der Vektor $\underline{v}$ mit der Länge r besitzt die Koordinaten

$$x_1 = r\cos\alpha, \quad y_1 = r\sin\alpha, \quad z_1$$

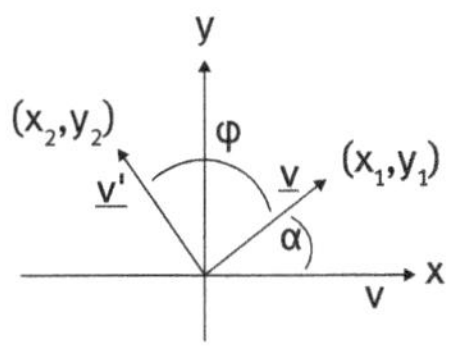

Abb. 4.3: Abbildung eines Vektors.

Nach einer Drehung um den Winkel $\varphi = 2\pi/n$ resultiert der Vektor $\underline{v}'$ mit den (neuen) Koordinaten

$$x_2 = r\cos(\alpha + \varphi), \quad y_2 = r\sin(\alpha + \varphi), \quad z_2 = z_1$$

Durch Umformen mit den trigonometrischen Formeln

$$\cos(\alpha + \varphi) = \cos\alpha \cdot \cos\varphi - \sin\alpha \cdot \sin\varphi$$
$$\sin(\alpha + \varphi) = \cos\alpha \cdot \sin\varphi + \sin\alpha \cdot \cos\varphi$$

erhält man schließlich

$$x_2 = r\cos\alpha\cos\varphi - r\sin\alpha\sin\varphi = x_1\cos\varphi - y_1\sin\varphi$$
$$y_2 = r\cos\alpha\sin\varphi + r\sin\alpha\cos\varphi = x_1\sin\varphi + y_1\cos\varphi$$

oder in Matrixschreibweise

$$C_n\underline{v} = \begin{pmatrix} \cos\varphi & -\sin\varphi & 0 \\ \sin\varphi & \cos\varphi & 0 \\ 0 & 0 & 1 \end{pmatrix} \cdot \begin{pmatrix} x_1 \\ y_1 \\ z_1 \end{pmatrix} = \begin{pmatrix} x_2 \\ y_2 \\ z_2 \end{pmatrix} \quad \text{bzw.} \quad A_\varphi\underline{v} = \underline{v}'$$

Die Matrix A_φ stellt die Drehung C_n um den Winkel $\varphi = 2\pi/n$ dar und wird *Rotationsmatrix* genannt; die Spur hat den Wert: $2\cos\varphi + 1$.

Für das Beispiel C_{2h} gibt es insgesamt folgenden Transformationsmatrizen:

$$E = \begin{pmatrix} 1 & 0 & 0 \\ 0 & 1 & 0 \\ 0 & 0 & 1 \end{pmatrix}; \quad \sigma_h = \begin{pmatrix} 1 & 0 & 0 \\ 0 & 1 & 0 \\ 0 & 0 & -1 \end{pmatrix}; \quad C_2 = \begin{pmatrix} -1 & 0 & 0 \\ 0 & -1 & 0 \\ 0 & 0 & 1 \end{pmatrix}; \quad i = \begin{pmatrix} -1 & 0 & 0 \\ 0 & -1 & 0 \\ 0 & 0 & -1 \end{pmatrix}$$

Die Gültigkeit der Gruppenaxiome lässt sich durch eine Multiplikationstabelle der Matrizen belegen. Hier soll das Prinzip der Abgeschlossenheit und das Vorliegen jeweils inverser Elemente exemplarisch an zwei Beispielen gezeigt werden.

Die Multiplikationstabelle für C_{2h} (in den Symmetrieelementen) lautet:

C_{2h}	E	C_2	σ_h	i
E	E	C_2	σ_h	i
C_2	C_2	E	i	σ_h
σ_h	σ_h	i	E	C_2
i	i	σ_h	C_2	E

Beispiel 1 ($C_2 \times \sigma_h = i$).

$$\begin{pmatrix} -1 & 0 & 0 \\ 0 & -1 & 0 \\ 0 & 0 & 1 \end{pmatrix} \times \begin{pmatrix} 1 & 0 & 0 \\ 0 & 1 & 0 \\ 0 & 0 & -1 \end{pmatrix} = \begin{pmatrix} -1 & 0 & 0 \\ 0 & -1 & 0 \\ 0 & 0 & -1 \end{pmatrix}$$

Beispiel 2 ($C_2 \times C_2 = E$).

$$\begin{pmatrix} -1 & 0 & 0 \\ 0 & -1 & 0 \\ 0 & 0 & 1 \end{pmatrix} \times \begin{pmatrix} -1 & 0 & 0 \\ 0 & -1 & 0 \\ 0 & 0 & 1 \end{pmatrix} = \begin{pmatrix} 1 & 0 & 0 \\ 0 & 1 & 0 \\ 0 & 0 & 1 \end{pmatrix}$$

Es wurden hier gewissermaßen Operatoren durch ihre Operationsmatrizen ersetzt – oder genauer gesagt: Es wurde eine *Darstellung* der Operatoren in einer Basis $\underline{e}$ gefunden. Es wurde auch exemplarisch angedeutet (aber nicht bewiesen), dass Matrizen, die Operatoren darstellen, die Gruppenaxiome erfüllen. Somit können alle gruppentheoretischen Überlegungen, die über die Operatoren angestellt wurden, direkt auf die Matrizen übertragen werden. Diese Darstellungsmöglichkeit beschränkt sich nicht auf den dreidimensionalen Raum, sondern lässt sich ohne weiteres auf den n-dimensionalen Raum erweitern, wobei die Matrixschreibweise besonders zu Geltung kommt.

Es wurde schon gezeigt, dass ein Vektor durch eine (lineare) Transformation aus einem anderen Vektor entstehen kann:

$$\underline{u} = \boldsymbol{R}\underline{v}$$

Was passiert, wenn sowohl $\underline{v}$ und $\underline{u}$ *mit derselben Transformationsmatrix* $\boldsymbol{S}$ transformiert werden?

$$\underline{u}' = \boldsymbol{S}\underline{u} \qquad \underline{v}' = \boldsymbol{S}\underline{v}$$

Wie lautet der Zusammenhang zwischen $\underline{u}'$ und $\underline{v}'$?

$$\underline{u}' = \boldsymbol{S}\underline{u} = \boldsymbol{SR}\underline{v} \qquad \boldsymbol{S}^{-1}\underline{v}' = \boldsymbol{S}^{-1}\boldsymbol{S}\underline{v} = \underline{v}$$
$$\underline{u}' = \boldsymbol{SRS}^{-1}\underline{v}'$$

Bei dieser Transformation stößt man somit auf das zu $\boldsymbol{R}$ konjugierte Gruppenelement und kann sogleich mit Klassenbildung beginnen.

Die Spur (der Charakter) einer Matrix ändert sich bei einer unitären Transformation nicht. Die Spuren von konjugierten Elementen sind identisch. Somit stellt die Spur ein Charakteristikum für Elemente derselben Klasse dar.

4.2.2 Drei Typen von Umorientierungsmatrizen

Die räumliche Umorientierung von Molekülen hat meist einen Tausch von Atomlagen, der durch sog. *Permutationsmatrizen* beschrieben wird, zur Folge. Immer tritt hierbei eine Änderung der Atomkoordinaten ein, die sich durch sog. *Operationsmatrizen*

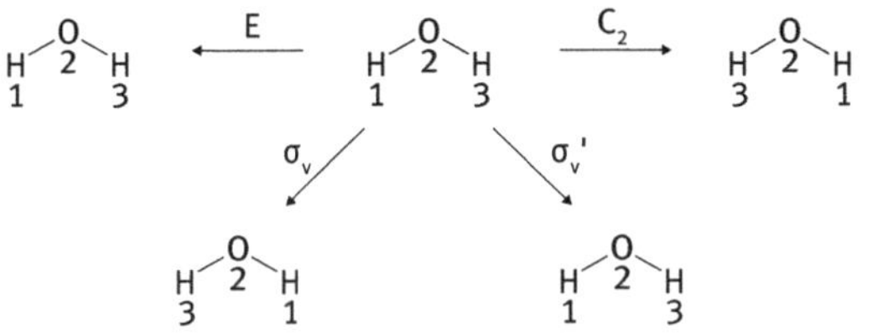

Abb. 4.4: Symmetrieoperationen am H_2O-Molekül.

darstellen lässt. Die Zusammenführung beider Matrizentypen zu *Transformationsmatrizen* ergibt die vollständige Beschreibung der Symmetrieoperation eines Moleküls definierter Atomverknüpfung und Punktgruppensymmetrie.

4.2.3 Permutationsmatrizen

Man wendet sämtliche Symmetrieoperationen der Punktgruppe auf das n-atomige Molekül an:

Beispiel. Das H_2O-Molekül der Punktgruppe $C_{2\mathrm{v}}$ (E, C_2, σ_v, $\sigma_{\mathrm{v}'}$). Die grafischen Darstellungen der Symmetrieoperationen sind in Abbildung 4.4 beschrieben.

Die analytische Auswertung mit Spaltenmatrizen (Vektoren) ergibt:

$$E\begin{pmatrix}1\\2\\3\end{pmatrix}=\begin{pmatrix}1\\2\\3\end{pmatrix}\qquad A(E)=\begin{pmatrix}1&0&0\\0&1&0\\0&0&1\end{pmatrix}$$

$$C_2\begin{pmatrix}1\\2\\3\end{pmatrix}=\begin{pmatrix}3\\2\\1\end{pmatrix}\qquad A(C_2)=\begin{pmatrix}0&0&1\\0&1&0\\1&0&0\end{pmatrix}$$

$$\sigma_\mathrm{v}\begin{pmatrix}1\\2\\3\end{pmatrix}=\begin{pmatrix}3\\2\\1\end{pmatrix}\qquad A(\sigma_\mathrm{v})=\begin{pmatrix}0&0&1\\0&1&0\\1&0&0\end{pmatrix}$$

$$\sigma_{\mathrm{v}'}\begin{pmatrix}1\\2\\3\end{pmatrix}=\begin{pmatrix}1\\2\\3\end{pmatrix}\qquad A(\sigma_{\mathrm{v}'})=\begin{pmatrix}1&0&0\\0&1&0\\0&0&1\end{pmatrix}$$

Die Matrizen haben dieselben Eigenschaften wie die Symmetrieelemente; hier ist beispielhaft das Produkt von C_2 und σ_v gezeigt:

$$C_2\times\sigma_\mathrm{v}=\sigma_{\mathrm{v}'}\qquad\begin{pmatrix}0&0&1\\0&1&0\\1&0&0\end{pmatrix}\begin{pmatrix}0&0&1\\0&1&0\\1&0&0\end{pmatrix}=\begin{pmatrix}1&0&0\\0&1&0\\0&0&1\end{pmatrix}$$

Die Zahl der zur Beschreibung des Platzwechsels erforderlichen Permutationsmatrizen entspricht der Gruppenordnung h der zugehörigen Punktgruppe, ihre Dimension (Zahl der Zeilen bzw. Spalten) der Atomzahl.

4.2.4 Operationsmatrizen

In jedes Atom eines n-atomigen Moleküls wird ein kartesisches Koordinatensystem gelegt; anschließend werden alle Symmetrieoperationen der Punktgruppe durchgeführt. Hier sollen die Wirkung der Operatoren auf den Einheitsvektoren des Koordinatensystems anhand von der Gruppe $C_{2\mathrm{h}}$ (E, C_2, σ_h, i) gezeigt werden:

$$E\begin{pmatrix} x \\ y \\ z \end{pmatrix} = \begin{pmatrix} x \\ y \\ z \end{pmatrix} \qquad A(E) = \begin{pmatrix} 1 & 0 & 0 \\ 0 & 1 & 0 \\ 0 & 0 & 1 \end{pmatrix}$$

$$i\begin{pmatrix} x \\ y \\ z \end{pmatrix} = \begin{pmatrix} -x \\ -y \\ -z \end{pmatrix} \qquad A(i) = \begin{pmatrix} -1 & 0 & 0 \\ 0 & -1 & 0 \\ 0 & 0 & -1 \end{pmatrix}$$

$$\sigma_\mathrm{h}\begin{pmatrix} x \\ y \\ z \end{pmatrix} = \begin{pmatrix} x \\ y \\ -z \end{pmatrix} \qquad A(\sigma_\mathrm{h}) = \begin{pmatrix} 1 & 0 & 0 \\ 0 & 1 & 0 \\ 0 & 0 & -1 \end{pmatrix} \qquad \sigma_\mathrm{h} = \sigma_{xy}$$

$$C_2\begin{pmatrix} x \\ y \\ z \end{pmatrix} = \begin{pmatrix} -x \\ -y \\ z \end{pmatrix} \qquad A(C_2) = \begin{pmatrix} -1 & 0 & 0 \\ 0 & -1 & 0 \\ 0 & 0 & 1 \end{pmatrix} \qquad C_2 = C_2(z)$$

Zwei instruktive Beispiele für die Multiplikation von Symmetrieelementen und deren Matrixdarstellungen wurden in Kapitel 4.2.1 schon gezeigt. Beachten Sie bitte die Spuren dieser Matrizen: $\mathrm{Spur}(A(E)) = 3$, $\mathrm{Spur}(A(i)) = -3$, $\mathrm{Spur}(A(\sigma_\mathrm{h})) = 1$ und $\mathrm{Spur}(C_2)) = -1$.

Aus der Rotationsmatrix (Kapitel 4.2.1) lassen sich sämtliche Operationsmatrizen beliebiger Drehwinkel einschließlich $\varphi = 0$ (C_1 bzw. E) entwickeln. Zur Ableitung der Drehspiegelmatrizen S_n, einschließlich ihrer Sonderfälle S_1 ($\varphi = 0, \sigma$) und S_2 ($\varphi = 180°, i$), wird die allgemeine Drehspiegelmatrix als Produkt der Rotationsmatrix und der Spiegelmatrix der hierzu orthogonalen Spiegelebene berechnet:

$$\underset{\textit{Rotationsmatrix } C_n(z)}{\begin{pmatrix} \cos\varphi & -\sin\varphi & 0 \\ \sin\varphi & \cos\varphi & 0 \\ 0 & 0 & 1 \end{pmatrix}} \underset{\textit{Spiegelmatrix } \sigma_{xy}}{\begin{pmatrix} 1 & 0 & 0 \\ 0 & 1 & 0 \\ 0 & 0 & -1 \end{pmatrix}} = \underset{\textit{Drehspiegelmatrix } S_n(z)}{\begin{pmatrix} \cos\varphi & -\sin\varphi & 0 \\ \sin\varphi & \cos\varphi & 0 \\ 0 & 0 & -1 \end{pmatrix}}$$

Die Spur der Drehspiegelmatrix ist $2\cos\varphi - 1$.

Durch Einsetzen der zugehörigen Winkelwerte sind die Drehspiegelmatrizen beliebiger Drehwinkel zugänglich. Tatsächlich entspricht das Resultat für $\varphi = 0$ ($\cos\varphi = 1$) und $\varphi = 180°$ ($\cos\varphi = -1$) den Operationsmatrizen für σ_{xy} und i. Operationsmatrizen sind für die jeweilige Operation charakteristische Größen, unabhängig von den jeweils konkreten Punktgruppen.

Ein Wechsel der Koordinaten für σ und C_2 ändert lediglich die Abfolge der Zahlenwerte auf der Diagonale. Die Spur bleibt unverändert. Es gilt:

$$\sigma_{xz} = \begin{pmatrix} 1 & 0 & 0 \\ 0 & -1 & 0 \\ 0 & 0 & 1 \end{pmatrix} \qquad \sigma_{yz} = \begin{pmatrix} -1 & 0 & 0 \\ 0 & 1 & 0 \\ 0 & 0 & 1 \end{pmatrix}$$

$$C_2(x) = \begin{pmatrix} 1 & 0 & 0 \\ 0 & -1 & 0 \\ 0 & 0 & -1 \end{pmatrix} \quad C_2(y) = \begin{pmatrix} -1 & 0 & 0 \\ 0 & 1 & 0 \\ 0 & 0 & -1 \end{pmatrix}$$

Die Beschreibung der Koordinatenwechsel des Wassers befindet sich als *Beispiel* in Kapitel 4.2.3.

4.2.5 Transformationsmatrizen

Zur vollständigen Beschreibung des Bewegungsvorgangs, d. h. sowohl die durch Platztausch wie durch Koordinatenwechsel bewirkten Resultate, werden Permutations- wie Operationsmatrizen in Transformationsmatrizen überführt. Hierbei nehmen die der Umorientierung des Moleküls zugehörigen Operationsmatrizen als Untermatrizen die Positionen der Zahlenwerte 1 in den Permutationsmatrizen ein. Die Zahl der Transformationsmatrizen eines Moleküls entspricht folglich wiederum der Gruppenordnung h der entsprechenden Punktgruppe. Die Dimension der Matrizen, d. h. die Anzahl ihrer Zeilen und Spalten, entspricht $3N$ (N = Zahl der Atome im Molekül). Das Beispiel des Wassermoleküls H_2O (Punktgruppe C_{2v}) ergibt folglich vier Transformationsmatrizen der jeweiligen Zeilen- und Spaltenzahl 9:

$$E = \begin{pmatrix} 1&0&0&0&0&0&0&0&0 \\ 0&1&0&0&0&0&0&0&0 \\ 0&0&1&0&0&0&0&0&0 \\ 0&0&0&1&0&0&0&0&0 \\ 0&0&0&0&1&0&0&0&0 \\ 0&0&0&0&0&1&0&0&0 \\ 0&0&0&0&0&0&1&0&0 \\ 0&0&0&0&0&0&0&1&0 \\ 0&0&0&0&0&0&0&0&1 \end{pmatrix} \quad C_2 = \begin{pmatrix} 0&0&0&0&0&0&1&0&0 \\ 0&0&0&0&0&0&0&-1&0 \\ 0&0&0&0&0&0&0&0&1 \\ 0&0&0&-1&0&0&0&0&0 \\ 0&0&0&0&-1&0&0&0&0 \\ 0&0&0&0&0&1&0&0&0 \\ 1&0&0&0&0&0&0&0&0 \\ 0&-1&0&0&0&0&0&0&0 \\ 0&0&1&0&0&0&0&0&0 \end{pmatrix}$$

$$\sigma_{v} = \begin{pmatrix} 0 & 0 & 0 & 0 & 0 & 0 & 1 & 0 & 0 \\ 0 & 0 & 0 & 0 & 0 & 0 & 0 & -1 & 0 \\ 0 & 0 & 0 & 0 & 0 & 0 & 0 & 0 & 1 \\ 0 & 0 & 0 & 1 & 0 & 0 & 0 & 0 & 0 \\ 0 & 0 & 0 & 0 & -1 & 0 & 0 & 0 & 0 \\ 0 & 0 & 0 & 0 & 0 & 1 & 0 & 0 & 0 \\ 1 & 0 & 0 & 0 & 0 & 0 & 0 & 0 & 0 \\ 0 & -1 & 0 & 0 & 0 & 0 & 0 & 0 & 0 \\ 0 & 0 & 1 & 0 & 0 & 0 & 0 & 0 & 0 \end{pmatrix} \qquad \sigma_{v'} = \begin{pmatrix} -1 & 0 & 0 & 0 & 0 & 0 & 0 & 0 & 0 \\ 0 & 1 & 0 & 0 & 0 & 0 & 0 & 0 & 0 \\ 0 & 0 & 1 & 0 & 0 & 0 & 0 & 0 & 0 \\ 0 & 0 & 0 & -1 & 0 & 0 & 0 & 0 & 0 \\ 0 & 0 & 0 & 0 & 1 & 0 & 0 & 0 & 0 \\ 0 & 0 & 0 & 0 & 0 & 1 & 0 & 0 & 0 \\ 0 & 0 & 0 & 0 & 0 & 0 & -1 & 0 & 0 \\ 0 & 0 & 0 & 0 & 0 & 0 & 0 & 1 & 0 \\ 0 & 0 & 0 & 0 & 0 & 0 & 0 & 0 & 1 \end{pmatrix}$$

Auf das Problem der Darstellung von Punktgruppen unendlicher Gruppenordnung ($C_{\infty v}$ und $D_{\infty h}$) wird an anderer Stelle eingegangen.

4.3 Ermittlung der Charaktere unter Verwendung der cos φ-Formeln

An Stelle der zeitaufwendigen Konstruktion der Transformationsmatrizen tritt in der Praxis die direkte Ermittlung der reduziblen Charaktere durch die sog. cos φ-Formeln. Als Begründung für diese die Genauigkeit der Aussage nicht beeinträchtigenden Vereinfachung gilt, dass:

(a) sich die Beiträge platzwechselnder Atome durch die Operation sowohl hinsichtlich des Platztausches wie auch des Koordinatenwechsels ausgleichen;
(b) die Abfolge der Zahlenwerte auf den Hauptdiagonalen der Operationsmatrizen wegen der willkürlichen Festlegung der Koordinaten x, y, z unerheblich ist.

Die für die Ermittlung der Bewegungskoordinaten relevante Aussage der Transformationsmatrizen lässt sich folglich durch die Bildung der Summe der Diagonalelemente darstellen, welche die Beiträge der lagekonstanten Atome beinhalten. Zu ihrer Ermittlung ist die Konstruktion der Transformationsmatrizen entbehrlich (zur Beschreibung der Bewegungskoordinaten des Benzolmoleküls, C_6H_6, Punktgruppe D_{6h}, ist der Aufbau von 24 Transformationsmatrizen mit jeweils $3N = 36$ Zeilen und Spalten erforderlich). Die Berechnung dieser, wie zuvor erwähnt, als reduzibler Charakter χ_r bezeichneten Diagonalsumme (Spur) erfolgt unter Verwendung der Charaktere der zuvor abgeleiteten Rotationsmatrix bzw. Drehspiegelmatrix nach folgenden Gleichungen:

C_n (einschließlich E): $\chi = N(2\cos\varphi + 1)$ $\quad$ N ist die Zahl der lagekonstanten Atome
S_n (einschl. σ und i): $\chi = N(2\cos\varphi - 1)$

Die Werte der Winkelfunktionen häufiger Symmetrieoperationen sind nachfolgend angegeben:

Symmetrie-operation	φ	$2\cos\varphi + 1$	Symmetrie-operation	φ	$2\cos\varphi - 1$
C_1	0°	3	$S_1(=\sigma)$	0°	1
C_2	180°	−1	$S_2(=i)$	180°	−3
C_3	120°	0	S_3	120°	−2
C_4	90°	1	S_4	90°	−1
C_6	60°	2	S_6	60°	0

4.4 Übungsaufgaben

1. Berechnen Sie folgende Produkte:

$$\begin{pmatrix} 1 & 2 & 3 \\ 4 & 5 & 6 \\ 7 & 8 & 9 \end{pmatrix} \times \begin{pmatrix} 3 & 2 & 1 \\ 6 & 5 & 4 \\ 9 & 8 & 7 \end{pmatrix} \qquad \begin{pmatrix} 3 & 3 & 3 \\ 4 & 4 & 4 \\ 2 & 1 & 0 \end{pmatrix} \times \begin{pmatrix} 2 & 1 & 2 \\ 1 & 0 & 1 \\ 1 & 2 & 1 \end{pmatrix}$$

$$\begin{pmatrix} 6 & 1 & 0 \\ 7 & 0 & 4 \\ 8 & 2 & 3 \end{pmatrix} \times \begin{pmatrix} 2 & 4 & 6 \\ 0 & 5 & 1 \\ 1 & 2 & 7 \end{pmatrix}$$

2. Erklären Sie die Begriffe Operationsmatrix, Permutationsmatrix und Transformationsmatrix.
3. Geben Sie die Operationsmatrizen der Operationen $C_{2(x)}$, $C_{2(z)}$, σ_{xz} und σ_{yz} an.
4. Entwerfen Sie die Permutationsmatrizen des Moleküls CH_2Cl_2.
5. Entwerfen Sie die Transformationsmatrizen des Moleküls H_2O_2.

5 Darstellungen und Charaktertafeln

5.1 Charaktere

Wir greifen die Gruppe D_4 (Kapitel 3.1) wieder auf, um der Frage, welche Matrixdarstellungen einer Gruppe die Multiplikationstabellen nicht verletzen, nachzugehen. Die Multiplikationstabelle von D_4 sowie von deren Faktorgruppen, F_1 und F_2 sind nachfolgend aufgelistet:

D_4	E	C_4	C_2	C_4^3	C_2^a	C_2^b	C_2^c	C_2^d
E	E	C_4	C_2	C_4^3	C_2^a	C_2^b	C_2^c	C_2^d
C_4	C_4	C_2	C_4^3	E	C_2^c	C_2^d	C_2^b	C_2^a
C_2	C_2	C_4^3	E	C_4	C_2^b	C_2^a	C_2^d	C_2^c
C_4^3	C_4^3	E	C_4	C_2	C_2^d	C_2^c	C_2^a	C_2^b
C_2^a	C_2^a	C_2^d	C_2^b	C_2^c	E	C_2	C_4^3	C_4
C_2^b	C_2^b	C_2^c	C_2^a	C_2^d	C_2	E	C_4	C_4^3
C_2^c	C_2^c	C_2^a	C_2^d	C_2^b	C_4	C_4^3	E	C_2
C_2^d	C_2^d	C_2^b	C_2^c	C_2^a	C_4^3	C_4	C_2	E

$\boldsymbol{F_1}$	N^1	$Co\,C_4$	$Co\,C_2^a$	$Co\,C_2^c$
N^1	N^1	$Co\,C_4$	$Co\,C_2^a$	$Co\,C_2^c$
$Co\,C_4$	$Co\,C_4$	N^1	$Co\,C_2^c$	$Co\,C_2^a$
$Co\,C_2^a$	$Co\,C_2^a$	$Co\,C_2^c$	N^1	$Co\,C_4$
$Co\,C_2^c$	$Co\,C_2^c$	$Co\,C_2^a$	$Co\,C_4$	N^1

$\boldsymbol{F_2}$	N^2	$Co\,C_2^a$
N^2	N^2	$Co\,C_2^a$
$Co\,C_2^a$	$Co\,C_2^a$	N^2

Zunächst können alle Operatoren auf {1} abgebildet werden, die eindimensionale Einheitsmatrix. Die Anforderungen der Gruppenaxiome sind sämtlich erfüllt, und es gibt keinen Widerspruch zur Multiplikationstabelle. Diese Abbildung ist homomorph. Man nennt diese Darstellung, die allen Punktgruppen eigen ist, die *totalsymmetrische Darstellung.*

Diese Darstellung würde für D_4 folgendermaßen aussehen:

D_4	E	C_4	C_2	C_4^3	C_2^a	C_2^b	C_2^c	C_2^d
Γ_1	1	1	1	1	1	1	1	1

Die Zahlenwerte (hier lauter 1er) nennt man *Charaktere*. Die entstehende Tabelle heißt: *Charaktertafel oder Charakterentafel.*

Werfen wir anschließend einen Blick auf die Faktorgruppe, F_2, sehen wir sofort, dass eine weitere einfache Darstellung dadurch zustande kommt, dass alle Elemente des Normalteilers auf {1} und alle Elemente der Nebengruppe auf {−1} abgebildet werden. Die Multiplikationstabelle wird nicht verletzt und die Gruppenaxiome gelten weiterhin:

D_4	E	C_4	C_2	C_4^3	C_2^a	C_2^b	C_2^c	C_2^d
Γ_1	1	1	1	1	1	1	1	1
Γ_2	1	1	1	1	−1	−1	−1	−1

https://doi.org/10.1515/9783110736366-005

Wir können aber auch F_1 nehmen und die Elemente aus N_1 auf {1} abbilden. Bei den drei Nebengruppen müssen dann die Elemente aus einer auf {1} und die Elemente aus den beiden anderen auf {−1} abgebildet werden; dafür gibt es aber zwei Möglichkeiten:

D_4	E	C_4	C_2	C_4^3	C_2^a	C_2^b	C_2^c	C_2^d
Γ_1	1	1	1	1	1	1	1	1
Γ_2	1	1	1	1	−1	−1	−1	−1
Γ_3	1	−1	1	−1	1	1	−1	−1
Γ_4	1	−1	1	−1	−1	−1	1	1

Diese Darstellungen sind alle homomorph, sie sind alle eindimensional und somit *irreduzibel*.

5.2 Orthogonalitätstheorem

Zur weiteren Entwicklung müssen verschiedene Gesetzmäßigkeiten der Darstellungstheorie beachtet werden. Hierbei fassen wir die Darstellungen als Charakter-Vektoren der irreduziblen Darstellungen im Gruppenraum auf, wobei der Charakter-Vektor als Produkt eines Einheitsvektors (die „Richtung" der Operation), $\underline{e}_R$, mit dem jeweiligen Charakter der Symmetrierasse, α, auftritt:

$$\underline{\chi}^{\alpha} = \sum_R \underline{e}_R \chi_\alpha(R)$$

Über den Charakter-Vektoren gelangt man zum großen *Orthogonalitätstheorem*:

$$\sum_R \Gamma_i(R)_{mn} \Gamma_j(R)^*_{pq} = \left(h/\sqrt{l_i l_j}\right) \cdot \delta_{ij} \cdot \delta_{mp} \cdot \delta_{nq}$$

Dabei ist:

h Gruppenordnung (Zahl der Operationen der Gruppe);

l_i, l_j Dimensionen der i-ten bzw. j-ten irreduziblen Darstellungen;

$\Gamma_i(R)_{mn}$ Element der m-ten Zeile und n-ten Spalte einer Matrix, die die Symmetrieoperation R in der irreduziblen Matrixdarstellung entspricht;

* steht für komplex konjugiert.

Regel 1: Die Zahl der *irreduziblen Darstellungen* (*Rassen*) einer Punktgruppe ist gleich der Zahl der Symmetrieklassen der Gruppe.

Regel 2: Die Charaktere aller Operationen einer Klasse sind identisch.

Regel 3: Die Summe der Quadrate der (irreduziblen) Charaktere (spaltenweise oder zeilenweise) ist gleich der Ordnung der Gruppe:

$$\sum_\alpha (\chi_\alpha(E))^2 = h, \quad \text{bzw.} \quad \sum_R (\chi_\alpha(R))^2 = h$$

Regel 4: Das skalare Produkt zweier Gruppenvektoren (Summe der Produkte der Charaktere der jeweiligen Klassen) ist null.

Regel 5: Der Charakter der Identitätsmatrix (die Spur) ist gleich ihrer Dimension:

$$\chi_\alpha(E) = l_\alpha$$

Regel 6: Die Charaktervektoren verschiedener irreduziblen Darstellungen sind orthogonal:

$$\sum_R \chi_i(R) \cdot \chi_j(R)^* = h\delta_{ij}$$

Es gibt so viele irreduziblen Darstellungen wie es Klassen der Operatoren gibt. Im Falle von D_4 lassen sich die Operatoren in folgenden Klassen einteilen: $\{E\}$, $\{C_2\}$, $\{C_4, C_4^3\}$, $\{C_2^a, C_2^b\}$ und $\{C_2^c, C_2^d\}$. Es muss somit fünf irreduzible Darstellungen geben. Vier kennen wir schon. Um die fünfte zu finden, betrachten wir die Matrixdarstellungen der Symmetrieelementen:

$$D(E) = \begin{pmatrix} 1&0&0&0 \\ 0&1&0&0 \\ 0&0&1&0 \\ 0&0&0&1 \end{pmatrix};\ D(C_4) = \begin{pmatrix} 0&0&0&1 \\ 1&0&0&0 \\ 0&1&0&0 \\ 0&0&1&0 \end{pmatrix};\ D(C_2) = \begin{pmatrix} 0&0&1&0 \\ 0&0&0&1 \\ 1&0&0&0 \\ 0&1&0&0 \end{pmatrix};\ D(C_4^3) = \begin{pmatrix} 0&1&0&0 \\ 0&0&1&0 \\ 0&0&0&1 \\ 1&0&0&0 \end{pmatrix}$$

Spur : 4 0 0 0

$$D(C_2^a) = \begin{pmatrix} 0&0&0&1 \\ 0&0&1&0 \\ 0&1&0&0 \\ 1&0&0&0 \end{pmatrix};\ D(C_2^b) = \begin{pmatrix} 0&1&0&0 \\ 1&0&0&0 \\ 0&0&0&1 \\ 0&0&1&0 \end{pmatrix};\ D(C_2^c) = \begin{pmatrix} 1&0&0&0 \\ 0&0&0&1 \\ 0&0&1&0 \\ 0&1&0&0 \end{pmatrix};\ D(C_2^d) = \begin{pmatrix} 0&0&1&0 \\ 0&1&0&0 \\ 1&0&0&0 \\ 0&0&0&1 \end{pmatrix}$$

Spur : 0 0 2 2

Die ersten vier irreduziblen Darstellungen waren Abbildungen auf Zahlen (eindimensionale Matrizen), jetzt haben wir es mit vierdimensionalen Matrizen zu tun. Ein Blick auf Regel 6 sagt aber auch aus, dass die Summe der Quadrate der Matrixdimensionen der Ordnung der Gruppe entsprechen muss. Die Ordnung von D_4 ist 8. Die Summe von den Quadraten der ersten vier Darstellungen ist 4. Die fünfte Darstellung *muss* somit zweidimensional sein. Man könnte versuchen, durch eine Ähnlichkeitstransformation die vierdimensionalen Matrizen auf Diagonalform oder Blockform zu bringen, weil diese Darstellung (wahrscheinlich) *reduzibel* ist. Man sucht deshalb eine Transformationsmatrix, Q, die die Darstellung auf Diagonal-Blockform bringen kann:

$$D' = Q^{-1}DQ$$

D ist bekannt, D' soll weitgehend diagonal sein, Q und damit Q^{-1} wird gesucht.

Q hängt davon ab, welche Gruppe transformiert werden soll, im Falle von D_4 gilt:

$$Q = \begin{pmatrix} 1/2 & 1/2 & 1/2 & 1/2 \\ 1/2 & -1/2 & 1/2 & -1/2 \\ 1/2 & -1/2 & -1/2 & 1/2 \\ 1/2 & 1/2 & -1/2 & -1/2 \end{pmatrix};\qquad Q^{-1} = \begin{pmatrix} 1/2 & 1/2 & 1/2 & 1/2 \\ 1/2 & -1/2 & -1/2 & 1/2 \\ 1/2 & 1/2 & -1/2 & -1/2 \\ 1/2 & -1/2 & 1/2 & -1/2 \end{pmatrix}$$

Die Transformation der D-Matrizen führt zu:

$$D'(E) = \begin{pmatrix} 1 & 0 & 0 & 0 \\ 0 & 1 & 0 & 0 \\ 0 & 0 & 1 & 0 \\ 0 & 0 & 0 & 1 \end{pmatrix}; \quad D'(C_4) = \begin{pmatrix} 1 & 0 & 0 & 0 \\ 0 & 0 & -1 & 0 \\ 0 & 1 & 0 & 0 \\ 0 & 0 & 0 & -1 \end{pmatrix}$$

$$D'(C_2) = \begin{pmatrix} 1 & 0 & 0 & 0 \\ 0 & -1 & 0 & 0 \\ 0 & 0 & -1 & 0 \\ 0 & 0 & 0 & 1 \end{pmatrix}; \quad D'(C_4^3) = \begin{pmatrix} 1 & 0 & 0 & 0 \\ 0 & 0 & 1 & 0 \\ 0 & -1 & 0 & 0 \\ 0 & 0 & 0 & -1 \end{pmatrix}$$

$$D'(C_2^a) = \begin{pmatrix} 1 & 0 & 0 & 0 \\ 0 & 1 & 0 & 0 \\ 0 & 0 & -1 & 0 \\ 0 & 0 & 0 & -1 \end{pmatrix}; \quad D'(C_2^b) = \begin{pmatrix} 1 & 0 & 0 & 0 \\ 0 & -1 & 0 & 0 \\ 0 & 0 & 1 & 0 \\ 0 & 0 & 0 & -1 \end{pmatrix}$$

$$D'(C_2^c) = \begin{pmatrix} 1 & 0 & 0 & 0 \\ 0 & 0 & 1 & 0 \\ 0 & 1 & 0 & 0 \\ 0 & 0 & 0 & 1 \end{pmatrix}; \quad D'(C_2^d) = \begin{pmatrix} 1 & 0 & 0 & 0 \\ 0 & 0 & -1 & 0 \\ 0 & -1 & 0 & 0 \\ 0 & 0 & 0 & 1 \end{pmatrix}$$

In dieser Darstellung lassen sich die Elemente der ersten und letzten Zeilen und Spalten von den beiden der Mittleren trennen:

	E	C_4	C_2	C_4^3	C_2^a	C_2^b	C_2^c	C_2^d
aus Zeile 1	1	1	1	1	1	1	1	1
aus Zeile 4	1	−1	1	−1	−1	−1	1	1
aus der Mitte	$\begin{pmatrix} 1 & 0 \\ 0 & 1 \end{pmatrix}$	$\begin{pmatrix} 0 & -1 \\ 1 & 0 \end{pmatrix}$	$\begin{pmatrix} -1 & 0 \\ 0 & -1 \end{pmatrix}$	$\begin{pmatrix} 0 & 1 \\ -1 & 0 \end{pmatrix}$	$\begin{pmatrix} 1 & 0 \\ 0 & -1 \end{pmatrix}$	$\begin{pmatrix} -1 & 0 \\ 0 & 1 \end{pmatrix}$	$\begin{pmatrix} 0 & 1 \\ 1 & 0 \end{pmatrix}$	$\begin{pmatrix} 0 & -1 \\ -1 & 0 \end{pmatrix}$
Spuren:	2	0	−2	0	0	0	0	0

Zeile 1 entspricht Γ_1, Zeile 4 entspricht Γ_4 und aus den Spuren (Charakteren) der Mitte entsteht Γ_5.

D_4	E	C_4	C_2	C_4^3	C_2^a	C_2^b	C_2^c	C_2^d
Γ_1	1	1	1	1	1	1	1	1
Γ_2	1	1	1	1	−1	−1	−1	−1
Γ_3	1	−1	1	−1	1	1	−1	−1
Γ_4	1	−1	1	−1	−1	−1	1	1
Γ_5	2	0	−2	0	0	0	0	0

Somit kann die Darstellung D als *direkte Summe* geschrieben werden:

$$D = \Gamma_1 \oplus \Gamma_5 \oplus \Gamma_4$$

Die direkte Summe gibt an, dass die einzelnen Blöcke auf der Diagonale aneinander angereiht werden. Dieses Ergebnis lässt sich mithilfe der Reduktionsformel (siehe Kapitel 5.6) überprüfen.

Um die fünfte Darstellung zu finden, hätten wir auch zwei Aussagen aus dem Orthogonalitätstheorem nutzen können, nämlich Regel 3 und Regel 6. Der erste Satz führt zu $\chi^5(E) = 2$. Der zweite Satz führt dazu, dass $\chi^5(C_2) = -2$ sein muss. Alle anderen Charaktere haben den Wert null:

$$\Gamma_5 \quad 2 \quad 0 \quad -2 \quad 0 \quad 0 \quad 0 \quad 0 \quad 0$$

Fassen wir die fünf irreduziblen Darstellungen in eine Charaktertafel zusammen, erhalten wir vollständig (links) oder komprimiert (rechts):

D_4	E	C_4	C_2	C_4^3	C_2^a	C_2^b	C_2^c	C_2^d
Γ_1	1	1	1	1	1	1	1	1
Γ_2	1	1	1	1	−1	−1	−1	−1
Γ_3	1	−1	1	−1	1	1	−1	−1
Γ_4	1	−1	1	−1	−1	−1	1	1
Γ_5	2	0	−2	0	0	0	0	0

D_4	E	$2C_4$	C_2	$2C_2^a$	$2C_2^c$
Γ_1	1	1	1	1	1
Γ_2	1	1	1	−1	−1
Γ_3	1	−1	1	1	−1
Γ_4	1	−1	1	−1	1
Γ_5	2	0	−2	0	0

5.3 Die zyklischen Gruppen

Als Beispiel einer zyklischen Gruppe soll hier die Punktgruppe C_3 betrachtet werden. In zyklischen Gruppen bildet jedes Symmetrieelement eine Klasse für sich. Bei C_3 mit den Elementen E, C_3 und C_3^2 (mit der Ordnung 3) resultieren somit drei irreduzible Rassen. Die Konstruktion der Charaktertafel wird dadurch erschwert, dass die irreduziblen Charaktere zum Teil imaginär sind. Diese imaginären Charaktere erscheinen immer in Paaren von konjugiert-komplexen Zahlen. Der Charakter für C_3 (bei einer Drehung von $\varphi = 2\pi i/3$) ist: $\chi_r = \exp(2\pi i/3) = \varepsilon$. Bei C_3^2 wird diese Größe quadriert. Bei E ist der Charakter 1. Die Charaktertafel nimmt somit folgende Form an:

C_3	E	C_3	C_3^2
Γ_1	1	1	1
Γ_2	1	ε	ε^*
Γ_3	1	ε^*	ε

wobei ausgenutzt wurde, dass $|\exp(2\pi i/3)|^2 = \exp(4\pi i/3) = \exp(-2\pi i/3)$.

In der Regel wird diese Form der Charaktertafel nicht gezeigt, stattdessen addiert man Γ_2 und Γ_3 zu einer pseudo-zweidimensionalen Darstellung mit reellen Charakteren zusammen:

C_3	E	C_3	C_3^2
A	1	1	1
E	2	−1	−1

Hierbei wurde die Eulerformel für die Berechnung verwendet:

$$\chi_{\mathrm{r}}(C_3) = \varepsilon = \exp(2\pi i/3) = \cos(2\pi/3) + i\sin(2\pi/3) = -1/2 + i\sqrt{3}/2$$
$$\chi_{\mathrm{r}}(C_3^2) = \varepsilon^* = \exp(-2\pi i/3) = \cos(2\pi/3) - i\sin(2\pi/3) = -1/2 - i\sqrt{3}/2$$

5.4 Die Gruppen linearer Moleküle und Atome

Die Gruppen der linearen Moleküle unterscheiden sich hauptsächlich durch die Frage, ob ein Inversionszentrum vorhanden ist ($D_{\infty\mathrm{h}}$) oder nicht ($C_{\infty\mathrm{v}}$). Die Gruppe der Atome ist eine reine Rotationsgruppe (die Gruppe aller Drehungen), die Kugelgruppe genannt und oft als $R_{\mathrm{h}}(3)$ oder K_{h} bezeichnet wird.

$C_{\infty\mathrm{v}}$ besitzt eine C_∞-Achse und ∞ σ_{v}-Spiegelebenen. Beispiele sind: CO, OCS, HCN. $D_{\infty\mathrm{h}}$ besitzt auch eine C_∞-Achse, aber dazu auch eine S_∞-Achse, ein Inversionszentrum i und $\infty\sigma_{\mathrm{i}}$-Ebenen und ∞ C_2-Achsen $\perp C_\infty$. Beispiele sind: O_2, N_2, CO_2, C_2H_2.

Die Charaktertafeln sind:

$\boldsymbol{C_{\infty\mathrm{v}}}$	E	$2C_\infty^\varphi$	...	$\infty\sigma_{\mathrm{v}}$
$A_1 \equiv \Sigma^+$	1	1	...	1
$A_2 \equiv \Sigma^-$	1	1	...	−1
$E_1 \equiv \Pi$	2	$2\cos\varphi$	...	0
$E_2 \equiv \Delta$	2	$2\cos 2\varphi$	...	0
$E_3 \equiv \Phi$	2	$2\cos 3\varphi$	...	0
...	...	...	...	...

$\boldsymbol{D_{\infty\mathrm{h}}}$	E	$2C_\infty^\varphi$	...	$\infty\sigma_{\mathrm{i}}$	i	$2S_\infty^\varphi$	...	∞C_2
Σ_{g}^+	1	1	...	1	1	1	...	1
Σ_{g}^-	1	1	...	−1	1	1	...	−1
Π_{g}	2	$2\cos\varphi$	...	0	2	$-2\cos\varphi$	...	0
Δ_{g}	2	$2\cos 2\varphi$	...	0	2	$2\cos 2\varphi$	...	0
...	...	...	...	...	...	...	...	...
Σ_{u}^+	1	1	...	1	−1	−1	...	−1
Σ_{u}^-	1	1	...	−1	−1	−1	...	1
Π_{u}	2	$2\cos\varphi$	...	0	−2	$2\cos\varphi$	...	0
Δ_{u}	2	$2\cos 2\varphi$	...	0	−2	$-2\cos 2\varphi$	...	0
...	...	...	...	...	...	...	...	...

Die irreduziblen Darstellungen der Gruppe $\boldsymbol{K_{\mathrm{h}}}$ werden mit $\Gamma^{(j)}$ ($j = 0, 1/2, 1, 3/2, \ldots$) bezeichnet.

Die Charaktere sind:

$$\chi^{(j)}(\varphi) = \begin{cases} \frac{\sin(j+1/2)\varphi}{\sin(\varphi/2)} & \varphi \neq 0 \\ 2j+1 & \varphi = 0 \end{cases}$$

In der Gruppe R_3 kann j nur ganzzahlige Werte annehmen, und hier wird j in der Regel durch l oder L ersetzt. Die Bezeichnung der irreduziblen Darstellungen lauten in diesem Fall: $\Gamma^{(0)} \equiv S$, $\Gamma^{(1)} \equiv P$, $\Gamma^{(3)} \equiv D$ usw.

5.5 Systematik der Bezeichnungen bei den irreduziblen Darstellungen

Bei der Rassenbezeichnung haben sich die Mulliken-Symbole (die eigentlich auf Placzek zurückgehen) durchgesetzt:

(i) Hauptsymbole: A, B, E, T (oder F), G, H, ...; sie geben die Dimension der Identitätsmatrix (Entartungsgrad) und das Verhalten gegen die Hauptachse C_n an.

(ii) Indizes: g, u, 1, 2 und Hochzahlen: $'$, $''$, $+$, $-$; sie kennzeichnen das Verhalten bei den Symmetrieoperationen i, σ_h, $C_2 \perp C_n$ und σ_v.

Hauptsymbol:

A, B: eindimensionale Darstellungen
E: zweidimensionale Darstellungen
$T(F)$: dreidimensionale Darstellungen
G: vierdimensionale Darstellungen
H: fünfdimensionale Darstellungen

Indizierung der Hauptachse:

A: symmetrisches Verhalten gegen C_n; $\chi_\text{i} = 1$
B: antisymmetrisches Verhalten gegen C_n; $\chi_\text{i} = -1$

Indizierung des Inversionszentrums:

g: symmetrisches Verhalten gegen i; $\chi_\text{i} = 1$
u: antisymmetrisches Verhalten gegen i; $\chi_\text{i} = -1$

Indizierung der Horizontalebene:

$'$: symmetrisches Verhalten gegen σ_h; $\chi_i = 1$
$''$: antisymmetrisches Verhalten gegen σ_h; $\chi_i = -1$

Indizierung der zweizähligen Nebenachsen (bzw. Vertikalebenen):

In *D*-Gruppen wird auch das Verhalten gegen $C_2 \perp C_n$ (oder σ_v) wie folgt gekennzeichnet:
1: symmetrisch gegen C_2 (oder σ_v); $\chi_i = 1$
2: antisymmetrisch gegen C_2 (oder σ_v); $\chi_i = -1$

In einzelnen Punktgruppen tritt auch der Index 3 auf (z. B. D_2, D_{6h}, D_{6d}), während er in anderen bei einzelnen Rassen fehlt (z. B. E_g in O_h). Hier wird der Index als Zählziffer verwendet (z. B. in D_2: die erste Rasse *B*, die zweite Rasse *B*, die dritte Rasse *B*), während eine entsprechende Indizierung von E_g in O_h nicht erforderlich ist, da die Rasse hier nun einmal auftritt.

Indizierung bei linearen Molekülen:

In $D_{\infty h}$ bzw. $C_{\infty v}$ wird das Verhalten gegen σ_v durch hochgestellte +/– Zeichen und die Dimension der Darstellungen durch Σ, Π, Δ usw. gekennzeichnet:
+: symmetrisch gegen σ_v; $\chi_i = 1$
–: antisymmetrisch gegen σ_v; $\chi_i = -1$

5.6 Reduktionsformel

In der Praxis (besonders bei der Schwingungsspektroskopie) stellt man eine *reduzible* Darstellung des Systems auf, möchte aber wissen, wie oft die verschiedenen irreduziblen Darstellungen in der reduziblen enthalten sind. Für diese Berechnung braucht man die Charaktere der reduziblen Darstellung sowie die Charaktere der irreduziblen Darstellungen der entsprechenden Punktgruppe. Diese Überlegung ist auch von Bedeutung, wenn die internen Bewegungen (Schwingungen) von den externen Bewegungen (Translation und Rotation) getrennt werden sollen.

Weil die reduzible Darstellung durch eine Ähnlichkeitstransformation in die direkte Summe der irreduziblen Darstellungen umgewandelt werden kann (wobei die

Spur unverändert bleibt), muss gelten:

$$\chi(R) = \sum_{i}^{n} c_i \chi_i(R)$$

wobei das nicht induzierte χ eine reduzible und das induzierte χ_i eine irreduzible Darstellung symbolisiert. Aus diesem Zusammenhang lässt sich die Reduktionsformel ableiten, indem auf beiden Seiten der Gleichung mit $\chi_k(R)^*$ multipliziert und anschließend über alle R summiert wird:

$$\sum_R \chi(R) \cdot \chi_k(R)^* = \sum_R \sum_i c_i \chi_i(R) \cdot \chi_k(R)^* = h \cdot c_k$$

weil bei der doppelten Summe gelten muss, dass alle Produkte 0 sind falls $i \neq k$. Isoliert man c_k, erhält man:

$$c_k = (1/h) \sum_R \chi(R) \cdot \chi_k(R)^*$$

oder auf die Klassen bezogen (statt auf alle Symmetrieelemente):

$$c_k = (1/h) \sum_j c_j \chi(R_j) \cdot \chi_k(R_j)^*$$

wobei j über alle Klassen läuft. Die j-te Klasse beinhaltet c_j Operatoren R_j.

Noch eine wichtige Regel soll in diesem Zusammenhang erwähnt werden: Ausgenommen der totalsymmetrischen Darstellung ist die Summe der Komponenten des Darstellungsvektors 0:

$$\sum_R \chi_\alpha(R) = h \cdot \delta_{\alpha 1}$$

Die Reduktionsformel gilt nicht für lineare Moleküle ($h = \infty$).

Anwendungsbeispiel:

D_4 in der D'-Matrixdarstellung (Kapitel 5.2):

$$D'(E) = \begin{pmatrix} 1 & 0 & 0 & 0 \\ 0 & 1 & 0 & 0 \\ 0 & 0 & 1 & 0 \\ 0 & 0 & 0 & 1 \end{pmatrix}; \quad D'(C_4) = \begin{pmatrix} 1 & 0 & 0 & 0 \\ 0 & 0 & -1 & 0 \\ 0 & 1 & 0 & 0 \\ 0 & 0 & 0 & -1 \end{pmatrix}; \quad D'(C_2) = \begin{pmatrix} 1 & 0 & 0 & 0 \\ 0 & -1 & 0 & 0 \\ 0 & 0 & -1 & 0 \\ 0 & 0 & 0 & 1 \end{pmatrix}; \quad D'(C_4^3) = \begin{pmatrix} 1 & 0 & 0 & 0 \\ 0 & 0 & 1 & 0 \\ 0 & -1 & 0 & 0 \\ 0 & 0 & 0 & -1 \end{pmatrix}$$

Spur 4 0 0 0

$$D'(C_2^a) = \begin{pmatrix} 1 & 0 & 0 & 0 \\ 0 & 1 & 0 & 0 \\ 0 & 0 & -1 & 0 \\ 0 & 0 & 0 & -1 \end{pmatrix}; \quad D'(C_2^b) = \begin{pmatrix} 1 & 0 & 0 & 0 \\ 0 & -1 & 0 & 0 \\ 0 & 0 & 1 & 0 \\ 0 & 0 & 0 & -1 \end{pmatrix}; \quad D'(C_2^c) = \begin{pmatrix} 1 & 0 & 0 & 0 \\ 0 & 0 & 1 & 0 \\ 0 & 1 & 0 & 0 \\ 0 & 0 & 0 & 1 \end{pmatrix}; \quad D'(C_2^d) = \begin{pmatrix} 1 & 0 & 0 & 0 \\ 0 & 0 & -1 & 0 \\ 0 & -1 & 0 & 0 \\ 0 & 0 & 0 & 1 \end{pmatrix}$$

Spur 0 0 2 2

D_4	E	$2\boldsymbol{C_4}$	$\boldsymbol{C_2}$	$2\boldsymbol{C_2^a}$	$2\boldsymbol{C_2^c}$
Γ_1	1	1	1	1	1
Γ_2	1	1	1	−1	−1
Γ_3	1	−1	1	1	−1
Γ_4	1	−1	1	−1	1
Γ_5	2	0	−2	0	0

Die Reduktionsformel ist ein formales Werkzeug womit wir überprüfen können, ob die Zerlegung in Kapitel 5.2 korrekt war. c_j (die Zahl der Elemente jeder Klasse) und χ (der Charakter der reduziblen Darstellung) ändern sich bei den verschiedenen irreduziblen Darstellungen nicht und sind deshalb nur in der ersten Zeile gezeigt:

	$1/h \quad c_j$	$\chi(R)$	$\chi_i(R)^*$			
$c_1 = (1/8)[$	$1 \cdot 4 \cdot 1$	$+2 \cdot 0 \cdot 1$	$+1 \cdot 0 \cdot 1$	$+2 \cdot 0 \cdot 1$	$+2 \cdot 2 \cdot 1]$	$= 8/8 = 1$
$c_2 = (1/8)[$	1	1	1	−1	−1]	$= 0/8 = 0$
$c_3 = (1/8)[$	1	−1	1	1	−1]	$= 0/8 = 0$
$c_4 = (1/8)[$	1	−1	1	−1	1]	$= 8/8 = 1$
$c_5 = (1/8)[$	2	0	−2	0	0]	$= 8/8 = 1$
	E	C_4	C_2	C_2^a	C_2^c	

Nach der Reduktionsformel lässt sich somit die vierdimensionale Darstellung schreiben als eine direkte Summe von $\Gamma_1 \oplus \Gamma_4 \oplus \Gamma_5$ in Übereinstimmung mit der vorherigen Berechnung.

Die irreduziblen Darstellungen einer bestimmten Gruppe sind eindeutig festgelegt, während eine reduzible Darstellung vom jeweils gewählten Modell abhängt.

5.7 Umgang mit den Charaktertafeln

Die Multiplikation von Symmetrierassen (das direkte Produkt) wird erforderlich, wenn man Kombinationen von mehreren Bewegungsformen auf ihre resultierenden Symmetrieeigenschaften untersuchen will. Mögliche Anwendungen sind Kombinations- oder Oberschwingungen in der Schwingungsspektroskopie, sei es IR- oder Raman-Spektroskopie, die Beschreibung von *vibronischen* Zuständen in der Elektronenanregung/Schwingungsspektroskopie oder die resultierende Symmetrie, wenn mehrere Orbitale nur teilweise besetzt sind.

Das direkte Produkt zweier Rassen ergibt eine neue Darstellung, die entweder irreduzibel ist oder reduziert werden muss; mit anderen Worten: eine reduzible Darstellung muss als direkte Summe von irreduziblen Darstellungen geschrieben werden.

5.7.1 Produkte von nicht entarteten Rassen

Die Charaktere derselben Symmetrieklasse werden mit einander multipliziert. Das Ergebnis muss wieder in der Charaktertafel zu finden sein (Abgeschlossenheit).

Beispiel: Die Punktgruppe C_{2v} mit den Elementen $\{E, C_2, \sigma_{xz}, \sigma_{yz}\}$ und die Charaktertafel:

$\mathbf{C_{2v}}$	E	C_2	σ_{xz}	σ_{yz}	
A_1	1	1	1	1	
A_2	1	1	−1	−1	
B_1	1	−1	1	−1	
B_2	1	−1	−1	1	
$A_2 \times B_1$	1	−1	−1	1	$= B_2$
$B_1 \times B_2$	1	1	−1	−1	$= A_2$

5.7.2 Rechenregeln

(1) Das Quadrat von nicht entarteten Rassen ist totalsymmetrisch:

$$A_1 \times A_1 = A_1 \,; \qquad B_1 \times B_1 = A_1$$

(2) Bei Multiplikation mit der totalsymmetrischen Rasse bleibt die ursprüngliche Rasse erhalten:

$$B_1 \times A_1 = B_1 \,; \qquad A_1 \times B_2 = B_2$$

(3) Bei Rassen mit Indizes g bzw. u gilt:

$$g \times g = g \,; \qquad u \times u = g \,; \qquad g \times u = u$$

(4) Bei Rassen mit Hochzahlen ($'$) bzw. ($''$) gilt:

$$(') \times (') = (') \,; \qquad ('') \times ('') = (') \,; \qquad (') \times ('') = ('')$$

(5) Bei Rassen mit Indizes 1 bzw. 2 gilt:

$$1 \times 1 = 1 \,; \qquad 2 \times 2 = 1 \,; \qquad 1 \times 2 = 2 \times 1 = 2$$

Ausnahme: D_{2h} (zyklische Vertauschung):

$$1 \times 2 = 3 \,; \qquad 2 \times 3 = 1 \,; \qquad 3 \times 1 = 2$$

5.7.3 Produkte von nicht entarteten und entarteten Rassen

Die Dimension der entarteten Rassen bleibt erhalten.

Beispiel: Die Punktgruppe D_3 mit den Elementen $\{E, C_3, C_2\}$ und die Charaktertafel:

D_3	E	$2C_3$	$3C_2$	
A_1	1	1	1	
A_2	1	1	−1	
E	2	−1	0	
$A_1 \times E$	2	−1	0	$= E$
$A_2 \times E$	2	−1	0	$= E$

5.7.4 Produkte von entarteten Rassen

Manchmal lässt ein Blick auf die Charaktertafel die Zusammensetzung einer reduziblen Darstellung aus den irreduziblen schnell erkennen; in Zweifelsfällen führt die Anwendung der Reduktionsformel zu einer Zerlegung in die irreduziblen Darstellungen.

Beispiel 1. Die Punktgruppe D_3. Symmetrieelemente und Charaktertafel stehen in A3

$$E \times E \quad 4 \quad 1 \quad 0$$

Die Anwendung der Reduktionsformel ergibt:

$$c(A_1) = (1/6)(1 \cdot 1 \cdot 4 + 2 \cdot 1 \cdot 1 + 3 \cdot 1 \cdot 0) = 1$$
$$c(A_2) = (1/6)(1 \quad 1 \quad 4 + 2 \quad 1 \quad 1 - 3 \quad 1 \quad 0) = 1$$
$$c(E) = (1/6)(1 \quad 2 \quad 4 - 2 \quad 1 \quad 1 + 3 \quad 0 \quad 0) = 1$$

somit gilt:

$$E \times E = A_1 + A_2 + E$$

Beispiel 2. Die Punktgruppe D_{6h} mit den Elementen $\{E, C_6, C_3, C_2, C_2', C_2', i, S_3, S_6, \sigma_h, \sigma_d, \sigma_v\}$. Die Charaktertafel lautet:

$\boldsymbol{D_{6h}}$	E	$2C_6$	$2C_3$	C_2	$3C_2'$	$3C_2''$	i	$2S_3$	$2S_6$	σ_h	$3\sigma_d$	$3\sigma_v$	
A_{1g}	1	1	1	1	1	1	1	1	1	1	1	1	
A_{2g}	1	1	1	1	−1	−1	1	1	1	1	−1	−1	
B_{1g}	1	−1	1	−1	1	−1	1	−1	1	−1	1	−1	
B_{2g}	1	−1	1	−1	−1	1	1	−1	1	−1	−1	1	
E_{1g}	2	1	−1	−1	0	0	2	1	−1	−2	0	0	
E_{2g}	2	−1	−1	2	0	0	2	−1	−1	2	0	0	
A_{1u}	1	1	1	1	1	1	−1	−1	−1	−1	−1	−1	
A_{2u}	1	1	1	1	−1	−1	−1	−1	−1	−1	1	1	
B_{1u}	1	−1	1	−1	1	−1	−1	1	−1	1	−1	1	
B_{2u}	1	−1	1	−1	−1	1	−1	1	−1	1	1	−1	
E_{1u}	2	1	−1	2	0	0	−2	−1	1	2	0	0	
E_{2u}	2	−1	−1	2	0	0	−2	1	1	−2	0	0	
$E_{2g} \times E_{2u}$	4	1	1	4	0	0	−4	−1	−1	−4	0	0	$= A_{1u} + A_{2u} + E_{2u}$

Beispiel 3. Die Punktgruppe T_d mit den Symmetrieelementen $\{E, C_3, C_2, S_4, \sigma_d\}$. Die Charaktertafel lautet:

$\boldsymbol{T_d}$	E	$8C_3$	$3C_2$	$6S_4$	$6\sigma_y d$	
A_1	1	1	1	1	1	
A_2	1	1	1	−1	−1	
E	2	−1	2	0	0	
T_1	3	0	−1	1	−1	
T_2	3	0	−1	−1	1	
$A_1 \times A_2$	1	1	1	−1	−1	$= A_2$
$A_2 \times E$	2	−1	2	0	0	$= E$
$T_1 \times T_2$	9	0	1	−1	−1	$= A_2 + E + T_1 + T_2$
$A_2 \times E \times T_1$	6	0	−2	0	0	$= T_1 + T_2$

Da $A_2 \times E = E$ ergibt, ist das letzte Produkt leicht zu überprüfen. Das vorletzte Produkt wird dagegen ausreduziert:

$$\begin{array}{rlllllll}
c(A_1) = (1/24)(1 \cdot 1 \cdot 9 & +8 \cdot 1 \cdot 0 & +3 \cdot 1 \cdot 1 & +6 \cdot 1 \cdot (-1) & +6 \cdot 1 \cdot (-1)) & = 0 \\
c(A_2) = (1/24)(\;\;1 & \;\;1 & \;\;1 & \;\;(-1) & \;\;(-1) &) = 1 \\
c(E) = (1/24)(\;\;2 & \;\;-1 & \;\;2 & \;\;0 & \;\;0 &) = 1 \\
c(T_1) = (1/24)(\;\;3 & \;\;0 & \;\;(-1) & \;\;1 & \;\;(-1) &) = 1 \\
c(T_2) = (1/24)(\;\;3 & \;\;0 & \;\;(-1) & \;\;(-1) & \;\;1 &) = 1
\end{array}$$

wobei die Zahl der Elemente jeder Klasse und die Charaktere der reduziblen Darstellung nur in der ersten Zeile geschrieben werden.

5.8 Übungsaufgaben

1. Konstruieren Sie die Charakterentafel der Punktgruppe D_{2h}.
2. Warum tritt in der Punktgruppe D_2 entgegen der Definition nach Mulliken der Index 3 auf?
3. Warum werden in der Punktgruppe O_h die Rassen E_g und E_u nicht hinsichtlich der zweizähligen Nebenachsen indiziert?
4. Überführen Sie vermittels der Reduktionsformel folgende reduzible Darstellungen in die irreduziblen Darstellungen:

$$\begin{array}{ccccl}
3 & 1 & 1 & -1 & D_2 \\
4 & 2 & 2 & 0 & C_{2v} \\
4 & 1 & 2 & & C_{3v} \\
4 & 2 & 0 & 2 & C_{2h}
\end{array}$$

5. Bilden Sie folgende direkte Produkte:

$$B_2 \times E \quad (D_{2d})$$
$$E_g \times E_u \quad (D_{3d})$$
$$T_1 \times T_2 \quad (O)$$

6. Berechnen Sie die Rassen folgender Symmetrieerniedrigungen:

$$C_{2v} \rightarrow C_2$$
$$C_{2v} \rightarrow C_s$$
$$D_{6h} \rightarrow D_{2h}$$

6 Externe und innere Koordinaten

In den vorangegangenen Abschnitten wurde gezeigt, wie die Symmetrieelemente eines Moleküls gefunden werden können und wie man mit diesem Wissen (mithilfe der Gruppentheorie) umgehen kann. Besonders nützlich erwies sich eine Darstellung von Symmetrieelementen (Operatoren) durch Matrizen in bestimmten Basen. Es wurden Operationsmatrizen und Permutationsmatrizen gefunden und hieraus Transformationsmatrizen gebildet. Weil die Atomlagen durch Ortsvektoren dargestellt werden können (Koordinaten), kann man die Wirkung eines Operators durch ein Produkt von Matrix und Vektor einfach berechnen.

Wir werden das Feld der starren Ortsvektoren nun verlassen. Das eigentliche Ziel der Einführung der Gruppentheorie ist der Umgang mit Bewegungen, die durch Vektoren beschrieben werden. Es ist schon angeklungen, dass ein N-atomiges Molekül $3N$ Freiheitsgrade der Bewegung besitzt, d. h. die N Atome können sich als Ensemble bewegen. Zugleich aber können sich die Atome relativ zu einander verschieben. Die Ensemble-Bewegungen können als *Translationen* und *Rotationen* beschrieben werden; die inneren Verschiebungen als *Schwingungen*.

Wir werden weiterhin die Symmetrieoperationen (in Form von Matrizen) verwenden, die wirken aber ab jetzt nicht auf die Positionen (Ortsvektoren) der Atome, sondern auf deren Veränderung. Man spricht immer noch von Koordinaten – hier speziell von Verschiebungskoordinaten – aber es sind Vektoren, die eine Bewegung darstellen, die das Ziel einer Symmetrieoperation sein soll.

6.1 Translationen

Im Folgenden werden die Ergebnisse an einem konkreten Beispiel hergeleitet und anschließend in eine allgemein gültige Form gebracht.

Beispiel (Der Translationsvektor, $\underline{T}(T_x, T_y, T_z)$, in der Punktgruppe C_{2v}).
Die Wirkungen der Symmetrieoperationen von C_{2v} auf $\underline{T}$ werden nachfolgend darge-

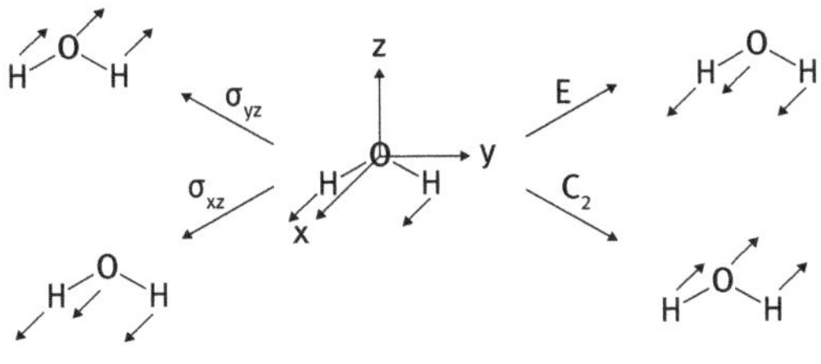

Abb. 6.1: Wirkung der Symmetrieelemente von C_{2v} auf T_x.

https://doi.org/10.1515/9783110736366-006

stellt und sind exemplarisch in Abbildung 6.1 für T_x perspektivisch gezeichnet.

$$E\begin{pmatrix}T_x\\T_y\\T_z\end{pmatrix}=\begin{pmatrix}1&0&0\\0&1&0\\0&0&1\end{pmatrix}\begin{pmatrix}T_x\\T_y\\T_z\end{pmatrix}\qquad \chi(E)=3$$

$$C_2\begin{pmatrix}T_x\\T_y\\T_z\end{pmatrix}=\begin{pmatrix}-1&0&0\\0&-1&0\\0&0&1\end{pmatrix}\begin{pmatrix}T_x\\T_y\\T_z\end{pmatrix}\qquad \chi(C_2)=-1$$

$$\sigma_{xz}\begin{pmatrix}T_x\\T_y\\T_z\end{pmatrix}=\begin{pmatrix}1&0&0\\0&-1&0\\0&0&1\end{pmatrix}\begin{pmatrix}T_x\\T_y\\T_z\end{pmatrix}\qquad \chi(\sigma_{xz})=1$$

$$\sigma_{yz}\begin{pmatrix}T_x\\T_y\\T_z\end{pmatrix}=\begin{pmatrix}-1&0&0\\0&1&0\\0&0&1\end{pmatrix}\begin{pmatrix}T_x\\T_y\\T_z\end{pmatrix}\qquad \chi(\sigma_{yz})=1$$

Auf diese Weise erhält man eine reduzible Darstellung Γ_r des Translationsvektors bei der Punktgruppe C_{2v}:

$\mathbf{C_{2v}}$	E	C_2	σ_{xz}	σ_{yz}
$\Gamma_r(\underline{T})$	3	−1	1	1

Mithilfe der Reduktionsformel erhält man die irreduziblen Darstellungen der drei Komponenten des Translationsvektors:

$$\Gamma_r(\underline{T}) = A_1 + B_1 + B_2$$

Es ist sehr hilfreich, die Symmetrieeigenschaften des Translationsvektors direkt in den Charaktertafeln anzugeben:

$\mathbf{C_{2v}}$	E	C_2	σ_{xz}	σ_{yz}	T
A_1	1	1	1	1	T_z
A_2	1	1	−1	−1	
B_1	1	−1	1	−1	T_x
B_2	1	−1	−1	1	T_y

Es fällt auf, dass nicht jede Rasse eine Komponente des Translationsvektors beinhaltet.

6.2 Rotationen

Der Rotationsvektor (Drehimpulsvektor) $\underline{R}$ gehört zu den *axialen* Vektoren; er steht senkrecht zur Rotationsebene. Die Richtung von $\underline{R}$ ergibt sich nach der *Rechte-Hand-*

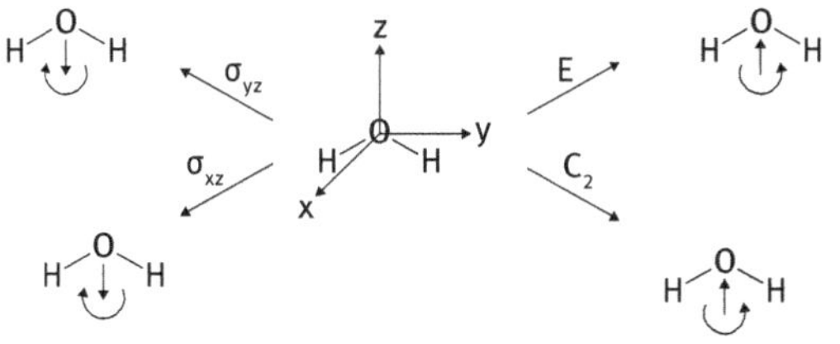

Abb. 6.2: Wirkung der Symmetrieelemente von C_{2v} auf R_z.

Regel: Sind die Finger der rechten Hand in Drehrichtung gekrümmt, so gibt der abgespreizte Daumen die Richtung von $\underline{R}$ an. Weil die Symmetrieoperationen einer Punktgruppe auf die Drehbewegung angewandt werden, ergibt sich die Änderung von $\underline{R}$ indirekt, und somit verhalten sich Rotationsvektoren anders als Translationsvektoren.

Beispiel (Der Rotationsvektor $\underline{R}$ in der Punktgruppe C_{2v}).

$$E\begin{pmatrix}R_x\\R_y\\R_z\end{pmatrix}=\begin{pmatrix}1&0&0\\0&1&0\\0&0&1\end{pmatrix}\begin{pmatrix}R_x\\R_y\\R_z\end{pmatrix}\qquad \chi(E)=3$$

$$C_2\begin{pmatrix}R_x\\R_y\\R_z\end{pmatrix}=\begin{pmatrix}-1&0&0\\0&-1&0\\0&0&1\end{pmatrix}\begin{pmatrix}R_x\\R_y\\R_z\end{pmatrix}\qquad \chi(C_2)=-1$$

$$\sigma_{xz}\begin{pmatrix}R_x\\R_y\\R_z\end{pmatrix}=\begin{pmatrix}-1&0&0\\0&1&0\\0&0&-1\end{pmatrix}\begin{pmatrix}R_x\\R_y\\R_z\end{pmatrix}\qquad \chi(\sigma_{xz})=-1$$

$$\sigma_{yz}\begin{pmatrix}R_x\\R_y\\R_z\end{pmatrix}=\begin{pmatrix}1&0&0\\0&-1&0\\0&0&-1\end{pmatrix}\begin{pmatrix}R_x\\R_y\\R_z\end{pmatrix}\qquad \chi(\sigma_{yz})=-1$$

Auf diese Weise erhält man eine reduzible Darstellung $\Gamma_\text{r}(\underline{R})$ des Rotationsvektors $\underline{R}$ bei der Punktgruppe C_{2v}:

$\mathbf{C_{2v}}$	E	C_2	σ_{xz}	σ_{yz}
$\Gamma_\text{r}(\underline{R})$	3	−1	−1	−1

Mithilfe der Reduktionsformel erhält man die irreduziblen Darstellungen der drei Komponenten des Rotationsvektors:

$$\Gamma_\text{r}(\underline{R}) = A_2 + B_1 + B_2$$

Auch hier ist die Angabe der Symmetrieeigenschaften des Rotationsvektors in den Charaktertafeln üblich:

C_{2v}	E	C_2	σ_{xz}	σ_{yz}	T	R
A_1	1	1	1	1	T_z	
A_2	1	1	−1	−1		R_z
B_1	1	−1	1	−1	T_x	R_y
B_2	1	−1	−1	1	T_y	R_x

6.3 Innere Koordinaten

Schwingungen können als Veränderungen der Bindungsabstände (Valenzschwingungen) oder als Veränderungen der Bindungswinkel (Deformationsschwingungen) bezeichnet werden.

Nehmen wir als Beispiel wieder das H_2O-Molekül in der C_{2v}-Darstellung.

Zunächst analysieren wir die Auslenkung der einzelnen Atome. Wir arbeiten somit mit externen Verschiebungskoordinaten, deren Änderung nach Ausführung der Symmetrieoperationen in einer Tabelle festgehalten wird, wobei die Nummerierung der Atome folgendermaßen festgelegt wurde: linkes Wasserstoffatom: 1, rechtes Wasserstoffatom: 2, Sauerstoffatom: 3 (siehe Abbildung 6.3):

C_{2v}	E	$C_2(z)$	σ_{xz}	σ_{yz}
Δx_1	Δx_1	$-\Delta x_2$	Δx_2	$-\Delta x_1$
Δx_2	Δx_2	$-\Delta x_1$	Δx_1	$-\Delta x_2$
Δx_3	Δx_3	$-\Delta x_3$	Δx_3	$-\Delta x_3$
Δy_1	Δy_1	$-\Delta y_2$	$-\Delta y_2$	Δy_1
Δy_2	Δy_2	$-\Delta y_1$	$-\Delta y_1$	Δy_2
Δy_3	Δy_3	$-\Delta y_3$	$-\Delta y_3$	Δy_3
Δz_1	Δz_1	Δz_2	Δz_2	Δz_1
Δz_2	Δz_2	Δz_1	Δz_1	Δz_2
Δz_3	Δz_3	Δz_3	Δz_3	Δz_3
Spur, χ_r:	9	−1	1	3

C_{2v}	E	C_2	σ_{xz}	σ_{yz}	T	R
A_1	1	1	1	1	T_z	
A_2	1	1	−1	−1		R_z
B_1	1	−1	1	−1	T_x	R_y
B_2	1	−1	−1	1	T_y	R_x

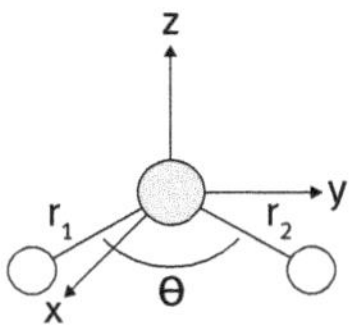

Abb. 6.3: Innere Koordinaten des H_2O-Moleküls.

Die Spur der reduziblen Darstellung stellt die Zahl der Auslenkungen dar, die durch die Symmetrieoperationen nicht vertauscht werden. Mithilfe der Reduktionsformel lässt sich nun die Aufteilung auf irreduziblen Darstellungen bewerkstelligen. $\chi^R = 3A_1 + 1A_2 + 2B_1 + 3B_2$. Es sind aber neun Bewegungen, die sich so aufteilen lassen, und unter diesen Bewegungen sind drei Translationen (A_1, B_1 und B_2) und drei Rotationen (A_2, B_1 und B_2). Es bleiben somit nur drei Schwingungen übrig in den Symmetrierassen A_1 (2) und B_2 (1).

Um diese drei Schwingungen näher zu betrachten, werden die inneren Koordinaten eingeführt: Für Wasser gibt es zwei äquivalente OH-Bindungen, r_1 und r_2, sowie einen Winkel, θ. Alle drei können sich beim Schwingungsvorgang verändern.

Wir lassen jetzt die Symmetrieoperationen auf die drei inneren Koordinaten wirken:

$$E\begin{pmatrix} r_1 \\ r_2 \\ \theta \end{pmatrix} = \begin{pmatrix} 1 & 0 & 0 \\ 0 & 1 & 0 \\ 0 & 0 & 1 \end{pmatrix}\begin{pmatrix} r_1 \\ r_2 \\ \theta \end{pmatrix} \qquad \chi(E) = 3$$

$$C_2\begin{pmatrix} r_1 \\ r_2 \\ \theta \end{pmatrix} = \begin{pmatrix} 0 & 1 & 0 \\ 1 & 0 & 0 \\ 0 & 0 & 1 \end{pmatrix}\begin{pmatrix} r_1 \\ r_2 \\ \theta \end{pmatrix} \qquad \chi(C_2) = 1$$

$$\sigma_{xz}\begin{pmatrix} r_1 \\ r_2 \\ \theta \end{pmatrix} = \begin{pmatrix} 0 & 1 & 0 \\ 1 & 0 & 0 \\ 0 & 0 & 1 \end{pmatrix}\begin{pmatrix} r_1 \\ r_2 \\ \theta \end{pmatrix} \qquad \chi(\sigma_{xz}) = 1$$

$$\sigma_{yz}\begin{pmatrix} r_1 \\ r_2 \\ \theta \end{pmatrix} = \begin{pmatrix} 1 & 0 & 0 \\ 0 & 1 & 0 \\ 0 & 0 & 1 \end{pmatrix}\begin{pmatrix} r_1 \\ r_2 \\ \theta \end{pmatrix} \qquad \chi(\sigma_{yz}) = 3$$

Die reduzible Darstellung der drei inneren Bewegungen ist somit:

$\mathbf{C_{2v}}$	E	C_2	σ_{xz}	σ_{yz}
Γ_r(IK)	3	1	1	3

Ausreduziert ergibt sich: $\Gamma_r(IK) = 2A_1 + B_2$

Um Näheres über die Art der jeweiligen Schwingungen zu erfahren, kann man zunächst oben sehen, dass θ jedes Mal unverändert auf sich abgebildet wurde. Die Winkeländerung gehört zur irreduziblen Darstellung A_1. Zur Analyse der Valenzschwingungen verwendet man symmetrieadaptierte Koordinaten oder *Symmetriekoordinaten* (SK). Weil die beiden Bindungsauslenkungen äquivalent sind, lassen sie sich durch zwei Linearkombinationen beschreiben:

	$SK_1 = r_1 + r_2$	symmetrische Valenzschwingung
	$SK_2 = r_1 - r_2$	asymmetrische Valenzschwingung
und ordnungshalber	$SK_3 = \theta$	Deformationsschwingung

$\boldsymbol{C_{2v}}$	E	C_2	σ_{xz}	σ_{yz}	
SK_1	1	1	1	1	A_1
SK_2	1	−1	−1	1	B_2
SK_3	1	1	1	1	A_1

In der Symmetrierasse A_1 findet man die *symmetrische Valenzschwingung* und die *Deformationsschwingung*, in der Rasse B_2 findet man die *asymmetrische Valenzschwingung*.

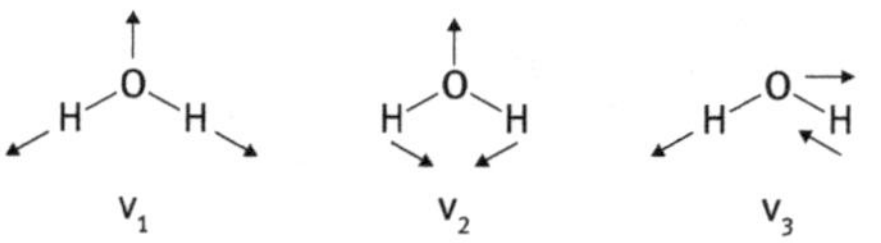

Abb. 6.4: Normalschwingungen des H_2O-Moleküls.

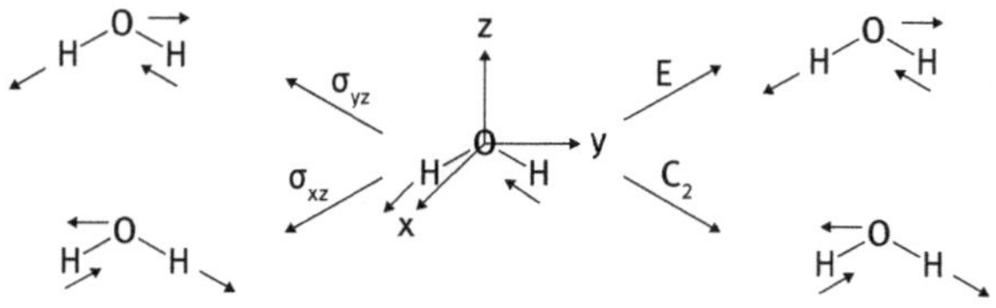

Abb. 6.5: Wirkung der C_{2v}-Operatoren auf ν_3, die asymmetrische Valenzschwingung.

Für die Valenzschwingungen lassen sich immer innere Koordinaten finden, deren Symmetrieeigenschaften abgeleitet werden können. Bei den Deformationsschwingungen ist dies in der Regel nicht der Fall. Betrachten wir als Beispiel das planar gebaute BF_3-Molekül (Punktgruppe D_{3h}, vgl. Kapitel 7.4.2). Hier soll nur festgehalten werden, dass es drei Bindungen, drei Winkel in der Ebene des Moleküls und die Möglichkeit, ein Atom aus der Ebene heraus zu bewegen, gibt. Ein vieratomiges Molekül besitzt $3 \cdot 4 - 6 = 6$ Normalschwingungen. Addieren wir aber die drei Änderungen, der Bindungslängen, die drei Änderungen der Bindungswinkel und die Bewegung senkrecht zur Molekülebene, erhalten wir insgesamt sieben Schwingungsfreiheitsgrade – einer zu viel.

Das Problem sind die Winkeländerungen in der Ebene: Weil die Winkelsumme 360° bleiben muss, ist nach zwei Winkeländerungen die dritte schon vorgegeben – sie stellt somit keinen Freiheitsgrad dar. Man spricht hier von *Redundanz*. Um dieses Problem nicht überall in seiner Kompliziertheit ausbreiten zu müssen, werden die Symmetrieeigenschaften der Deformationen in der Regel über die Differenzbildung zwischen der reduziblen Darstellung des Gesamtmoleküls und der Darstellung der Valenzschwingungen gebildet.

Ein weniger aufwendiges Verfahren zur Ermittlung der den Valenzschwingungen zugehörigen Freiheitsgrade beruht auf der Abfrage der Lagekonstanz der einzelnen Bindungen. So ergibt sich für das Molekül H_2O die reduzible Darstellung $\Gamma_r(IK)\delta$ direkt:

C_{2v}	E	C_2	σ_{xz}	σ_{yz}
$\Gamma_r(\mathrm{IK})\delta$	2	0	0	2

Die Überführung in die irreduzible Darstellung (Reduktion) ergibt:

$$\Gamma_r(IK)\delta = A_1 + B_2$$

Hierdurch lassen sich in einem Molekül die reduziblen Darstellungen der Valenzschwingungen symmetrieverschiedener Bindungen (z. B. in CH_2Cl_2) getrennt ermitteln.

6.4 Symmetrische Tensoren als Basen

Neben den bisher behandelten *polaren* Vektoren (Translationen – und später bei den Auswahlregeln: Dipolmomente) und *axialen* Vektoren (Rotationen) finden auch *symmetrische Tensoren* Anwendung, weshalb auch untersucht werden muss, wie Symmetrieoperationen auf diese Tensoren wirken.

Ein Tensor zweiter Stufe ordnet jedem Vektor $\underline{a}$ einen Vektor $\underline{b}$ zu. Stellt man die Vektoren als Spaltenmatrizen dar, kann man den Tensor in Form einer quadratischen Matrix angeben. Die Matrix aus den Tensorkomponenten erfüllt also die gleiche Funktion wie eine Abbildungsmatrix:

$$\underline{b} = T\underline{a}$$

Somit verbindet T zwei Vektorräume und kann als das dyadische Produkt zweier Vektoren aufgefasst werden (hierdurch enthält der Tensor Produkte von Koordinaten wie in den Translationsvektoren, siehe *Polarisierbarkeit*):

$$T = \begin{pmatrix} x^2 & xy & xz \\ yx & y^2 & yz \\ zx & zy & z^2 \end{pmatrix} \quad \text{symmetrisch:} \ T_{ij} = T_{ji}$$

Ohne auf die unterschiedlichen Symmetrieoperationen im Einzelnen einzugehen, soll hier zunächst nur festgehalten werden, dass eine Drehung weder einen polaren Vektor, einen axialen Vektor noch einen symmetrischen Tensor verändert. Die Inversion ändert das Vorzeichen eines polaren Vektors, aber weil ein axialer Vektor als Kreuzprodukt zweier polarer Vektoren entsteht und weil die Elemente des symmetrischen Tensors Quadrate oder Produkte sind, bleiben beide bei der Inversion unverändert.

Für symmetrische Tensoren gibt es die Möglichkeit einer Ähnlichkeitstransformation:

$$\begin{pmatrix} x'^2 & x'y' & x'z' \\ x'y' & y'^2 & y'z' \\ x'z' & y'z' & z'^2 \end{pmatrix} = \begin{pmatrix} C_{x'x} & C_{x'y} & C_{x'z} \\ C_{y'x} & C_{y'y} & C_{y'z} \\ C_{z'x} & C_{z'y} & C_{z'z} \end{pmatrix} \begin{pmatrix} x^2 & xy & xz \\ xy & y^2 & yz \\ xz & yz & z^2 \end{pmatrix} \begin{pmatrix} C_{x'x} & C_{x'y} & C_{x'z} \\ C_{y'x} & C_{y^2} & C_{y'z} \\ C_{z'x} & C_{z'y} & C_{z'z} \end{pmatrix}$$

Das bedeutet konkret für die Rotation C_n:

$$C_n \begin{pmatrix} x^2 & xy & xz \\ xy & y^2 & yz \\ xz & yz & z^2 \end{pmatrix} = \begin{pmatrix} \cos\varphi & \sin\varphi & 0 \\ -\sin\varphi & \cos\kappa & 0 \\ 0 & 0 & 1 \end{pmatrix} \begin{pmatrix} x^2 & xy & xz \\ xy & y^2 & yz \\ xz & yz & z^2 \end{pmatrix} \begin{pmatrix} \cos\varphi & -\sin\varphi & 0 \\ \sin\varphi & \cos\kappa & 0 \\ 0 & 0 & 1 \end{pmatrix}$$

Eine (mögliche) Umformung liefert:

$$C_n \begin{pmatrix} x^2 \\ y^2 \\ z^2 \\ xy \\ xz \\ yz \end{pmatrix} = \begin{pmatrix} \cos^2\varphi & \sin^2\varphi & 0 & 2\sin\varphi\cos\varphi & 0 & 0 \\ \sin^2\varphi & \cos^2\varphi & 0 & -2\sin\varphi\cos\varphi & 0 & 0 \\ 0 & 0 & 1 & 0 & 0 & 0 \\ -\sin\varphi\cos\varphi & \sin\varphi\cos\varphi & 0 & 2\cos^2\varphi - 1 & 0 & 0 \\ 0 & 0 & 0 & 0 & \cos\varphi & \sin\varphi \\ 0 & 0 & 0 & 0 & -\sin\varphi & \cos\varphi \end{pmatrix} \begin{pmatrix} x^2 \\ y^2 \\ z^2 \\ xy \\ xz \\ yz \end{pmatrix}$$

Der Charakter (Spur), χ_r, dieser reduziblen Darstellung des symmetrischen Tensors ergibt sich aus der Spur der Transformationsmatrix:

$$\begin{aligned} \chi_r(T) &= 2\cos^2\varphi + 1 + 2\cos^2\varphi - 1 + 2\cos\varphi \\ &= 4\cos^2\varphi + 2\cos\varphi \\ &= 2\cos\varphi(2\cos\varphi + 1) \end{aligned}$$

Bei den Symmetrieoperationen gilt Folgendes: $E: \varphi = 0$; $C_n: \varphi = 2\pi/n$; $\sigma: \varphi = \pi$; $i: \varphi = 2\pi$; $S_n: \varphi = 2\pi/n + \pi$

Für die Bestimmung der Symmetrieeigenschaften dieser Elemente unterscheidet man drei Fälle:

(i) Die irreduziblen Darstellung sind nicht entartet, dann werden nur Produkte berücksichtigt: xy, xz, yz, x^2, y^2, z^2.

(ii) Die irreduziblen Darstellungen sind zweifach entartet, dann werden Produkte und Kombinationen der Produkte berücksichtigt: xy, xz, yz, $x^2 + y^2$, $x^2 - y^2$, z^2.

(iii) Die irreduziblen Darstellungen sind dreifach entartet, dann werden Produkte und Kombinationen der Produkte berücksichtigt: xy, xz, yz, $x^2 + y^2 + z^2$, $2z^2 - x^2 - y^2$, $x^2 - y^2$.

Beispiel 1. H_2O in der Punktgruppe C_{2v} (keine Entartung).

$$\chi_r(T) = 2\cos\varphi(2\cos\varphi + 1)$$

$\mathbf{C_{2v}}$	E	C_2	σ_{xz}	σ_{yz}
$\Gamma_r(T)$	6	2	2	2

Ausreduzieren führt zu: $\Gamma_r(T) = 3A_1 + A_2 + B_1 + B_2$.

Weil $z = A_1$, $x = B_1$ und $y = B_2$ ergibt sich für x^2, y^2 bzw. z^2 jeweils A_1 und für $xy = A_2$, $xz = B_1$ und $yz = B_2$.

Die Charaktertafel kann nun mit den Vektorprodukten erweitert werden:

$\mathbf{C_{2v}}$	E	C_2	σ_{xz}	σ_{yz}	T/R	T
A_1	1	1	1	1	T_z	x^2, y^2, z^2
A_2	1	1	−1	−1	R_z	xy
B_1	1	−1	1	−1	T_x, R_y	xz
B_2	1	−1	−1	1	T_y, R_x	yz

Beispiel 2. Methylchlorid in der Punktgruppe C_{3v} (die irreduzible Darstellung E ist zweifach entartet):

$$\chi_r(T) = 2\cos\varphi(2\cos\varphi + 1)$$

$\mathbf{C_{3v}}$	E	$2C_3$	$3\sigma_v$
$\Gamma_r(T)$	6	0	2

Ausreduzieren führt zu: $\Gamma_r(T) = 2A_1 + 2E$.

Weil $z = A_1$ und $(x, y) = E$ ergibt sich für $x^2 + y^2$ bzw. z^2 jeweils A_1 und für $x^2 - y^2$, xy, xz und yz Anteile von E.

Die Charaktertafel kann nun mit den Vektorprodukten erweitert werden:

$\mathbf{C_{3v}}$	E	$2C_3$	$3\sigma_v$	T/R	T
A_1	1	1	1	T_z	$x^2 + y^2, z^2$
A_2	1	1	−1	R_z	
E	2	−1	0	$(T_x, T_y)(R_x, R_y)$	$(x^2 - y^2, xy), (xz, yz)$

Beispiel 3. Methan in der Punktgruppe T_d (die irreduziblen Darstellungen E und T sind zweifach bzw. dreifach entartet):

$$\chi_r(T) = 2\cos\varphi(2\cos\varphi + 1)$$

T_d	E	$8C_3$	$3C_2$	$6S_4$	$3\sigma_d$
$\Gamma_r(T)$	6	0	2	0	2

Ausreduzieren führt zu: $\Gamma_r(T) = A_1 + E + T_2$.

Weil $(x, y, z) = T_2$ ergibt sich auch für die Produkte $(xy, xz, yz) = T_2$ während die Kombination $x^2 + y^2 + z^2 = A_1$.

Die Charaktertafel kann nun mit den Vektorprodukten erweitert werden:

T_d	E	$8C_3$	$3C_2$	$6S_4$	$3\sigma_d$	T/R	T
A_1	1	1	1	1	1		$x^2 + y^2 + z^2$
A_2	1	1	1	−1	−1		
E	2	−1	2	0	0		$(2z^2 - x^2 - y^2, x^2 - y^2)$
T_1	3	0	−1	1	−1	(R_x, R_y, R_z)	
T_2	3	0	−1	−1	1	(T_x, T_y, T_z)	(xy, xz, yz)

6.5 Übungsaufgaben

1. Bestimmen Sie die Punktgruppen für cis-1,3-Butadien, trans-1,3-Butadien, Cyclobutadien. Wie unterscheiden sich die IR- und Raman-Auswahlregeln?
2. Berechnen Sie die Operationsmatrizen der Operationen S_3, S_4 und S_6.
3. Warum gehören die Translationsfreiheitsgrade T_x und T_y der Punktgruppe C_{3v}, anders als in C_{2v}, einer entarteten Rasse an?
4. Geben Sie durch Anwendung des Systems der inneren Koordinaten die Rassen der Valenzschwingungsfreiheitsgrade folgender Moleküle an:
   NH_3, SiH_4, Ethylen

7 Schwingungsspektroskopie

Jede Bewegung kann durch die Symmetriebezeichnung der entsprechenden irreduziblen Rasse gekennzeichnet werden. In der Regel ist es aber nützlich, die Bewegungsform stärker differenziert zu beschreiben; hierfür haben sich Standardausdrücke (mit den jeweiligen Abkürzungssymbolen) etabliert, die in der Tabelle zusammengefasst sind:

Tab. 7.1: Bezeichnung von Schwingungsformen

Symbol	Schwingungsform	Symbol	Schwingungsform
v	Valenz- oder Dehnungsschwingung	oop	aus der Ebene heraus
δ	Deformationsschwingung	as	asymmetrisch
ρ	Rocking- oder Schaukelschwingung	s	symmetrisch
w	Wagging-Schwingung	d	entartet (degenerate)
tw	Twisting oder Verdrehung		

Bei den Raman-Spektren sind Schwingungen in der totalsymmetrischen Rasse *polarisiert* (und oft sehr intensiv) während Schwingungen anderer Rassen *depolarisiert* sind (und oft schwach).

In der Annahme, dass die Kerne sich in einem harmonischen Potenzial bewegen, würde für ein zweiatomiges Molekül gelten:

$$V = (r - r_e)^2 \cdot k/2$$

wobei r den momentanen Kern-Kern-Abstand, r_e den Gleichgewichtsabstand und k die Kraftkonstante der Bindung darstellen. Dies entspricht dem Modell des harmonischen Oszillators und die Energie der Schwingung ist:

$$E_\mathrm{v} = h\nu(v + 1/2) = \hbar\omega(v + 1/2)$$

7.1 Das Übergangsmoment

Die Intensität eines spektralen Übergangs wird ganz allgemein berechnet als das Absolutquadrat des Übergangsmoments:

$$I = |Q|^2 = |\int \psi_2^* \hat{O} \psi_1 d\tau|^2$$

Wobei ψ_2 die Wellenfunktion des Endzustands, ψ_1 die Wellenfunktion des Anfangszustands und $\hat{O}$ den Übergangsoperator darstellen. Es wird über den gesamten Konfigurationsraum (τ) integriert. Der Wert eines Integrals ist entweder gleich null oder

https://doi.org/10.1515/9783110736366-007

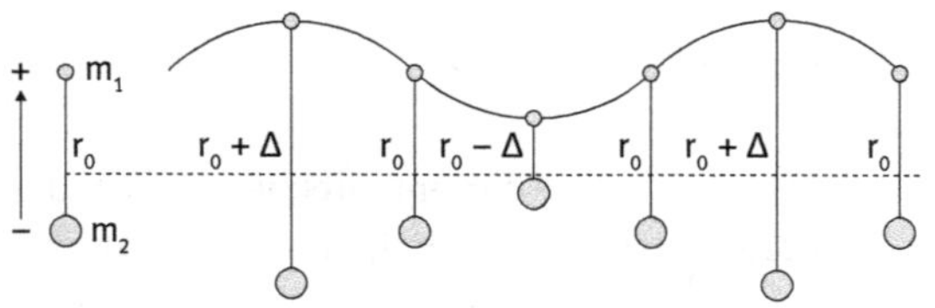

Abb. 7.1: Periodische Änderung des Dipolmoments μ.

ungleich null. Im ersten Fall ist der Übergang verboten (Intensität = 0), im zweiten Fall erlaubt (schwach oder stark, abhängig von der Größe von Q).

Für die Schwingungsspektroskopie ist der Übergangsoperator das elektrische Dipolmoment (IR-Spektroskopie) oder der Polarisierbarkeitstensor (Raman-Spektroskopie). Die Wellenfunktionen beschreiben Schwingungszustände (hermitesche Polynome) und der Konfigurationsraum sind die kartesischen Verschiebungskoordinaten eines Moleküls.

Es ist nicht einfach, diese Integrale zu berechnen; in vielen Fällen ist es auch nicht erforderlich. Eine Symmetriebetrachtung entscheidet, ob der Übergang erlaubt oder verboten ist; hierzu muss man nur Charaktere miteinander multiplizieren, um gruppentheoretisch die Aktivität der Schwingung zu ermitteln. Dabei muss man wissen, dass das Integral über eine „ungerade oder antisymmetrische“ Funktion z. B. $\sin\varphi$ zwischen $-\pi/2$ und $\pi/2$ den Wert null hat, während das Integral über eine „gerade oder symmetrische“ Funktion z. B. $\cos\varphi$ im selben Intervall von null verschieden ist.

7.1.1 IR-aktive Schwingungen

Definition. Ein Schwingungsübergang ist IR-aktiv, wenn sich das Dipolmoment μ während einer Schwingung ändert (Abbildung 7.1).

Die statische Definition des Dipolmoments lautet:

$$\underline{\mu} = q \cdot \underline{r}$$

Das Dipolmoment eines schwingenden Moleküls ist aber keine statische Größe. Das Dipolmoment verändert sich periodisch während der Schwingung. Diese Tatsache kann man sich durch eine Reihenentwicklung vor Augen führen:

$$\underline{\mu} = \underline{\mu}_0 + \left(\frac{\partial \underline{\mu}}{\partial \underline{r}}\right)_0 \underline{r} \,\Bigg|\, + \frac{1}{2}\left(\frac{\partial^2 \underline{\mu}}{\partial \underline{r}^2}\right) \underline{r}^2 + \dots$$

$\underline{\mu}_0$ stellt das permanente elektrische Dipolmoment dar. Normalerweise wird diese Reihenentwicklung nach dem linearen Glied abgebrochen; man redet dann von *elektrischer Harmonizität*, und höhere Glieder stellen somit eine elektrische Anharmonizität dar.

Wird das „harmonische" $\underline{\mu}$ in das Übergangsmoment eingearbeitet, erhält man:

$$
\begin{aligned}
I = |Q|^2 &= |\int \psi_2^* \underline{\mu} \psi_1 d\tau|^2 \\
&= |\int \psi_2^* (\underline{\mu}_0 + \left(\frac{\partial \underline{\mu}}{\partial \underline{r}}\right)_0 \underline{r}) \psi_1 d\tau|^2 \\
&= |\int \psi_2^* \underline{\mu}_0 \psi_1 d\tau|^2 + |\int \psi_2^* \left(\frac{\partial \underline{\mu}}{\partial \underline{r}}\right)_0 \underline{r} \psi_1 d\tau|^2 \\
&= \underline{\mu}_0 |\int \psi_2^* \psi_1 d\tau|^2 + \left(\frac{\partial \underline{\mu}}{\partial \underline{r}}\right)_0 |\int \psi_2^* \underline{r} \psi_1 d\tau|^2
\end{aligned}
$$

Wegen der Orthogonalität der Wellenfunktionen hat das erste Integral den Wert null (wenn ψ_2 und ψ_1 sich unterscheiden). Für die Intensität spielt somit das permanente Dipolmoment keine Rolle. Das zweite Integral wird mit der Ableitung des Dipolmoments nach der Schwingungskoordinate (am Minimum der potenziellen Energiekurve) multipliziert. Ist diese Ableitung null (ändert sich das Dipolmoment nicht), spielt es keine Rolle, welchen Wert das Integral besitzt. Ist aber die Ableitung ungleich null, kommt dem Integral eine sehr wichtige Funktion zu: Über dieses Integral werden die *Auswahlregeln* entschieden.

Die Wellenfunktionen der Schwingungszustände haben jeweils eine bestimmte Symmetrie und werden durch irreduzible Darstellungen der entsprechenden Punktgruppe charakterisiert. Der Übergangsoperator ist ein polarer Vektor, wie der Translationsvektor, mit denselben Transformationseigenschaften.

Das direkte Produkt der irreduziblen Darstellungen der Schwingungszustände mit der Darstellung des Verschiebungsvektors muss die totalsymmetrische Darstellung beinhalten, damit das Integral nicht verschwindet:

$$\Gamma_2 \times \Gamma_{x,y,z} \times \Gamma_1 \supseteq \Gamma_A \quad \text{(totalsymmetrisch)}$$

oder

$$\Gamma_2 \times \Gamma_1 \supseteq \Gamma_{x,y,z}$$

Mindestens eine Komponente des Dipolmoments muss sich somit während der Schwingung verändern. Ist nur eine Komponente ungleich null, so nennt man den Übergang in dieser Richtung polarisiert.

In der Praxis führt diese Symmetriebedingung zu der Auswahlregel:

$$v' = v'' \pm 1$$

Die Schwingungsquantenzahl des angeregten Zustands (′) unterscheidet sich um den Wert eins von der Schwingungsquantenzahl des Ausgangszustands (″) – in der Regel des Grundzustands.

7.1.2 Raman-aktive Schwingungen

Definition. Eine Schwingung ist Raman-aktiv, wenn sich während der Schwingung die *Polarisierbarkeit* des Moleküls ändert.

Während die IR-Aktivität auf einen Absorptions- oder Emissionsvorgang zurückgeht, wobei eine Dipolmomentänderung stattfindet, basiert der Raman-Vorgang auf einer Streuung, die durch eine Änderung der Polarisierbarkeit zustande kommt, wobei ein Dipolmoment induziert wird. Der Streuprozess kann als simultaner Absorptions-/Emissionsprozess über einen virtuellen Zustand aufgefasst werden. Es ist etwas schwieriger, sich einen Polarisierbarkeitstensor vorzustellen als ein Dipolmoment, aber bei Betrachtung eines zweiatomigen Moleküls ist einsichtig, dass ein Dipolmoment in der Bindungslinie (mit dem Elektronenpaar) leichter induziert werden kann als senkrecht dazu.

Das Dipolmoment wird durch die elektrische Feldstärke des eingestrahlten Lichts induziert. Dieses induzierte Dipolmoment $\underline{\mu}_{\text{ind}}$ ist somit proportional zur Feldstärke der Strahlung $\underline{E}$. Der Proportionalitätskonstante ist die Polarisierbarkeit α die einen Tensor (Matrix) darstellt:

$$\underline{\mu}_{\text{ind}} = \alpha \cdot \underline{E}$$

Wie schon erwähnt, ist die Bestimmung der Polarisierbarkeit schwieriger als die Bestimmung des Dipolmoments. Erschwerend kommt hinzu, dass α kein Skalar, sondern ein symmetrischer Tensor ist. Dies bedeutet, dass das induzierte Dipolmoment nicht parallel zur elektrischen Feldstärke der Strahlung ausgerichtet sein muss. Der Polarisierbarkeitstensor ist anisotrop. Wie schon im Kapitel 7 gesehen, enthält der Tensor Produkte von Translationen, wobei von den neun Elementen wegen der Symmetrie nur sechs Elemente unterschiedlich sein können:

$$\begin{pmatrix} \mu_{\text{ind},x} \\ \mu_{\text{ind},y} \\ \mu_{\text{ind},z} \end{pmatrix} = \begin{pmatrix} \alpha_{xx} & \alpha_{xy} & \alpha_{xz} \\ \alpha_{yx} & \alpha_{yy} & \alpha_{yz} \\ \alpha_{zx} & \alpha_{zy} & \alpha_{zz} \end{pmatrix} \begin{pmatrix} E_x \\ E_y \\ E_z \end{pmatrix} \cong \begin{pmatrix} x^2 & xy & xz \\ xy & y^2 & yz \\ xz & yz & z^2 \end{pmatrix}$$

Für das Übergangsmoment der Raman-Spektroskopie gilt:

$$I = |Q|^2 = |\int \psi_2^* \alpha \psi_1 d\tau|^2$$

Die Voraussetzungen für Ramanaktivität ist:

$$\Gamma_2 \times \Gamma_\alpha \times \Gamma_1 \supseteq \Gamma_A \quad \text{(totalsymmetrisch)}$$

oder

$$\Gamma_2 \times \Gamma_1 \supseteq \Gamma_\alpha$$

Auch in der Raman-Spektroskopie gilt somit die Auswahlregel:

$$v' = v'' \pm 1$$

7.1.3 Ausschlussprinzip

Für die Aktivität von Schwingungen lassen sich vier Fälle unterscheiden:
(i) $\Delta\mu \neq 0$, $\Delta\alpha \neq 0$: IR- und Raman-Aktivität
(ii) $\Delta\mu \neq 0$, $\Delta\alpha = 0$: IR-Aktivität, Raman-inaktiv
(iii) $\Delta\mu = 0$, $\Delta\alpha \neq 0$: IR-inaktiv, Raman-Aktivität
(iv) $\Delta\mu = 0$, $\Delta\alpha = 0$: IR-inaktiv und Raman-inaktiv

In den Fällen (ii) und (iii) schließen sich IR- und Raman-Aktivität gegenseitig aus. Das Ausschlussprinzip ist strikt gültig nur für Moleküle mit Inversionszentrum. Es gibt aber eine etwas unscharfe Regel dahingehend, dass im Allgemeinen symmetrische Schwingungen eher starke Ramanbanden und asymmetrische Schwingungen eher starke IR-Übergänge erzeugen.

7.2 Systematische Vorgehensweise

Im Folgenden wird kurz ein Verfahren zur Benutzung von Charaktertafeln vorgestellt, damit man für ein beliebiges Molekül die Symmetrie der einzelnen Schwingungszustände bestimmen kann. Dies ist aus mehreren Gründen nützlich: Erstens weil die Form des spektralen Übergangs davon abhängt und zweitens, weil bei der Berechnung der Zustandsenergien entscheidend ist, ob Zustände, die energetisch nah beieinander liegen, miteinander wechselwirken können. Dies entscheidet sich über deren Symmetrie.
(i) Bestimmung der Punktgruppe des Moleküls (anhand seiner Struktur).
(ii) Bezeichnung der Koordinatenachsen in Übereinstimmung mit der Wahl in der Charaktertafel.
(iii) Aufstellung einer reduziblen Darstellung der $3N$ Bewegungen der Atome im Molekül.
(iv) Zerlegung der reduziblen Darstellung in eine direkte Summe von irreduziblen Darstellungen. Somit werden die Bewegungen nach ihrer Symmetrie getrennt.
(v) Von der Zahl der jeweiligen Bewegungen einer reduziblen Darstellung werden die Zahl der Translationen und Rotationen abgezogen.
(vi) Zurück bleiben die $3N-6$ ($3N-5$ für ein lineares Molekül) Normalschwingungen eines Moleküls, verteilt auf die einzelnen Symmetrierassen.
(vii) Gegebenenfalls wird mithilfe von Symmetriekoordinaten die Form der einzelnen Schwingungen bestimmt.
(viii) Ermittlung der IR- und Raman-Aktivität.

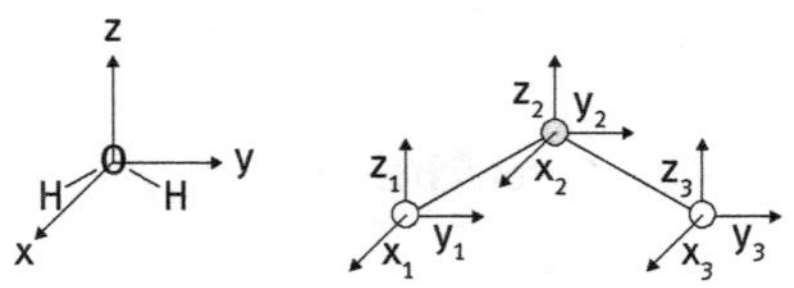

Abb. 7.2: Kartesische Verschiebungskoordinaten der Atome des Wassers.

7.2.1 Die Anwendung des Verfahrens auf die Normalschwingungen von Wasser, H_2O

(i) Punktgruppe C_{2v}

(ii) Koordinatensystem (y, z in der Papierebene)

(iii) Aufstellung einer irreduziblen Darstellung anhand der Symmetrieoperationen $E, C_2, \sigma_{xz}, \sigma_{yz}$:

$$E \begin{pmatrix} \Delta x_1 \\ \Delta x_2 \\ \Delta x_3 \\ \Delta y_1 \\ \Delta y_2 \\ \Delta y_3 \\ \Delta z_1 \\ \Delta z_2 \\ \Delta z_3 \end{pmatrix} = \begin{pmatrix} 1 & 0 & 0 & 0 & 0 & 0 & 0 & 0 & 0 \\ 0 & 1 & 0 & 0 & 0 & 0 & 0 & 0 & 0 \\ 0 & 0 & 1 & 0 & 0 & 0 & 0 & 0 & 0 \\ 0 & 0 & 0 & 1 & 0 & 0 & 0 & 0 & 0 \\ 0 & 0 & 0 & 0 & 1 & 0 & 0 & 0 & 0 \\ 0 & 0 & 0 & 0 & 0 & 1 & 0 & 0 & 0 \\ 0 & 0 & 0 & 0 & 0 & 0 & 1 & 0 & 0 \\ 0 & 0 & 0 & 0 & 0 & 0 & 0 & 1 & 0 \\ 0 & 0 & 0 & 0 & 0 & 0 & 0 & 0 & 1 \end{pmatrix} \begin{pmatrix} \Delta x_1 \\ \Delta x_2 \\ \Delta x_3 \\ \Delta y_1 \\ \Delta y_2 \\ \Delta y_3 \\ \Delta z_1 \\ \Delta z_2 \\ \Delta z_3 \end{pmatrix} \qquad \chi_r = 9$$

$$\chi_r(E) = 3 \cdot (2\cos\varphi + 1); \quad (\varphi = 0)$$

$$C_2 \begin{pmatrix} \Delta x_1 \\ \Delta x_2 \\ \Delta x_3 \\ \Delta y_1 \\ \Delta y_2 \\ \Delta y_3 \\ \Delta z_1 \\ \Delta z_2 \\ \Delta z_3 \end{pmatrix} = \begin{pmatrix} 0 & 0 & 0 & 0 & 0 & 0 & 1 & 0 & 0 \\ 0 & 0 & 0 & 0 & 0 & 0 & 0 & -1 & 0 \\ 0 & 0 & 0 & 0 & 0 & 0 & 0 & 0 & 1 \\ 0 & 0 & 0 & -1 & 0 & 0 & 0 & 0 & 0 \\ 0 & 0 & 0 & 0 & -1 & 0 & 0 & 0 & 0 \\ 0 & 0 & 0 & 0 & 0 & 1 & 0 & 0 & 0 \\ 1 & 0 & 0 & 0 & 0 & 0 & 0 & 0 & 0 \\ 0 & -1 & 0 & 0 & 0 & 0 & 0 & 0 & 0 \\ 0 & 0 & 1 & 0 & 0 & 0 & 0 & 0 & 0 \end{pmatrix} \begin{pmatrix} \Delta x_1 \\ \Delta x_2 \\ \Delta x_3 \\ \Delta y_1 \\ \Delta y_2 \\ \Delta y_3 \\ \Delta z_1 \\ \Delta z_2 \\ \Delta z_3 \end{pmatrix} \qquad \chi_r = -1$$

$$\chi_r(C_2) = 1 \cdot (2\cos\varphi + 1); \quad (\varphi = 2\pi/2)$$

$$\sigma_{xz}\begin{pmatrix}\Delta x_1\\\Delta x_2\\\Delta x_3\\\Delta y_1\\\Delta y_2\\\Delta y_3\\\Delta z_1\\\Delta z_2\\\Delta z_3\end{pmatrix}=\begin{pmatrix}0&0&0&0&0&0&1&0&0\\0&0&0&0&0&0&0&-1&0\\0&0&0&0&0&0&0&0&1\\0&0&0&1&0&0&0&0&0\\0&0&0&0&-1&0&0&0&0\\0&0&0&0&0&1&0&0&0\\1&0&0&0&0&0&0&0&0\\0&-1&0&0&0&0&0&0&0\\0&0&1&0&0&0&0&0&0\end{pmatrix}\begin{pmatrix}\Delta x_1\\\Delta x_2\\\Delta x_3\\\Delta y_1\\\Delta y_2\\\Delta y_3\\\Delta z_1\\\Delta z_2\\\Delta z_3\end{pmatrix}\qquad \chi_r=1$$

$$\chi_r(\sigma_{xz})=1\cdot(2\cos\varphi-1);\quad(\varphi=0)$$

$$\sigma_{yz}\begin{pmatrix}\Delta x_1\\\Delta x_2\\\Delta x_3\\\Delta y_1\\\Delta y_2\\\Delta y_3\\\Delta z_1\\\Delta z_2\\\Delta z_3\end{pmatrix}=\begin{pmatrix}-1&0&0&0&0&0&0&0&0\\0&1&0&0&0&0&0&0&0\\0&0&1&0&0&0&0&0&0\\0&0&0&-1&0&0&0&0&0\\0&0&0&0&1&0&0&0&0\\0&0&0&0&0&1&0&0&0\\0&0&0&0&0&0&-1&0&0\\0&0&0&0&0&0&0&1&0\\0&0&0&0&0&0&0&0&1\end{pmatrix}\begin{pmatrix}\Delta x_1\\\Delta x_2\\\Delta x_3\\\Delta y_1\\\Delta y_2\\\Delta y_3\\\Delta z_1\\\Delta z_2\\\Delta z_3\end{pmatrix}\qquad \chi_r=3$$

$$\chi_r(\sigma_{xz})=3\cdot(2\cos\varphi-1);\quad(\varphi=0)$$

oder kompakt:

$\mathbf{C_{2v}}$	E	$C_2(z)$	σ_{xz}	σ_{yz}
Δx_1	Δx_1	$-\Delta x_2$	Δx_2	$-\Delta x_1$
Δx_2	Δx_2	$-\Delta x_1$	Δx_1	$-\Delta x_2$
Δx_3	Δx_3	$-\Delta x_3$	Δx_3	$-\Delta x_3$
Δy_1	Δy_1	$-\Delta y_2$	$-\Delta y_2$	Δy_1
Δy_2	Δy_2	$-\Delta y_1$	$-\Delta y_1$	Δy_2
Δy_3	Δy_3	$-\Delta y_3$	$-\Delta y_3$	Δy_3
Δz_1	Δz_1	Δz_2	Δz_2	Δz_1
Δz_2	Δz_2	Δz_1	Δz_1	Δz_2
Δz_3	Δz_3	Δz_3	Δz_3	Δz_3
Spur, χ_r:	9	−1	1	3

$\mathbf{C_{2v}}$	E	C_2	σ_{xz}	σ_{yz}	T/R	T
A_1	1	1	1	1	T_z	x^2, y^2, z^2
A_2	1	1	−1	−1	R_z	xy
B_1	1	−1	1	−1	T_x, R_y	xz
B_2	1	−1	−1	1	T_y, R_x	yz

Wie man sieht, tragen Vektoren zum Charakter nur bei, wenn sie unter der Transformation ortsfest bleiben – sonst erscheinen die Abbildungen nicht auf der Diagonale.
Am kompaktesten ist sicher die Anwendung der Kosinus-Formel mal der Zahl der ortsfesten Atome:

$$\chi_\mathrm{r} = N_R \cdot (2\cos\varphi \pm 1)$$

wobei N_R die Zahl der ortsfesten Atome bedeutet und

$$+ \text{ für } E \text{ und } C_n \text{ gilt, während}$$
$$- \text{ für } i, \sigma \text{ und } S_n \text{ gilt}.$$

(iv) und (v) Ausreduktion und Subtraktion von Translation und Rotation:

$\mathbf{C_{2v}}$	E	C_2	σ_{xz}	σ_{yz}
Γ_r	9	−1	1	3
$-\Gamma_\mathrm{r}(T)$	3	−1	1	1
$-\Gamma_\mathrm{r}(R)$	3	−1	−1	−1
$\Gamma_\mathrm{r}(v)$	3	1	1	3

Γ_i	=	$3A_1$	$+A_2$	$+2B_1$	$+3B_2$
$-\Gamma_\mathrm{i}(\mathrm{T})$	=	A_1		$+B_1$	$+B_2$
$-\Gamma_\mathrm{i}(\mathrm{R})$	=	A_2	$+B_1$	$+B_2$	
$\Gamma_\mathrm{i}(v)$	=	$2A_1$			$+B_2$

(vi) Die drei Normalschwingungen des Wassers verteilen sich auf die irreduziblen Darstellungen A_1 (2) und B_2 (1).

(vii) Zur Analyse der Valenzschwingungen werden symmetrieadaptierte Koordinaten oder *Symmetriekoordinaten* verwendet. Weil die beiden Bindungsauslenkungen äquivalent sind, kann man daraus zwei Linearkombinationen konstruieren:

$SK_1 = r_1 + r_2$	symmetrische Valenzschwingung
$SK_2 = r_1 - r_2$	asymmetrische Valenzschwingung
und $SK_3 = \theta$	Deformationsschwingung

$\mathbf{C_{2v}}$	E	C_2	σ_{xz}	σ_{yz}	
SK_1	1	1	1	1	A_1
SK_2	1	−1	−1	1	B_2
SK_3	1	1	1	1	A_1

Die Schwingungen in der A_1-Rasse sind: Die symmetrische Valenzschwingung und die Deformationsschwingung. Die Schwingung in der B_2-Rasse ist die asymmetrische Valenzschwingung.
Diese Zuordnung ergibt sich auch aus der Kenntnis der Mulliken-Symbole. Durch Anwendung der „inneren Koordinaten“ (vgl. Abschnitt 6.3) können die Schwingungstypen getrennt bestimmt werden.

(viii) Alle Schwingungen sind sowohl IR- als auch Raman-aktiv. Der Grundzustand hat die Symmetrie A_1.

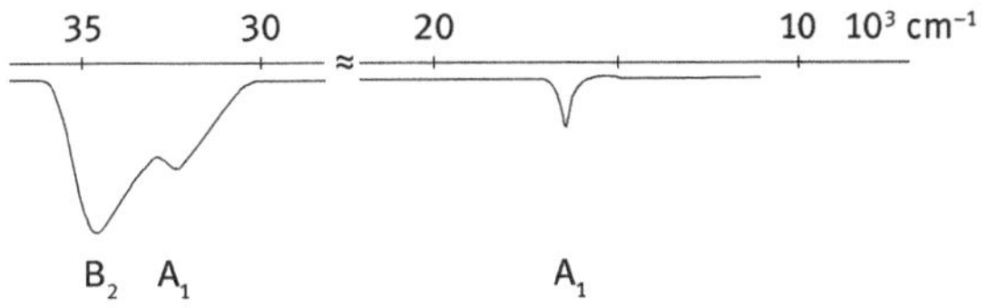

Abb. 7.3: IR-Spektrum von H_2O.
ν_1 (A_1): symmetrische Valenzschwingung bei 2 731 cm^{-1}. ν_2 (A_1): Deformation bei 1 595 cm^{-1}.
ν_3 (B_2): asymmetrische Valenzschwingung bei 3 756 cm^{-1}.

7.2.2 Die Anwendung des Verfahrens auf die Normalschwingungen vom Ammoniak, NH_3

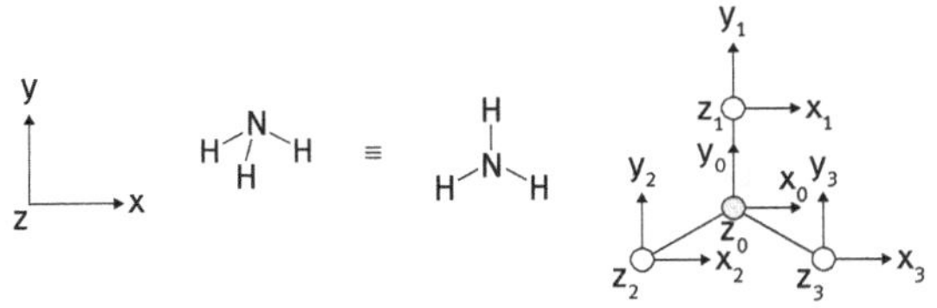

Abb. 7.4: Perspektivisches und projiziertes Modell für NH_3 sowie die Festlegung des Koordinatensystems.

(i) Punktgruppe C_{3v}
(ii) Koordinatensystem (z in die C_3-Achse)
(iii) Aufstellung einer reduziblen Darstellung anhand der Symmetrieoperationen

$$\chi_r(E) = 4 \cdot (2\cos\varphi + 1)[\varphi = 0°] = 12$$
$$\chi_r(C_3) = 1 \cdot (2\cos\varphi + 1)[\varphi = 2\pi/3] = 0$$
$$\chi(\sigma_{xy}) = 2 \cdot (2\cos\varphi - 1)[\varphi = 0°) = 2$$

$\mathbf{C_{3v}}$	E	$2C_3$	$3\sigma_v$
Γ_r	12	0	2

$\mathbf{C_{3v}}$	E	$2C_3$	$3\sigma_v$	T/R	T
A_1	1	1	1	T_z	$x^2 + y^2, z^2$
A_2	1	1	−1	R_z	
E	2	−1	0	$(T_x, T_y)(R_x, R_y)$	$(x^2 - y^2, xy), (xz, yz)$

(iv) und (v) Ausreduktion und Subtraktion von Translation und Rotation:

α

C_{3v}	E	$2C_3$	$3\sigma_v$
Γ_r	12	0	2
$-\Gamma_r(T)$	3	0	1
$-\Gamma_r(R)$	3	0	−1
$\Gamma_r(v)$	6	0	2

Γ_r	$= 3A_1$	$+A_2$	$+4E$
$-\Gamma_r(T)$	$= A_1$		$+E$
$-\Gamma_r(R)$	$=$	$+A_2$	$+E$
$\Gamma_r(v)$	$= 2A_1$		$+2E$

(vi) Die vier Normalschwingungen des Ammoniaks verteilen sich auf die irreduziblen Darstellungen A_1 (2) und E (2).

(vii) Zur Analyse der Valenz- und Deformationsschwingungen werden symmetrieadaptierte Koordinaten oder *Symmetriekoordinaten* verwendet. Weil die drei Bindungsauslenkungen äquivalent sind, kann man daraus drei Linearkombinationen konstruieren:

$SK_1 = r_1 + r_2 + r_3$ symmetrische Valenzschwingung

$SK_2 = 2r_1 - r_2 - r_3$ asymmetrische Valenzschwingung und

$SK_3 = r_2 - r_3$ asymmetrische Valenzschwingung

wobei SK_2 und SK_3 entartet sind.

Weil gegenüber jeder Bindung einer HNH-Winkel liegt, kann man genau dasselbe mit den Winkeldeformationen machen ($\alpha_1 = H_2XH_3$, usw.):

$SK_4 = \alpha_1 + \alpha_2 + \alpha_3$ symmetrische Deformationsschwingung

$SK_5 = 2\alpha_1 - \alpha_2 - \alpha_3$ asymmetrische Deformationsschwingung

$SK_6 = \alpha_2 - \alpha_3$ asymmetrische Deformationsschwingung

wobei SK_5 und SK_6 entartet sind.

In der A_1-Rasse befinden sich zwei Schwingungen, eine niederfrequente Deformationsschwingung (Schirmschwingung) und eine hochfrequente symmetrische Valenzschwingung. Weil der „Schirm" des Ammoniaks tatsächlich umklappen kann, ist Ammoniak kein gutes Beispiel für die starre Behandlung durch eine Punktgruppe. In einer „seriösen" Analyse wird die Schirmschwingung als *Großamplituden-Bewegung* in einer *Permutationsgruppe* gehandhabt, wobei die übrigen Schwingungen normal analysiert werden.

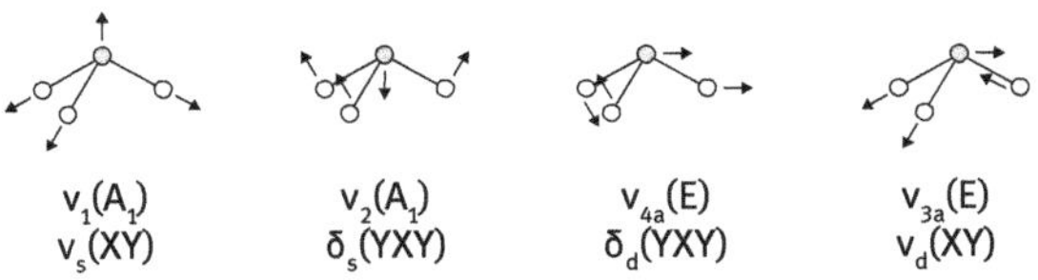

Abb. 7.5: Schwingungen des Ammoniaks.

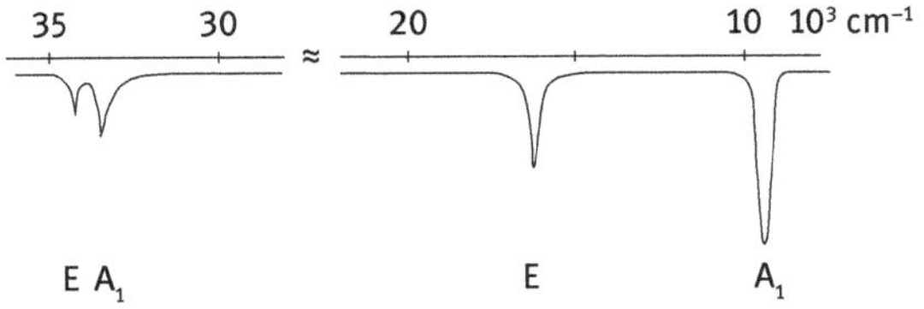

Abb. 7.6: Das IR-Spektrum von NH_3.
$\nu_1(A_1)$: symmetrische Valenzschwingung bei 3 330 cm^{-1}. $\nu_2(A_1)$: Schirm bei 1 004 cm^{-1}.
$\nu_3(E)$: asymmetrische Valenzschwingung bei 3 428 cm^{-1}. $\nu_4(E)$: asymmetrische Deformationsschwingung bei 1 602 cm^{-1}.

In der E-Rasse befinden sich zwei entarteten Schwingungen, eine niederfrequente Deformationsschwingung und eine hochfrequente Valenzschwingung.

Alle Schwingungen sind sowohl IR- als auch Raman-aktiv.

Der Grundzustand hat die Symmetrie A_1.

7.2.3 Die Anwendung des Verfahrens auf die Normalschwingungen von Xenontetrafluorid, XeF_4

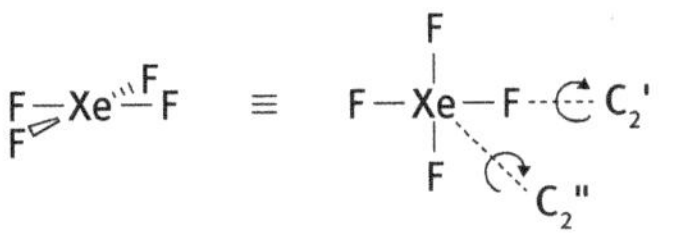

Abb. 7.7: XeF_4: Symmetrieelemente und Koordinatensystem.

(i) Punktgruppe D_{4h}
(ii) Koordinatensystem (z in die C_4-Achse)

(iii) Aufstellung einer reduziblen Darstellung anhand der Symmetrieoperationen $E, C_4, C_2, C_2', C_2'', i, S_4, \sigma_h, \sigma_v, \sigma_d$.

$\mathbf{D_{4h}}$	E	$2C_4$	C_2	$2C_2'$	$2C_2''$	i	$2S_4$	σ_h	$2\sigma_v$	$2\sigma_d$	T/R	T
A_{1g}	1	1	1	1	1	1	1	1	1	1		x^2+y^2, z^2
A_{2g}	1	1	1	−1	−1	1	1	1	−1	−1	R_z	
B_{1g}	1	−1	1	1	−1	1	−1	1	1	−1		x^2-y^2
B_{2g}	1	−1	1	−1	1	1	−1	1	−1	1		xy
E_g	2	0	−2	0	0	2	0	−2	0	0	(R_x, R_y)	(xz, yz)
A_{1u}	1	1	1	1	1	−1	−1	−1	−1	−1		
A_{2u}	1	1	1	−1	−1	−1	−1	−1	1	1	T_z	
B_{1u}	1	−1	1	1	−1	−1	1	−1	−1	1		
B_{2u}	1	−1	1	−1	1	−1	1	−1	1	−1		
E_u	2	0	−2	0	0	−2	0	2	0	0	(T_x, T_y)	

$$\begin{aligned}
\chi_r(E) &= 5 \cdot (2\cos\varphi + 1) \quad [\varphi = 0°] &&= 15\\
\chi_r(C_4) &= 1 \cdot (2\cos\varphi + 1) \quad [\varphi = 90°] &&= 1\\
\chi_r(C_2) &= 1 \cdot (2\cos\varphi + 1) \quad [\varphi = 180°] &&= -1\\
\chi_r(C_2') &= 3 \cdot (2\cos\varphi + 1) \quad [\varphi = 180°] &&= -3\\
\chi_r(C_2'') &= 1 \cdot (2\cos\varphi + 1) \quad [\varphi = 180°] &&= -1\\
\chi_r(i) &= 1 \cdot (2\cos\varphi - 1) \quad [\varphi = 180°] &&= -3\\
\chi_r(S_4) &= 1 \cdot (2\cos\varphi - 1) \quad [\varphi = 90°] &&= -1\\
\chi_r(\sigma_h) &= 5 \cdot (2\cos\varphi - 1) \quad [\varphi = 0°] &&= 5\\
\chi_r(\sigma_v) &= 3 \cdot (2\cos\varphi - 1) \quad [\varphi = 0°] &&= 3\\
\chi_r(\sigma_d) &= 1 \cdot (2\cos\varphi - 1) \quad [\varphi = 0°] &&= 1
\end{aligned}$$

$\mathbf{D_{4h}}$	E	$2C_4$	C_2	$2C_2'$	$2C_2''$	i	$2S_4$	σ_h	$2\sigma_v$	$2\sigma_d$
Γ_r	15	1	−1	−3	−1	−3	−1	5	3	1

(iv) und (v) Ausreduktion und Subtraktion von Translation und Rotation:

$\mathbf{D_{4h}}$	E	$2C_4$	C_2	$2C_2'$	$2C_2''$	i	$2S_4$	σ_h	$2\sigma_v$	$2\sigma_d$
Γ_r	15	1	−1	−3	−1	−3	−1	5	3	1
$-\Gamma_r$(T)	3	1	−1	−1	−1	−3	−1	1	1	1
$-\Gamma_r$(R)	3	1	−1	−1	−1	3	1	−1	−1	−1
$\Gamma_r(\nu)$	9	−1	1	1	1	−3	−1	5	3	1

$$\Gamma_i = A_{1g} + A_{2g} + B_{1g} + B_{2g} + E_g + 2A_{2u} + B_{2u} + 3E_u$$
$$-\Gamma_i(T) = A_{2u} + E_u$$
$$-\Gamma_i(R) = A_{2g} + E_g$$

$$\Gamma_i(\nu) = A_{1g} + B_{1g} + B_{2g} + A_{2u} + B_{2u} + 2E_u$$

(vi) Die sieben Normalschwingungen des Xenontetrafluorids verteilen sich auf die irreduziblen Darstellungen A_{1g} (1), B_{1g} (1), B_{2g} (1), A_{2u} (1), B_{2u} (1) und E_u (2).

(vii) Zur Analyse der Valenz- und Deformationsschwingungen werden symmetrieadaptierte Koordinaten oder *Symmetriekoordinaten* verwendet.
Die Änderungen der vier Bindungslängen führen zu drei Valenzschwingungen (A_{1g}, B_{2g} und E_u), dazu gibt es zwei Deformationsschwingungen (B_{1g} und E_u) und es gibt zwei Schwingungen aus der Molekülebene hinaus (A_{2u} und B_{2u}).

$\mathbf{D_{4h}}$	E	$2C_4$	C_2	$2C_2'$	$2C_2''$	i	$2S_4$	σ_h	$2\sigma_v$	$2\sigma_d$
Γ_r(v)	9	−1	1	1	1	−3	−1	5	3	1
Γ_r(val)	4	0	0	2	0	0	0	4	2	0
Γ_r(def)	5	−1	1	−1	1	−3	−1	1	1	1

Der Grundzustand hat die Symmetrie A_{1g}, weshalb aktive Fundamentalschwingungen (aus dem Grundzustand hinaus) in einen Zustand enden müssen, die die Symmetrie einer Dipolkomponente oder eine Komponente des Polarisierbarkeitstensors haben müssen.

IR-aktive banden können beim Vorhandensein eines Inversionszentrums nur u-Moden sein, während Raman-aktive Banden g-Moden sein müssen. Daher das Ausschlussprinzip.

Ein Blick auf die Charaktertafel am Anfang des Kapitels zeigt, dass die Schwingungen in A_{1g} (ν_1 – sym. Valenz), B_{1g}(ν_2 – sym. Def) und B_{2g} (ν_3 – asym. Valenz) Raman-aktiv sind, während die Schwingungen in A_{2u}(ν_4 – out-of-plane) und E_u (ν_6 – asym. Valenz, und ν_7 – asym. Def) IR-aktiv sind. Die Schwingung in der B_{2u}-Rasse (ν_5 – out-of-plane) ist weder IR- noch Raman-aktiv.

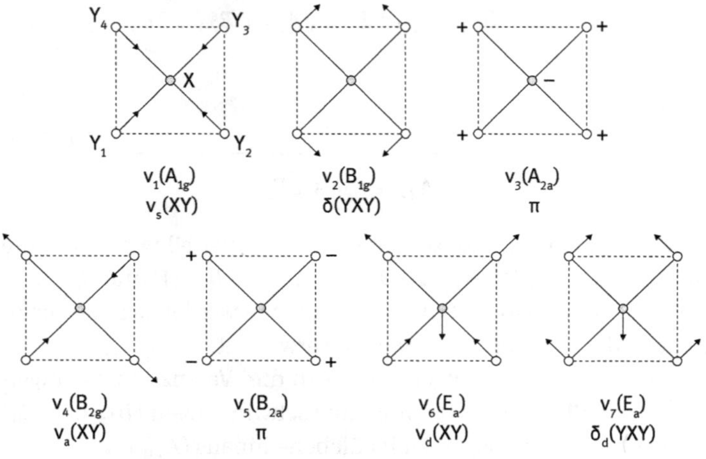

Abb. 7.8: Schwingungsbilder von einem D_{4h}-Molekül.

7.3 Normalschwingungen von linearen Molekülen

$\boldsymbol{D_{\infty h}}$	E	$2C_\infty^\varphi$	...	$\infty\sigma_i$	i	$2S_\infty^\varphi$	...	∞C_2	T/R	T
Σ_g^+	1	1	...	1	1	1	...	1		x^2+y^2, z^2
Σ_g^-	1	1	...	−1	1	1	...	−1	R_z	
Π_g	2	$2\cos\varphi$	...	0	2	$-2\cos\varphi$	...	0	(R_x, R_y)	(xz, yz)
Δ_g	2	$2\cos 2\varphi$	...	0	2	$2\cos 2\varphi$	...	0		(x^2-y^2, xy)
...	...	...	...	...	...	...	...	...		
Σ_u^+	1	1	...	1	−1	−1	...	−1	T_z	
Σ_u^-	1	1	...	−1	−1	−1	...	1		
Π_u	2	$2\cos\varphi$	...	0	−2	$2\cos\varphi$	...	0	(T_x, T_y)	
Δ_u	2	$2\cos 2\varphi$	...	0	−2	$-2\cos 2\varphi$	...	0		
...	...	...	...	...	...	...	...	...		

7.3.1 Das Molekül N_2 in der Punktgruppe $D_{\infty h}$

Das zweiatomige Molekül N_2 besitzt $3 \cdot 2 - 5 = 1$ Schwingungsfreiheitsgrade.

$\mathbf{D}_{\infty \mathbf{h}}$	E	$2C_{\infty}^{\varphi}$	...	$\infty\sigma_i$	i	$2S_{\infty}^{\varphi}$	...	∞C_2
Γ_r	6	$2 + 4\cos\varphi$	...	2	0	0	...	0
$-\Gamma_r(T)$	3	$1 + 2\cos\varphi$	...	1	−3	$-1 + 2\cos\varphi$	...	−1
$-\Gamma_r(R)$	2	$2\cos\varphi$	...	0	2	$2\cos\varphi$	...	0
$\Gamma_r(\nu)$	1	1	...	1	1	1	...	1

Die eine Schwingung gehört zur irreduziblen Darstellung Σ_g^+ und ist somit IR-inaktiv aber Raman-aktiv.

7.3.2 Das Molekül CO_2 in der Punktgruppe $D_{\infty h}$

Das dreiatomige Molekül, CO_2 besitzt $3 \cdot 3 - 5 = 4$ Schwingungsfreiheitsgrade.

$\mathbf{D}_{\infty \mathbf{h}}$	E	$2C_{\infty}^{\varphi}$	...	$\infty\sigma_i$	i	$2S_{\infty}^{\varphi}$	...	∞C_2
Γ_r	9	$3 + 6\cos\varphi$	...	3	−3	$-1 + 2\cos\varphi$	...	−1
$-\Gamma_r(T)$	3	$1 + 2\cos\varphi$	...	1	−3	$-1 + 2\cos\varphi$	...	−1
$-\Gamma_r(R)$	2	$2\cos\varphi$	...	0	2	$-2\cos\varphi$	...	0
$\Gamma_r(\nu)$	4	$2 + 2\cos\varphi$	...	2	−2	$2\cos\varphi$	...	0

Statt Ausreduzieren ($h = \infty$) folgt ein Vergleich mit der Charaktertafel. Es zeigt sich, dass die vier Schwingungsfreiheitsgrade sich auf drei Schwingungen in den Symmetrierassen Σ_g^+, Σ_u^+ und Π_u verteilen. Die erste, die totalsymmetrische Valenzschwingung, ist Raman-aktiv, die beiden anderen, die asymmetrische Valenzschwingung und die Deformationsschwingung (zweifach entartet), sind IR-aktiv.

$\mathbf{D}_{\infty \mathbf{h}}$	E	$2C_{\infty}^{\varphi}$	...	$\infty\sigma_i$	i	$2S_{\infty}^{\varphi}$	...	∞C_2
$\Gamma_r(\text{val})$	2	2	...	2	0	0	...	0
$\Gamma_r(\text{def})$	2	$2\cos\varphi$	...	0	−2	$2\cos\varphi$	...	0

Die Aktivitäten der Schwingungen sind eindeutig. Es war deshalb sehr überraschend, als man bei der ersten Aufnahme eines Raman-Spektrums von CO_2 feststellen

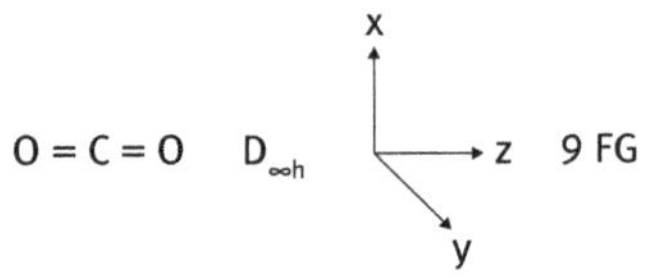

Abb. 7.9: Das CO_2-Molekül und festgelegtes Koordinatensystem.

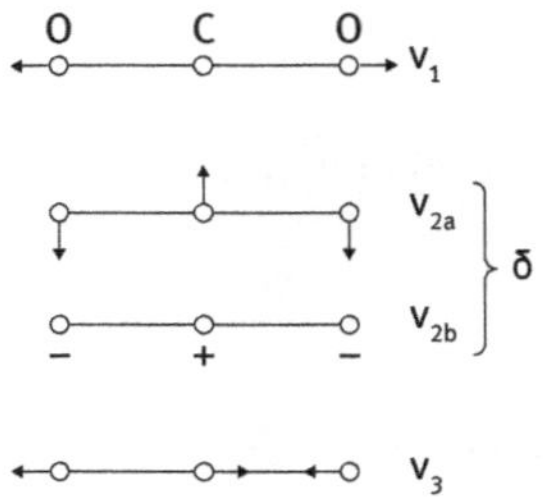

Abb. 7.10: Schwingungsbilder von CO_2.

musste, dass zwei intensive Raman-Linien bei 1 286 cm^{-1} und 1 388 cm^{-1} (sowie zwei deutlich schwächere Linien daneben) erschienen. Kurze Zeit später konnte Enrico Fermi das heute als Fermi-Resonanz bezeichnete Phänomen erklären. Die Deformationsschwingung erscheint bei 667 cm^{-1}. Eine Modellrechnung hatte vorhergesagt, dass die Raman-Linie (symmetrische Valenzschwingung) bei 1 337 cm^{-1} erscheinen sollte, also bei ziemlich genau der doppelten Wellenzahl von der Deformationsschwingung.

Die Voraussetzung für eine Fermi-Resonanz ist, dass die beiden Zustände dieselbe Symmetrie besitzen (und es muss eine passende kubische Kraftkonstante von null verschieden sein). Die Valenzschwingung hat die Symmetrie Σ_g^+ und die Deformationsschwingung die Symmetrie Π_u. Die Oberschwingung muss dann der Symmetrie $\Pi_u \times \Pi_u = \Sigma_g^+ + \Delta_g + \Sigma_g^-$ gehorchen. Eine Oberschwingung ist aber in der Regel (bei der Raman-Spektroskopie noch ausgeprägter als bei der IR-Spektroskopie) sehr schwach. Ein Blick auf die Charaktertafel zeigt, dass eine Schwingung der Symmetrie Σ_g^- weder IR- noch Raman-aktiv sein kann. Eine Schwingung der Symmetrie Δ_g kann Raman-aktiv sein (und mit modernen Spektrometern ist sie auch bei etwa 1 334 cm^{-1} nachgewiesen worden), aber für die zweite Raman-Linie kommt nur die Komponente mit Σ_g^+ in Frage. Die Wechselwirkung ist in diesem Fall so stark, dass beide Linien zu 50 % Fundamental- und zu 50 % Obertoncharakter haben und deswegen so gut wie gleich intensiv erscheinen und durch die Resonanz über 100 cm^{-1} auseinander getrieben wurden.

7.4 Schwingungsspektren von AB_n-Molekülen

C_{3v}	E	$2C_3$	$3\sigma_v$	T/R	T
A_1	1	1	1	T_z	$x^2 + y^2, z^2$
A_2	1	1	−1	R_z	
E	2	−1	0	$(T_x, T_y)(R_x, R_y)$	$(x^2 - y^2, xy), (xz, yz)$

D_{3h}	E	$2C_3$	$3C_2$	σ_h	$2S_3$	$3\sigma_v$	T/R	T
A_1'	1	1	1	1	1	1		x^2+y^2, z^2
A_2'	1	1	−1	1	1	−1	R_z	
E'	2	−1	0	2	−1	0	(T_x, T_y)	(x^2-y^2, xy)
A_1''	1	1	1	−1	−1	−1		
A_2''	1	1	−1	−1	−1	1	T_z	
E''	2	−1	0	−2	1	0	(R_x, R_y)	(xz, yz)

7.4.1 Trigonal pyramidale Moleküle der Punktgruppe C_{3v}

Dieser Fall wurde schon für Ammoniak behandelt. Hier wird er in kompakter Form für den Vergleich mit trigonal planaren Molekülen wiederholt:

C_{3v}	E	$2C_3$	$3\sigma_v$
Γ_r	12	0	2
$-\Gamma_r(T)$	3	0	1
$-\Gamma_r(R)$	3	0	−1
$\Gamma_r(v)$	6	0	2

Γ_r	$= 3A_1$	$+A_2$	$+4E$
$-\Gamma_r(T)$	$= A_1$		$+E$
$-\Gamma_r(R)$	$=$	$+A_2$	$+E$
$\Gamma_r(v)$	$= 2A_1$		$+2E$

In der A_1-Rasse befinden sich zwei Schwingungen, eine niederfrequente Deformationsschwingung (Schirmschwingung) und eine hochfrequente symmetrische Valenzschwingung. In der E-Rasse befinden sich zwei entarteten Schwingungen, eine niederfrequente Deformationsschwingung und eine hochfrequente Valenzschwingung.

Alle Schwingungen sind sowohl IR- als auch Raman-aktiv. Der Grundzustand hat die Symmetrie A_1.

7.4.2 Trigonal planare Moleküle der Punktgruppe D_{3h}

Das vieratomige Molekül hat $4 \cdot 3 - 6 = 6$ Schwingungsfreiheitsgrade.

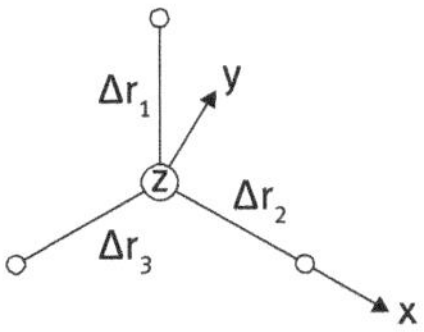

Abb. 7.11: Koordinatensystem und Valenzkoordinaten des BF_3.

Die Symmetrieelemente der Punktgruppe sind E, C_3, C_2, σ_h, S_3 und σ_v. Die Charaktertafel befindet sich in Kapitel 7.4. Die reduziblen Charaktere sind:

$$\begin{aligned}
\chi_r(E) &= 4 \cdot (2\cos\varphi + 1) & [\varphi = 0°] && = 12\\
\chi_r(C_3) &= 1 \cdot (2\cos\varphi + 1) & [\varphi = 2\pi/3] && = 0\\
\chi_r(C_2) &= 2 \cdot (2\cos\varphi + 1) & [\varphi = \pi] && = -2\\
\chi_r(\sigma_h) &= 4 \cdot (2\cos\varphi - 1) & [\varphi = 0°] && = 4\\
\chi_r(S_3) &= 1 \cdot (2\cos\varphi - 1) & [\varphi = 2\pi/3 + \pi] && = -2\\
\chi_r(\sigma_v) &= 2 \cdot (2\cos\varphi - 1) & [\varphi = 0°] && = 2
\end{aligned}$$

$\boldsymbol{D_{3h}}$	E	$2C_3$	$3C_2$	σ_h	$2S_3$	$3\sigma_v$
Γ_r	12	0	−2	4	−2	2
$-\Gamma_r$(T)	3	0	−1	1	−2	1
$-\Gamma_r$(R)	3	0	−1	−1	2	−1
$\Gamma_r(\nu)$	6	0	0	4	−2	2
Γ_r(val)	3	0	1	3	0	1
Γ_r(def)	3	0	−1	3	0	1

Γ_i	$= A_1'$	$+A_2'$	$+3E'$	$+2A_2''$	$+E''$
$-\Gamma_i$(T)		$+E'$		$+A_2''$	
$-\Gamma_i$(R)		$+A_2'$			$+E''$
$\Gamma_i(\nu)$	$= A_1'$		$+2E'$	A_2''	
Γ_i(val)	$= A_1'$		$+E'$		
Γ_i(def)			E'	A_2''	

Der Grundzustand hat die Symmetrie A_1'. Die symmetrische Valenzschwingung (A_1') ist Raman-aktiv aber IR-inaktiv. Die Schwingung aus der Molekülebene heraus (A_2') ist IR-aktiv aber Raman-inaktiv. Die entarteten Valenz- und Deformationsschwingungen (E') sind sowohl IR- als auch Raman-aktiv. Somit erscheinen sowohl im IR- als auch im Raman-Spektrum jeweils drei Banden, wovon nur zwei im IR- und im Raman-Spektrum in der Wellenzahl übereinstimmen.

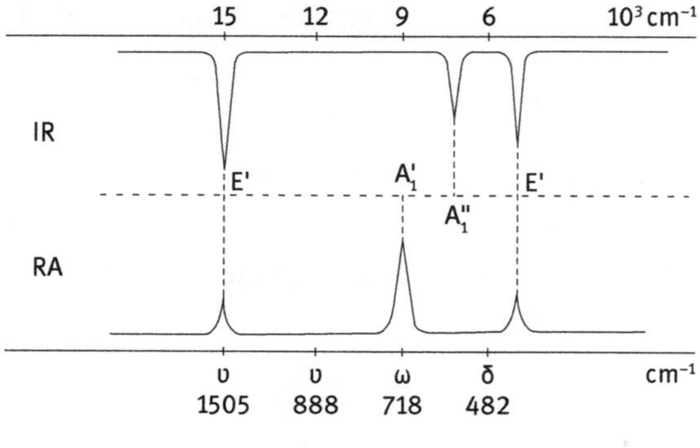

Abb. 7.12 a: IR- und Raman-Spektren von BF_3

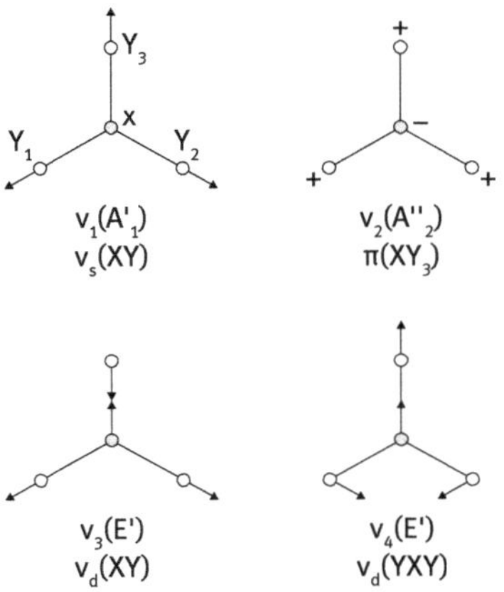

Abb. 7.12 b: Schwingungsbilder eines planaren AB_3-Moleküls

7.4.3 Schwingungsspektren polyedrischer Moleküle

$\mathbf{T_d}$	E	$8C_3$	$3C_2$	$6S_4$	$6\sigma_d$	T/R	T
A_1	1	1	1	1	1		$x^2 + y^2 + z^2$
A_2	1	1	1	−1	−1		
E	2	−1	2	0	0		$(2z^2 - x^2 - y^2, x^2 - y^2)$
T_1	3	0	−1	1	−1	(R_x, R_y, R_z)	
T_2	3	0	−1	−1	1	(T_x, T_y, T_z)	(xy, xz, yz)

$\mathbf{O_h}$	E	$8C_3$	$6C_2$	$6C_4$	$3C_4^2$	i	$6S_4$	$8S_6$	$3\sigma_h$	$6\sigma_d$	T/R	T
A_{1g}	1	1	1	1	1	1	1	1	1	1		$x^2 + y^2 + z^2$
A_{2g}	1	1	−1	−1	1	1	−1	1	1	−1		
E_g	2	−1	0	0	2	2	0	−1	2	0		$(2z^2 - x^2 - y^2, x^2 - y^2)$
T_{1g}	3	0	−1	1	−1	3	1	0	−1	−1	(R_xR_y, R_z)	
T_{2g}	3	0	1	−1	−1	3	−1	0	−1	1		(xy, xz, yz)
A_{1u}	1	1	1	1	1	−1	−1	−1	−1	−1		
A_{2u}	1	1	−1	−1	1	−1	1	−1	−1	1		
E_u	2	−1	0	0	2	−2	0	1	−2	0		
T_{1u}	3	0	−1	1	−1	−3	−1	0	1	1	(T_x, T_y, T_z)	
T_{2u}	3	0	1	−1	−1	−3	1	0	1	−1		

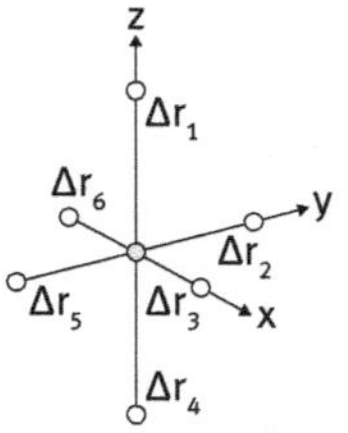

Abb. 7.13: Koordinatensystem und Valenzkoordinaten für SF_6.

I_h	E	$12C_5$	$12C_5^2$	$20C_3$	$15C_2$	i	$12S_{10}$	$12S_{10}^3$	$20S_6$	15σ	T/R	T
A_g	1	1	1	1	1	1	1	1	1	1		$x^2+y^2+z^2$
T_{1g}	3	η^+	η^-	0	1	3	η^-	η^+	0	−1	(R_xR_y, R_z)	
T_{2g}	3	η^-	η^+	0	−1	3	η^+	η^-	0	−1		
G_g	4	−1	−1	1	0	4	−1	−1	1	0		
H_g	5	0	0	−1	1	5	0	0	−1	1		$(2z^2-x^2-y^2,$ $x^2-y^2, xy, xz, yz)$
A_u	1	1	1	1	1	−1	−1	−1	−1	−1		
T_{1u}	3	η^+	η^-	0	−1	−3	$-\eta^-$	$-\eta^+$	0	1		
T_{2u}	3	η^-	η^+	0	−1	−1	$-\eta^+$	$-\eta^-$	0	1	(T_x, T_y, T_z)	
G_u	4	−1	−1	1	0	−4	1	1	−1	0		
H_u	5	0	0	−1	1	−5	0	0	1	−1		

$\eta^+ = (1+\sqrt{5})/2; \quad \eta^- = (1-\sqrt{5})/2$

7.4.4 Oktaedrische Moleküle des Typs AB_6 in der Punktgruppe O_h

Das siebenatomige Molekül AB_6 besitzt $7 \cdot 3 - 6 = 15$ Schwingungsfreiheitsgrade. Wegen der mehrfachen Entartung und dadurch, dass nur eine Symmetrierasse (T_{1u}) IR-Aktivität aufweist, ist das Spektrum arm an Übergängen.

O_h	E	$8C_3$	$6C_2$	$6C_4$	$3C_4^2$	i	$6S_4$	$8S_6$	$3\sigma_h$	$6\sigma_d$
Γ_r	21	0	−1	3	−3	−3	−1	0	5	3
$-\Gamma_r(T)$	3	0	−1	1	−1	−3	−1	0	1	1
$-\Gamma_r(R)$	3	0	−1	1	−1	3	1	0	−1	−1
$\Gamma_r(\nu)$	15	0	1	1	−1	−3	−1	0	5	3
$\Gamma_r(val)$	6	0	0	2	2	0	0	0	4	2
$\Gamma_r(def)$	9	0	1	−1	−3	−3	−1	0	1	1

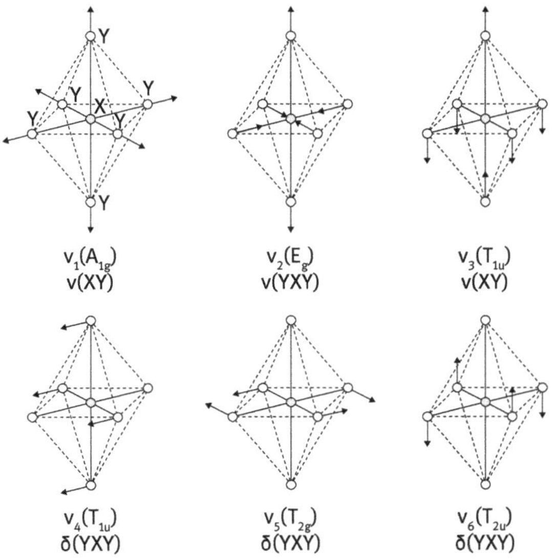

Abb. 7.14: Schwingungsformen oktaedrischer AB_6-Moleküle.

Ausreduzieren führt zu:

$$\begin{aligned}\Gamma_r &= A_{1g} + E_g + T_{1g} + T_{2g} + 3T_{1u} + T_{2u}\\ \Gamma_r(\nu) &= A_{1g} + E_g + T_{2g} + 2T_{1u} + T_{2u}\\ \Gamma_r(\text{val}) &= A_{1g} + E_g + T_{1u}\\ \Gamma_r(\text{def}) &= T_{2g} + T_{1u} + T_{2u}\end{aligned}$$

Die Valenzschwingungen sind: ν_1 (A_{1g}), ν_2 (E_g) und ν_3 (T_{1u}). ν_1 und ν_2 sind Raman-aktiv, ν_3 IR-aktiv. Es gilt das Ausschlussprinzip.

Die Deformationsschwingungen sind: ν_4 (T_{1u}), ν_5 (T_{2g}) und ν_6 (T_{2u}). ν_5 ist Raman-aktiv, ν_4 IR-aktiv. ν_6 ist weder mit IR- noch mit Raman-Spektroskopie direkt zu beobachten.

7.4.5 Tetraedrische Moleküle des Typs AB_4 in der Punktgruppe T_d

Das fünfatomige Molekül AB_4 besitzt $5 \cdot 3 - 6 = 9$ Schwingungsfreiheitsgrade. Wegen der hohen Symmetrie (Entartung und nur eine Rasse der Translation) ist aber mit

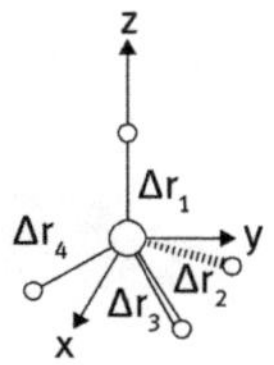

Abb. 7.15: Koordinatensystem und Valenzkoordinaten für CH_4.

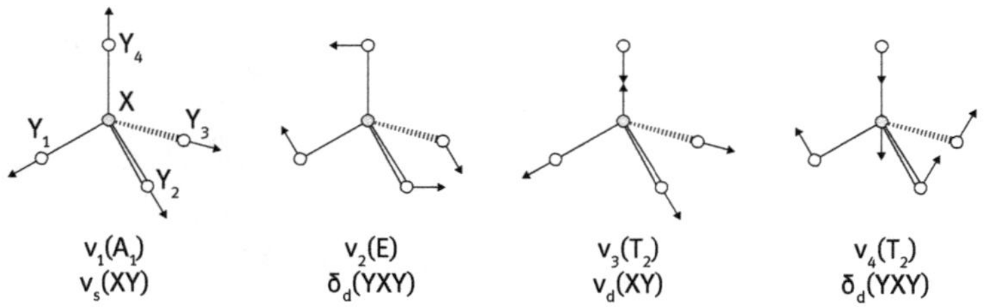

Abb. 7.16: Schwingungsformen tetraedrischer AB_4-Moleküle.

wenigen Banden in den Spektren zu rechnen.

$\boldsymbol{T_d}$	E	$8C_3$	$3C_2$	$6S_4$	$6\sigma_d$
Γ_r	15	0	−1	−1	3
$-\Gamma_r$(T)	3	0	−1	−1	1
$-\Gamma_r$(R)	3	0	−1	1	−1
$\Gamma_r(v)$	9	0	1	−1	3
$\Gamma_r(val)$	4	1	0	0	2
$\Gamma_r(def)$	5	−1	1	−1	1

Γ_i	A_1	$+E$	$+T_1$	$+3T_2$
$-\Gamma_i$(T)				T_2
$-\Gamma_i$(R)			T_1	
$\Gamma_i(v)$	A_1	$+E$		$+2T_2$
$\Gamma_i(val)$	A_1			$+T_2$
$\Gamma_i(def)$		$+E$		$+T_2$

Die Valenzschwingungen sind: ν_1 (A_1) und ν_3 (T_2). ν_1 ist nur Raman-aktiv, ν_3 ist IR- und Raman-aktiv.

Die Deformationsschwingungen sind: ν_2 (E) und ν_4 (T_2). ν_2 ist nur Raman-aktiv, ν_4 ist IR- und Raman-aktiv.

7.4.6 Ikosaedrische Moleküle. Beispiel: Fulleren, C_{60} in der Punktgruppe I_h

Wegen der extrem hohen Symmetrie weist Fulleren die größte Armut an spektralen Übergängen auf, unter anderem weil wir hier tatsächlich vier- und fünfdimensionalen irreduziblen Darstellungen begegnen.

I_h	E	$12C_5$	$12C_5^2$	$20C_3$	$15C_2$	i	$12S_{10}$	$12S_{10}^3$	$20S_6$	15σ
Γ_r	180	0	0	0	8	0	0	0	0	4
$-\Gamma_r(T)$	3	η^+	η^-	0	−1	−3	$-\eta^-$	$-\eta^+$	0	1
$-\Gamma_r(R)$	3	η^+	η^-	0	1	3	η^-	η^+	0	−1
$\Gamma_r(v)$	174	$-2\eta^+$	$-2\eta^-$	0	8	0	0	0	0	4
	$\eta^+ = (1+\sqrt{5})/2$; $\eta^- = (1-\sqrt{5})/2$.									

$$\Gamma_i(v) = 2A_g + 3T_{1g} + 4T_{2g} + 6G_g + 8H_g + A_u + 4T_{1u} + 5T_{2u} + 6G_u + 7H_u$$

Die zwei Schwingungen der Rasse A_g sind Raman-aktiv und polarisiert; die acht Schwingungen der Rasse H_g sind Raman-aktiv und depolarisiert. Die vier Schwingungen der Rasse T_{1u} sind IR-aktiv. Mit insgesamt 174 Schwingungsfreiheitsgraden zeigt C_{60} somit nur vier IR-Banden und zehn Raman-Banden. In diesem Fall müssen avancierte spektroskopische Methoden verwendet werden, um mehr Information zu erhalten. Und das IR-Spektrum ist gegenüber dem ^{13}C-NMR-Spektrum, das nur aus einem Übergang besteht, sogar sehr linienreich.

7.5 Abzählregeln bei Schwingungsspektren

Nach den sog. *Abzählregeln* (nach Placzek) lassen sich Anzahl und Rassen von Schwingungen auch ohne tiefere gruppentheoretische Kenntnisse – aber auf gruppentheoretischer Basis – voraussagen und berechnen. In Abhängigkeit von Punktgruppe und Atomzahl des Moleküls werden die Atomlagen unter der Wirkung der entsprechenden Symmetrieoperationen betrachtet. Die so erhaltenen Parameter werden in die *Grundgleichung* eingesetzt, aus der sich die übrigen Parameter ergeben; anschließend werden sämtliche Parameter in den *Teilgleichungen* berücksichtigt. Nach Abzug von Freiheitsgraden der Translation und Rotation resultieren Rasse und Anzahl der Schwingungen. Im Anhang A2 sind die wichtigsten Abzähltabellen aufgeführt. Im Folgenden wird nach ihrer Ableitung an zwei Beispielen ihre Handhabung demonstriert.

7.5.1 Ableitung der Abzähltabellen

Die Unterscheidung von Atomlagen erfolgt nach der Tabelle 7.2, wobei die Atomlagen jeweils ein Ensemble von äquivalenten Atomen zusammenfassen. Die Koeffizienten stellen die Zahl der Freiheitsgrade dar, die jedes Ensemble zu diesem Symmetrieelement beiträgt.

Tab. 7.2: Aufzählung von Atomen auf unterschiedlichen Positionen

Symbol	Atomlagen auf
n	keinem Symmetrieelement
n_0	allen Symmetrieelementen
n_n	Symmetrieachsen C_n (evtl. mit Orientierung, z. B. C_{3z}, C_{2x} usw.)
$n_{v,d,h}$	entsprechenden Symmetrieebenen, $\sigma_{v,d,h}$
$n_{xy,xz,yz}$	Symmetrieebenen entsprechender Orientierung, z. B. σ_{xz}

Beispiel 1 (H_2O in der Punktgruppe C_{2v}).
Man unterscheidet vier unterschiedliche Sätze von Atomlagen: n_0, n, σ_{xz} und σ_{yz}. Sie besitzen in Abhängigkeit von Lage und Rasse (symmetrische oder antisymmetrisch) eine unterschiedliche Zahl von Freiheitsgraden, wie es die Tabelle 7.3 zeigt.

Tab. 7.3: Zahl der Schwingungen pro Rasse in der Punktgruppe C_{2v}

Rasse	Freiheitsgrade der Atomlagen						Anzahl der Schwingungsfreiheitsgrade
	n	n_{xz}	n_{yz}	n_0	$T_{x,y,z}$	$R_{x,y,z}$	
A_1	$3n$	$2n_{xz}$	$2n_{yz}$	n_0	1	0	$3n + 2n_{xz} + 2n_{yz} + n_0 - 1$
A_2	$3n$	n_{xz}	n_{yz}	0	0	1	$3n + n_{xz} + n_{yz} - 1$
B_1	$3n$	$2n_{xz}$	n_{yz}	n_0	1	1	$3n + 2n_{xz} + n_{yz} + n_0 - 2$
B_2	$3n$	n_{xz}	$2n_{yz}$	n_0	1	1	$3n + n_{xz} + 2n_{yz} + n_0 - 2$

Beispiel 2 (NH_3 in der Punktgruppe C_{3v}).
Man unterscheidet drei unterschiedliche Sätze von Atomlagen: n, n_v und n_0. Auch sie besitzen in Abhängigkeit von Lage, Rasse und Entartungsgrad eine unterschiedliche Zahl von Freiheitsgraden, wie in Tabelle 7.4 gezeigt.

Tab. 7.4: Zahl der Schwingungen pro Rasse in der Punktgruppe C_{3v}

Rasse	Freiheitsgrade der Atomlagen					Anzahl der Schwingungsfreiheitsgrade
	n	n_v	n_0	$T_{x,y,z}$	$R_{x,y,z}$	
A_1	$3n$	$2n_v$	n_0	1	0	$3n + 2n_v + n_0 - 1$
A_2	$3n$	n_v	0	0	1	$3n + n_v - 1$
E	$6n$	$3n_v$	n_0	2	2	$6n + 3n_v + n_0 - 2$

7.5.2 Anwendung der Abzähltabellen

Betrachten wir zunächst allgemein ein Molekül der Punktgruppe C_{2v} (anschließend wird H_2O explizit eruiert).

n Befindet sich ein Atom auf keinem Symmetrieelement, d. h. weder auf der C_2-Achse noch auf einer der beiden Spiegelebenen, muss es noch drei weitere dieser Art geben, damit die Symmetriebedingung erfüllt wird.

Tab. 7.5: Zahl der Schwingungen jeder Rasse und deren Aktivität

C_{2v}	IR	Raman	Zahl
A_1	a	p	2
A_2	–	dp	0
B_1	a	dp	0
B_2	a	dp	1

n_0 Jedes Atom auf der Achse liegt gleichzeitig auf beiden Ebenen, somit auf allen Symmetrieelementen. Jedes Atom bildet somit eine Gesamtheit.

n_{xz} Befindet sich ein Atom in der *xz*-Ebene, muss es ein zweites dieser Art geben, damit auch die Spiegelung in der *yz*-Ebene ein Symmetrieelement darstellt.

n_{yz} Für ein Atom in der *yz*-Ebene gilt ebenso wie oben, dass es ein zweites geben muss, damit die Symmetriebedingung erfüllt ist.

Somit kommt man auf die folgende Grundgleichung für ein C_{2v}-Molekül, die die Zahl der Atome aufzählt:

$$N = 4n + 2n_{xz} + 2n_{yz} + n_0$$

Betrachten wir konkret das Wassermolekül H_2O.

n Es befindet sich kein Atom außerhalb eines Symmetrieelements: $n = 0$.

n_0 Es befindet sich ein Atom auf allen Symmetrieelementen: $n_0 = 1$.

n_{yz} Es befindet sich ein Satz von Atomen auf der *yz*-Ebene: $n_{yz} = 1$.

n_{xz} Es befindet sich kein Satz von Atomen auf der *xz*-Ebene: $n_{xz} = 0$.

Aus der Grundgleichung folgt: $N = 4 \cdot 0 + 2 \cdot 1 + 2 \cdot 0 + 1 = 3$ 3 Atome.

Die Zahl der Schwingungen in den einzelnen Rassen ist in der Tabelle 7.5 zusammengefasst.

Als weiteres Beispiel betrachten wir ein AB_3-Molekül, das entweder der Punktgruppe C_{3v} oder der Punktgruppe D_{3h} zugehören kann (nicht planar oder planar).

1. C_{3v}

n Befindet sich ein Atom auf keinem Symmetrieelement, d. h. weder auf der C_3-Achse noch auf einer der dreien Spiegelebenen, muss es fünf weitere dieser Art geben, damit die Symmetriebedingung erfüllt wird.

n_0 Jedes Atom auf der Achse liegt zugleich auf allen drei Ebenen, somit auf allen Symmetrieelementen. Jedes Atom bildet somit eine Gesamtheit.

n_v Befindet sich ein Atom in der σ_v-Ebene, muss sich auf jeder der drei Ebenen ein Atom befinden.

Tab. 7.6: Zahl der Schwingungen jeder Rasse und deren Aktivität

C_{3v}	IR	Raman	Zahl
A_1	a	p	2
A_2	–	dp	0
E	a	dp	2

Somit resultiert die folgende Grundgleichung für ein C_{3v}-Molekül, die die Zahl der Atome aufzählt:

$$N = 6n + 3n_v + n_0$$

Konkret (z. B. für NH_3) heißt das:

n Es befindet sich kein Atom außerhalb eines Symmetrieelements: $n = 0$.

n_0 Es befindet sich ein Atom auf allen Symmetrieelementen: $n_0 = 1$.

n_v Es befindet sich ein Satz von Atomen auf den σ_v-Ebenen: $n_v = 1$.

Aus der Grundgleichung ergibt sich: $N = 6 \cdot 0 + 3 \cdot 1 + 1 = 4$ 4 Atome.

Die Zahl der Schwingungen in den einzelnen Rassen ist in der Tabelle 7.6 zusammengefasst.

2. D_{3h}

n Befindet sich ein Atom auf keinem Symmetrieelement, d. h. weder auf den C_3-oder C_2-Achsen noch auf einer der drei Spiegelebenen oder σ_h, muss es noch elf weitere dieser Art geben, damit die Symmetriebedingung erfüllt ist.

n_0 Auf dem Schnittpunkt von C_3- und C_2-Achsen sowie σ_v- und σ_h-Ebenen kann höchstens ein Atom liegen.

n_v Befindet sich ein Atom in der σ_v-Ebene, muss sich auf jeder der drei Ebenen ein Atom befinden, und wegen σ_h wird diese Zahl verdoppelt.

n_h Jedes Atom auf der σ_h-Ebene (außerhalb von C_3, C_2 und σ_v) muss fünf Partner haben.

n_2 Jedes Atom auf einer C_2-Achse muss dreimal auftreten.

n_3 Jedes Atom auf der C_3-Achse ober- oder unterhalb von σ_h muss ein Pendant haben.

Somit kommt man auf die folgende Grundgleichung für ein D_{3h}-Molekül, die die Zahl der Atome aufzählt:

$$N = 12n + 6n_v + 6n_h + 3n_2 + 2n_3 + n_0$$

Konkret (z. B. für BF_3) heißt das:

n es befindet sich kein Atom außerhalb eines Symmetrieelement: $n = 0$

n_0 Es befindet sich ein Atom auf allen Symmetrieelementen: $n_0 = 1$.
n_v Es befindet sich kein Atom auf den σ_v -Ebenen: $n_v = 0$.
n_h Es befindet sich kein Atom auf der σ_h -Ebene: $n_h = 0$.
n_3 Es befindet sich kein weiteres Atom auf der C_3-Achse: $n_3 = 0$.
n_2 Es befindet sich ein Satz von Atomen auf C_2-Achsen: $n_2 = 1$.

Aus der Grundgleichung ergibt sich:
$N = 12 \cdot 0 + 6 \cdot 0 + 6 \cdot 0 + 3 \cdot 1 + 2 \cdot 0 + 1 = 4$ 4 Atome.

Die Zahl der Schwingungen in den einzelnen Rassen ist in der Tabelle 7.7 zusammengefasst.

Tab. 7.7: Zahl der Schwingungen jeder Rasse und deren Aktivität

D_{3h}	IR	Raman	Zahl
A_1'	–	p	1
A_1''	–	–	0
A_2'	–	–	0
A_2''	a	–	1
E'	a	dp	2
E''	–	dp	0

7.5.3 Strukturbestimmung von XeF_4

Im Folgenden soll mithilfe der Abzählregeln anhand von den Schwingungsspektren von XeF_4 die Struktur bestimmt werden, d. h., es soll zwischen tetragonal pyramidaler (C_{4v}), tetraedrischer (T_d) und tetragonal planarer (D_{4h}) unterschieden werden.

C_{4v} Grundgleichung: $N = 8n + 4n_v + 4n_d + n_0 = 8 \cdot 0 + 4 \cdot 1 + 4 \cdot 0 + 1 = 5$

C_{4v}	IR	Raman	Zahl
A_1	a	p	2
A_2	–	–	0
B_1	–	dp	2
B_2	–	dp	1
E	a	dp	2

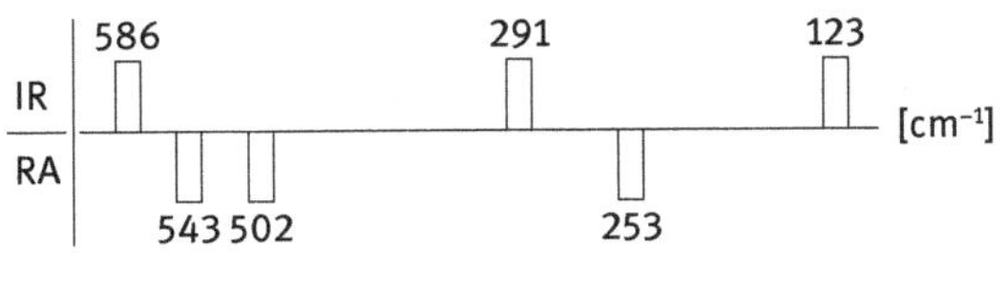

Abb. 7.17: Raman- und IR-Spektren von XeF_4.

Im IR-Spektrum sind vier und im Raman-Spektrum sieben Banden aktiv. Die Banden in A_1 und E zeigen sowohl IR- als auch Raman-Aktivität.

T_d Grundgleichung: $N = 24n + 12n_d + 6n_2 + 4n_3 + n_0 = 24 \cdot 0 + 12 \cdot 0 + 6 \cdot 0 + 4 \cdot 1 + 1 = 5$

T_d	IR	Raman	Zahl
A_1	–	*p*	1
A_2	–	–	0
E	–	*dp*	1
T_1	–	–	0
T_2	*a*	*dp*	2

Im IR-Spektrum sind zwei und im Raman-Spektrum vier Banden aktiv. Die Banden im T_2 zeigen sowohl IR- als auch Raman-Aktivität.

D_{4h} Grundgleichung: $N = 16n + 8n_v + 8n_d + 8n_h + 4n_2 + 4n_{2'} + 2n_4 + n_0 = 16 \cdot 0 + 8 \cdot 0 + 8 \cdot 0 + 4 \cdot 1 + 4 \cdot 0 + 2 \cdot 0 + 1 = 5.$

D_{4h}	IR	Raman	Zahl
A_{1g}	–	p	1
A_{2u}	a	–	1
B_{1g}	–	dp	1
B_{2g}	–	dp	1
B_{2u}	–	–	1
E_u	a	–	2

Im IR-Spektrum sind drei und im Raman-Spektrum ebenfalls drei Banden aktiv. Es gilt das strenge Ausschlussprinzip. Nur dieses Modell stimmt mit den Spektren überein.

7.6 Rotations-Schwingungsspektroskopie in der Gasphase

Es gibt zwei äußere Umstände, die das Aussehen eines Schwingungsspektrums deutlich beeinflussen können. Zunächst soll die Einwirkung der Molekülrotationen in der Gasphase behandelt werden. Im nächsten Kapitel soll dann das Schwingungsspektrum eines Kristallgitters untersucht werden.

Wir werden hier das einfachste Modell der Rotations-Schwingungsbewegung annehmen: dass Rotation und Schwingung unabhängig voneinander stattfinden.

Schwingungsenergie und Auswahlregeln wurden bereits in Kapitel 7 beschrieben.

Rotationen folgen im Prinzip den gleichen Gesetzmäßigkeiten, nur kommt erschwerend hinzu, dass in der Bestrebung, Rotation und Schwingung zu trennen, mit zwei Koordinatensystemen gearbeitet werden muss: *Ein raumfestes Koordinatensystem X, Y, Z*, das vom Experiment festgelegt wird, und ein *molekülfestes Koordinaten-*

system a, b, c, das mit dem Molekül rotiert. Die Transformation lautet:

$$\begin{pmatrix} X \\ Y \\ Z \end{pmatrix} = \begin{pmatrix} \Phi_{Za} & \Phi_{Xb} & \Phi_{Xc} \\ \Phi_{Ya} & \Phi_{Yb} & \Phi_{Yc} \\ \Phi_{Za} & \Phi_{Zb} & \Phi_{Zc} \end{pmatrix} \begin{pmatrix} a \\ b \\ c \end{pmatrix}$$

wobei Φ_{Fg} die Werte des sog. *Richtungskosinus* darstellen, die als Produkte von sog. Eulerwinkeln entstehen. Mit dieser Transformationsmatrix können wir das Übergangsmoment eines Rotationsübergangs berechnen:

$$|Q|^2 = |\int \psi'^* \mu_Z \psi'' d\tau|^2$$

wo ohne Verlust der Allgemeingültigkeit im raumfesten Koordinatensystem die Z-Achse als Bezugsachse gewählt wurde. Die Konformationskoordinaten, τ sind Rotationen des Moleküls. Transformation zu den molekülfesten Koordinaten führt zu:

$$\begin{aligned} |Q|^2 &= |\int \psi'^* \mu_a \Phi_{Za} \psi'' d\tau + \int \psi'^* \mu_b \Phi_{Zb} \psi'' d\tau + \int \psi'^* \mu_c \Phi_{Zc} \psi'' d\tau|^2 \\ &= |\mu_a \int \psi'^* \Phi_{Za} \psi'' d\tau + \mu_b \int \psi'^* \Phi_{Zb} \psi'' d\tau + \mu_c \int \psi'^* \Phi_{Zc} \psi'' d\tau|^2 \end{aligned}$$

Man sieht, dass mindestens eine Dipolmomentkomponente von null verschieden sein muss, wenn ein Übergang erlaubt sein soll. Das Molekül muss mit anderen Worten ein permanentes Dipolmoment besitzen, wenn es ein reines Rotationsspektrum haben soll. Für eine Herleitung der Auswahlregeln sind die Eigenschaften der Richtungskosinus-Werte entscheidend.

Moleküle lassen sich in kugelsymmetrische, symmetrische, asymmetrische oder lineare Kreisel einteilen. Hier sollen nur die symmetrischen Kreisel kurz behandelt werden, wobei lineare Kreisel als symmetrische Kreisel mit $K \equiv 0$ aufgefasst werden können. Bei symmetrischen Kreiseln sind zwei der drei Rotationskonstanten identisch. Es gibt eine ausgezeichnete Symmetrieachse, die wir mit z bezeichnen. Die z-Achse kann entweder die a-Achse sein (prolater Kreisel, B = C) oder die c-Achse (oblater Kreisel, A = B). In einem prolaten Kreisel ist die Rotationsenergie:

$$E = BJ(J+1) + (A - B)K^2$$

wobei die kontinuierliche Drehsymmetrie um die z-Achse besagt, dass ein zu dieser Winkeländerung konjugierter Impuls eine Bewegungskonstante sein muss. Dies ist J_z (die z-Komponente des Drehimpulses) korrespondierend zur Projektionsquantenzahl K. Weil K aus einer Projektion des Drehimpulses entsteht, muss $K \leq J$ sein. Die beschreibende Symmetriegruppe ist D_∞, eine Untergruppe zu R_h, die aus Rotationen um die Symmetrieachse und um Achsen senkrecht darauf besteht.

Angenommen es handelt sich um einen prolaten symmetrischen Kreisel, dann muss das Dipolmoment entlang der a-Achse liegen, und das Übergangsmoment lautet:

$$|Q|^2 = \left|\mu_a \int \psi'^* \Phi_{Za} \psi'' d\tau\right|^2$$

Dieses Matrixelement kann man in der Basis der symmetrischen Kreiselfunktionen berechnen. Damit werden Intensitäten (und somit auch Auswahlregeln) bestimmt. Hier soll aber nur eine Symmetriebetrachtung durchgeführt werden, wobei qualitative (aber keine quantitativen) Aussagen möglich sind. Dazu muss man wissen, wie die Wellenfunktionen und der Richtungskosinus Φ_{Za} transformieren.

Bei den Wellenfunktionen ist dies kein Problem, weil sie (abgesehen von $K = 0$) nur von K abhängen. Die Transformationseigenschaften der symmetrischen Kreiselfunktionen ψ_{JKM} sehen nämlich folgendermaßen aus:

$\boldsymbol{D}_{\infty}$	E	$2R^z$	$\infty R_{\perp}$	K
Σ^+	1	1	1	0, J gerade
Σ^-	1	1	−1	0, J ungerade
Π	2	$2\cos\varphi$	0	±1
Δ	2	$2\cos 2\varphi$	0	±2

Bei $\Phi_{Za} = \cos\varphi_{Za}$ sieht man leicht, dass das Element durch Σ^- dargestellt werden kann.

Damit ein Übergang erlaubt sein soll, muss das Integral ungleich null, und das Argument unter dem Integralzeichen somit totalsymmetrisch sein. Das Produkt aus ψ'^* und ψ'' muss die Darstellung Σ^- beinhalten, weil das Produkt von Σ^- mit sich selber die totalsymmetrische Darstellung, Σ^+ ergibt.

Gehen wir z. B. vom Rotationsgrundzustand aus, $J_K = 0_0$ (irreduzible Darstellung Σ^+), muss der angeregte Zustand die irreduzible Darstellung Σ^- beinhalten, z. B. 1_0. Höhere ungerade J-Werte lassen sich aus Symmetriegründen zwar nicht ausschließen, eine exakte Rechnung zeigt aber, dass $\Delta J > 1$ nicht in Betracht kommt.

Geht man vom Zustand $J_K = 1_1$ aus (irreduzible Darstellung Π) wird die Überlegung schwieriger, weil die Π-Darstellung entartet (zweidimensional) ist. Das Produkt von $\Pi \times \Pi = \Sigma^+ + \Sigma^- + \Pi$ zeigt jedoch, dass auch hier die totalsymmetrische Darstellung entstehen kann, weil sie die Darstellung Σ^- enthält. Die wichtigste Auswahlregel für die Anregung einer reinen Rotation ist somit $\Delta K = 0$. Die Auswahlregel $\Delta J = \pm 1$ tritt hinzu.

Bei der Intensitätsberechnung spielt auch die Raumentartung eine entscheidende Rolle (die Quantenzahl M in der symmetrischen Kreiselfunktion, ψ_{JKM}). Diese Quantenzahl beschreibt die Projektion des Drehimpulses auf eine raumfeste Achse, $M \leq J$. Im feldfreien Raum sind alle $2J + 1$ M Zustände entartet, und spielen somit bei der Boltzmann-Verteilung eine große Rolle:

$$N_J = N_0 \cdot (2J + 1) \cdot \exp(-E_J / k_B T)$$

wobei k_B die Boltzmann-Konstante, T die Absoluttemperatur und E_J die Energie des Rotationszustands von J beschreiben. Weil Rotationsenergien sehr gering sind, steigt $(2J + 1)$ für kleine J stärker an als $\exp(-E_J / k_B T)$ abnimmt. Es kommt also zu einem Maximum in der Rotationsstruktur.

Bei den Rotations-Schwingungsspektren ist die Energie eines Zustands:

$$E = E_{vib} + E_{rot} = h \cdot c \cdot \nu_0(v + ½) + h \cdot c \cdot B \cdot J(J + 1)$$

Die Schwingungen lassen sich in *Parallelbanden* (Darstellung A_1) und *Senkrechtbanden* (Darstellung E) aufteilen. Die Rotationsfeinstruktur und damit die Form der Linien hängt von der jeweiligen Schwingungsrasse ab.

Für Parallelschwingungen, wo sich das Dipolmoment entlang der Symmetrieachse verändert, gilt (wie für die reine Rotation):

$$\Delta v = \pm 1; \quad \Delta K = 0 \text{ und } \Delta J = 0, \pm 1$$

Die Rotationsstruktur der Schwingungsbande zeigt einen scharfen Q-Zweig ($\Delta J = 0$) mit zwei Seitenzweigen, dem P-Zweig ($\Delta J = -1$) und dem R-Zweig ($\Delta J = 1$), die aus annähernd äquidistanten Linien bestehen (Linienabstand: $2B$).

Für Senkrechtschwingungen, wo sich das Dipolmoment senkrecht zur Symmetrieachse ändert, gilt:

$$\Delta v = \pm 1; \quad \Delta K = \pm 1 \text{ und } \Delta J = 0, \pm 1$$

Man erhält für jeden Übergang $K \to K + 1$, $K \to K - 1$ Teilbanden, die jeweils das Aussehen einer Parallelbande haben. Die Q-Zweige der Teilbanden sind jeweils um $\Delta v = 2(A - B)$ gegeneinander verschoben. Die Gesamtstruktur einer Senkrechtbande ergibt sich somit aus der Überlagerung aller Teilbanden. Im Spektrum sieht man einen mehr oder weniger aufgelösten Untergrund der P- und R-Zweige mit den intensiven Linien der Q-Zweige.

Zu zeigen, wie Rotations-Schwingungsspektren aussehen können, sind hier das Spektrum von Wasser (asymmetrischer Kreisel) und Ammoniak (symmetrischer Kreisel) gezeigt (Abb. 7.18 und 7.19).

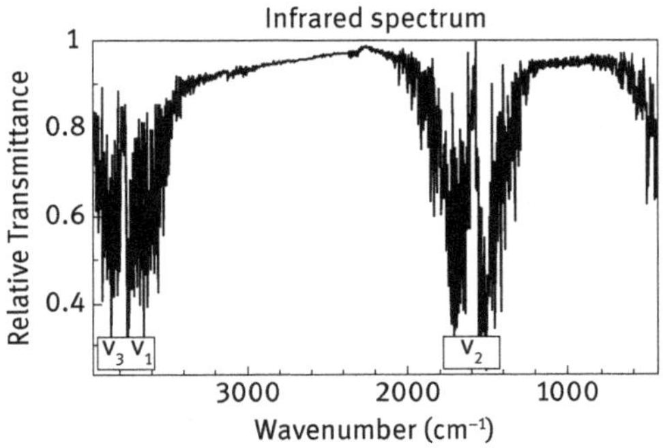

Abb. 7.18: Rotations-Schwingungs-Spektrum des H_2O.
ν_1 (A_1): symmetrische Valenzschwingung bei 2 731 cm^{-1}. ν_2 (A_1): Deformation bei 1 595 cm^{-1}.
ν_3 (B_2): asymmetrische Valenzschwingung bei 3 756 cm^{-1}.

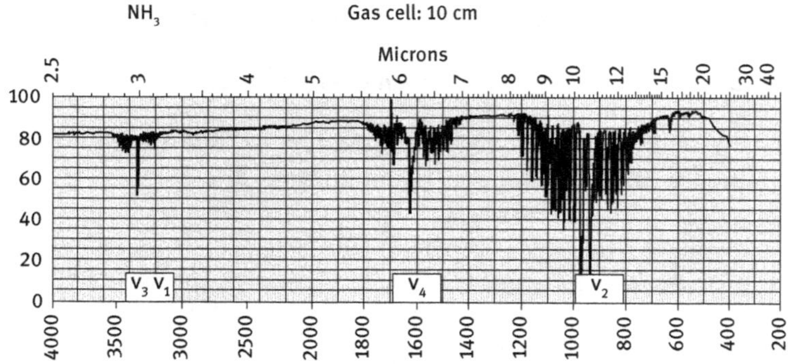

Abb. 7.19: Rotations-Schwingungs-Spektrum des NH_3.
ν_1 (A_1): symmetrische Valenzschwingung bei 3 330 cm^{-1}. ν_2 (A_1): Schirm bei 1 004 cm^{-1}.
ν_3 (E): asymmetrische Valenzschwingung bei 3 428 cm^{-1}. ν_4 (E): asymmetrische Deformation bei 1 602 cm^{-1}.

7.7 Die wahren Symmetrieeigenschaften eines schwingenden und rotierenden Moleküls

In diesem Kapitel sollen die Symmetrieeigenschaften eines sich bewegenden Moleküls präzisiert weden.

Wir betrachten ein Molekül als eine Ansammlung von Kernen und Elektronen, die von bestimmten Kräften zusammengehalten werden. Dieses System kann nur quantenmechanisch beschrieben werden, aber trotzdem werden wir überlegen, welche Transformationen die Energie des Systems (durch den sogenannten Hamilton-Operator beschrieben) unverändert lassen. Ganz allgemein wird der Hamilton-Operator die Eigenschaften der Kerne und Elektronen beinhalten. Diese sind:

m_r	die Masse jedes Teilchens ($m_r \equiv m_e$ für Elektronen),
$C_r e$	die Ladung jedes Teilchens ($C_r \equiv -1$ für Elektronen),
g und s_i	g-Faktor und Spin jedes Elektrons,
g_α und I_α	Kern g-Faktor und Kernspin jedes Kerns,
$Q_{ab}^{(\alpha)}$	elektrisches Quadrupolmoment jedes Kerns usw.

Außer diesen Teilcheneigenschaften beinhaltet der Hamilton-Operator auch die Ortskoordinaten $\underline{R}$ und die Impulsoperatoren $\underline{P}_r$.

Ohne den Hamilton-Operator auszuformulieren, abgesehen davon, dass man die Beträge in einen internen Teil und einen Teil, der die Bewegung des Massenschwerpunktes beschreibt ($H = T_{CM} + H_{INT}$), teilen kann, stellen wir die Frage, welche Symmetrieoperationen lassen ihn unverändert?

(a) Jede geradlinige Translation im raumfesten Koordinatensystem, G_T,
(b) jede Rotation um eine raumfeste Achse durch den Massenschwerpunkt des Moleküls, K(raum),
(c) jede Permutation der Raum- und Spinkoordinaten der Elektronen, $S_n^{(e)}$,
(d) jede Permutation der Raum- und Spinkoordinaten äquivalenter Kerne, G^{CNP},
(e) die Inversion aller Raumkoordinaten (durch den Massenschwerpunkt) der Elektronen und der Kerne, ε,
(f) die Zeitumkehr, Θ.

Diese Invarianz ist nicht axiomatisch, sondern kann hergeleitet werden, aber auch ohne diese Herleitung fällt vielleicht auf, dass die molekularen Punktgruppen nicht dabei sind. Die Operationen dieser Gruppen kommutieren nicht mit dem allgemeinen Hamilton-Operator und sind somit keine Symmetrieelemente des Operators. Sie werden aber nachher feststellen können, dass das, was Sie über die Punktgruppen erfahren haben, nicht umsonst war.

Was bewirken diese Symmetrieoperationen?

G_T: Das *passive* Bild der Invarianz gegenüber einer Translation im *homogenen* Raum zeigt, dass wenn wir das Molekül unverändert zurücklassen, während das Koordinatensystem parallel verschoben wird, d. h. alle Ortskoordinaten von $\underline{R}_r$ auf $\underline{R}_r + \underline{A}$ verändern, der Hamilton-Operator davon unberührt bleibt. Die Gruppe G_T stellt eine unendliche, kontinuierliche dar, was allgemein bedeutet, dass mit dieser Bewegung eine Bewegungskonstante verknüpft ist, hier der *lineare Impuls* (das noethersche Theorem).

K(raum): Die Gruppe K(raum) ist im *isotropen* Raum auch eine unendliche, kontinuierliche Gruppe. Diese Gruppe ist mit der Bewegungskonstante *Drehimpuls* verknüpft. Quantenmechanisch kann man zeigen, dass der interne Teil des Hamilton-Operators, H_{INT}, mit dem *Gesamtdrehimpuls im Quadrat*, F^2, und seine Z-Komponente, F_Z, kommutiert, die somit als Bewegungskonstanten betrachtet werden können.

$S_n^{(e)}$: Der molekulare Hamilton-Operator ist invariant gegenüber allen Elektronenpermutationen. Auf die Vektoren $\underline{R}$ [Ort], $\underline{P}$ [Impuls] und $\underline{s}$ [Spin] wird der Index eine andere Folge haben, aber H ändert sich nicht, weil alle Elektronen ununterscheidbar sind. H ist invariant gegenüber allen Operationen der $S_n^{(e)}$-Gruppe. Die Ordnung der Gruppe ist $n!$. Es gibt m Klassen und somit auch m irreduzible Darstellungen, wobei m eine ganze Zahl symbolisiert, die aussagt, auf wie viele Art und Weisen n geschrieben werden kann. Eine von diesen Darstellungen wird die *antisymmetrische Darstellung* genannt, $\Gamma^{(e)}(A)$. Ihr Charakter ist (+1) für alle geraden Permutationen und (−1) für alle ungeraden Permutationen.

Elektronen sind *Fermionen* und müssen z. B. dem Pauli-Prinzip gehorchen. Die Wellenfunktion eines Fermions muss ihr Vorzeichen bei einer ungeraden Permutation ändern, d. h., die interne Wellenfunktion transformiert wie $\Gamma^{(e)}(A)$ der Gruppe $S_n^{(e)}$. Die Permutation der Elektronen führt zum Begriff *Multiplizität*.

G^{CNP}: Was über Elektronenpermutationen gesagt wurde, lässt sich fast unverändert auf die Vertauschung von äquivalenten Kernen übertragen. Die Permutation ändert den Index auf $\underline{R}$ [Ort], $\underline{P}$ [Impuls], $\underline{I}$ [Kernspin] und Q_{ab}/V_{ab} [Kernquadrupolmoment/Feldgradient am Kernort]. Der Hamilton-Operator ist aber invariant gegenüber allen Permutationen der G^{CNP}-Gruppe. Die Kerne können allerdings entweder ganzzahlige (Bosonen) oder halbzahlige (Fermionen) Spins haben. Für die G^{CNP}-Gruppe eines Moleküls wird es deshalb eine irreduzible Darstellung geben, $\Gamma^{\mathrm{CNP}}(A)$ mit dem Charakter (+1) für alle Permutationen, abgesehen von ungeraden Permutationen der Fermionen, die den Charakter (−1) haben. Sowohl die Bose-Einstein- als auch die Fermi-Dirac-Statistik führen dazu, dass die interne Wellenfunktion als $\Gamma^{\mathrm{CNP}}(A)$ transformieren muss. Diese Gruppe führt zur Spinstatistik.

ε: Ein Problem dieser Gruppe stellt die Operation E^* dar. E^* ändert alle Ortsvektoren, $\underline{R}$ zu $-\underline{R}$ und Impulsvektoren $\underline{P}$ zu $-\underline{P}$, aber was passiert mit den Spinvektoren? Bei Vektoren muss allgemein zwischen *polaren* und *axialen* Vektoren unterschieden werden. Polare Vektoren, wie $\underline{R}$ und $\underline{P}$ wechseln, wie schon gesagt, ihr Vorzeichen bei E^*. Spinvektoren sind aber axiale Vektoren, wie auch der Drehimpuls: $\underline{L} = \underline{R} \times \underline{P}$. E^* verursacht jetzt einen Vorzeichenwechsel sowohl bei $\underline{R}$ wie auch bei $\underline{P}$, somit bleibt der axiale Vektor bei E^* invariant. Damit steht fest, dass die Transformationen $\underline{R} \rightarrow -\underline{R}$, $P \rightarrow -\underline{P}$, $\underline{I} \rightarrow \underline{I}$ und $\underline{s} \rightarrow \underline{s}$ zu keinen Veränderungen führen. Der Hamilton-Operator ist invariant gegenüber E^* und damit gegenüber allen Operationen der ε-Gruppe. Die Gruppe hat zwei irreduzible Darstellungen, die mit (+) und (−) bezeichnet werden. Wir nennen diese Bezeichnung *Parität*.

Θ: Schließlich gibt es die Funktion Zeitumkehr. Diese Operation ändert das Vorzeichen aller Impulse (egal ob polar oder axial), lässt aber den Ortsvektor unverändert. Diese kontinuierliche, unendliche Gruppe hängt mit der Energieerhaltung zusammen. Diese Operation führt zu keinen neuen Bezeichnungsmöglichkeiten der Zustände, kann aber eine zusätzliche Entartung hervorrufen.

Die vollständige Gruppe, deren Operationen den Hamilton-Operator unverändert lassen, ist somit:

$$G_{\mathrm{voll}} = G_{\mathrm{T}} \otimes K(\mathrm{raum}) \otimes S_n^{(\mathrm{e})} \otimes \underbrace{G^{\mathrm{CNP}} \otimes \varepsilon}_{G^{\mathrm{CNPI}}} \otimes \Theta$$

Dabei stehen CNP und CNPI jeweils für „complete nuclear permutation group“ bzw. „complete nuclear permutation inversion group“.

Translationszustände können nach ihrem Impuls gekennzeichnet werden (aber diese Zustände sind normalerweise gar nicht interessant), während interne Zustände mit F, m_F und $\pm$ aus den Gruppen $K(\mathrm{raum})$ und ε charakterisiert werden. Die *wahre* Symmetrie aus den Permutationsgruppen wird vollständig von der Spinstatistik bestimmt. Nützliche Bezeichnungen für die inneren Zustände sind somit nur F (jeder F-Zustand ist $(2F + 1)$-fach entartet mit $m_F = -F, -F + 1, \ldots, F$) und $\pm$. Die Energien der inneren Zustände setzen sich zusammen aus: Rotations-, Schwingungs-, Elektronenorbitals-, Elektronen-Spin-Spin-Kopplungs- und Kern-Spin-Spin-Kopplungstermen.

7.7.1 Elektronenspinfunktionen

Jedes Elektron eines Moleküls hat einen Spin, $\underline{s}$, von der Größe $\hbar/2$ und die vollständigen Spinfunktionen können folgendermaßen geschrieben werden: $|s, m_s\rangle = |\frac{1}{2}, \pm\frac{1}{2}\rangle \rightarrow |\frac{1}{2}, +\frac{1}{2}\rangle \equiv \alpha$ und $|\frac{1}{2}, -\frac{1}{2}\rangle \equiv \beta$.

Ein Zwei-Elektronen-System (Elektron 1 und Elektron 2) gehört zu Gruppe $S_2^{(e)}$ mit $2! = 4$ Elementen: $\alpha\alpha$, $\alpha\beta$, $\beta\alpha$, $\beta\beta$.

Ein n-Elektronen-System wird 2^n Funktionen besitzen, die je aus dem Produkt von n Spinfunktionen (α oder β) bestehen. Die 2^n-dimensionale Darstellung von $S_n^{(e)}$ wird $\Gamma_{\text{espin}}^{(e)}$ genannt.

Als Beispiel für die Charakterisierung der Spinfunktionen als irreduzible Darstellungen der $S_n^{(e)}$-Gruppe sollen die Elektronen des LiH analysiert werden.

Das Molekül besitzt vier Elektronen. Die Elektronenpermutationsgruppe ist somit $S_4^{(e)}$ mit $2^4 = 16$ Elektronenproduktfunktionen.

$$\begin{aligned}
m_s &= 2 \quad && \alpha\alpha\alpha\alpha,\\
m_s &= 1 && \alpha\alpha\alpha\beta,\ \alpha\alpha\beta\alpha,\ \alpha\beta\alpha\alpha,\ \beta\alpha\alpha\alpha,\\
m_s &= 0 && \alpha\alpha\beta\beta,\ \alpha\beta\alpha\beta,\ \beta\alpha\alpha\beta,\ \alpha\beta\beta\alpha,\ \beta\alpha\beta\alpha,\ \beta\beta\alpha\alpha,\\
m_s &= -1 && \beta\beta\beta\alpha,\ \beta\beta\alpha\beta,\ \beta\alpha\beta\beta,\ \alpha\beta\beta\beta,\\
m_s &= -2 && \beta\beta\beta\beta.
\end{aligned}$$

In jeder Zeile sind Funktionen mit gleichem m_S-Wert zusammengefasst worden: $m_s = \sum_i m_{s_i}$.

Die 16-dimensionale Darstellung soll jetzt charakterisiert werden. Zunächst stellen wir erfreulicherweise fest, dass nur Funktionen mit denselben m_S-Werten ineinander überführt werden (die Permutation verändert ja nur die Indexzahlen). Als Beispiel kann die (123)-Permutation gezeigt werden:

$$(123)\ \alpha\beta\alpha\beta = (123)\ \alpha_1\beta_2\alpha_3\beta_4 = \alpha_2\beta_3\alpha_1\beta_4 = \alpha\alpha\beta\beta$$

Es dürfte einleuchtend sein, dass es eine gewisse Spiegelsymmetrie zwischen den Zuständen mit positivem und negativem m_s gibt. Die irreduzible Darstellung mit $m_s = +1$ kann z. B. schnell auf $m_s = -1$ übertragen werden.

Die Charaktertafel für die Permutationsgruppe $S_4^{(e)}$ sieht folgendermaßen aus (mit den irreduziblen Darstellungen Γ_1 bis Γ_5):

$S_4^{(e)}$	E	(12)	(123)	(1234)	(34)
	1	6	8	6	3
Γ_1	1	1	1	1	1
Γ_2	1	−1	1	−1	1
Γ_3	2	0	−1	0	2
Γ_4	3	1	0	−1	−1
Γ_5	3	−1	0	1	−1

Die Permutationen der Funktionen mit $m_s = \pm 2$ führen jeweils zu keinen Veränderungen. Sie transformieren somit wie Γ_1 der Gruppe $S_4^{(e)}$. Die Transformationseigenschaften der vier Funktionen mit $m_s = \pm 1$ sind in der Tabelle (einschließlich Charaktere) zusammengefasst:

R	*E*	(12)	(123)	(1234)	(12)(34)
	$\alpha\alpha\alpha\beta$	$\alpha\alpha\alpha\beta$	$\alpha\alpha\alpha\beta$	$\beta\alpha\alpha\alpha$	$\alpha\alpha\beta\alpha$
	$\alpha\alpha\beta\alpha$	$\alpha\alpha\beta\alpha$	$\beta\alpha\alpha\alpha$	$\alpha\alpha\alpha\beta$	$\alpha\alpha\alpha\beta$
	$\alpha\beta\alpha\alpha$	$\beta\alpha\alpha\alpha$	$\alpha\alpha\beta\alpha$	$\alpha\alpha\beta\alpha$	$\beta\alpha\alpha\alpha$
	$\beta\alpha\alpha\alpha$	$\alpha\beta\alpha\alpha$	$\alpha\beta\alpha\alpha$	$\alpha\beta\alpha\alpha$	$\alpha\beta\alpha\alpha$
$\chi(R)$	4	2	1	0	0

Sie lassen sich zu einer direkten Summe von Γ_1 und Γ_4 schreiben:

$$\Gamma_{m_s=\pm 1} = \Gamma_1 \oplus \Gamma_4$$

Auf ähnliche Weise kann gezeigt werden, wie $\Gamma_{m_s=0}$ reduziert werden kann:

$$\Gamma_{m_s=0} = \Gamma_1 \oplus \Gamma_3 \oplus \Gamma_4$$

Insgesamt lassen sich die 16 Spinfunktionen schreiben als:

$$\Gamma = 5\Gamma_1 \oplus \Gamma_3 \oplus 3\Gamma_4$$

Anschließend wird analysiert, wie die Spinfunktionen bezüglich der Rotationsgruppe K(raum) klassifiziert werden. Man darf nicht vergessen, dass ein Elektronenspin ein Drehimpuls ist, ein Eigendrehimpuls mit dem Wert $\frac{1}{2}$. Für halbzahlige Spins braucht man für die Charakterisierung die Spin-Doppel-Gruppe $K(\text{raum})^2$. Der Grund dafür ist, dass ein System mit halbzahligem Drehimpuls um 4π rotiert werden muss, um in seine Ausgangslage zurückgeführt zu werden. Die Darstellung des Spins ist zweidimensional und wird mit $D^{(1/2)}$ bezeichnet.

Für die vier Elektronen in LiH würde gelten:

$$\begin{aligned} \mathrm{D}^{(1/2)} \otimes \mathrm{D}^{(1/2)} \otimes \mathrm{D}^{(1/2)} \otimes \mathrm{D}^{(1/2)} &= (\mathrm{D}^{(1)} \oplus \mathrm{D}^{(0)}) \otimes \mathrm{D}^{(1/2)} \otimes \mathrm{D}^{(1/2)} \\ &= (\mathrm{D}^{(3/2)} \oplus \mathrm{D}^{(1/2)} \oplus \mathrm{D}^{(1/2)}) \otimes \mathrm{D}^{(1/2)} \\ &= \mathrm{D}^{(2)} \oplus 3\mathrm{D}^{(1)} \oplus 2\mathrm{D}^{(0)} \end{aligned}$$

Ein Vergleich mit den Symmetrien der Spinfunktionen oben ergibt:

$D^{(0)}$	$s = 0, m_s = 0$	Rasse: Γ_3	Multiplizität: 1,
$D^{(1)}$	$s = 1, m_s = -1, 0, 1$	Rasse: Γ_4	Multiplizität: 3,
$D^{(2)}$	$s = 2, m_s = -2, -1, 0, 1, 2$	Rasse: Γ_1	Multiplizität: 5.

Die Elektronenspinfunktionen sind von den Kernkoordinaten unabhängig, weswegen diese Funktionen bezüglich G^{CNP} totalsymmetrisch sind. Die Spinfunktionen sind auch invariant gegenüber E^* und alle Funktionen haben positive Parität.

7.7.2 Kernspinfunktionen

Die Kernspins können wie Elektronenspins behandelt werden. Die Kernspinfunktionen eines Kerns sind:

$$|I_\alpha, m_{I_\alpha}\rangle \quad \text{mit } m_{I_\alpha} = -I_\alpha, -I_\alpha + 1, \ldots, +I_\alpha$$

Diese Funktionen erzeugen eine Darstellung $D^{(I_\alpha)}$ der Gruppe $K(\text{raum})^2$. Angenommen, wir wollen ein Molekül mit der chemischen Formel $A_aB_bC_c$ beschreiben. Die Kerne haben jeweils die Kernspins I_A, I_B und I_C und die Zahl der möglichen Spinzustände sind $(2I_A + 1)$, $(2I_B + 1)$ und $(2I_C + 1)$. Wenn alle Funktionen berücksichtigt werden, kommt man auf die Zahl

$$(2I_A + 1)^a \cdot (2I_B + 1)^b \cdot (2I_C + 1)^c$$

Die Funktionen können folgendermaßen geschrieben werden:

$$|m_{A1}(A_1) \cdot m_{A2}(A_2) \ldots m_{Aa}(A_a) \cdot m_{B1}(B_1) \ldots m_{Bb}(B_b) \ldots m_{Cc}(C_c) >$$

Eine Permutation wird nur Indizes vertauschen und dies nur unter Spinfunktionen mit demselben m_I-Wert.

Die Kernspinfunktionen sind invariant gegenüber Elektronenpermutationen und E^* und erzeugen totalsymmetrische Darstellungen bezüglich $S_n^{(e)}$; sie haben positive Parität.

Als Beispiel werden die Darstellungen der Kernspinzustände des NH_3- bzw. ND_3-Moleküls bezüglich $G^{CNP}(S_3)$ und $K(\text{raum})^2$ bestimmt.

Zunächst für NH_3:

Die Zahl der Protonen-Einzel-Spinfunktionen ist (bei drei Protonen mit Spin $\frac{1}{2}$) insgesamt acht:

$$\begin{array}{llll}
(m_I = 3/2) & \alpha_1\alpha_2\alpha_3 = \Phi_{\text{ns}}^{(1)} & & \\
(m_I = 1/2) & \alpha_1\alpha_2\beta_3 = \Phi_{\text{ns}}^{(2)}; & \alpha_1\beta_2\alpha_3 = \Phi_{\text{ns}}^{(3)}; & \beta_1\alpha_2\alpha_3 = \Phi_{\text{ns}}^{(4)} \\
(m_I = -1/2) & \alpha_1\beta_2\beta_3 = \Phi_{\text{ns}}^{(5)}; & \beta_1\alpha_2\beta_3 = \Phi_{\text{ns}}^{(6)}; & \beta_1\beta_2\alpha_3 = \Phi_{\text{ns}}^{(7)} \\
(m_I = -3/2) & \beta_1\beta_2\beta_3 = \Phi_{\text{ns}}^{(8)} & &
\end{array}$$

Die reduzible Darstellung bezüglich S_3 lautet:

E	(12)	(123)
8	4	2

und Reduktion führt zu

$$\Gamma_{\text{red}} = 4\Gamma_1 \oplus 2\Gamma_3$$

Bezüglich der Gruppe $K(\text{raum})^2$ erhält man:

$$D^{(1/2)} \otimes D^{(1/2)} \otimes D^{(1/2)} = D^{(3/2)} \oplus 2D^{(1/2)}$$

Es gibt somit ein Quartett der Symmetrie Γ_1 und zwei Dubletts mit Symmetrie Γ_3. Die irreduziblen Kombinationen sind:

$$
\begin{array}{lll}
I = 3/2 & m_I = 3/2\alpha\alpha\alpha & \Gamma_1 \\
 & m_I = 1/2(\alpha\alpha\beta + \alpha\beta\alpha + \beta\alpha\alpha)/\sqrt{3} & \Gamma_1 \\
 & m_I = -1/2(\beta\beta\alpha + \beta\alpha\beta + \alpha\beta\beta)/\sqrt{3} & \Gamma_1 \\
 & m_I = -3/2\beta\beta\beta & \Gamma_1 \\
I = 1/2 & m_I = 1/2[(2\alpha\alpha\beta - \alpha\beta\alpha - \beta\alpha\alpha)/6, (\alpha\beta\alpha - \beta\alpha\alpha)/\sqrt{2}] & \Gamma_3 \\
 & m_I = -1/2[(2\beta\beta\alpha - \beta\alpha\beta - \alpha\beta\beta)/6, (\beta\alpha\beta - \alpha\beta\beta)/\sqrt{2}] & \Gamma_3
\end{array}
$$

Der Stickstoffkern besitzt eine Spinfunktion, die totalsymmetrisch in der G^{CNP} ist. Der Kernspin für ^{14}N ist eins (für ^{15}N $\frac{1}{2}$). Die Darstellung der Gesamtspinfunktion erhält man, indem die gefundenen Spinfunktionen im $K(\mathrm{raum})^2$ mit $D^{(1)}$ ($D^{(1/2)}$ für ^{15}N) multipliziert werden. Die Rasse der G^{CNP}-Gruppe erhält man durch Multiplikation mit $3\Gamma_1$ ($2\Gamma_1$ bei ^{15}N).

7.7.3 Die Gesamtwellenfunktionen

Jetzt sind die Spinfunktionen charakterisiert worden, es folgen die Rotations-, Schwingungs- und Elektronenwellenfunktionen.

$$\Phi^0_{\mathrm{rve}} = \Phi_{\mathrm{rot}}\Phi_{\mathrm{vib}}\Phi_{\mathrm{elec}}$$

Die Darstellung von Φ^0_{rve} wird mit $\Gamma^{\mathrm{CNP}}_{\mathrm{rve}}$ bezeichnet. Welche Eigenschaften hat diese Funktion bezüglich G^{CNP}? Die Funktionen Φ_{rot} und Φ_{vib} sind totalsymmetrisch in $S_n^{(e)}$. In dieser Gruppe wird die Darstellung von Φ_{elec} $\Gamma^{(e)}_{\mathrm{elec}}$ genannt. Die Funktionen Φ^0_{rve} haben entweder positive oder negative Parität und sie erzeugen die Darstellung $D^{(N)}$ im $K(\mathrm{raum})$, wobei N die Quantenzahl des (vib-rot)-Gesamtdrehimpulses darstellt. Der Gesamtdrehimpuls, F, ist die Summe aus N (vib-rot), S (Elektronenspin) und I (Kernspin). Normalerweise wird $J = N + S$ eingeführt. Für einen Singulettzustand ist dann $J \equiv N$, so wie man normalerweise dem Rotationsdrehimpuls begegnet.

7.7.4 Parität

Komplizierte Überlegungen führen dazu, dass es einen geringeren Anteil von Kombinationsmöglichkeiten der Funktionen Φ^0_{rve}, Φ_{espin} und Φ_{nspin} gibt, die zusätzlich bestimmten Bedingungen erfüllen müssen:

$$
\begin{array}{lll}
\text{in } S_n^{(e)}: & \Gamma^{(e)}_{\mathrm{rve}} \otimes \Gamma^{(e)}_{\mathrm{espin}}\, \Gamma^{(e)}_{\mathrm{nspin}} \supset \Gamma^{(e)}(\mathrm{A})\,; & \Gamma^{(e)}_{\mathrm{elec}} \otimes \Gamma^{(e)}_{\mathrm{espin}} \supset \Gamma^{(e)}(\mathrm{A}) \\
\text{in } \mathrm{G}^{\mathrm{CNP}}: & \Gamma^{\mathrm{CNP}}_{\mathrm{rve}} \otimes \Gamma^{\mathrm{CNP}}_{\mathrm{espin}}\, \Gamma^{\mathrm{CNP}}_{\mathrm{nspin}} \supset \Gamma^{\mathrm{CNP}}(\mathrm{A})\,; & \Gamma^{\mathrm{CNP}}_{\mathrm{rve}} \otimes \Gamma^{\mathrm{CNP}}_{\mathrm{nspin}} \supset \Gamma^{\mathrm{CNP}}(\mathrm{A})
\end{array}
$$

Die obere Gleichung entscheidet über die Spinmultiplizität, die untere über die Kernspinstatistik.

Zwei Beispiele: H_2 und NH_3

Entscheidend dafür, ob man die vereinfachten Symmetriebetrachtungen (Punktgruppen usw.) zugrunde legt, sind die energetischen Abstände zwischen den Rotations-, Schwingungs- und Elektronenzuständen. Falls, wie in der Regel zutreffend, die Abstände groß sind, kann man die Bewegungen in guter Näherung trennen, und das einfache Symmetriebild stimmt. Wenn es nicht zutrifft, muss man nach der wahren Symmetrie suchen. Die zwei Beispiele sind dafür relevant. Bei H_2 sorgt die geringe Masse der Protonen für Probleme (die Rotationsenergie ist zum Teil größer als die Schwingungsenergie) und bei NH_3 ist die Inversionsschwingung sehr niedrig und kann daher nicht als Normalschwingung behandelt werden.

Bezieht man die Symmetrie mit ein, ergibt sich folgendes Bild:

H_2 besteht aus zwei Elektronen (a, b) und zwei Protonen (1, 2). Die Permutationsgruppen sind:

$$S_2^{(e)} = \{E, (ab)\} \qquad G^{CNP} = \{E, (12)\}$$

Die jeweiligen Elemente kommutieren, d. h. es existieren zwei Klassen und somit zwei irreduziblen Darstellungen. Es besteht eine Isomorphie zwischen beiden Gruppen. Die irreduziblen Darstellungen werden mit $\Gamma_1^{(e)}$ und $\Gamma_2^{(e)}$ (für die Elektronen) bzw. Γ_1^{CNP} und Γ_2^{CNP} (für die Kerne) bezeichnet.

Elektronen sind Fermionen: Φ_{INT}^0 muss wie $\Gamma^{(e)}(A)$ [$= \Gamma_2^{(e)}$ in $S_2^{(e)}$] transformieren. Dasselbe gilt für die Protonen, die auch Fermionen sind: [$\Gamma^{CNP}(A) = \Gamma_2^{CNP}$ in G^{CNP}].

Die elektronischen Spinfunktionen sind: $\alpha\alpha$, $\alpha\beta$, $\beta\alpha$ und $\beta\beta$. Die Darstellung in $S_2^{(e)}$ lautet:

$$\begin{array}{lll} & 3\Gamma_1^{(e)} \oplus \Gamma_2^{(e)} & \\ m_s = 1 & \alpha\alpha & \\ m_s = 0 & (\alpha\beta + \beta\alpha)/\sqrt{2} & (\alpha\beta - \beta\alpha)/\sqrt{2} \\ m_s = -1 & \beta\beta & \end{array}$$

Die Zwei-Protonen-Spinfunktionen transformieren im K(raum) wie:

$$\begin{array}{lllll} & D^{(1/2)} \otimes D^{(1/2)} = D^{(1)} \oplus D^{(0)} & & & \\ D^{(1)}: & S = 1 & \text{Triplettzustand} & \Leftrightarrow & \Gamma_1^{CNP} \\ D^{(0)}: & S = 0 & \text{Singulettzustand} & \Leftrightarrow & \Gamma_2^{CNP} \end{array}$$

Wegen der Antisymmetrie der Gesamtfunktion muss $\Gamma_1^{(e)}$ mit Γ_2^{CNP} sowie $\Gamma_2^{(e)}$ mit Γ_1^{CNP} kombiniert werden. Das energiegünstigste Orbital des Wasserstoffmoleküls hat die Symmetrie $\Gamma_1^{(e)}$. Dieser Zustand ist somit ein Singulettzustand.

Es ist instruktiv, an dieser Stelle auch das Deuterium, D_2 (mit Kernspin $S = 1$ und somit Bosonen), auf die statistische Gewichtung zu analysieren. Weil D ein Boson ist, muss Φ_{INT} als Γ_1^{CNP} in G^{CNP} transformieren. Die rovibronischen (Φ_{rve}) und die Kernspinfunktionen müssen dieselbe Symmetrie in G^{CNP} besitzen, weshalb die Spinfunktionen für Deuterium folgendermaßen geschrieben werden können:

	Spins	Darstellungen
$(m_I = 2)$:	$\lambda\lambda$	Γ_1^{CNP}
$(m_I = 1)$:	$\lambda\mu, \mu\lambda$	$\Gamma_1^{\mathrm{CNP}} \oplus \Gamma_2^{\mathrm{CNP}}$
$(m_I = 0)$:	$\lambda\nu, \nu\lambda, \mu\mu$	$\Gamma_1^{\mathrm{CNP}} \oplus \Gamma_2^{\mathrm{CNP}} \oplus \Gamma_1^{\mathrm{CNP}}$
$(m_I = -1)$:	$\nu\mu, \mu\nu$	$\Gamma_1^{\mathrm{CNP}} \oplus \Gamma_2^{\mathrm{CNP}}$
$(m_I = -2)$:	$\nu\nu$	Γ_1^{CNP}

Die Darstellung der Kernspinfunktionen in K(raum) sind:

$$D^{(1)} \otimes D^{(1)} = D^{(2)} \oplus D^{(1)} \oplus D^0$$

Die Quintettfunktionen $(I = 2)$ sind Γ_1^{CNP}, die Triplettfunktionen $(I = 1)$ sind Γ_2^{CNP} und die Singulettfunktion $(I = 0)$ ist Γ_1^{CNP}.

In G^{CNP} können die Gesamtdarstellungen der Kernspinfunktionen folgendermaßen geschrieben werden:

$$\Gamma_{\mathrm{nspin}}^{\mathrm{tot}} = 6\Gamma_1^{\mathrm{CNP}} \oplus 3\Gamma_2^{\mathrm{CNP}}$$

Die Faktoren geben die spinstatistische Gewichtung an.

Bei NH_3 soll die spinstatistische Gewichtung der rovibronischen Zustände Φ_{rve}^0 bezüglich der Symmetriegruppe G^{CNP} bestimmt werden.

Schon vorher wurde gezeigt, dass die Gesamtkernspindarstellung folgendermaßen reduziert werden kann:

$$\Gamma_{\mathrm{nspin}}^{\mathrm{tot}} = \underbrace{(4\Gamma_1 \oplus 2\Gamma_3)}_{\text{drei Protonen}} \otimes \underbrace{3\Gamma_1}_{^{14}\mathrm{N}} = 12\Gamma_1 \oplus 6\Gamma_3$$

Zusätzlich gilt:

$$\Phi_{\mathrm{INT}}^0 = \Gamma^{\mathrm{CNP}}(\mathrm{A}) = \Gamma_2 \Rightarrow \Gamma_{\mathrm{rve}} \otimes \Gamma_{\mathrm{nspin}} \supset \Gamma_2$$

Die rovibronischen Wellenfunktionen, Φ_{rve}^0, können als Γ_1, Γ_2 oder Γ_3 (in S_3) transformieren und bei den Zuständen der jeweiligen Symmetrie kann jetzt die Spinstatistik bestimmt werden:

Φ_{rve}^0	Φ_{nspin}	$\Phi_{INT} \equiv \Gamma_2$
Γ_1	–	Kernspingewicht 0
Γ_2	Γ_1	Kernspingewicht 12
Γ_3	Γ_3	Kernspingewicht 6

Somit sind die wahren Symmetriebezeichnungen gefunden worden, indem die Transformationseigenschaften in der vollständigen Symmetriegruppe G_{voll} oder in den Untergruppen K(raum), ε, G^{CNP}, $S_n^{(e)}$ untersucht wurden.

7.7.5 Die molekulare Symmetriegruppe

Es wurde gezeigt, dass jedes System mit den irreduziblen Darstellungen der CNPI-Gruppe (vollständige Kernpermutations- und Inversionsgruppe) charakterisiert werden kann. Oft ist es aber klüger, eine Untergruppe der CNPI-Gruppe zu verwenden:

die molekulare Symmetriegruppe. Es wird sich zum einen herausstellen, dass die irreduziblen Darstellungen der molekularen Symmetriegruppe in Zusammenhang mit der räumlichen Rotationsgruppe K(raum) tatsächlich die Zustände mit der benötigten Genauigkeit beschreiben, d. h., es möglich wird, Zustände mithilfe deren irreduziblen Darstellungen so zu charakterisieren, dass die Spinstatistik berechnet werden kann, dass es ermöglicht wird zu entscheiden, welche Zustände miteinander wechselwirken können, wenn zusätzliche Terme des Hamilton-Operators berücksichtigt werden, oder welchen Einfluss externe magnetische oder elektrische Felder ausüben können. Zweitens muss man aber fragen: Warum dieses System aufgeben, wo es doch gut funktioniert? Dazu kann man die Größe der CNPI-Gruppe für verschiedene Moleküle betrachten:

H_2:	$2! \times 2$	$= 4$	C_2H_6:	$= 2! \times 6! \times 2$	$= 2880$
H_2O:	$2! \times 2$	$= 4$	C_2H_5OH:	$= 2! \times 6! \times 2$	$= 2880$
BF_3:	$3! \times 2$	$= 12$	C_6H_6:	$= 6! \times 6! \times 2$	$= 1.036.800$
CH_3F:	$3! \times 2$	$= 12$	$C_6H_5CH_3$:	$= 7! \times 8! \times 2$	$= 4 \times 10^8$
CH_4:	$4! \times 2$	$= 48$	$C_6H_6(H_2O)_2$	$= 6! \times 10! \times 2! \times 2$	$= 10^{10}$
C_2H_4:	$2! \times 4! \times 2$	$= 96$	C_{60}:	$= 60! \times 2$	$= 10^{82}$

Es fällt auf, dass die Ordnung einer CNPI-Gruppe sehr groß werden kann.

Diese Gruppen sind aber nicht nur groß, sie können auch ermöglichen, dass Zustände mehrfach (entartet) beschrieben werden.

Um jetzt genauer festzustellen, was die molekulare Symmetriegruppe von der CNPI-Gruppe unterscheidet, betrachten wir zwei Moleküle, die auf den ersten Blick sehr ähnlich sind: NF_3 und NH_3. Wir bezeichnen die Fluor- (bzw. Wasserstoff-)Atome mit 1, 2 und 3. Die CNPI-Gruppe besteht aus den folgenden Elementen:

$$\{E, (12), (23), (13), (123), (132), E^*, (12)^*, (23)^*, (13)^*, (123)^*, (132)^*\}$$

Wie unterscheiden sich die molekularen Symmetriegruppen für NF_3 und NH_3? Nach Longuet-Higgins müssen wir überprüfen, ob Elemente der CNPI-Gruppe in einem realen Molekül (mechanisch) tatsächlich durchführbar sind, ob sie „feasible" („strenggenommen brauchbar") sind. Bewegungen, die nicht stattfinden können (oder bei der gegebenen Auflösung nicht nachgewiesen werden können), sind demzufolge „nonfeasible" – oder „unbrauchbar". Solche Elemente werden einfach aus der CNPI-Gruppe gestrichen, wenn die molekulare Symmetriegruppe aufgestellt wird. Dies bedeutet allerdings, dass man die molekulare Symmetriegruppe gegebenenfalls wechseln muss, wenn ein höher aufgelöstes Spektrum analysiert werden soll. Bei der CNPI-Gruppe passiert so etwas natürlich nicht.

Bei NF_3 gibt es zwei symmetrisch äquivalente molekulare Gleichgewichtstrukturen.

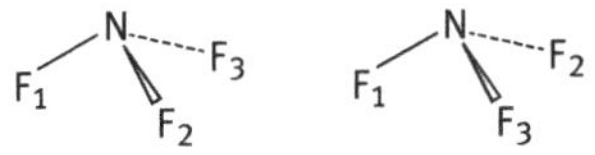

Um diese beiden Formen ineinander zu überführen, muss das Molekül invertieren. Experimentelle Arbeiten haben keine Inversionsaufspaltung je nachweisen können, weshalb die entsprechenden Elemente aus der CNPI-Gruppe entfernt werden und die molekulare Symmetriegruppe dann folgendermaßen aussieht:

$$\{E, (123), (132), (12)^*, (23)^*, (13)^*\}$$

Die molekulare Symmetriegruppe ist in diesem Fall nur halb so groß (sechs Elemente) wie die CNPI-Gruppe.

Zusätzlich zeigt es sich, dass die molekulare Symmetriegruppe isomorph mit der Punktgruppe C_{3v} ist. Wir nennen sie deshalb $C_{3v}(M)$ und man kann mit dieser Gruppe genauso umgehen wie mit den Punktgruppen.

Anders sieht es bei NH_3 aus, weil in diesem Molekül eine Inversion tatsächlich stattfinden kann. Das Ammoniakmolekül kann zwischen den beiden Gleichgewichtstrukturen invertieren (die Inversionsbarriere durchtunneln). Das erste Mikrowellenspektrum, das je beobachtet wurde, war kein Rotationsspektrum, sondern bestand gerade aus diesen Übergängen zwischen den inversionsaufgespaltenen Zuständen.

Für die Beschreibung des NH_3-Moleküls benötigt man deshalb die volle CNPI-Gruppe, die somit auch molekulare Symmetriegruppe sei. Diese Gruppe ist isomorph mit der Punktgruppe D_{3h} und wird deswegen mit $D_{3h}(M)$ bezeichnet. Diese Symmetriegruppe entspricht die Punktgruppe für BF_3: ein planares Molekül. Die Referenzstruktur für das invertierende NH_3 ist somit nicht die (pyramidale) Gleichgewichtstruktur, sondern die (planare) Übergangsstruktur an einem Maximum des Potenzials.

Für die Beschreibung der Zustände kann man entweder die klassische Schwingungsquantenzahl v_2 nehmen, deren sonst entarteten Zustände bei Tunneling aufspalten werden (+/− Parität), oder man führt eine neue Quantenzahl, v_{INV}, ein, die einfach durchnummeriert wird. Diese zweite Quantenzahl ist vorzuziehen, weil sie den Bruch mit der normalen (harmonischen) Beschreibung deutlich macht.

Der Rotations-Inversions-Hamilton-Operator des Ammoniakmoleküls sieht folgendermaßen aus:

$$H_{\mathrm{ri}} = \frac{1}{2}\mu_{xx}^{\mathrm{ref}}(J_x^2 + J_y^2) + \frac{1}{2}\mu_{zz}^{\mathrm{ref}}J_z^{\mathrm{ref}} + \frac{1}{2}J_\rho^{\mathrm{ref}}\mu_{\rho\rho}^{\mathrm{ref}}J_\rho^{\mathrm{ref}} + U(\rho) + V_0(\rho)$$

Man sieht hier ganz deutlich, was ein nicht starres Molekül von einem starren unterscheidet: Die Großamplitudenbewegung (hier die Inversion) muss in den Rotations-Hamilton-Operator eingearbeitet werden. Die restlichen Schwingungen können in der Regel als harmonische Schwingungen betrachtet und behandelt werden.

Die Transformationseigenschaften der Rotationseigenfunktionen $|Jkm\rangle$ in $D_{3h}(M)$ können mithilfe der Charaktertafel der Punktgruppe D_{3h} bestimmt werden.

$D_{3h}(M)$	E	(123)	(23)	E^*	(123)*	(23)*	
	1	2	3	1	2	3	
D_{3h}	E	$2C_3$	$3C_2$	σ_h	$2S_3$	$3\sigma_v$	
Äquivalent	R^0	$R_z^{2\pi/3}$	R_0^π	R_z^π	$R_z^{-\pi/3}$	$R_{\pi/2}^\pi$	
A_1'	1	1	1	1	1	1	$\alpha_{zz}, \alpha_{xx} + \alpha_{yy}$
A_1''	1	1	1	−1	−1	−1	Γ^*
A_2'	1	1	−1	1	1	−1	J_z
A_2''	1	1	−1	−1	−1	1	T_z
E′	2	−1	0	2	−1	0	$(T_x, T_y), (\alpha_{xx} - \alpha_{yy}, \alpha_{xy})$
E″	2	−1	0	−2	1	0	$(J_x, J_y), (\alpha_{xz}, \alpha_{yz})$

Es zeigt sich, dass Zustände mit geraden v_{INV} dieselbe Symmetrie wie die Inversionskoordinate, ρ, nämlich A_2'' besitzt. Somit kann man schreiben:

$$\Gamma(\Phi_{\mathrm{INV}}) = (A_2'')^{v(\mathrm{INV})}$$

Die Normalschwingungen transformieren wie:

$$\Gamma(Q) = A_1' \oplus 2E'$$

Dipolauswahlregeln sind: $T_z \leftrightarrow A_2''$; $(T_x, T_y) \leftrightarrow E'$; $\Gamma^* \leftrightarrow A_1''$.

Die E′-Zustände sind IR-aktiv mit Auswahlregeln: $\Delta K = \pm 1$, $\Delta J = 0, \pm 1$; das Rotations-Inversions-Spektrum hat die Auswahlregeln: $\Delta K = 0$, Δv_{INV} = ungerade, $\Delta J = 0, \pm 1$.

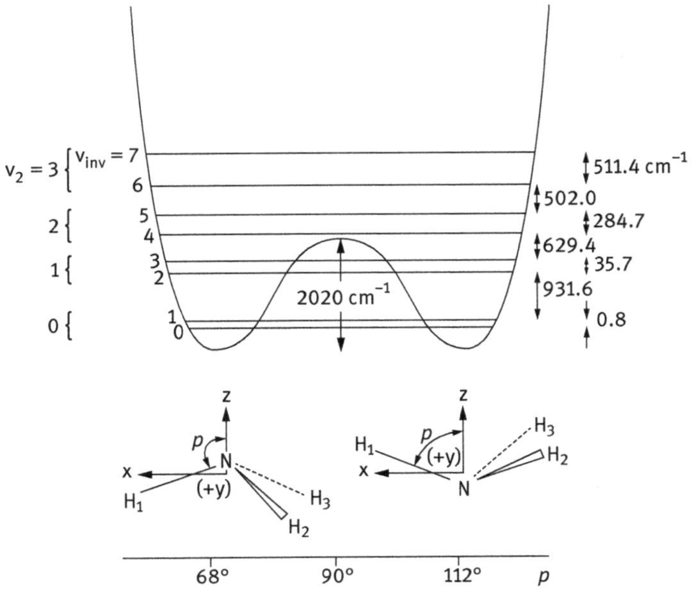

Abb. 7.20: Das Inversionspotenzial (Umklapppotenzial) des $^{14}NH_3$ mit den Energien der niedrigsten Inversionszustände.

Weil $\nu_{INV} = 1$ sehr nah ($0.8\,cm^{-1}$) an $\nu_{INV} = 0$ (Grundzustand) liegt, werden Übergänge aus diesem Zustand fast dieselbe Intensität wie Übergänge aus dem Grundzustand haben.

7.8 Kristallschwingungen

Im Kapitel 11 sollen die Raumgruppen ausführlich eingeführt werden. Bei der Behandlung der Schwingungsspektroskopie wäre es aber sinnvoll, auch die Festkörperschwingungen wenigstens kurz zu besprechen, weshalb an dieser Stelle schon eine unvollständige Einführung in die Symmetrie der Kristalle erscheint.

Bei den Symmetrieoperationen kommen bei Kristallen welche dazu, die wir bei den Punktgruppen nicht kennengelernt haben:

(i) einfaches Symmetrieelement: *Translation*

(ii) zusammengesetzte Symmetrieelemente: *Drehinversion*, *Schraubung* und *Gleitspiegelung*

Es wird hiermit eine *Translationssymmetrie* (offene Symmetrie „unbegrenzter" Objekte) eingeführt. Dies führt zu den sog. *Raumgruppen* von Kristallen, die in der Regel mit der Hermann-Mauguin-Symbolik bezeichnet werden.

In den Punktgruppen ist fünfzählige Symmetrie selten, in der Kristallografie kann sie nicht auftreten, da sie keine vollständige Raumerfüllung zulässt. Hierzu sollte bemerkt werden, dass gewisse mikroskopische Meerestiere es wahrscheinlich ihrer fünfzähligen Symmetrie zu verdanken haben, dass sie noch am Leben sind – ihre vier- und sechsfach symmetrischen Artgenossen sind längst auskristallisiert.

In der Kristallografie wird anstelle einer Drehspiegelung S_n eine Drehinversion $\overline{n}$ verwendet. Die Operation ist eine Kopplung von C_n und i, d. h., eine Drehung um eine Drehachse mit dem Winkel $2\pi/n$, gefolgt von einer Spiegelung am Molekülschwerpunkt, der nicht das Inversionszentrum sein muss:

$$\overline{n} = C_n \times i$$

Die entsprechenden Operationen und Identitäten lassen sich am Beispiel in Abbildung 7.21 ableiten.

In der Tabelle 7.8 wird eine Übersicht über die Symmetrieelemente in der Schoenflies- und in der Hermann-Mauguin-Notation gegeben.

Bei Kristallen sind nur 32 verschiedene Kombinationen von n, m, $\overline{1}$ und $\overline{n}$ möglich. Diese 32 verschiedenen Arten von Symmetrien nennt man *Kristallklassen*; sie lassen sich den sieben bekannten Achsensystemen zuordnen, wie in der Tabelle 7.9 gezeigt.

$$z, S_2, C_2$$

P' • --------- • P

-------- y, σ_h

P'' • ------- • P*

$$S_2(P) \xrightarrow{C_2} P' \xrightarrow{\sigma_h} P''$$
$$\underbrace{\qquad\qquad\qquad}_{i}$$

$$\overline{2}(P) \xrightarrow{C_2} P' \xrightarrow{i} P* \xrightarrow{C_2} P' \xrightarrow{i} P''$$
$$\underbrace{\qquad\qquad}_{\sigma}$$
$$\underbrace{\qquad\qquad\qquad\qquad\qquad}_{\overline{1}}$$

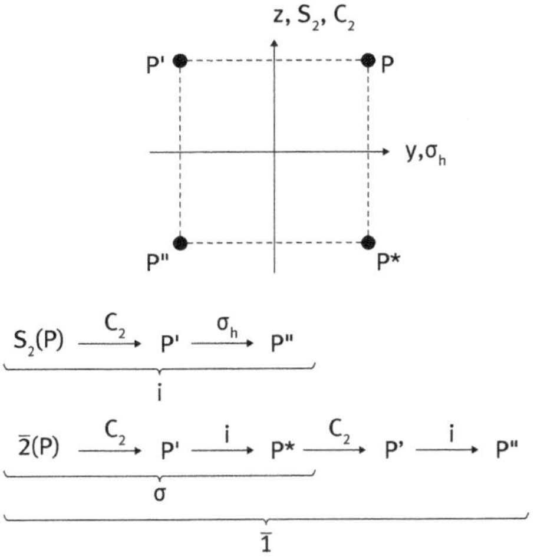

Abb. 7.21: Die Drehinversion.

Tab. 7.8: Übersicht von Symmetrieelementen

Schoenflies	Hermann-Mauguin	Name	Schoenflies	Hermann-Mauguin	Schoenflies	Hermann-Mauguin
E	1	Identität	C_1	1	$S_1 = \sigma$	$\overline{2} = m$
C_n	n	Drehung	C_2	2	$S_2 = i$	$\overline{1}$
σ	m	Spiegelung	C_3	3	S_3	$\overline{6}$
i	$\overline{1}$	Inversion	C_4	4	S_4	$\overline{4}$
S_n		Drehspiegelung	C_6	6	S_5	$\overline{10}$
	$\overline{n}$	Drehinversion			S_6	$\overline{3}$
					S_7	$\overline{4}$
					S_8	$\overline{6}$

7.8.1 Translation T

In der Annahme, dass Kristalle viel größer sind als Atomabstände und somit eine hohe Zahl an Gitterpunkten aufweisen, wird man, abgesehen von den Rändern, eine Translationsbewegung durchaus als Symmetrieoperation auffassen können. Je größer der Kristall, desto besser dieses Modell.

Die Translationen treten als Parallelverschiebungen in eine bestimmte Richtung um einen festen Betrag auf; kein Punkt im Raum bleibt invariant. Deshalb sprechen wir hier von Raumgruppen und nicht von Punktgruppen.

Tab. 7.9: Kristallsysteme und -klassen

Kristallsystem (Bravais-Gitter)	**Basissystem Abstände (a, b, c), Winkel (α, β, γ)**	**Kristallklasse Hermann-Mauguin**	**Kristallklasse Schoenflies**
triklin (P)	$a \neq b \neq c$ $\alpha \neq \beta \neq \gamma \neq 90°$	$1, \bar{1}$	C_1, C_i
monoklin (P, B)	$a \neq b \neq c$ $\alpha = \gamma = 90°, \beta$	$2, m, 2/m$	C_2, C_s, C_{2h}
orthorhombisch (P, B, I, F)	$a \neq b \neq c$ $\alpha = \beta = \gamma = 90°$	$222, mm2, 2/m\,2/m\,2/m$	D_2, C_{2v}, D_{2h}
tetragonal (P, I)	$a = b \neq c$ $\alpha = \beta = \gamma = 90°$	$4, \bar{4}, 4/m, 422, 4mm,$ $\bar{4}2m, 4/m\,2/m\,2/m$	$C_4, S_4, C_{4h}, D_4, C_{4v}$ D_{2d}, D_{4h}
trigonal (i) (ii) (R)	$a = b = c, \alpha = \beta = \gamma$ $a = b \neq c$ $\alpha = \beta = 90°, \gamma = 120°$	$3, \bar{3}, 32, 3m, \bar{3}\,2/m$	$C_3, S_6, D_3, C_{3v}, D_{3d}$
hexagonal (P)	$a = b \neq c$ $\alpha = \beta = 90°, \gamma = 120°$	$6, \bar{6}, 6/m, 622, 6mm,$ $\bar{6}2m, 6/m\,2/m\,2/m$	$C_6, C_{3h}, C_{6h}, D_6, C_{6v}$ D_{3h}, D_{6h}
kubisch (P, I, F)	$a = b = c$ $\alpha = \beta = \gamma = 90°$	$23, 2/m\,\bar{3}, 432,$ $\bar{4}3m, 4/m\,\bar{3}\,2/m$	T, T_h, O T_d, O_h

(i): rhomboedrische Achsen; (ii): hexagonale Achsen.
P: primitiv; B: basiszentriert; I: innenzentriert; F: flächenzentriert; R: rhomboedrisch

7.8.2 Schraubung n_m

Die Schraubung ist eine Kopplung von Drehung um den Winkel $\varphi = 2\pi/n$ (nicht realisierter Zwischenzustand) und Translation um einen Vektor parallel zur Drehachse (realisierter Endzustand); es resultieren Schraubungskomponenten mit den Werten $\{0, 0\}, \{\varphi, T/n\}, \{\varphi^2, 2T/n\}, \ldots \{\varphi^{n-1}, (n-1)T/n\}$.

7.8.3 Gleitspiegelung

Die Gleitspiegelung ist die Kopplung von Spiegelung und Translation um einen Vektor parallel zur Spiegelebene; die Gleitkomponente beträgt die halbe Gitterkonstante mit den Werten $a/2$, $b/2$, $c/2$ (axial); $(a+b)/2$, $(a+c)/2$, $(b+c)/2$ (flächendiagonal); $(a \pm b)/4$, $(a \pm c)/4$, $(b \pm c)/4(a \pm b \pm c)/4$ (raumdiagonal).

Durch Kombination sämtlicher Symmetrieoperationen der 32 kristallografischen Klassen mit den zusätzlichen Symmetrieoperationen von Schraubung, Gleitspiegelung und Translation kommt man bei Kristallen zu insgesamt 230 *Raumgruppen*. Die Angabe der Raumgruppe beschreibt die Symmetrie des Kristalls vollständig; sie ent-

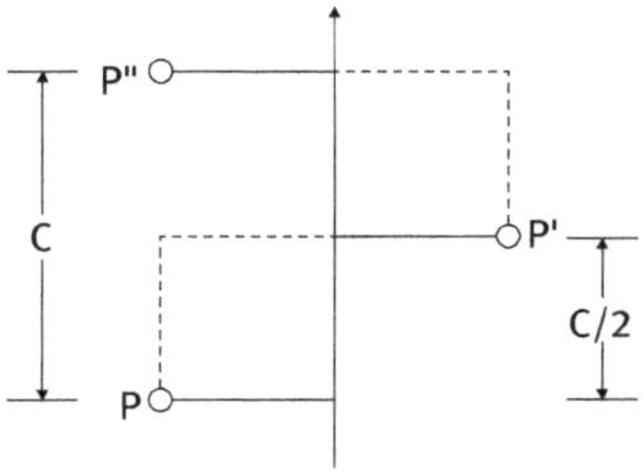

Abb. 7.22: Zweizählige Schraubenachse 2_1.

hält neben der Punktgruppe auch das jeweilige Bravais-Gitter: P (primitiv), B (basiszentriert), F (flächenzentriert), I (innenzentriert), R (rhomboedrisch).

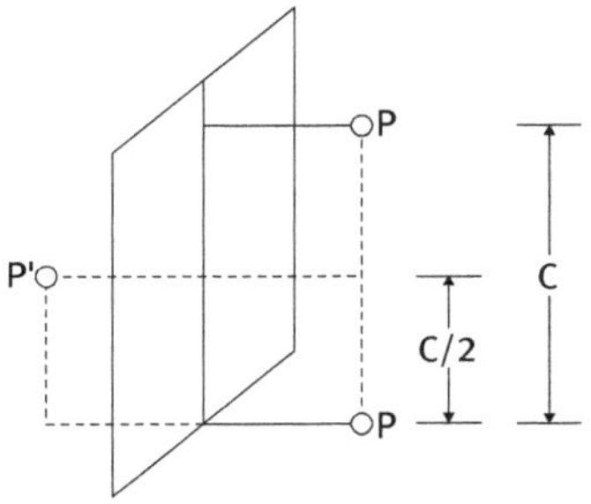

Abb. 7.23: Gleitspiegelung.

Beispiel ($P_{mc}2_1$).

P:	einfach primitive Elementarzelle
m:	$\sigma \perp a$
c:	Gleitspiegelebene $\perp b$
2_1:	Schraubenachse $\parallel$ c, Drehkomponente $c/2$

7.9 Molekülsymmetrie in der Raumgruppe

Die $3N^3$ Schwingungen eines endlichen Kristallgitters mit N^3 Gitterpunkten können aufgefasst werden als stehende Wellen, deren größte Wellenlänge durch die Ausdehnung des Gitters festgelegt wird. Diese Wellenlänge kann für alle in der Praxis vorkommenden Fälle als unendlich betrachtet werden. Für die Zwecke der Rechnung wird der Kristall als unendlich ausgedehnt angenommen, was den Schwingungen der Randpunkte Bedingungen auferlegt, die für die Analyse umso mehr an Einfluss verlieren, je größer der Kristall tatsächlich ist.

Für die unendliche Grenzwellenlänge schwingen alle homologen Punkte eines Gitters in gleicher Phase und mit gleichen Amplituden.

Die kleinstmögliche Wellenlänge in einer gegebenen Richtung des Kristalls gleicht dem doppelten Abstand nächster homologer Nachbarn. Zwischen λ_{MIN} und $\lambda_{\mathrm{MAX}} = N \cdot d$ findet man Schwingungen mit der Wellenlänge $\lambda = \lambda_{\mathrm{MAX}}/p$, wobei d die Gitterkonstante und p eine ganze Zahl sind. Zu jeder dieser Schwingungen gehören Wellenvektoren $\underline{k}$, die mit den Wellenlängen der Schwingungen verknüpft sind:

$$|\underline{k}_i| = 2\pi/\lambda_i$$

und normalerweise verschiedene Schwingungsfrequenzen aufweisen.

Auf den Gitterpunkten müssen aber keine Atome oder Ionen sitzen, hier können auch ganze Moleküle oder kompliziertere Ionen sitzen.

Jetzt könnten die Symmetriebetrachtungen deutlich komplizierter werden:

(i) Erstens haben wir die Moleküle, deren Symmetrie durch die entsprechende Punktgruppe beschrieben wird.

(ii) Zweitens haben wir den Kristall mit einer bestimmten Raumgruppe. Diese Raumgruppe ist unendlich groß, weshalb wir versuchen, die Symmetrieeigenschaften über eine entsprechende Faktorgruppe zu definieren.

(iii) Drittens ist das Molekül (oder Ion) in eine Elementarzelle des Gitters eingebaut. Dabei muss die lokale Symmetrie sowohl mit der Molekül- als auch mit der Gittersymmetrie übereinstimmen. Es muss auf jedem Fall eine Korrelation zwischen den drei Symmetrien herrschen. Es kommt gegebenenfalls zur Erniedrigung der Molekülsymmetrie, weil die mögliche lokale Lagegruppe eine Untergruppe der molekularen Punktgruppe ist. Gruppen und ihre Untergruppen besitzen nicht nur gleiche Symmetrieelemente oder Symmetrieelemente gemeinsamen Ursprungs, sondern auch gleiche Charaktere (der Darstellungsmatrizen). Die in beiden Gruppen enthaltenen Symmetrieoperationen besitzen die gleichen Darstellungen, Matrizen und Charaktere.

Man vergleiche deshalb die Charaktere (der gemeinsamen Operatoren) von Gruppe und Untergruppe und erhält aus einer irreduziblen Darstellung der Ausgangsgruppe eine (meist) reduzible Darstellung der Untergruppe, die weiter in irreduziblen Darstellungen zerlegt werden kann.

7.9.1 $T_{\mathrm{d}}/C_{3\mathrm{v}}$-Korrelation

(1) Welche Symmetrieelemente sind gemeinsam?

$\boldsymbol{T_{\mathrm{d}}}$	E	$8C_3$	$3C_2$	$6S_4$	$6\sigma_{\mathrm{d}}$
$\boldsymbol{C_{3\mathrm{v}}}$	E	$2C_3$	–	–	$3\sigma_{\mathrm{v}}$

(2) Welche irreduziblen Darstellungen korrespondieren?

$\mathbf{T_d}$	E	C_3	σ_d	$\mathbf{C_{3v}}$	E	C_{3v}	σ_v
A_1	1	1	1	A_1	1	1	1
A_2	1	1	−1	A_2	1	1	−1
E	2	−1	0	E	2	−1	0
T_1	3	0	−1	–			
T_2	3	0	1	–			

(3) Wie korrelieren die irreduziblen Darstellungen?

$\mathbf{T_d}$	$\Leftrightarrow$	$\mathbf{C_{3v}}$
A_1		A_1
A_2		A_2
E		E
T_1		$A_2 + E$
T_2		$A_1 + E$

Diese Korrelation, d. h. Zerlegung von irreduziblen Darstellungen der Ausgangsgruppe in die irreduziblen Darstellungen der Untergruppe, lässt sich auch unter Verwendung der Reduktionsformel bewerkstelligen.

7.9.2 O_h/D_{4h}-Korrelation

(1)

$\mathbf{O_h}$	E	$8C_3$	$6C_2$	$6C_4$	$3C_2$	i	$6S_4$	$8S_6$	$3\sigma_h$	$6\sigma_d$
$\mathbf{D_{4h}}$	E	–	$2C_2''$	$2C_4$	$C_2 + 2C_2'$	i	$2S_4$	–	$\sigma_h + 2\sigma_v$	$2\sigma_d$

(2)

$\mathbf{O_h}$	E	C_4	C_2	C_2'	C_2''	i	S_4	σ_h	σ_v	σ_d	$\mathbf{D_{4h}}$
A_{1g}	1	1	1	1	1	1	1	1	1	1	A_{1g}
–	1	−1	1	1	−1	1	−1	1	1	−1	B_{1g}
–	1	−1	1	−1	1	1	−1	1	−1	1	B_{2g}
E_g	2	0	2	2	0	2	0	2	2	0	$A_{1g} + B_{1g}$
T_{2g}	3	−1	−1	−1	1	3	−1	−1	−1	1	$B_{2g} + E_g$
–	1	1	1	−1	−1	−1	−1	−1	1	1	A_{2u}
–	2	0	−2	0	0	−2	0	2	0	0	E_u
T_{1u}	3	1	−1	−1	−1	−3	−1	1	1	1	$A_{2u} + E_u$

(3)

O_h	$\Leftrightarrow$	D_{4h}
A_{1g}		A_{1g}
E_g		$A_{1g} + B_{1g}$
T_{1u}		$A_{2u} + E_u$
T_{2g}		$B_{2g} + E_g$

7.9.3 $D_{4h}/D_4/D_{2d}$-Korrelation

(1)

D_{4h}	E	$2C_4$	C_2	$2C_2'$	$2C_2''$	i	$2S_4$	...	$2\sigma_d$
D_4	E	$2C_4$	C_2	$2C_2'$	$2C_2''$	–	–	...	–
D_{2d}	E	–	C_2	$2C_2'$	–	–	$2S_4$	...	$2\sigma_d$

(2)/(3)

D_{4h}	E	C_4	C_2	C_2'	C_2''	S_4	σ_d	D_4	D_{2d}
A_{1g}	1	1	1	1	1	1	1	A_1	A_1
A_{1u}	1	1	1	1	1	−1	−1	A_1	B_1
A_{2g}	1	1	1	−1	−1	1	−1	A_2	A_2
A_{2u}	1	1	1	−1	−1	−1	1	A_2	B_2
B_{1g}	1	−1	1	1	−1	−1	−1	B_1	B_1
B_{1u}	1	−1	1	1	−1	1	1	B_1	A_1
B_{2g}	1	−1	1	−1	1	−1	1	B_2	B_2
B_{2u}	1	−1	1	−1	1	1	−1	B_2	A_2
E_g	2	0	−2	0	0	0	0	E	E
E_u	2	0	−2	0	0	0	0	E	E

7.10 Molekülschwingungen im Kristallgitter

Um auf die Physik der Kristalle einzugehen, müsste man auf inverse Wellenvektoren und Brillouin-Zonen zu sprechen kommen. Hier sollen aber nur die Symmetrieeigenschaften der Systeme untersucht werden.

Als konkretes Beispiel soll jetzt gezeigt werden, wie das Schwingungsspektrum des Methyliodids (CH_3I) sich verändert, wenn das Molekül aus der Gasphase in die Kristallphase gebracht wird.

Das Molekül in der Gasphase:

$\mathbf{C_{3v}}$	E	$2C_3$	$3\sigma_v$	T/R
A_1	1	1	1	T_z
A_2	1	1	−1	R_z
E	2	−1	0	$(T_x, T_y)(R_x, R_y)$

Reduzible Charaktere:

$$\chi(E) = 15; \quad \chi(C_3) = 0; \quad \chi(\sigma_v) = 3$$

Bestimmung der Symmetrie der Schwingungen (Reduktionsformel):

$$\begin{aligned} n(A_1) &= (1/6)(1 \cdot 1 \cdot 15{+}2 \cdot 1 \cdot 0{+}3 \cdot 1 \cdot 3) = 4 - T_z &&= 3 \\ n(A_2) &= (1/6)(\;1 \quad 1 \quad -1\;) = 1 - R_z &&= 0 \\ n(E) &= (1/6)(\;2 \quad -1 \quad 0\;) = 5 - T_{xy} - R_{xy} &&= 3 \end{aligned}$$

Die drei (Parallel-) Schwingungen der Rasse A_1 werden mit ν_1, ν_2 und ν_3, die drei (Senkrecht-) Schwingungen der Rasse E mit ν_4, ν_5 und ν_6 bezeichnet.

Bei der Kristallisation entsteht ein basiszentriertes orthorhombisches Gitter, C_{2v}^{12}. Die Faktorgruppe ist C_{2v}. Im Gitter befinden sich zwei Moleküle in jeder Einheitszelle. Es gibt Tabellen darüber, wie die Moleküle sich in einer solchen Elementarzelle platzieren können. Für Methyliodid zeigt es sich, dass beide Moleküle auf Lagen mit C_s-Symmetrie liegen müssen. Mit diesem Wissen können die Schwingungen des Kristalls analysiert werden. Die Methode ist die sog. Korrelationsmethode

		σ_{zx}	σ_{yz}			
$\mathbf{C_{2v}}$	C_2	C_s	C_s	$\mathbf{C_{3v}}$	C_3	C_s
A_1	A	A'	A'	A_1	A	A'
A_2	A	A''	A''	A_2	A	A''
B_1	B	A'	A''	E	E	$A' + A''$
B_2	B	A''	A'			

Wir fangen mit der molekularen Einheit in der Gasphase an. Die Zahl der Schwingungen und deren Symmetrie sind bekannt. Sowohl die Schwingungen in der A_1- als auch die in der E-Rasse sind IR-aktiv.

Als nächster Schritt wird die Moleküllage im Kristall charakterisiert. Wenn bei der Einlagerung in den Kristall keine Verzerrung entsteht, muss die Lagesymmetrie die des freien Moleküls sein oder mindestens eine Untergruppe davon. Die Zahl der Freiheitsgrade ändert sich nicht.

Schließlich wird die Lagesymmetrie mit der Faktorgruppe des Kristalls korreliert. Diese letzte Korrelation multipliziert die Zahl der Freiheitsgrade mit der Zahl der äquivalenten Lagen. Diese Zahl ist h/g, wobei h die Ordnung der Faktorgruppe und g die Ordnung der Lagegruppe ist.

Damit wäre die Symmetrieanalyse für $\underline{k} = \underline{0}$ abgeschlossen.
Das Korrelationsdiagramm sieht für Methyliodid folgendermaßen aus:

freies Molekül				Lage		Faktorgruppe		
	C_{3v}			C_s			C_{2v}	
$\nu_1\ \nu_2\ \nu_3$	T_z	A_1	↘		↗	A_1	$\nu_1(A_1)\ \nu_2(A_1)\ \nu_3(A_1)$	$T_z = c$
				A'				
			↗		↘	B_2	$\nu_1(B_2)\ \nu_2(B_2)\ \nu_3(B_2)$	$T_{xy} = b$
$\nu_4\ \nu_5\ \nu_6$	T_{xy}, R_{xy}	E						
			↘		↗	A_2	$\nu_4(A_2)\ \nu_5(A_2)\ \nu_6(A_2)$	R_z
				A''				
	R_z		↗		↘	B_1	$\nu_4(B_1)\ \nu_5(B_1)\ \nu_6(B_1)$	$T_{xy} = a$

Im Kristall entstehen somit Möglichkeiten für kleinere oder größere Aufspaltungen der Gaslinien. Gleichzeitig verschwindet natürlich auch die Rotationsfeinstruktur, weil das Molekül sich nicht mehr in der Gasphase befindet.

7.11 Übungsaufgaben

1. Dipolstrahlung in Molekülen ist nur dann möglich, wenn das Übergangsmoment

$$\mu_{12} = \int \psi_2 \underline{r} \psi_1 \, d\tau$$

   von null verschieden ist. Wenn ψ_1 und ψ_2 zu irreduziblen Darstellungen der Punktgruppe C_{2v} gehören, welche Übergänge sind dann möglich (allgemein und für ein dreiatomiges Molekül)?
2. Ein Molekül ist chiral (optisch aktiv), wenn sein Spiegelbild sich mit der ursprünglichen Struktur durch Drehung nicht zur Deckung bringen lässt. Ein Test ist die Überprüfung auf Vorhandensein einer Drehspiegelachse S_n. Besitzt die Punktgruppe eine solche Achse, ist das Molekül nicht optisch aktiv. Bestimmen Sie, welche von den folgenden Molekülen optisch aktiv sind:
   Ethan, trans-1,2-Dichlorcyclopropan, Wasserstoffperoxid, Fluorchlormethan, meso-Weinsäure, dextro-Weinsäure.
3. Wie viele IR-aktive Schwingungen besitzt $^{13}C_{60}$?
4. Die Struktur eines Moleküls mit der Bruttoformel C_4H_4 soll anhand des IR-Spektrums (siehe unten) bestimmt werden. Ist das bei den fünf vorgeschlagenen Strukturen möglich?

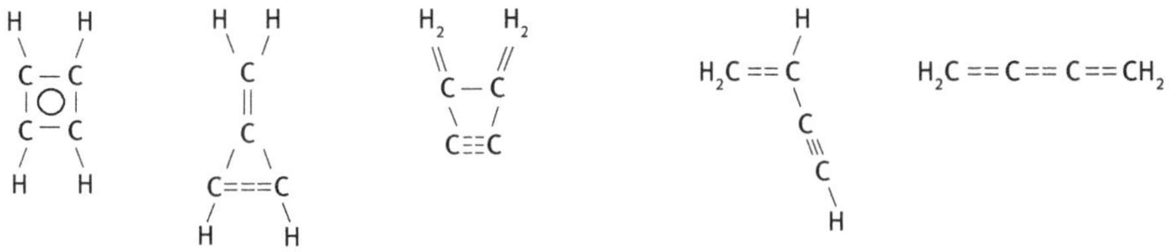

Cyclobutadien — Vinylcyclopropen — 3,4-Bismethylencyclobutin — Vinylacetylen — Butatrien

IR-Spektrum

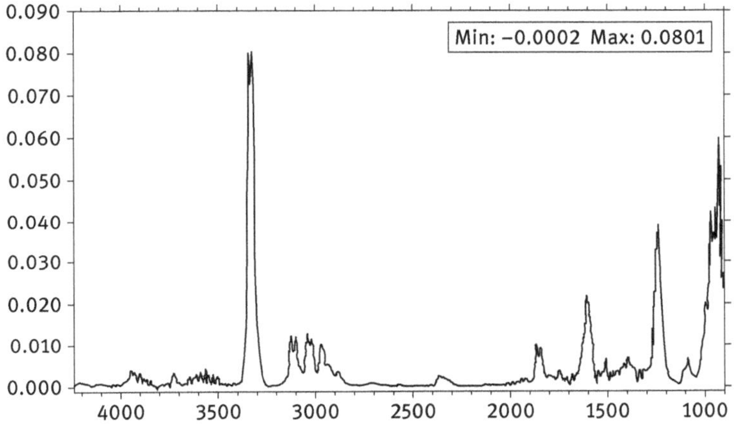

5. Leiten Sie die Rassen der Valenz- und Deformationsschwingungen des SF_4-Moleküls unter Berücksichtigung der Auswahlregeln (IR- und Raman-Spektroskopie) ab.
6. Begründen Sie qualitativ (ohne Berechnung), warum durch Auswertung von ν_{SF} das Vorliegen anderer Koordinationspolyeder (Ψ-trigonale Bipyramide $1 \times F_{ax}$, $3 \times F_{eq}$; Ψ-tetragonale Monopyramide $4 \times F_{eq}$) ausgeschlossen werden kann.
7. Leiten Sie die Rassen der Valenz- und Deformationsschwingungen des Nitrations und des Thiosulfations ab.
8. Ermitteln Sie die Rassen sämtlicher Schwingungsfreiheitsgrade des $Ni(CO)_4$-Moleküls unter Berücksichtigung der Auswahlregeln.
9. Begründen Sie die Rasse der Normalschwingung des CO-Moleküls.
10. Stellen Sie den rechnerischen Zusammenhang zwischen Drehspiegelung und Drehinversion her.

8 Elektronenstruktur des freien Ions

8.1 Das Einelektronensystem

Nach experimentellen Beobachtungen besitzt das Elektron sowohl Korpuskel- als auch Welleneigenschaften. Es kann somit durch die sog. *Wellenfunktion* $\psi(x, y, z)$ beschrieben werden. Dabei wird die Energie E eines Elektrons durch die stationäre *Schrödinger-Gleichung* angegeben.

Für eine Dimension lautet sie:

$$\frac{d^2\psi(x)}{dx^2} + \frac{8\pi^2 m}{h^2} \cdot (E - V(x))\psi(x) = 0 ,$$

wobei $V(x)$ die potenzielle, d. h. Coulomb-Energie, bezeichnet.

Für drei Dimensionen lautet die Gleichung:

$$\Delta\psi(\boldsymbol{r}) + \frac{8\pi^2 m}{h^2} \cdot (E - V(\boldsymbol{r}))\psi(\boldsymbol{r}) = 0 ,$$

wobei $\Delta = \frac{d^2}{dx^2} + \frac{d^2}{dy^2} + \frac{d^2}{dz^2}$ der Laplace-Operator ist.

Die Einführung des Hamilton-Operators $H = -h^2\Delta/8\pi^2 m + V(\boldsymbol{r})$, der das Elektronensystem beschreibt, liefert die *symbolische Schreibweise*:

$$H\psi = E\psi ,$$

Hierbei stellt H eine bestimmte Art der Angabe der Gesamtenergie eines Elektrons dar, E ist der numerische Wert (Eigenwert) dieser Energie.

Die Wellenfunktion ψ ist eine Amplitudenfunktion. Die Intensität I ist eine Funktion der Amplitude im Quadrat.

Im *Korpuskelbild* ist die Intensität eine Funktion der Anzahl der Teilchen.

Die Verquickung beider Bilder liefert:

$$\text{Zahl} \mathrel{\widehat{=}} \text{Amplitude}^2 \mathrel{\widehat{=}} \text{Wahrscheinlichkeit } W$$

Je größer die Amplitude, desto mehr Elektronen sind vorhanden, desto größer ist die Wahrscheinlichkeit, ein Elektron in einem bestimmten Volumenelement zu finden. Dies ist auch die *physikalische Bedeutung* der Wellenfunktion ψ, nämlich die (Aufenthalts-)Wahrscheinlichkeit $W = |\psi|^2$.

Als *Differenzialgleichung* besitzt die Schrödinger-Gleichung unendlich viele Lösungen, aber nur ganz bestimmte *physikalisch sinnvolle* (eindeutige, endliche und stetige Funktionen von x, y und z), die sog. *Eigenfunktionen* oder Eigenwerte, d. h. ganz bestimmte Energiezustände. Damit wird der Begriff der *Quantelung* eingeführt.

Die *Lösung* der Schrödinger-Gleichung ist für das Einelektronensystem (z. B. des H-Atoms) möglich und ergibt *Funktionen der symbolischen Form*:

$$\psi_{n,l,m_l} = (N)\left(R_{n,l}(r)\right)\left(Y_{l,m_l}(\theta, \varphi)\right)$$

https://doi.org/10.1515/9783110736366-008

(1) *Normierungsfaktor* (N):
Er wird so gewählt, dass die Normierungsbedingung

$$\int_{\mathbf{R}^3} |\psi|^2 \, d\tau = 1$$

erfüllt ist, d. h., die Wahrscheinlichkeit, das Teilchen irgendwo im Raum zu finden, muss gleich Eins sein.

(2) *Radialfunktion* ($R_{n,l}(r)$):
Angabe von $W = f(r)$
$R^2(r)\, dV$ ist die radiale Elektronendichte, wobei

$$dV = 4\pi r^2 \, dr \qquad \text{(Kugelschalenmodell)}$$

Mit dem Radialanteil sind die Quantenzahlen n und l verbunden.

Hauptquantenzahl n:
Sie ist ein Maß für die Energie eines Elektrons e, für den mittleren radialen Abstand der Elektronendichte und die räumliche Ausdehnung der Orbitale (Orbitalausdehnung), mit den Werten

$$n = 1, 2, 3, 4, \ldots, \infty \, ,$$

Bahnquantenzahl l:
Sie ist ein Maß für den klassischen Bahndrehimpuls $p_l = mr^2\omega$ bzw. $\sqrt{l(l+1)}\hbar$, für die Winkelverteilung der Elektronendichte (Zahl der Knotenebenen), für die Gestalt der Orbitale (Orbitalform, vgl. Tabelle 8.1), mit den Werten

$$\left.\begin{array}{l} l = 0, 1, 2, 3, \ldots, n-1 \\ l = n-1, n-2, n-3, \ldots, 0 \end{array} \quad \text{bzw.} \right\} 0 \le l \le n-1 \, .$$

Die maximale Anzahl der l-Zustände ist n. Die durch p_l bewegte Ladung induziert das *magnetische Bahnmoment* μ_l:

$$\mu_l = \sqrt{l(l+1)}\, \mu_B \qquad \text{wobei}$$

$$\mu_B = \frac{e_0 h}{4\pi mc} = \text{bohrsches Magneton} \, ,$$

(3) *Winkelfunktion* ($Y_{l,m_l}(\theta, \varphi)$):
Angabe von $W = f(\theta, \varphi)$
$|Y(\theta, \varphi)|^2$ ist die Winkelverteilung der Elektronendichte, wobei θ und φ die bestimmenden Winkel im *Polarkoordinatensystem* sind.

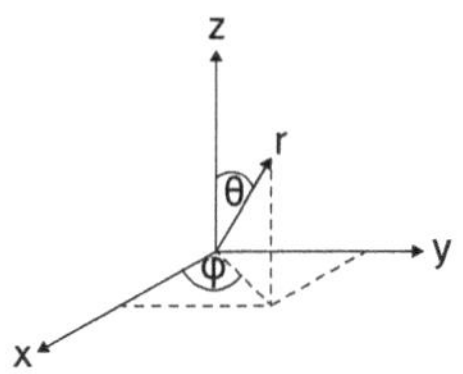

Die Darstellung der Winkelfunktionen geschieht durch sog. *Polardiagramme*, wobei die Winkelfunktionen eines bestimmten l-Wertes unabhängig von n, d. h. für alle n identisch, sind. Durch Quadrieren der Winkelfunktion resultiert eine leichte Veränderung der (Polardiagramm)-Gestalt.
Mit dem Winkelanteil sind die Quantenzahlen l und m_l verbunden:
Bahnquantenzahl l (wie vorher)
magnetische Bahnquantenzahl m_l
Sie ist ein Maß für die Orientierung von p_l gegenüber der Vorzugsrichtung, die räumliche Orientierung der Orbitale und die Richtungsquantelung von p_l mit den Werten:

$$m_l = l, l-1, l-2, \ldots, 0, -1, \ldots, -l \quad \text{bzw.} \quad -l \leq m_l \leq l\,,$$

Bahnmultiplizität $M^l = 2l + 1$ = Bahnentartung, also Zahl der Einstellungsmöglichkeiten von p_l, d. h. mögliche Werte für m_l und damit die Zahl der Orbitale.

Beispiel (vgl. Abbildung 8.2).

n	l	m_l	$2l+1$
3	0	0	1
	1	$\pm 1, 0$	3
	2	$\pm 2, \pm 1, 0$	5

Die Zahl der maximalen Elektronenzustände bei gegebenem n beträgt n^2.

Tab. 8.1: Kennzeichnung der Atomorbitale.

l	Typ	Symmetrie (Gestalt)	gegen i	Zahl der Knotenebenen
0	s	Kugel-	g	0
1	p	Axial- (zwei Lappen)	u	1
2	d	Axial- (vier Lappen)	g	2
3	f	Axial- (sechs Lappen)	u	3

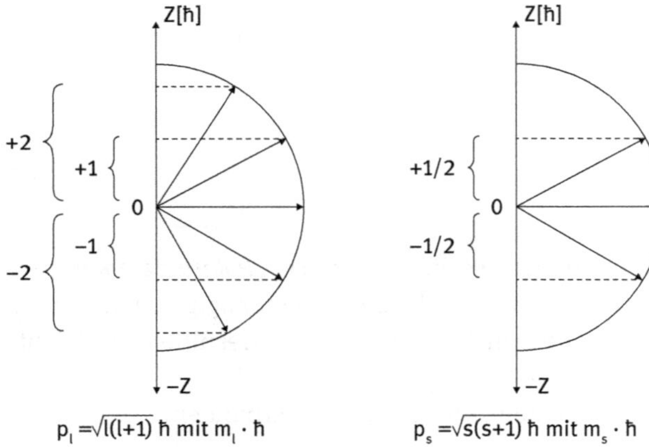

Abb. 8.1: Einstellmöglichkeiten von p_l ($l = 2$) und p_s ($s = \frac{1}{2}$).

Die eigentliche Darstellung der gesamten quadrierten Wellenfunktion ψ^2, also des Produkts aus quadrierter Radial- und Winkelfunktion, erfolgt in sog. *Konturliniendiagrammen*, d. h. quasi Höhenlinien gleicher Elektronendichte. In Abbildung 8.2 ist der Zusammenhang von $R(r)$, $R^2(r)$, $Y(\theta, \varphi)$, $Y^2(\theta, \varphi)$ und ψ^2 schematisch für das $3s$- und $4d_{xy}$-Orbital wiedergegeben.

Die üblicherweise verwendeten Bilder von *Orbitalen* stellen jeweils die Höhenlinien mit ca. 99 % Aufenthaltswahrscheinlichkeit der Elektronendichte dar. Gelungene Computerzeichnungen von Atomorbitalen finden sich in *Chemie unserer Zeit* 12 (1978) 23.

Spektroskopische Betrachtungen (Dubletts!) und die relativistische Erweiterung der Wellenmechanik machten neben der Radial- und Wellenfunktion die *Spinfunktion* $S(s)$ notwendig:

$$\psi(r, \theta, \varphi) = (N)(R(r))(Y(\theta, \varphi))(S(s)) \ ,$$

Somit läßt sich der Dublettcharakter von Energiezuständen erklären. Es resultieren die weiteren Quantenzahlen s und m_s.

Spinquantenzahl s:

Sie ist ein Maß für den Eigen(Spin)drehimpuls p_s

$$p_s = \sqrt{s(s+1)}\,\hbar \ ,$$

Die durch p_s bewegte Ladung induziert das *magnetische Spinmoment* μ_s

$$\mu_s = 2\sqrt{s(s+1)}\,\mu_B \qquad \text{(spin-only-Formel)}$$

wobei der Faktor 2 vor der Wurzel den gyromagnetischen Faktor und damit die *ma-*

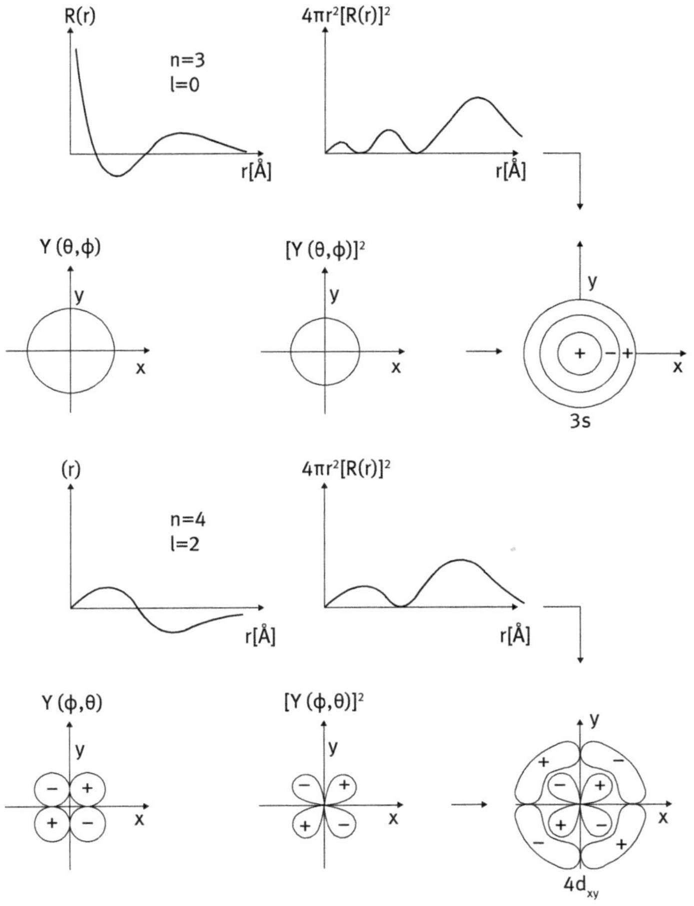

Abb. 8.2: Schematische Ableitung der Atomorbitale 3s und 4d_{xy}.

gnetomechanische Anomalie demonstriert: Das Elektron verhält sich so, als wäre sein Spindrehimpuls doppelt so groß (Dirac-Theorie).

Magnetische Spinquantenzahl m_S*:*
Sie ist ein Maß für die Orientierung von p_S gegenüber der Vorzugsrichtung und für die Richtungsquantelung von p_S mit den Werten

$$m_S = \pm\frac{1}{2} \, ,$$

Spinmultiplizität $M^s = 2s + 1$ = Spinentartung = Zahl der Einstellmöglichkeiten von p_s, d. h. mögliche Werte für m_s und damit die Zahl der Spinzustände.

Beispiel (vgl. Abbildung 8.1).

s	m_s	Einstellung	
$\frac{1}{2}$	$+\frac{1}{2}$	parallel	Dubletts, $\Delta S = 1$
	$-\frac{1}{2}$	antiparallel	

Durch Einführung von s und m_s wird die Zahl der Elektronenzustände des Wasserstoffatoms verdoppelt. Zu jedem n gehören $2n^2$ unterscheidbare Zustände, die durch die vier Quantenzahlen n, l, m_l und m_s charakterisiert werden.

Weitere Quantenzahlen j und m_j folgen aus der Spin-Bahn-Kopplung, d. h. Ausrichtung des Elektronenspins im Magnetfeld des bewegten Elektrons.

Gesamtquantenzahl j:
Sie ist ein Maß für den Gesamtdrehimpuls p_j, der sich vektoriell aus p_l und p_s zusammensetzt:

$$\boldsymbol{p}_j = \boldsymbol{p}_l + \boldsymbol{p}_s$$
$$\boldsymbol{j} = \boldsymbol{l} + \boldsymbol{s}$$
$$p_j = \sqrt{j(j+1)}\,\hbar$$
$$\mu_j = \sqrt{4s(s+1) + l(l+1)}\,\mu_B$$

Für sämtliche l-Werte resultieren zwei Energieniveaus ($j = l \pm s$ und $\Delta j = 1$).

Magnetische Gesamtquantenzahl m_j:
Sie ist ein Maß für die Orientierung von p_j gegenüber der Vorzugsrichtung und für die Richtungsquantelung von p_j

$$m_j = \pm j;\ \pm(j-1);\ \pm(j-2);\ \ldots \pm \frac{1}{2},$$

Gesamtmultiplizität $M^j = 2j + 1$ = Gesamtentartung, also Zahl der Einstellmöglichkeiten von p_j, d. h. mögliche Werte für m_j.

Die Anzahl der Elektronenzustände für gegebene l-Werte entspricht der Besetzungsmöglichkeit für gegebenes l mit $2(2l + 1) = 4l + 2$.

Der formale Zusammenhang der Quantenzahlen ist in Tabelle 8.2 veranschaulicht.

Tab. 8.2: Die möglichen Kombinationen der Quantenzahlen l, j und m_j

Zustand	s	p		d		f	
l	0	1		2		3	
$j = l + s$	$\frac{1}{2}$	$\frac{1}{2}$	$\frac{3}{2}$	$\frac{3}{2}$	$\frac{5}{2}$	$\frac{5}{2}$	$\frac{7}{2}$
m_j^*	$\frac{1}{2}$	$\frac{1}{2}$	$\frac{1}{2}, \frac{3}{2}$	$\frac{1}{2}, \frac{3}{2}$	$\frac{1}{2}, \frac{3}{2}, \frac{5}{2}$	$\frac{1}{2}, \frac{3}{2}, \frac{5}{2}$	$\frac{1}{2}, \frac{3}{2}, \frac{5}{2}, \frac{7}{2}$
$2j + 1$	2	2	4	4	6	6	8
$2(2l + 1)$	2	6		10		14	

* jeweils ±-Werte

8.2 Mehrelektronensysteme

Hier lässt sich die Schrödinger-Gleichung nicht exakt lösen, es werden verschiedene *Näherungsverfahren* herangezogen, wonach die Wasserstoff-Funktionen mit den Quantenzahlen n, l, m_l und m_s zwar beibehalten werden, weil die Zahl und Winkelabhängigkeit der Orbitale die gleiche ist, die Radialfunktion sich aber ändert; die Energie der Elektronen und damit der Orbitale ist nunmehr von den Quantenzahlen *n und l* abhängig:

$$\text{Elektronenenergie} = f(n, l)\ ,$$

Der Aufbau der Mehrelektronensysteme und damit des Periodensystems erfolgt unter Beachtung der relativen Orbitalenergien, des Hundschen und Pauli-Prinzips.

Aufbau-Prinzip:
Die Verteilung der Elektronen in Orbitalen erfolgt in der Reihenfolge abnehmender Stabilität bzw. steigender Energie der Orbitale (vgl. Abbildung 8.3).

Pauli-Prinzip:
Es verbietet zwei Elektronen mit denselben vier Quantenzahlen, d. h. gleichem Quantenzahlensatz in einem Atom. Im gleichen Orbital ist nur die antiparallele Spinausrichtung zweier Elektronen möglich.
Anders ausgedrückt: Es gibt keine zwei Elektronen mit gleichem Spin zur gleichen Zeit am gleichen Ort.

Hundsches Prinzip:
Es ist die Forderung nach maximalem Spin-Wert in entarteten Orbitalen, d. h. high-spin-Verhalten freier Atome.

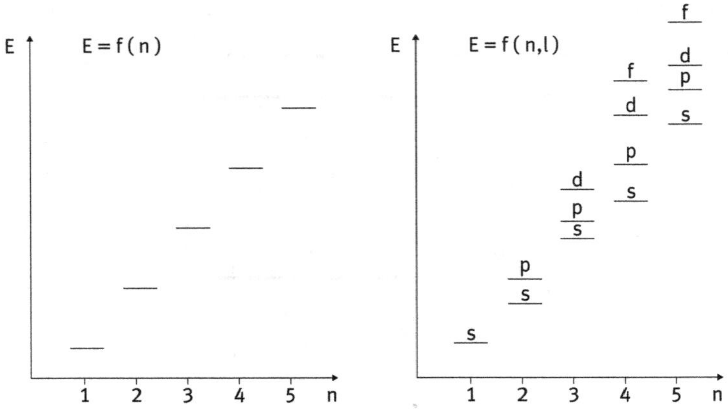

Abb. 8.3: Energetische Reihenfolge von Atomorbitalen.

Russel-Saunders-Kopplung (RSK)

Sie führt allgemein und anschaulich zur Beschreibung der Terme, d. h. Energiezuständen von Mehrelektronensystemen. Die einzelnen Drehimpulse $\boldsymbol{p}_l$ und $\boldsymbol{p}_s$ bzw. Quantenzahlen $\boldsymbol{l}$ und $\boldsymbol{s}$ addieren sich vektoriell zu resultierenden Drehimpulsen $\boldsymbol{p}_L$ und $\boldsymbol{p}_S$ bzw. resultierenden Quantenzahlen $\boldsymbol{L}$ und $\boldsymbol{S}$:

(1) $\sum \boldsymbol{p}_l = \boldsymbol{p}_L$
$\sum \boldsymbol{l} = \boldsymbol{L}$
$M_L = \sum m_l$ mit $-L \leq M_L \leq L$, d. h. $(2L + 1)$ Möglichkeiten
L ist stets ganzzahlig.

(2) $\sum \boldsymbol{p}_s = \boldsymbol{p}_S$
$\sum \boldsymbol{s} = \boldsymbol{S}$
$M_S = \sum m_s$ mit $-S \leq M_S \leq S$, d. h. $(2S + 1)$ Möglichkeiten
S ist ganzzahlig bei geradem N, halbzahlig bei ungeradem N.
Faustregel: Spinquantenzahl S = Zahl ungepaarter Elektronen durch Zwei.
Die Spin- und Bahndrehimpulse der einzelnen Elektronen beeinflussen sich nicht und koppeln deshalb nicht miteinander, sondern zunächst nur untereinander. p_L und p_S bzw. L und S können anschließend ebenso zu p_J bzw. J vektoriell addiert werden (*Spin-Bahn-Kopplung*).

(3) $\boldsymbol{p}_J = \boldsymbol{p}_L + \boldsymbol{p}_S$
$\boldsymbol{J} = \boldsymbol{L} + \boldsymbol{S}$
$|J| = L + S, L + S - 1, \ldots, L - S$ (für $L > S$), bzw. $\ldots S - L$ (für $S > L$)
$\Delta J = 1$
Durch vektorielle Addition entsteht der Gesamtdrehimpuls p_J, der durch die Gesamtquantenzahl J beschrieben wird. Die Spin-Bahn-Kopplung macht sich erst in

der $4d$-Reihe als Störung der RSK bemerkbar und wird durch die Spin-Bahn-Kopplungskonstante λ beschrieben. λ ist viel kleiner als Termenergien, nimmt aber mit der Ordnungszahl zu. Dadurch spaltet ein Term in Niveaus auf, die sich in ganzzahligen J-Werten unterscheiden (Multiplettstruktur von Absorptionen).

(4) Bei sehr schweren Elementen tritt die sog. *jj-Kopplung* auf, d. h., die Kopplung von p_l und p_s zu p_j eines jeden Elektrons, die dann zu p_J summiert werden:

$$\boldsymbol{j}_i = \boldsymbol{l}_i + \boldsymbol{s}_i$$

$$\boldsymbol{J}_i = \sum_i \boldsymbol{j}_i$$

Bis zu den Lanthanoiden gilt näherungsweise:
Die Spin-Spin-Wechselwirkung bzw. Bahn-Bahn-Wechselwirkung ist sehr viel größer als die Spin-Bahn-Wechselwirkung.

(5) *Termsymbolik*:

$$^{2S+1}\mathrm{L}_J\,,$$

wobei

L	0	1	2	3	4	5	6	...
Term	S	P	D	F	G	H	I	...

(6) Die *Spin-* bzw. *Bahnmultiplizität* $M^S = 2S + 1$ bzw. $M^L = 2L + 1$ gibt die Spin- bzw. Bahnentartung eines Terms an.
Faustregel: Die Spinmultiplizität M^S ist gleich der Zahl der ungepaarten Elektronen plus Eins (vgl. Tabelle 8.3).

Tab. 8.3: Ungepaarte Elektronen N und Spinmultiplizität M^S

N	S	$M^S = 2S + 1$	Name
0	0	1	Singulett
1	$\frac{1}{2}$	2	Dublett
2	1	3	Triplett
3	$\frac{3}{2}$	4	Quartett
4	2	5	Quintett
5	$\frac{5}{2}$	6	Sextett

(7) Die *Termentartung* ist gleich dem Produkt aus Spin- und Bahnmultiplizität:

$$\text{Termentartung} = (2L + 1)(2S + 1)\,,$$

Beispiele: ^{3}P ist neunfach entartet ($S = 1$, $L = 1$). ^{4}F ist 28-fach entartet ($S = \frac{3}{2}$, $L = 3$).

Vektorielle Addition von Drehimpulsen (Quantenzahlen)

(1) $\boldsymbol{L} = \sum \boldsymbol{l}$, d. h. $\boldsymbol{L} = |l+l|, |l+l-1|, \ldots, |l-l|$
Beispiel 1: p^2-Konfiguration ($l = 1$)

$$\boldsymbol{L} = (2, 1, 0)$$

Beispiel 2: p^3-Konfiguration ($l = 1$)

$$\boldsymbol{L} = (3, 2, 1); \ (2, 1, 0); \ (1)$$

Beispiel 3: d^2-Konfiguration ($l = 2$)

$$\boldsymbol{L} = (4, 3, 2, 1, 0)$$

(2) $\boldsymbol{S} = \sum \boldsymbol{s}$, d. h. $\boldsymbol{S} = |s+s|, |s+s-1|, \ldots, |s-s|$
Beispiel 1: 2 Elektronen ($s = \frac{1}{2}$)

$$\boldsymbol{S} = (1, 0)$$

Beispiel 2: 4 Elektronen ($s = \frac{1}{2}$)

$$\boldsymbol{S} = (2, 1, 0)$$

(3) $\boldsymbol{J} = \boldsymbol{L} + \boldsymbol{S}$, d. h. $\boldsymbol{J} = |L+S|, |L+S-1|, \ldots, |L-S|$ (für $L > S$)
Beispiel 1: np^2-Konfiguration (nicht äquivalente p^2-Konfiguration, d. h. $n = 2$ und 3)
aus (1): $\boldsymbol{L} = (2, 1, 0)$
aus (2): $\boldsymbol{S} = (1, 0)$

$\boldsymbol{L}$	2	1	0
$\boldsymbol{S}$	(0, 1)	(0, 1)	(0; 1)
$\boldsymbol{J}$	(2; 3, 2, 1)	(1; 2, 1, 0)	(0; 1)
Terme	$^1D_2; ^3D_{3,2,1}$	$^1P_1; ^3P_{2,1,0}$	$^1S_0; ^3S_1$

Hierbei wurde jeder L-Wert mit beiden S-Werten gekoppelt. Dieses Ergebnis ist wegen zu großer Energiedifferenz von $n = 2$ und 3 aber physikalisch nicht sinnvoll; physikalisch sinnvoll ist dagegen die im nächsten Beispiel vorgestellte $2p^2$-Konfiguration (realer Fall).
Beispiel 2: $2p^2$-Konfiguration (äquivalente p^2-Konfiguration)
aus (1): $\boldsymbol{L} = (2, 1, 0)$
aus (2): $\boldsymbol{S} = (0, 1)$
Wegen des Pauli-Prinzips kann jeder L-Wert nur mit einem der S-Werte gekoppelt werden:

$\boldsymbol{L}$	2	1	0
$\boldsymbol{S}$	0	1	0
$\boldsymbol{J}$	2	(2, 1, 0)	0
Terme	^1D	^3P	^1S

Ergebnis: p^2-Systeme wie das C-Atom besitzen die Terme ^3P, ^1D, ^1S.

Termermittlung bei l^N-Systemen

(1) $N = 1$ (ein Elektron im Orbitalsatz)
$L = l$ und $S = s = \frac{1}{2}$

l^1	L	Term	Beispiel
s^1	0	^2S	Li
p^1	1	^2P	B, Li*
d^1	2	^2D	Sc
f^1	3	^2F	Ce

* Li im ersten angeregten Zustand

(2) $N = 2(2l + 1)$ (abgeschlossene Orbitale, z. B. s^2, p^6, d^{10})
$L = 0$ und $S = 0$: $^1S_0$

(3) $1 < N < 2(2l + 1)$
Termermittlung über die Mikrozustandskarte (vgl. Kapitel 8.3)

8.3 Termermittlung über Mikrozustandskarten

Nur über die Mikrozustandskarte erhält man sämtliche möglichen und sinnvollen Terme von l^N-Konfigurationen mit $1 < N < 2(2l + 1)$. Die Mikrozustandskarte ist eine tabellarische Anordnung möglicher m_l/m_s-Kombinationen.

Vorgehensweise

(1) Ermittlung der maximalen M_L- und M_S-Werte für eine gegebene l^N-Konfiguration.
(2) Aufstellen der Tabelle mit M_S von $-S$ bis $+S$ als erste obere Zeile bzw. mit M_L von $-L$ bis $+L$ als erste linke Spalte.
(3) Einsetzen der nach dem Pauli-Prinzip möglichen m_l/m_s-Kombinationen (Mikrozustände) in die entsprechenden Kästchen der M_L/M_S-Tabelle. Hilfreich ist dabei die folgende *Symbolik*:

Symbol	m_s	Symbol	m_l	Beispiel
+	$+\frac{1}{2}$	0	0	0^+
–	$-\frac{1}{2}$	1	1	1^-
–	$-\frac{1}{2}$	2	2	2^-
+–	$+\frac{1}{2}, -\frac{1}{2}$	1	1	(1^+1^-)

(4) Ableitung der Terme durch Zuordnung der Mikrozustände. Der einzig mögliche Weg ist, mit einem peripheren Mikrozustand zu beginnen, d. h., mit einem maxi-

malen M_L- bzw. M_S-Wert einen Term zu bestimmen, anschließend von den verbleibenden wieder den höchsten M_L- bzw. M_S-Wert zu suchen und einem Term zuzuordnen.

(5) Überprüfung des Ergebnisses:
Die Zahl der Mikrozustände eines Terms ist gleich der Termentartung $(2L+1)(2S+1)$.
Die Gesamtzahl aller Mikrozustände ist

$$\binom{x}{y} = \frac{(4l+2)!}{N!(4l+2-N)!},$$

wobei x die maximale bzw. y die verfügbare Elektronenanzahl im Orbitalsatz angibt.

Beispiel 1 (Mikrozustandskarte und Terme eines p^2-Systems).

(1) $M_L(\max) = \pm 2$; $M_S(\max) = \pm 1$
(2) Aufstellen einer Tabelle mit $M_S = \pm 1; 0$ und $M_L = \pm 2; \pm 1; 0$ (vgl. Tabelle 8.4) und
(3) Einsetzen der möglichen m_l/m_s-Kombinationen (vgl. Tabelle 8.4).

Tab. 8.4: Mikrozustandskarte eines $2p^2$-Systems

M_L/M_S	1	0	−1
2		$(1^+, 1^-)$	
1	$(1^+, 0^+)$	$(1^+, 0^-)$ $(1^-, 0^+)$	$(1^-, 0^-)$
0	$(1^+, -1^+)$	$(1^+, -1^-)$ $(1^-, -1^+)$ $(0^+, 0^-)$	$(-1^-, -1^-)$
−1	$(-1^+, 0)$	$(-1^+, 0^-)$ $(-1^-, 0^+)$	$(-1^-, 0^-)$
−2		$(-1^+, -1^-)$	

(4) Ableitung der Terme mit dem ersten peripheren Mikrozustand (1^+0^+), der mit $M_L = 1$ und $M_S = 1$ mindestens zu einem Term mit $L = 1$ und $S = 1$, d. h. zum ^{3}P-Term gehören muss; der ^{3}P-Term schließt definitionsgemäß alle Werte für $M_L = \pm 1, 0$ und $M_S = \pm 1, 0$ und damit neun Mikrozustände ein. Der nächste periphere Mikrozustand (1^+1^-) gehört mit $M_L = 2$ und $M_S = 0$ mindestens zu einem Term mit $L = 2$ und $S = 0$, d. h. zum ^{1}D-Term; der ^{1}D-Term schließt definitionsgemäß alle Werte für $M_L = \pm 2, \pm 1, 0$ und $M_S = 0$ und damit fünf Mikrozustände ein. Der verbleibende Mikrozustand (0^+0^-) gehört mit $M_L = M_S = 0$ zum ^{1}S-Term. Auf diese Weise resultieren aus den 15 Mikrozuständen eines p^2-Systems die Terme ^{3}P, ^{1}D und ^{1}S.

(5) Überprüfung des Ergebnisses:

Terme	L	S	$(2L+1)(2S+1)$ = (Mikrozustände)
^{3}P	1	1	9
^{1}D	2	0	5
^{1}S	0	0	1
$\binom{x}{y} = \binom{6}{2} = \frac{6\cdot 5}{1\cdot 2} =$			15

Merke.

(1) Sind mehrere Mikrozustände in einem M_L/M_S-Kästchen vorhanden, so sind sie untereinander entartet.

(2) Wird anstelle eines peripheren Mikrozustandes ein Mikrozustand aus dem inneren Bereich herangezogen, so ergibt sich nicht mit Sicherheit ein gültiger Term.

Beispiel 2 (Mikrozustandskarte und Terme eines d^2-Systems.).

(1) $M_L(\max) = \pm 4$; $M_S(\max) = \pm 1$

(2) Aufstellen einer Tabelle mit $M_L = \pm 4, \pm 3, \pm 2, \pm 1, 0$ und $M_S = \pm 1, 0$ (vgl. Tabelle 8.5) und

(3) Einsetzen der möglichen m_l/m_s-Kombinationen (vgl. Tabelle 8.5).

(4) Ableitung der Terme mit erstem peripheren Mikrozustand (2^+1^+), der mit $M_L = 3$ und $M_S = 1$ mindestens zu einem Term mit $L = 3$ und $S = 1$, d. h. zum Term ^{3}F gehört (21 Mikrozustände); der nächste periphere Mikrozustand ist (1^+0^+) und gehört zum ^{3}P-Term (neun Mikrozustände). Die nächsten Mikrozustände finden sich nur unter $M_S = 0$, z. B. (2^+2^-), der mit $M_L = 4$ zum ^{1}G-Term (neun Mikrozustände) gehört, oder (1^+1^-) bzw. (0^+0^-), die mit $M_L = 2$ zum ^{1}D-Term bzw. mit $M_L = 0$ zum ^{1}S-Term gehören.
Aus den 45 Mikrozuständen einer d^2-Konfiguration resultieren die Terme ^{3}F, ^{3}P, ^{1}G, ^{1}D und ^{1}S.

(5) Überprüfung des Ergebnisses:

Terme	L	S	$(2L+1)(2S+1)$ = (Mikrozustände)
^{3}F	3	1	21
^{3}P	1	1	9
^{1}G	4	0	9
^{1}D	2	0	5
^{1}S	0	0	1
$\binom{x}{y} = \binom{10}{2} = \frac{10\cdot 9}{1\cdot 2} =$			45

Beispiel 3 (Mikrozustandskarte und Terme eines p^3-Systems (vgl. Tabelle 8.6)). Aus der Tabelle mit $M_L = \pm 2, \pm 1, 0$ und $M_S = \pm\frac{3}{2}, \pm\frac{1}{2}$ resultieren 20 Mikrozustände und die Terme ^{4}S, ^{2}D und ^{2}P.

Tab. 8.5: Mikrozustandskarte eines $3d^2$-Systems

$M_L \setminus M_S$	1	0	−1
4		$(2^+, 2^-)$	
3	$(2^+, 1^+)$	$(2^+, 1^-)$ $(2^-, 1^+)$	$(2^-, 1^-)$
2	$(2^+, 0^+)$	$(2^+, 0^-)$ $(2^-, 0^+)$	$(2^-, 0^-)$
		$(1^+, 1^-)$	
1	$(2^+, -1^+)$	$(2^+, -1^-)$ $(2^-, -1^+)$	$(2^-, -1^-)$
	$(1^+, 0^+)$	$(1^+, 0^-)$ $(1^-, 0^+)$	$(1^-, 0^-)$
0	$(2^+, -2^+)$	$(2^+, -2^-)$ $(2^-, -2^+)$	$(2^-, -2^-)$
	$(1^+, -1^+)$	$(1^+, -1^-)$ $(1^-, -1^+)$	$(1^-, -1^-)$
		$(0^+, 0^-)$	
−1	$(1^+, -2^+)$	$(1^+, -2^-)$ $(1^-, -2^+)$	$(1^-, -2^-)$
	$(0^+, -1^+)$	$(0^+, -1^-)$ $(0^-, -1^+)$	$(0^-, -1^-)$
−2	$(0^+, -2^+)$	$(0^+, -2^-)$ $(0^-, -2^+)$	$(0^-, -2^-)$
		$(-1^+, -1^-)$	
−3	$(-1^+, -2^+)$	$(-1^+, -2^-)$ $(-1^-, -2^+)$	$(-1^-, -2^-)$
−4		$(-2^+, -2^-)$	

Tab. 8.6: Mikrozustandskarte eines $2p^3$-Systems

$M_L \setminus M_S$	$\frac{3}{2}$	$\frac{1}{2}$	$-\frac{1}{2}$	$-\frac{3}{2}$
2		$(1^+, 1^-, 0^+)$	$(1^+, 1^-, 0^-)$	
1		$(1^+, 0^+, 0^-)$	$(1^-, 0^-, 0^+)$	
		$(1^+, -1^+, 1^-)$	$(1^-, -1^-, 1^+)$	
0		$(1^+, -1^+, 0^-)$	$(1^+, -1^-, 0^-)$	
	$(1^+, -1^+, 0^+)$	$(1^-, -1^+, 0^+)$	$(1^-, -1^+, 0^-)$	$(1^-, -1^-, 0^-)$
		$(1^+, -1^-, 0^+)$	$(1^-, -1^-, 0^+)$	
−1		$(-1^+, 1^+, -1^-)$	$(-1^-, 1^-, -1^+)$	
		$(-1^+, 0^+, 0^-)$	$(-1^-, 0^-, 0^+)$	
−2		$(-1^+, -1^-, 0^+)$	$(-1^+, -1^-, 0^-)$	

Auf die vorgestellte Weise lassen sich über die entsprechenden Mikrozustandskarten sämtliche Terme von l^N-Systemen ermitteln; die Ergebnisse sind in Tabelle 8.7 zusammengefasst.

In Tabelle 8.8 sind einige Begriffe und kennzeichnende Quantenzahlen mit Beispielen wiedergegeben.

Definitionen.

(1) Orbital ist die Bezeichnung für eine Einelektronenwellenfunktion im Quadrat (Energie und Aufenthaltswahrscheinlichkeit eines Elektrons).

(2) Konfiguration ist die Bezeichnung für die Besetzung eines Orbitalsatzes mit Elektronen (unter Befolgung des Pauli- und Hundschen Prinzips).

(3) Term ist die Bezeichnung für die Energie einer gegebenen Hundschen Konfiguration (unter Berücksichtigung der Elektron-Elektron-Wechselwirkung).

Tab. 8.7: Terme von p^N- und d^N-Konfigurationen

Konfig.	∑ MZ	Terme
p^1, p^5	6	^{2}P
p^2, p^4	15	^{3}P, ^{1}S, ^{1}D
p^3	20	^{4}S, ^{2}P, ^{2}D
p^6	1	^{1}S
d^1, d^9	10	^{2}D
d^2, d^8	45	^{3}F, ^{3}P, ^{1}S, ^{1}D, ^{1}G
d^3, d^7	120	^{4}F, ^{4}P, ^{2}P, ^{2}D(2), ^{2}F, ^{2}G, ^{2}H
d^4, d^6	210	^{5}D, ^{3}P(2), ^{3}D, ^{3}F(2), ^{3}G, ^{3}H, ^{1}S(2), ^{1}D(2), ^{1}F, ^{1}G(2), ^{1}I
d^5	252	^{6}S, ^{4}P, ^{4}D, ^{4}F, ^{4}G, ^{2}S, ^{2}P, ^{2}D(3), ^{2}F(2), ^{2}G(2), ^{2}H, ^{2}I

Tab. 8.8: Terminologie als Übersicht

Begriff	Quantenzahlen	Symbol	Beispiel
Orbital	n, l	nl	$2p$
Konfiguration	n, l, N	nl^N	$2p^2$
Term (Zustand)	n, L, S	^{2S+1}L	^{3}P
Niveau (Unterzustand)	n, L, S, J	$^{2S+1}L_J$	$^3\mathrm{P}_0$
Mikrozustand	$n, L, S, J(m_l, m_s)$	$^{2S+1}L_{J(m_l,m_s)}$	$^3\mathrm{P}_{0(1^+,0^+)}$

(4) Niveau ist die Bezeichnung für die Energie eines Terms (unter Berücksichtigung der Spin-Bahn-Kopplung).
(5) Mikrozustand ist die Bezeichnung für Energie eines gegebenen Niveaus.

Hundsche Regeln zur Ermittlung des Grundterms

(1) Der Grundterm einer l^N-Konfiguration ist der mit der höchsten Spinmultiplizität M^S, d. h. $S = \max$
Beispiel: p^2 mit ^{3}F, ^{1}D, ^{1}S.
(2) Bei mehreren Termen mit höchster Spinmultiplizität ist der Grundterm derjenige mit dem höchsten L-Wert, d. h. $L = \max$
Beispiel: d^2 mit ^{3}F, ^{3}P, ^{1}S, ^{1}D, ^{1}G.
(3) Bei Einschränkungen durch das Pauli-Verbot ist L zu erniedrigen, während S maximal bleibt, d. h. $S > L$.
Beispiel: p^3 mit $M_L = \pm 2, \pm 1, 0$, aber $M_S = \pm\frac{3}{2}, \pm\frac{1}{2}$
(4) Am stabilsten bei weniger als halbbesetztem Orbitalsatz ist die Termkomponente (das Niveau) mit dem kleinsten J-Wert ($J = L - S$), bei mehr als halbbesetztem Orbitalsatz die mit dem größten J-Wert ($J = L + S$).

Für l^N mit:

$$N < 2l+1: J = L - S \qquad (J\,\text{min})$$
$$N = 2l+1: J = S \qquad (\text{ein Niveau})$$
$$N > 2l+1: J = L + S \qquad (J\,\text{max})$$

Beispiele

l^N	L	S	Grundterm	weitere Termkomponenten
p^2	1	1	$^3P_0$	$^3P_{1,2}$
p^4	1	1	$^3P_2$	$^3P_{1,0}$
d^2	3	1	$^3F_2$	$^3F_{3,4}$
d^8	3	1	$^3F_4$	$^3F_{3,2}$

Die Aufspaltung von Termen in Niveaus durch die Spin-Bahn-Kopplung erfolgt nach der *Regel von Landé*:

$$E = \frac{\lambda}{2}\left[J(J+1) - L(L+1) - S(S+1)\right]$$

Beispiel 1 (V^{3+}, ein d^2-System).
Grundterm: ^3F; $L = 3$, $S = 1$; $J = 4, 3, 2$
Niveaus: $^3F_2$, $^3F_3$, $^3F_4$
Energien für:

$$J = 2: \quad \tfrac{\lambda}{2}[2\cdot 3 - 3\cdot 4 - 1\cdot 2] = -4\lambda$$
$$J = 3: \quad \tfrac{\lambda}{2}[3\cdot 4 - 3\cdot 4 - 1\cdot 2] = -\lambda$$
$$J = 4: \quad \tfrac{\lambda}{2}[4\cdot 5 - 3\cdot 4 - 1\cdot 2] = +3\lambda$$

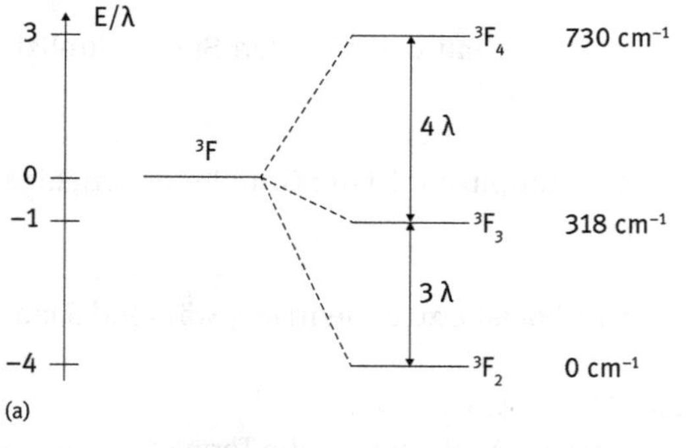

Abb. 8.4: Energiediagramm für ^3F.

Beispiel 2 (Na-D-Linie).
Sie besteht aus folgenden Übergängen:

$$^2S_{1/2} \longrightarrow {}^2P_{1/2} \quad \text{und} \quad {}^2S_{1/2} \longrightarrow {}^2P_{3/2}$$

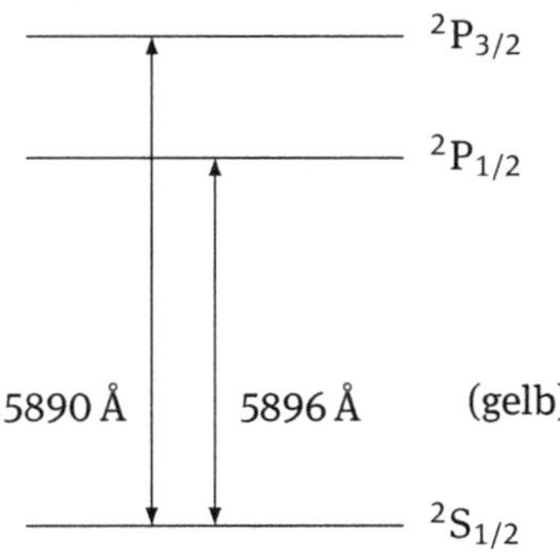

Die Grundzustände von l^N-Konfigurationen lassen sich mithilfe der Hundschen Regeln leicht bestimmen; für $2p$-Elemente bzw. $3d$-Elemente sind sie wie folgt in Tabelle 8.9 zusammengestellt.

Tab. 8.9: Grundzustände von (a) $2p$-Elementen und (b) $3d$-Elementen

a)

Li	Be	B	C	N	O	F	Ne
$^2S_{1/2}$	$^1S_0$	$^2P_{1/2}$	$^3P_0$	$^4S_{3/2}$	$^3P_2$	$^2P_{3/2}$	$^1S_0$

b)

d^n	$M_L(L)$	$M_S(S)$	Grundterm
d^1	2	1/2	^2D
d^2	3	1	^3F
d^3	3	3/2	^4F
d^4	2	2	^5D
d^5	0	5/2	^6S
d^6	2	2	^5D
d^7	3	3/2	^4F
d^8	3	1	^3F
d^9	2	1/2	^2D

Loch-Formalismus

Aus den Tabellen 8.7 und 8.9 ist ersichtlich, dass sich Terme und Grundterme von l^N- und l^{4l+2-N}-Konfigurationen entsprechen, d. h.

Terme von p^N = Terme von p^{6-N} bzw.

Terme von d^N = Terme von d^{10-N}

Dies ist auf den sog. *Lochformalismus* zurückzuführen; danach verhalten sich N Elektronen genauso wie N Positronen bzw. $4l + 2 - N$-Elektronen im halb- oder ganzgefüllten Orbitalsatz. Die energetischen Betrachtungen sind durch das Ladungsquadrat äquivalent.

Merke. Die Terme von d^N- und d^{10-N}-Konfigurationen sind gleich.
Die energetische Reihenfolge der angeregten Terme gegenüber dem Grundterm (Hundsche Regeln!) wird durch die sog. *Racah-Parameter B* und *C* bestimmt. Sie sind ein Maß für die interelektronischen Abstoßungs- oder Wechselwirkungsparameter und können aus Spektren von Gasatomen oder -ionen experimentell bestimmt werden. Anstelle von Absolutbeträgen werden üblicherweise die Relativwerte B und C angegeben (vgl. Tabelle 8.10).

Tab. 8.10: Energiedifferenzen zwischen Termen von d^N-Konfigurationen

Konfiguration	Terme	Energiedifferenz
d^2, d^8	^1S-^3F	$22B + 7C$
	^1G-^3F	$12B + 2C$
	^3P-^3F	$15B$
	^1D-^3F	$5B + 2C$
	^1S-^1D	$17B + 5C$
	^3P-^1D	$10B - 2C$
d^3, d^7	^2P-^4F	$9B + 3C$
	^2G-^4F	$4B + 3C$
	^2H-^4F	$9B + 3C$
	^4P-^4F	$15B$
	^2G-^2H	$-9B$
d^4, d^6	^3D-^5D	$16B + 4C$
	^3G-^5D	$9B + 4C$
	^3H-^5D	$4B + 4C$
	^3D-^3H	$12B$
	^3G-^3H	$5B$
d^5	^4D-^6S	$10B + 5C$
	^4F-^6S	$22B + 7C$
	^4D-^6S	$17B + 5C$
	^4P-^6S	$7B + 7C$
	^2I-^6S	$11B + 8C$
	^2H-^6S	$13B + 10C$

Tab. 8.11: Racah-Parameter *B* und *C* für einige Metallionen (in cm^{-1})

	M^{2+}		M^{3+}	
Metall	***B***	***C***	***B***	***C***
Ti	695	2910	–	–
V	755	3257	862	3815
Cr	810	3565	918	4133
Mn	860	3850	965	4450
Fe	917	4040	1015	4800
Co	971	4497	1065	5120
Ni	1030	4850	1115	5450
Pd	830			
Pt	660			

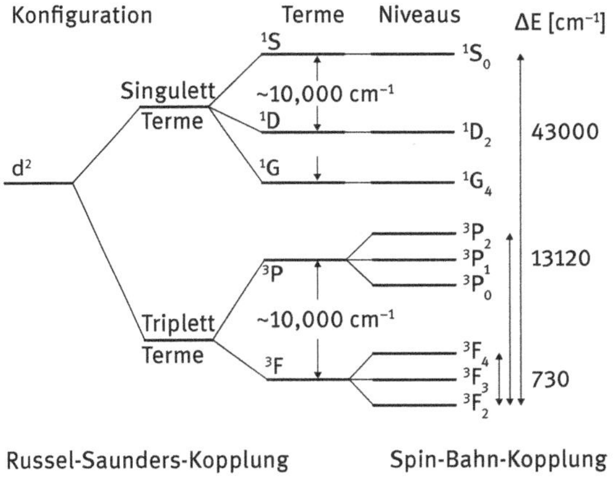

Abb. 8.5: Die Aufspaltung einer d^2-Konfiguration in Terme bzw. Niveaus durch Russel-Saunders- bzw. Spin-Bahn-Kopplung.

Merke. $C \approx 4B$; $B \approx 1000\,cm^{-1}$ für $3d$-Elemente.

In Tabelle 8.11 sind die Racah-Parameter *B* und *C* für einige zwei- und dreiwertige $3d$- bzw. $4d$-Elemente zusammengestellt. Man erkennt folgende *Abhängigkeiten*:

(1) Zunahme von *B* und *C* innerhalb einer Periode von links nach rechts.

(2) Zunahme von *B* und *C* bei Erhöhung der Oxidationsstufe des Metalls.

(3) Abnahme von *B* und *C* innerhalb einer homologen Reihe von oben nach unten.

Merke. $B = f(\frac{1}{r})$; r = Ionenradius.

Die Ergebnisse von Kapitel 8 lassen sich durch Abbildung 8.5 zusammenfassen und veranschaulichen.

8.4 Übungsaufgaben

1. Warum ist eine im strengen Sinne parallele Ausrichtung zweier Drehimpulse nicht möglich?
2. Diskutieren Sie die Mikrozustandskarte eines $2p^4$-Systems.
3. Geben Sie die RS-Grundterme der Elemente der 1. Achterperiode an.
4. Erklären Sie das Linienspektrum des Thalliumatoms.
5. Geben Sie die Anzahl der Übergänge in Elektronenspektrum des Vanadiumatoms ($^6F \rightarrow {}^6D$) unter Berücksichtigung der Auswahlregeln an.

9 Ionen im Ligandenfeld

Definition. Das Ligandenfeld ist das von den nächsten Nachbarn = Liganden (Punktladungen) am Ort des Übergangsmetallions erzeugte elektrostatische Feld, das auf das d-Elektronensystem, d. h. Orbitale bzw. Terme des Zentralions, einwirkt.

Die *Komplexierung* verändert den Bewegungszustand und die Energie der Elektronen. Die Entartung von Orbitalen freier Ionen (K_h -Symmetrie) wird durch die unterschiedlichen Ligandenfelder (Punktgruppen niedrigerer Symmetrie) aufgehoben, die Orbitale spalten auf.

9.1 Symmetrieverhalten von Atomorbitalen

Wie in Kapitel 8 am Beispiel der Freiheitsgrade praktiziert, werden nunmehr die Atomorbitale als Basen irreduzibler Darstellungen herangezogen. Die einfachste Art, die Symmetrie von Atomorbitalen zu bestimmen, ist die Symmetrieoperationen der jeweiligen Punktgruppe an diesen Atomorbitalen durchzuführen und deren (reduzible bzw. irreduzible) Charaktere zu bestimmen. Man erhält sie prinzipiell als Spur der Transformationsmatrix, indem man die Summe der Elemente auf ihrer Hauptdiagonalen bildet. Transformationsmatrizen müssen aber nur bei Punktgruppen mit Entartungen benutzt werden; treten keine Entartungen auf, vereinfacht sich die Sache.

Allgemein: Wenn ein Atomorbital durch eine Symmetrieoperation seine Position wechselt, so ist $\chi_r = 0$, bleibt es lagekonstant und unverändert, so ist $\chi_r = 1$, wechselt es aber nur sein Vorzeichen, so ist $\chi_r = -1$.

Beispiel 1 (trans-$[Pt(NH_3)_2Cl_2]$ mit D_{2h}-Symmetrie). Die Symmetrieoperationen der Gruppe D_{2h} auf das d_{xy}-Orbital sind in Abbildung 9.1 veranschaulicht. Man erhält dadurch eine Reihe von Charakteren, die in Tabelle 9.1 als erste Zeile wiedergegeben ist. Auf analoge Weise erhält man für jedes Atomorbital eine solche Zahlenreihe von Charakteren. Ein Vergleich mit den irreduziblen Charakteren der Gruppe D_{2h} (Charakterentafel von D_{2h}) liefert sofort die gesuchten Symmetrierassen bzw. *Mulliken-Symbole der Atomorbitale*, nämlich $\Gamma_{i(l)}$.

Tab. 9.1: Ableitung der Mulliken-Symbole für Atomorbitale bei D_{2h}

AO	E	C_{2z}	C_{2y}	C_{2x}	i	σ_{xy}	σ_{xz}	σ_{yz}	$\Gamma_{i(l)}$
d_{xy}	1	1	−1	−1	1	1	−1	−1	b_{1g}
s, d_{z^2}	1	1	1	1	1	1	1	1	a_g
p_x	1	−1	−1	1	−1	1	1	−1	b_{3u}

https://doi.org/10.1515/9783110736366-009

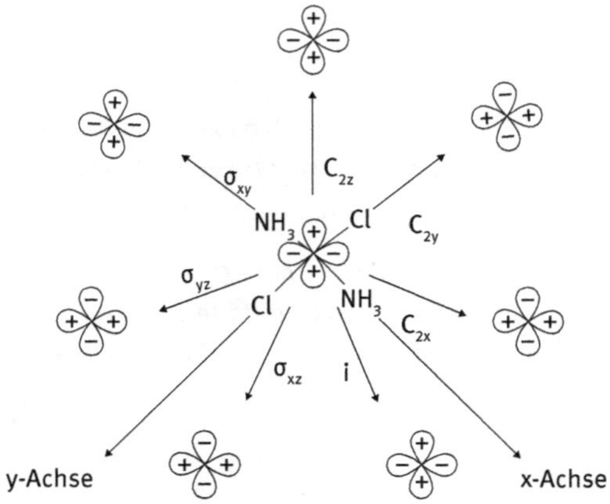

Abb. 9.1: Symmetrieoperationen von D_{2h} auf ein d_{xy}-Orbital

Tab. 9.2: Ableitung der Mulliken-Symbole für Atomorbitale bei D_{4h}

AO	E	C_4	C_2	C_2'	C_2''	$\Gamma_i(D_4)$	$\Gamma_i(D_{4h})$
s, d_{z^2}	1	1	1	1	1	a_1	a_{1g}
p_z	1	1	1	−1	−1	a_2	a_{2u}
d_{xy}	1	−1	1	−1	1	b_2	b_{2g}
$d_{x^2-y^2}$	1	−1	1	1	−1	b_1	b_{1g}
p_x, p_y	2	0	−2	0	0	e	e_u
d_{xz}, d_{yz}	2	0	−2	0	0	e	e_g

Beispiel 2 ($[Ni(CN)_4]^{2-}$ mit D_{4h}-Symmetrie). Zur Vereinfachung wird zunächst die Punktgruppe D_4 (nur Rotationen) herangezogen, anschließend das Ergebnis auf D_{4h} durch Berücksichtigung des Inversionsverhaltens erweitert. Für die nicht entarteten Orbitale s, p_z d_{z^2}, d_{xy} und $d_{x^2-y^2}$ erhält man – analog zum Beispiel 1 – die ersten vier Zahlenreihen in Tabelle 9.2; für die paarweise entarteten Atomorbitale p_x, p_y bzw. d_{xz}, d_{yz} müssen aber die Transformationsmatrizen herangezogen werden:

$$C_4(d_{xz}) = -d_{yz}\,; \qquad C_4(d_{yz}) = +d_{xz}\,;$$

$$C_4(d_{xz}) = 0 \cdot d_{xz} - 1 \cdot d_{yz}\,; \qquad C_4(d_{yz}) = 1 \cdot d_{xz} - 0 \cdot d_{yz}$$

$$C_4 \begin{pmatrix} d_{xz} \\ d_{yz} \end{pmatrix} = \begin{pmatrix} 0 & -1 \\ +1 & 0 \end{pmatrix} \begin{pmatrix} d_{xz} \\ d_{yz} \end{pmatrix}; \quad \chi_{C_4}(d_{xz}, d_{yz}) = 0$$

$$C_2(d_{xz}) = -d_{xz}; \qquad C_2(d_{yz}) = -d_{yz}\,;$$

$$C_2(d_{xz}) = -1 \cdot d_{xz} + 0 \cdot d_{yz}\,; \qquad C_2(d_{yz}) = 0 \cdot d_{xz} + 1 \cdot d_{yz}$$

$$C_2 \begin{pmatrix} d_{xz} \\ d_{yz} \end{pmatrix} = \begin{pmatrix} -1 & 0 \\ 0 & -1 \end{pmatrix} \begin{pmatrix} d_{xz} \\ d_{yz} \end{pmatrix}; \quad \chi_{C_2}(d_{xz}, d_{yz}) = -2$$

$$C_4(p_x) = -p_y; \qquad C_4(p_y) = p_x\,;$$
$$C_4(p_x) = 0 \cdot p_x - 1 \cdot p_y\,; \qquad C_4(p_y) = 1 \cdot p_x + 0 \cdot p_y$$
$$C_4 \begin{pmatrix} p_x \\ p_y \end{pmatrix} = \begin{pmatrix} 0 & -1 \\ 1 & 0 \end{pmatrix} \begin{pmatrix} p_x \\ p_y \end{pmatrix}; \qquad \chi_{C_4}(p_x, p_y) = 0$$

$$C_2(p_x) = -p_x; \qquad C_2(p_y) = -p_y\,;$$
$$C_2(p_x) = -1 \cdot p_x - 0 \cdot p_y\,; \qquad C_2(p_y) = 0 \cdot p_x - 1 \cdot p_y$$
$$C_2 \begin{pmatrix} p_x \\ p_y \end{pmatrix} = \begin{pmatrix} -1 & 0 \\ 0 & -1 \end{pmatrix} \begin{pmatrix} p_x \\ p_y \end{pmatrix}; \qquad \chi_{C_2}(p_x, p_y) = -2$$

$$C_2''(p_x) = p_y; \qquad C_2''(p_y) = p_x\,;$$
$$C_2''(p_x) = 0 \cdot p_x + 1 \cdot p_y\,; \qquad C_2''(p_y) = 1 \cdot p_x + 0 \cdot p_y$$
$$C_2'' \begin{pmatrix} p_x \\ p_y \end{pmatrix} = \begin{pmatrix} 0 & 1 \\ 1 & 0 \end{pmatrix} \begin{pmatrix} p_x \\ p_y \end{pmatrix}; \qquad \chi_{C_2''}(p_x, p_y) = 0$$

Merke. Beim Auftreten mehrdimensionaler Transformationsmatrizen resultiert automatisch als Charakter der Identitätsoperation $E\,\chi_E = 2, 3, \ldots.$

Dieses bildliche *Probierverfahren* zur Ermittlung der Symmetrierassen von Atomorbitalen in verschiedenen Ligandenfeldern ist langwierig. Zweckmäßiger ist es, den *winkelabhängigen Teil* $Y(\vartheta, \varphi)$ der Wellenfunktion ψ, genauer dessen Lösung

$$\psi = \Phi(\varphi) = e^{im_l\varphi} \quad \text{mit} \quad -l \le m_l \le l$$

heranzuziehen (vgl. Kapitel 9.2).

9.2 Allgemeine Ableitung der Orbitalaufspaltung

Rotationen C_n ($C_{2\pi/n}$-Operationen um den Winkel φ) von Punktgruppen verändern nur den winkelabhängigen Teil der Wellenfunktion

$$\psi = e^{im_l\varphi'}$$

aus diesem entsteht durch Drehung um den Winkel φ:

$$C_n(e^{im_l\varphi'}) = e^{im_l(\varphi'+\varphi)} = e^{im_l\varphi'} \cdot e^{im_l\varphi}$$

In Matrizenschreibweise:

$$C_n \begin{pmatrix} e^{il\varphi'} \\ e^{i(l-1)\varphi'} \\ \vdots \\ e^{i(1-l)\varphi'} \\ e^{i(-l)\varphi'} \end{pmatrix} = \underbrace{\begin{pmatrix} e^{il\varphi} & \dots & & & \\ \vdots & e^{i(l-1)\varphi} & \dots & & \\ & & \ddots & & \\ & & & e^{i(1-l)\varphi} & \\ \dots & & & & e^{i(-l)\varphi} \end{pmatrix}}_{\text{Transformationsmatrix}} \begin{pmatrix} e^{il\varphi'} \\ e^{i(l-1)\varphi'} \\ \vdots \\ e^{i(1-l)\varphi'} \\ e^{i(-l)\varphi'} \end{pmatrix}$$

Der Charakter der Matrix entspricht der Summe der Diagonalelemente, also

$$\begin{aligned} \chi(\varphi) &= e^{il\varphi} + e^{i(l-1)\varphi} + \dots + e^{i(1-l)\varphi} + e^{i(-l)\varphi} \\ &= e^{-il\varphi} \sum_{n=0}^{2l} \left(e^{il\varphi}\right)^n \\ &= \frac{\sin((l+\frac{1}{2})\varphi)}{\sin\frac{\varphi}{2}} \quad \text{für} \quad \varphi \neq 0 \qquad (\textit{Taylor-Reihe}) \end{aligned}$$

Für $\varphi = 0$ (bei Identität E) gilt:

$$\frac{\sin((l+\frac{1}{2})\varphi)}{\sin\frac{\varphi}{2}} = \frac{l+\frac{1}{2}}{\frac{1}{2}} = 2l+1$$

Mit dieser Formel (der sog. *Taylor-Reihe*) können die reduziblen Charaktere der einzelnen Atomorbitale für beliebige Ligandenfelder bestimmt werden; nach anschließendem Ausreduzieren mit der Reduktionsformel werden die irreduziblen Darstellungen oder Rassen der Atomorbitale erhalten. Der Übergang von der Untergruppe (nur Rotationen) auf die Gruppe wird durch das Symmetrieverhalten gegen i oder σ_h berücksichtigt und entsprechend erweitert.

Beispiel (Atomorbitale im O_h-Fall). In Tabelle 9.3 sind die nach der Taylor-Reihe erhaltenen Charaktere χ_r der Atomorbitale $l = 0 \dots 3$ für die Rotationen C_n ($n = 2, 3, 4$) der Punktgruppe O eingetragen; nach dem Ausreduzieren werden die jeweiligen Rassen von O um das Inversionsverhalten (gegen i) auf die Rassen von O_h erweitert. In der letzten Spalte finden sich die Rassen von Termen mit dem gleichen L-Wert; bei Termen von d-Elektronen wird deren Inversionsverhalten zugrunde gelegt, also g. Nach Übereinkunft werden die Rassen von Orbitalen mit kleinen Buchstaben, die von Termen mit großen unterschieden.

Tab. 9.3: Ableitung der reduziblen Charaktere χ_r und irreduziblen Darstellungen Γ_i der Atomorbitale bzw. Terme im O und O_h-Fall

AO	l	$\chi(E)$	$\chi(C_4)$	$\chi(C_2)$	$\chi(C_3)$	$\Gamma_l(O)$	$\Gamma_l(O_h)$	$\Gamma_L(O_h)$	L	Term
s	0	1	1	1	1	a_1	a_{1g}	A_{1g}	0	S
p	1	3	1	−1	0	t_1	t_{1u}	T_{1g}	1	P
d	2	5	−1	1	−1	$e + t_2$	$e_g + t_{2g}$	$E_g + T_{2g}$	2	D
f	3	7	−1	−1	1	$a_2 + t_1$ $+t_2$	$a_{2u} + t_{1u}$ $+t_{2u}$	$A_{2g} + T_{1g}$ $+T_{2g}$	3	F
g	4	9	1	1	0	$a_1 + e$ $+t_1 + t_2$	$a_{1g} + e_g$ $+t_{1g} + t_{2g}$	$A_{1g} + E_g$ $+T_{1g} + T_{2g}$	4	G
h	5	11	1	−1	−1	$e + 2t_1$ $+t_2$	$e_u + 2t_{1u}$ $+t_{2u}$	$E_g + 2T_{1g}$ $+T_{2g}$	5	H
i	6	13	−1	1	1	$a_1 + a_2$ $+e + t_1$ $+2t_2$	$a_{1g} + a_{2g}$ $+e_g + t_{1g}$ $+t_{2g}$	$A_{1g} + A_{2g}$ $+E_g + T_{1g}$ $+T_{2g}$	6	I

(1) Anwendung der Taylor-Reihe zur Ermittlung von χ_r:
für $l = 0$:

$$\chi(E) = 2l + 1 = 1 \qquad (\varphi = 0)$$
$$\chi(C_4) = \frac{\sin(\pi/4)}{\sin(\pi/4)} = 1 \qquad \left(\varphi = \frac{\pi}{2}\right)$$
$$\chi(C_2) = \frac{\sin(\pi/2)}{\sin(\pi/2)} = 1 \qquad (\varphi = \pi)$$
$$\chi(C_3) = \frac{\sin(\pi/3)}{\sin(\pi/3)} = 1 \qquad \left(\varphi = \frac{2\pi}{3}\right)$$

für $l = 1$:

$$\chi(E) = 2l + 1 = 3 \qquad (\varphi = 0)$$
$$\chi(C_4) = \frac{\sin(3\pi/4)}{\sin(\pi/4)} = 1 \qquad \left(\varphi = \frac{\pi}{2}\right)$$
$$\chi(C_2) = \frac{\sin(3\pi/2)}{\sin(\pi/2)} = -1 \qquad (\varphi = \pi)$$
$$\chi(C_3) = \frac{\sin \pi}{\sin(\pi/3)} = 0 \qquad \left(\varphi = \frac{2\pi}{3}\right)$$

für $l = 2$:

$$\chi(E) = 2l + 1 = 5 \qquad (\varphi = 0)$$
$$\chi(C_4) = \frac{\sin(5\pi/4)}{\sin(\pi/4)} = -1 \qquad \left(\varphi = \frac{\pi}{2}\right)$$
$$\chi(C_2) = \frac{\sin(5\pi/2)}{\sin(\pi/2)} = 1 \qquad (\varphi = \pi)$$
$$\chi(C_3) = \frac{\sin(5\pi/3)}{\sin(\pi/3)} = -1 \qquad \left(\varphi = \frac{2\pi}{3}\right)$$

(2) Mit der Reduktionsformel resultieren die $\Gamma_\mathrm{i}(l)$
für $l = 0$ (s-Orbital):

$$A_1: \quad a_m = \tfrac{1}{24}(1+6+3+8+6) = 1$$
$$A_2, E, T_1, T_2: \quad a_m = 0$$

für $l = 1$ (p-Orbitale):

$$A_1, A_2, E, T_2: \quad a_m = 0$$
$$T_1: \quad a_m = \tfrac{1}{24}(9+6+3+6) = 1$$

für $l = 2$ (d-Orbitale):

$$A_1, A_2, T_1: \quad a_m = 0$$
$$E: \quad a_m = \tfrac{1}{24}(10+6+8) = 1$$
$$T_2: \quad a_m = \tfrac{1}{24}(15+6-3+6) = 1$$

für $l = 3$ (f-Orbitale):

$$A_1, E: \quad a_m = 0$$
$$A_2: \quad a_m = \tfrac{1}{24}(7+6-3+8+6) = 1$$
$$T_1: \quad a_m = \tfrac{1}{24}(21-6+3+6) = 1$$
$$T_2: \quad a_m = \tfrac{1}{24}(21+6+3-6) = 1$$

Merke.
(1) Beim Übergang von O nach O_h muss das Verhalten der Orbitale gegen i berücksichtigt werden.
(2) Aufgrund der Russel-Saunders-Kopplung ($\underline{L} = \sum \underline{l}$) und der Bahndrehimpuls-Relation $\underline{L} \mathrel{\hat{=}} \underline{l}$ lassen sich Terme wie Orbitale behandeln.
(3) Bei Termen von d-Elektronen wird deren Inversionsverhalten (also g) zugrunde gelegt.
(4) Mulliken-Symbole der Orbitale werden durch kleine, die der Terme durch große Buchstaben unterschieden.

9.2.1 Weitere Beispiele

Weitere Beispiele für die Ableitung des Symmetrieverhaltens von Atomorbitalen sind in tabellarischer Anordnung zusammengestellt (Tabelle 9.4 bis Tabelle 9.7).

Die auf diese Weise ableitbaren Rassen von Atomorbitalen sind für die Punktgruppen der wichtigsten Ligandenfelder in Tabelle 9.8 zusammengestellt.

Die *energetischen* Verhältnisse bei der Orbitalaufspaltung sollen nur am Beispiel der d-Orbitale im *oktaedrischen* und *tetraedrischen* Ligandenfeld veranschaulicht werden (vgl. Abbildung 9.2).

Tab. 9.4: Atomorbitale im T_d-Fall

AO	l	$\chi(E)$	$\chi(C_3)$	$\chi(C_2)$	$\Gamma_l(T)$	$\Gamma_l(T_d)$	$\Gamma_L(T_d)$	L	Term
s	0	1	1	1	a	a_1	A_1	0	S
p	1	3	0	−1	t	t_2	T_2	1	P
d	2	5	−1	1	$e + t$	$e + t_2$	$E + T_2$	2	D
f	3	7	1	−1	$a + 2t$	$a_2 + t_1 + t_2$	$A_2 + T_1 + T_2$	3	F

Tab. 9.5: Atomorbitale im D_{4h}-Fall

AO	l	$\chi(E)$	$\chi(C_4)$	$\chi(C_2^{(\prime)(\prime\prime)})$	$\Gamma_l(D_4)$	$\Gamma_l(D_{4h})$	$\Gamma_L(D_{4h})$	L	Term
s	0	1	1	1	a_1	a_{1g}	A_{1g}	0	S
p	1	3	1	−1	$a_2 + e$	$a_{2u} + e_u$	$A_{2g} + E_g$	1	P
d	2	5	−1	1	$a_1 + b_1$	$a_{1g} + b_{1g}$	$A_{1g} + B_{1g}$	2	D
					$+b_2 + e$	$+b_{2g} + e_g$	$+B_{2g} + E_g$		

Tab. 9.6: Atomorbitale im C_{4v}-Fall

AO	l	$\chi(E)$	$\chi(C_4)$	$\chi(C_2)$	$\Gamma_l(C_4)$	$\Gamma_l(C_{4v})$	$\Gamma_L(C_{4v})$	L	Term
s	0	1	1	1	a	a_1	A_1	0	S
p	1	3	1	−1	$a + e$	$a_1 + e$	$A_1 + E$	1	P
d	2	5	−1	1	$a + 2b$	$a_1 + b_1$	$A_1 + B_1$	2	D
					$+e$	$+b_2 + e$	$+B_2 + E$		

Tab. 9.7: Atomorbitale im D_{3h}-Fall

AO	l	$\chi(E)$	$\chi(C_3)$	$\chi(C_2)$	$\Gamma_l(D_3)$	$\Gamma_l(D_{3h})$	$\Gamma_L(D_{3h})$	L	Term
s	0	1	1	1	a_1	a_1'	A_1'	0	S
p	1	3	0	−1	$a_2 + e$	$a_2'' + e'$	$A_2'' + E'$	1	P
d	2	5	−1	1	$a_1 + 2e$	$a_1' + e' + e''$	$A_1' + E' + E''$	2	D

(1) d-Orbitale spalten in zwei Orbitalsätze auf:

K_h	O_h	T_d
$d_g = d_{xy}, d_{yz}, d_{xz}$	t_{2g}	t_2
$d_{x^2-y^2}, d_{z^2}$	e_g	e

(2) Wegen unterschiedlicher Ausrichtungen im jeweiligen Ligandenfeld resultieren entgegengesetzte Stabilitäts- und unterschiedliche Energieverhältnisse im Aufspaltungsmuster; genaue Berechnungen ergeben:

$$10\,\mathrm{Dq}(T_d) = -\frac{4}{9}\,10\,\mathrm{Dq}(O_h)$$

Wie in Kapitel 8 angedeutet, kann die Winkelfunktion der Schrödingergleichung durch sog. Polardiagramme (Vektormodell) dargestellt werden. Nach Einführung kar-

Tab. 9.8: Orbitalaufspaltung in den wichtigsten Ligandenfeldern

AO	O_h	T_d	D_{4h}	D_3	D_{2d}
s	a_{1g}	a_1	a_{1g}	a_1	a_1
p	t_{1u}	t_2	$a_{2u} + e_u$	$a_2 + e$	$b_2 + e$
d	$e_g + t_{2g}$	$e + t_2$	$a_{1g} + b_{1g}$	$a_1 + 2e$	$a_1 + b_1$
			$+b_{2g} + e_g$		$+b_2 + e$
f	$a_{2u} + t_{1u}$	$a_2 + t_1$	$a_{2u} + b_{1u}$	$a_1 + 2a_2$	$a_1 + a_2$
	$+t_{2u}$	$+t_2$	$+b_{2u} + 2e_u$	$+2e$	$+b_2 + 2e$
g	$a_{1g} + e_g$	$a_1 + e$	$2a_{1g} + a_{2g}$	$2a_1$	$2a_1 + a_2$
	$+t_{1g}$	$+t_1$	$+b_{1g} + b_{2g}$	$+a_2$	$+b_1 + b_2$
	$+t_{2g}$	$+t_2$	$+2e_g$	$+3e$	$+2e$
h	e_u+	$e+$	$a_{1u} + 2a_{2u}$	a_1+	$a_1 + a_2+$
	$2t_{1u}$	t_1+	$+b_{1u} + b_{2u}$	$2a_2$	$b_1 + 2b_2$
	$+t_{2u}$	$2t_2$	$+3e_u$	$+4e$	$+3e$
i	$a_{1g} + a_{2g}$	$a_1 + a_2$	$2a_{1g} + a_{2g}+$	$3a_1$	$2a_1 + a_2+$
	$+e_g + t_{1g}$	$+e + t_1$	$2b_{1g} + 2b_{2g}$	$+2a_2$	$2b_1 + 2b_2$
	$+2t_{2g}$	$+2t_2$	$+3e_g$	$+4e$	$+3e$

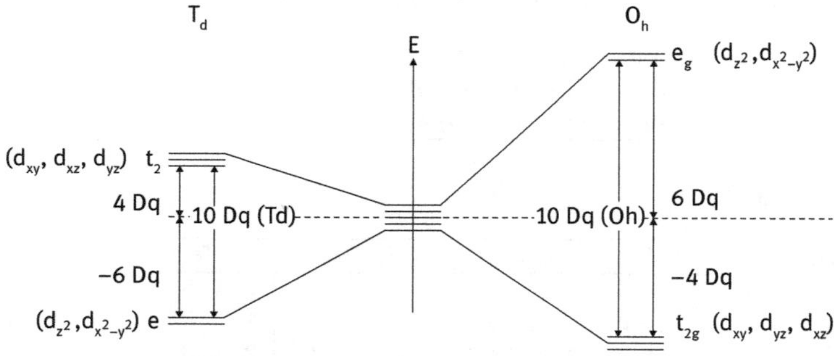

Abb. 9.2: Orbitalaufspaltung im O_h- und T_d-Fall.

tesischer Koordinaten anstelle von Polarkoordinaten (*Koordinatentransformation*) in die orientierten Eigenfunktionen erhält man räumliche Orientierungen in Abhängigkeit von x, y und z (p-Orbitale) oder von Produkten bzw. Kombinationen derselben (s- und d-Orbitale), d. h., die p-Orbitale verhalten sich wie Vektoren (vorletzte Spalte in Charakterentafeln), s- und d-Orbitale wie Tensoren (Vektorprodukte, letzte Spalte in Charakterentafeln). Logischerweise können die Symmetrierassen von Atomorbitalen durch einen Blick auf die beiden letzten Spalten in den Charakterentafeln und durch entsprechende Korrelationen mit den Mulliken-Symbolen leicht ermittelt werden.

Merke.

(1) Atomorbitale transformieren wie die IR- und Raman-aktiven Schwingungen, d. h., sie gehören den gleichen Rassen an.

(2) In den beiden letzten Spalten der Charakterentafeln sind auch die Atomorbitale unter den jeweiligen Rassen aufgeführt.

Tab. 9.9: Symmetrieverhalten von Atomorbitalen

Orbital	O_h	T_d	D_{4h}	C_{2v}	D_{2d}	D_{3h}	D_{2h}
s	a_{1g}	a_1	a_{1g}	a_1	a_1	a_1'	a_g
p_x	t_{1u}	t_2	e_u	b_1	e	e'	b_{3u}
p_y	t_{1u}	t_2	e_u	b_2	e	e'	b_{2u}
p_z	t_{1u}	t_2	a_{2u}	a_1	b_2	a_2''	b_{1u}
d_{xz}	t_{2g}	t_2	e_g	b_1	e	e''	b_{2g}
d_{yz}	t_{2g}	t_2	e_g	b_2	e	e''	b_{3g}
d_{xy}	t_{2g}	t_2	b_{2g}	a_2	b_2	e'	b_{1g}
$d_{x^2-y^2}$	e_g	e	b_{1g}	a_1	b_1	e'	a_g
d_{z^2}	e_g	e	a_{1g}	a_1	a_1	a_1'	a_g

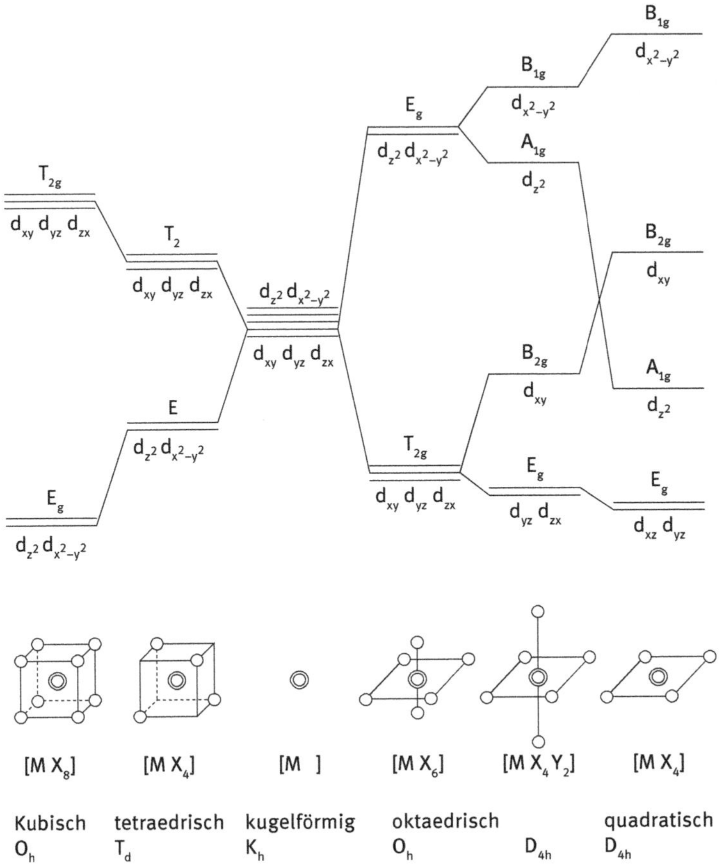

Abb. 9.3: Orbital- und Termaufspaltung eines d^1-Systems in verschiedenen Ligandenfeldern.

9.3 Termaufspaltung im schwachen Ligandenfeld

Die *Ligandenfeldstörung* (Potenzial der Liganden) ist kleiner als die infolge der *Elektronenwechselwirkung* (Abstoßungsenergie der Elektronen), aber immer noch größer als die Störung durch die Spin-Bahn-Kopplung. Man geht von Termen des freien Ions aus und betrachtet das Ligandenfeld als Störung: es resultieren die sog. *Folgeterme*:

$$\textit{Prinzip:}\quad \text{Terme} \xrightarrow{\text{Ligandenfeld}} \text{Folgeterme}$$

Merke.

(1) Orbitale und Terme sind direkt vergleichbar, da sie von l bzw. L abhängen.

(2) Die Symmetrieeigenschaften von Orbitalen werden durch l, die von Termen durch L bestimmt.

(3) Terme (mit L) verhalten sich wie Orbitale (mit l) mit gleicher Quantenzahl und spalten analog auf.

Tab. 9.10: Charaktertafel der Punktgruppe K_h und Winkelwerte

K_h	E	∞C_∞^φ	∞S_∞^φ	i
S_g	1	1	1	1
S_u	1	1	−1	−1
P_g	3	$1+\alpha$	$1-\alpha$	3
P_u	3	$1+\alpha$	$-1+\alpha$	−3
D_g	5	$1+\alpha+\beta$	$1-\alpha+\beta$	5
D_u	5	$1+\alpha+\beta$	$-1+\alpha-\beta$	−5
F_g	7	$1+\alpha+\beta+\gamma$	$1-\alpha+\beta-\gamma$	7
F_u	7	$1+\alpha+\beta+\gamma$	$-1+\alpha-\beta+\gamma$	−7

wobei $\alpha = 2\cos\varphi$, $\beta = 2\cos(2\varphi)$; und $\gamma = 2\cos(3\varphi)$

φ[°]	0	60	90	120	180
$\cos\varphi$	1	$\frac{1}{2}$	0	$-\frac{1}{2}$	−1
$\cos 2\varphi$	1	$-\frac{1}{2}$	−1	$-\frac{1}{2}$	1
$\cos 3\varphi$	1	−1	0	1	−1
α	2	−1	0	−1	−2
β	2	−1	−2	−1	2
γ	2	−2	0	2	−2
$1+\alpha$	3	2	1	0	−1
$1-\alpha$	−1	0	1	2	3
$-1+\alpha$	1	0	−1	−2	−3
$1+\alpha+\beta$	5	1	−1	−1	1
$1-\alpha+\beta$	1	−1	−1	1	5
$-1+\alpha-\beta$	−1	1	1	−1	5
$1+\alpha+\beta+\gamma$	7	−1	−1	1	−1
$1-\alpha+\beta-\gamma$	−1	1	−1	−1	7
$-1+\alpha-\beta+\gamma$	1	−1	1	1	−7

(4) Terme aus d^n-Konfigurationen erhalten beim Vorliegen eines Inversionszentrums i stets den Index g, da sich d-Orbitale gegenüber i stets symmetrisch, d. h. gerade, verhalten.
(5) Die Spinmultiplizität der Russel-Saunders-Terme bleibt beim Übergang zu den Folgetermen („Spaltterme") erhalten.

Grundsätzlich kann der Übergang von den kugelsymmetrischen Metallionen bzw. -atomen (Punktgruppe K_h) zu den die Folgeterme beinhaltenden Komplexen (nachfolgend PG genannt) als Symmetrieerniedrigung im gruppentheoretischen Sinne (vgl. Kapitel 3.5) angesehen werden (sämtliche Punktgruppen sind Untergruppen von K_h). Hierzu werden zunächst die in der Charaktertafel von K_h (Tabelle 9.10) angegebenen Winkelfunktionen φ auf die Winkelwerte der realen Punktgruppe des Komplexes (PG) umgerechnet (vgl. Tabelle 9.10, hierbei ist die Operation σ als S_1 zu behandeln) und anschließend durch Vergleich der Punktgruppen K_h und PG bzw. Anwendung der Reduktionsformel (vgl. Kapitel 5.6) in irreduzible Darstellungen der Punktgruppe PG überführt. Die hierbei erhaltenen Rassen entsprechen den Termen des Komplexes, deren Anzahl n zu $n - 1$ möglichen Übergängen führt.

Entsprechend den Hundschen Regeln ist bei High-Spin-Komplexen hierbei nur die Berücksichtigung der Russel-Saunders-Terme höchster Spinmultiplizität erforderlich. Folgeterme gleicher Symmetrie aus verschiedenen Russel-Saunders-Termen sind nicht entartet. Das Vorgehen wird nachfolgend am Beispiel des High-Spin-Komplexes $Cr(acac)_3$ erläutert:

Punktgruppe D_3

Elektronenanordnung d_3, relevante Russel-Saunders-Terme ^4F, ^4P

Irreduzible Darstellungen von K_h gemäß den Operationen von D_3 und nachfolgende Reduktion zu irreduziblen Darstellungen von D_3:

^4P

	E	C_3	C_2
$P_g(K_h)$	3	$1+\alpha$	$1+\alpha$
	3	0	−1
$A_2(D_3)$	1	1	−1
$E(D_3)$	2	−1	0

mit $\alpha = 2\cos\varphi$ und $\varphi = 120°$ (C_3) bzw. $180°$ (C_2)

Durch Vergleich mit den irreduziblen Darstellungen von D_3 folgt:

$$^4P(K_h) \longrightarrow {}^4A_2(D_3) +^4 E(D_3)$$

^4F

	E	C_3	C_2
$F_g(K_h)$	7	$1+\alpha+\beta+\gamma$	$1+\alpha+\beta+\gamma$
	7	1	−1

mit $\alpha = 2\cos\varphi$, $\beta = 2\cos 2\varphi$ und $\gamma = 2\cos 3\varphi$

Reduktion zu den irreduziblen Darstellungen von D_3 vermittels der Reduktionsformel ergibt:

$$\begin{aligned} A_1: \quad & a_m = \tfrac{1}{6}[1\cdot 1\cdot 7] + [2\cdot 1\cdot 1] + [3\cdot 1\cdot(-1)] = 1 \\ A_2: \quad & a_m = \tfrac{1}{6}[1\cdot 1\cdot 7] + [2\cdot 1\cdot 1] + [3\cdot(-1)\cdot(-1)] = 2 \\ E: \quad & a_m = \tfrac{1}{6}[1\cdot 2\cdot 7] + [2\cdot(-1)\cdot 1] + [3\cdot 0\cdot(-1)] = 2 \end{aligned}$$

$$^4F(K_h) \longrightarrow {}^4A_1(D_3) + 2\,{}^4A_2(D_3) + 2\,{}^4E(D_3)$$

Für $Cr(acac)_3$ liegen folglich sieben Terme ($^4A_1$, $3\,^4A_2$, $3\,^4E$) vor; aus dem Grundterm ($^4A_1$) sind sechs Übergänge („Banden") in die angeregten Zustände möglich:

$$^4A_1 \longrightarrow {}^4A_2(3\cdot) \quad {}^4A_1 \longrightarrow {}^4E(3\cdot)$$

In Tabelle 9.11 ist eine Übersicht über das Symmetrieverhalten von Termen in den wichtigsten Ligandenfeldern zusammengestellt; die Folgeterme sind Funktionen der Bahnquantenzahl L und der Symmetrie.

In Tabelle 9.12 wird die Termaufspaltung der Grundterme bzw. der Terme mit höchster Spinmultiplizität für die Konfigurationen d^N ($N = 1\ldots 9$) demonstriert.

Die relativen Energien der Grundtermaufspaltung von d^N-Konfigurationen im oktaedrischen und tetraedrischen Ligandenfeld werden in Abbildung 9.4 vergleichend gegenübergestellt; die Grundtermaufspaltung von d^N-Systemen ($N = 1\ldots 9$) im Oktaederfeld ist in Abbildung 9.5 wiedergegeben.

Merke.

(1) Für gleiche d^N-Konfigurationen zeigen O_h- und T_d-Felder analoge Termaufspaltung (O_h mit Index g), aber *Terminversion.*

(2) Bei gegebener Symmetrie sind Aufspaltungsbilder zur d^5-Konfiguration symmetrisch, aber invers zueinander:

$$\left.\begin{aligned} d^N &= d^{5+N} \\ d^{10-N} &= d^{5-N} \end{aligned}\right\} \quad \text{gleiche Folgeterme, aber Terminversion}$$

(3) Terme gleicher Spinmultiplizität und gleicher Symmetrie stoßen sich ab (Schwerpunktsatz); man nennt dies Termwechselwirkung.

Die Begründung für (9.3) liefert wieder der *Lochformalismus*: Für N Elektronen bzw. N Löcher sind die Abstoßungskräfte untereinander zwar durch das Ladungsquadrat

Tab. 9.11: Symmetrieverhalten von Termen (Termaufspaltung)

Term	O_h	T_d	D_{4h}	C_{2v}	D_3
S	A_{1g}	A_1	A_{1g}	A_1	A_1
P	T_{1g}	T_1	$A_{2g} + E_g$	$A_2 + B_1 + B_2$	$A_2 + E$
D	$E_g + T_{2g}$	$E + T_2$	$A_{1g} + B_{1g} + B_{2g} + E_g$	$2A_1 + A_2 + B_1 + B_2$	$A_1 + 2E$
F	$A_{2g} + T_{1g} + T_{2g}$	$A_2 + T_1 + T_2$	$A_{1g} + B_{1g} + B_{2g} + 2E_g$	$A_1 + 2A_2 + 2B_1 + 2B_2$	$A_1 + 2A_2 + 2E$
G	$A_{1g} + E_g + T_{1g} + T_{2g}$	$A_1 + E + T_1 + T_2$	$2A_{1g} + A_{2g} + B_{1g} + B_{2g} + 2E_g$	$3A_1 + 2A_2 + 2B_1 + 2B_2$	$2A_1 + 2A_2 + 3E$
H	$E_g + 2T_{1g} + T_{2g}$	$E + T_1 + 2T_2 + B_{1g} + B_{2g}$	$A_{1g} + 2A_{2g} + 3B_1 + 3B_2 + 3E_g$	$2A_1 + 3A_2$	$A_1 + 2A_2 + 4E$
I	$A_{1g} + A_{2g} + E_g + T_{1g} + 2T_{2g}$	$A_1 + A_2 + E + T_1 + 2T_2$	$2A_{1g} + A_{2g} + 2B_{1g} + 2B_{2g} + 3E_g$	$4A_1 + 3A_2 + 3B_1 + 3B_2$	$3A_1 + 2A_2 + 4E$

Tab. 9.12: Grundtermaufspaltung von d^N-Konfigurationen im O_h-Fall

d^N	**Grundterm**	***Folgeterme***	**Angeregter Term***	**Folgeterm**
d^1	^2D	$^2T_{2g} + {}^2E_g$		
d^2	^3F	$^3T_{1g} + {}^3T_{2g} + {}^3A_{2g}$	^3P	$^3T_{1g}$
d^3	^4F	$^4T_{1g} + {}^4T_{2g} + {}^4A_{2g}$	^4P	$^4T_{1g}$
d^4	^5D	$^5T_{2g} + {}^5E_g$		
d^5	^6S	$^6A_{1g}$		
d^6	^5D	$^5T_{2g} + {}^5E_g$		
d^7	^4F	$^4T_{1g} + {}^4T_{2g} + {}^4A_{2g}$	^4P	$^4T_{1g}$
d^8	^3F	$^3T_{1g} + {}^3T_{2g} + {}^3A_{2g}$	^3P	$^3T_{1g}$
d^9	^2D	$^2T_{2g} + {}^2E_g$		

*mit gleicher Spinmultiplizität wie Grundterm

äquivalent, die beiden magnetischen Momente sind aber entgegengesetzt gerichtet, sodass die Folgeterme von d^N- und d^{10-N}-Konfigurationen *invertieren*. Da das elektrische Feld der negativen Liganden auf Elektronen einen entgegengesetzten Einfluss hat als auf Löcher, kann die *Folgeterminversion* anschaulicher verstanden werden.

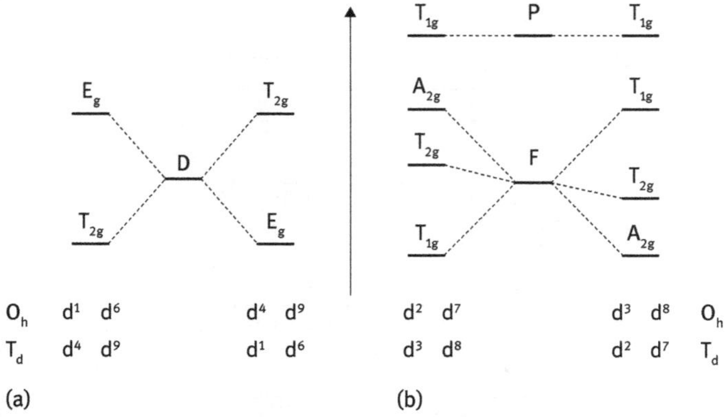

Abb. 9.4: Aufspaltungsmuster der Grundterme *D* (a) und *F* (mit *P*) (b) von d^N-Konfigurationen im O_h- und T_d-Fall (ohne Spinmultiplizitäten, bei T_d ohne Index *g*).

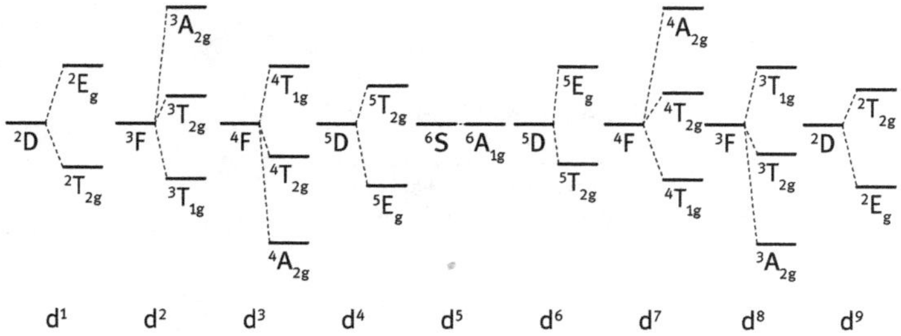

Abb. 9.5: Grundtermaufspaltung von d^N-Systemen im O_h-Fall.

Zusammenfassung

(vgl. Abbildung 9.3–9.6)

$$O_h: \quad \begin{array}{ccc} d^N & \overset{i}{=} & d^{10-N} \quad [\text{bzw.} \mathrel{\hat{=}} d^{10-N}(T_d)] \\ \Vert\rangle & & \Vert\rangle \\ d^{5+N} & \overset{i}{=} & d^{5-N} \quad [\text{bzw.} \mathrel{\hat{=}} d^{5-N}(T_d)] \end{array}$$

Ligandenfeldstabilisierungsenergie **(LFSE) im schwachen Ligandenfeld**

Sie ist die Energiedifferenz zwischen dem niedrigsten Folgeterm (im Ligandenfeld) und dem Grundterm (des freien Ions).

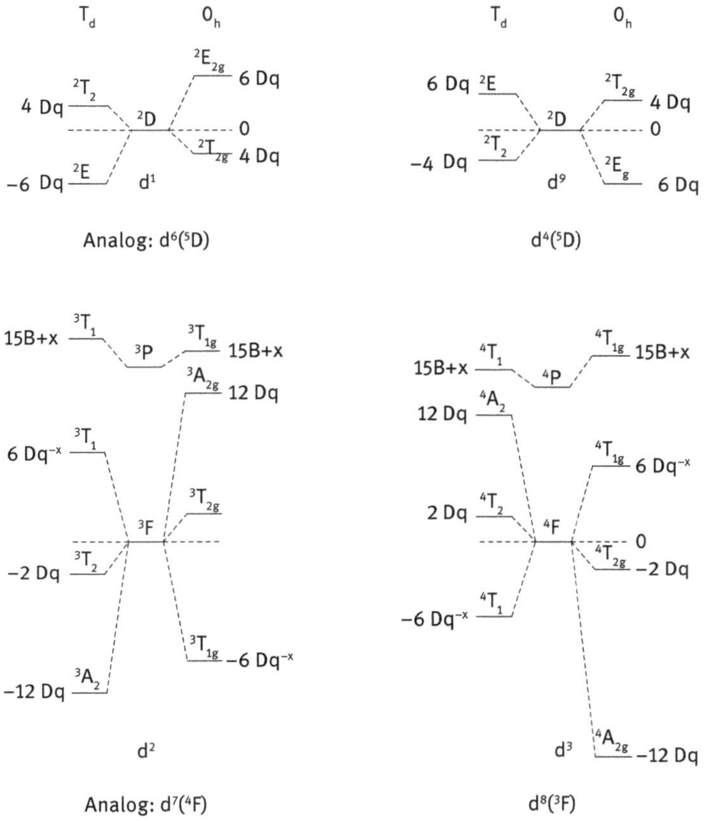

Abb. 9.6: Grundtermaufspaltung von d^N-Konfigurationen im schwachen oktaedrischen bzw. tetraedrischen Ligandenfed (mit Termwechselwirkung x).

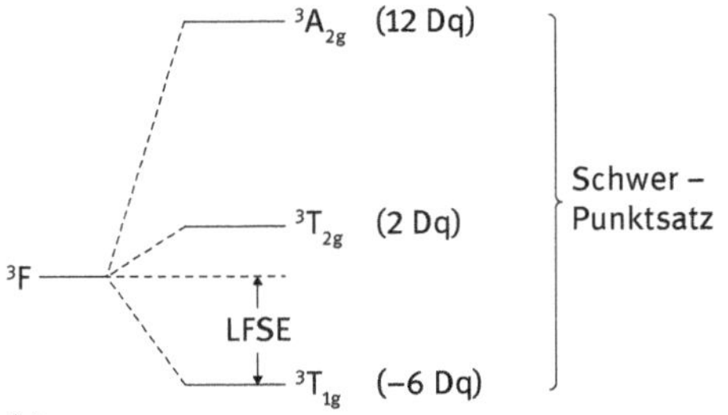

(a)

Beispiel (^{3}F im O_h-Fall). Mithilfe von Abbildung 9.6 lassen sich die Ligandenfeldstabilisierungsenergien der d^N-Konfigurationen für den O_h- und T_d-Fall (schwaches Ligandenfeld) leicht ermitteln. Die Ergebnisse sind in Tabelle 9.13 zusammengefasst;

Tab. 9.13: Ligandenfeldstabilisierungsenergien von d^N-Systemen im O_h- und T_d-Fall (schwaches Ligandenfeld)

d^n	Grundterm	LFSE(O_h)	LFSE(T_d)
0	^1S	0 Dq	0 Dq
1	^2D	4 Dq	6 Dq
2	^3F	6 Dq	12 Dq
3	^4F	12 Dq	6 Dq
4	^5D	6 Dq	4 Dq
5	^6S	0 Dq	0 Dq
6	^5D	4 Dq	6 Dq
7	^4F	6 Dq	12 Dq
8	^3F	12 Dq	6 Dq
9	^2D	6 Dq	4 Dq
10	^1S	0 Dq	0 Dq

Tab. 9.14: Hydratationsenthalpien ΔH_{aq} zweiwertiger Übergangsmetallionen

Ion	d^N	10 Dq*	LFSE [10 Dq]	LFSE*	ΔH_{aq}*
Ca^{2+}	0	0	0.0	0	1 585
Ti^{2+}	2	234	0.8	193	1 850
V^{2+}	3	147	1.2	176	1 900
Cr^{2+}	4	169	0.6	101	1 922
Mn^{2+}	5	102	0.0	0	1 850
Fe^{2+}	6	120	0.4	48	1 938
Co^{2+}	7	111	0.8	89	2 000
Ni^{2+}	8	106	1.2	127	2 100
Cu^{2+}	9	144	0.6	86	2 105
Zn^{2+}	10	0	0.0	0	2 005

* in $kJ \cdot mol^{-1}$

man erkennt den diskontinuierlichen Verlauf. Dieser spiegelt sich wider bei energetischen Verhältnissen oder Zusammenhängen von Übergangsmetallen, z. B. bei der *Hydratations-* bzw. *Gitterenergie* von Übergangsmetallionen bzw. Metallhalogeniden (vgl. Tabelle 9.14 und Abbildung 9.7).

Aus den unterschiedlichen Werten der Ligandenfeldstabilisierungsenergien im O_h und T_d-Fall lassen sich besonders stabile bzw. vergleichbare, *stereochemische Anordnungen* für bestimmte d^N-Konfigurationen bestimmen:

O_h	T_d
$d^3 = d^8 \gg d^4 = d^9$	$d^2 = d^7 \gg d^1 = d^6$
$d^2 = d^7$	$d^3 = d^8$

$$d^2 = d^7 \approx d^2 = d^7$$
$$d^5 = d^5$$

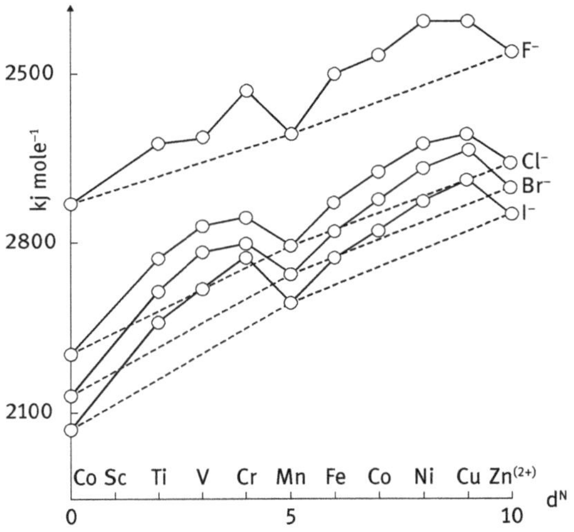

Abb. 9.7: Gitterenergien ΔH_G der Dihalogenide von 3*d*-Metallen.

9.4 Termaufspaltung im starken Ligandenfeld

Die *Ligandenfeldstörung* ist größer als die infolge der *Elektronen-Wechselwirkung* (Abstoßungsenergie der Elektronen), aber diese ist immer noch größer als die Störung durch die Spin-Bahn-Kopplung. Man geht von im Ligandenfeld aufgespaltenen Orbitalen, d. h. von *Ligandenfeld-Konfigurationen* aus, und betrachtet die Elektronen-Wechselwirkung als Störung; dadurch resultieren wieder *Folgeterme*:

$$\textit{Prinzip:}\quad \text{Ligandenfeld-Konfig.} \xrightarrow{\text{Elektronen-WW}} \text{Folgeterme}$$

Die möglichen Ligandenfeld-Konfigurationen von d^N-Systemen gehen aus Tabelle 9.15 hervor. Die Zahl der Ligandenfeld-Konfigurationen von d^N- und d^{10-N}-Systemen ist genau gleich, d. h., es gilt auch hier der *Lochformalismus.*

Ermittlung der Folgeterme im starken Ligandenfeld: Die Störung in Form der Elektronen-Wechselwirkung auf die möglichen Ligandenfeld-Konfigurationen wird durch deren *direktes Produkt* ausgedrückt, d. h., die Symmetrierassen der Folgeterme werden durch das direkte Produkt der Symmetrierassen der einzelnen Elektronen (im jeweiligen Ligandenfeld) bestimmt.

Beispiel 1 (d^1-System im O_h-Fall [Trivialfall]). Es resultieren die beiden Ligandenfeld-Konfigurationen t_{2g}^1, e_g^1; eine Elektronen-Wechselwirkung tritt bei einem Elektron nicht auf, d. h., die Rassen können direkt übernommen werden. Für die Spinmultipli-

Tab. 9.15: Ligandenfeld-Konfigurationen von d^N-Systemen

d^N-Konfiguration	Unterzustände im starken Feld (LFSE)
d^1	t_{2g}; e_g
d^2	t_{2g}^2; $t_{2g}e_g$; e_g^2
d^3	t_{2g}^3; $t_{2g}^2e_g$; $t_{2g}e_g^2$; e_g^3
d^4	t_{2g}^4; $t_{2g}^3e_g$; $t_{2g}^2e_g^2$; $t_{2g}e_g^3$; e_g^4
d^5	t_{2g}^5; $t_{2g}^4e_g$; $t_{2g}^3e_g^2$; $t_{2g}^2e_g^3$; $t_{2g}e_g^4$
d^6	t_{2g}^6; $t_{2g}^5e_g$; $t_{2g}^4e_g^2$; $t_{2g}^3e_g^3$; $t_{2g}^2e_g^4$
d^7	$t_{2g}^6e_g$; $t_{2g}^5e_g^2$; $t_{2g}^4e_g^3$; $t_{2g}^3e_g^4$
d^8	$t_{2g}^6e_g^2$; $t_{2g}^5e_g^3$; $t_{2g}^4e_g^4$
d^9	$t_{2g}^6e_g^3$; $t_{2g}^5e_g^4$

zität M^S ergibt sich logischerweise der Wert zwei (Dublett).

Ligandenfeld-Konfiguration	$\Longrightarrow$	Folgeterm
t_{2g}^1		${}^2T_{2g}$
e_g^1		${}^2E_g$

Beispiel 2 (d^2 **im** O_h**-Fall).** Hier resultieren die drei Ligandenfeld-Konfigurationen t_{2g}^2, $t_{2g}e_g$ und e_g^2. Die Elektronen-Wechselwirkung wird durch das direkte Produkt berücksichtigt, wodurch sich folgende Folgeterme ergeben:

LF-Konfiguration	Direktes Produkt	Folgeterme
t_{2g}^2	$t_{2g} \times t_{2g}$	$A_{1g} + E_g + T_{1g} + T_{2g}$
$t_{2g}e_g$	$t_{2g} \times e_g$	$T_{1g} + T_{2g}$
e_g^2	$e_g \times e_g$	$A_{1g} + A_{2g} + E_g$

Nun müssen nur noch die jeweiligen Spinmultiplizitäten M^S ermittelt werden; bei zwei Elektronen können prinzipiell nur die Werte drei (Triplett) und eins (Singulett) auftreten:

1. Fall t_{2g}^2:

Die Gesamtentartung ist: $\binom{6}{2} = \frac{6\cdot 5}{1\cdot 2} = 15$

Allgemeine Spinmultiplizitäten M^S:

$$ {}^aT_{1g} + {}^bT_{2g} + {}^cE_g + {}^dA_{1g} $$

Unter Berücksichtigung der Bahnentartung M^L:

$$ \underbrace{3a + 3b + 2c + d}_{\text{Summe der Produkte von } M^S \text{ und } M^L} = 15 $$

Lösung:

$$c = d = 1$$

$$a = 3\,, \quad b = 1\,, \quad \text{oder} \quad a = 1\,, \quad b = 3$$

Aufgrund des später noch zu diskutierenden Korrelationsdiagramms für das d^2-System ergibt sich folgerichtig:

$$a = 3\,, \quad b = 1$$

Aus t_{2g}^2 resultieren die Folgeterme: $^3T_{1g}$, $^1T_{2g}$, ^1E_g, $^1A_{1g}$

2. Fall $t_{2g}e_g$:

Die Gesamtentartung ist $\binom{6}{1}\binom{4}{1} = 24$

$$^aT_{1g} + {}^bT_{2g} = 24$$
$$3a + 3b = 24$$

Eine Möglichkeit wäre $a = b = 4$, ist aber unsinnig, weil ja nur drei und eins möglich sind.

Lösung:

$$a = b = 3 \quad \text{und} \quad a = b = 1$$

Aus $t_{2g}e_g$ resultieren die Folgeterme: $^3T_{1g}$, $^3T_{2g}$, $^1T_{1g}$, $^1T_{2g}$

3. Fall e_g^2:

Die Gesamtentartung ist: $\binom{4}{2} = \frac{4 \cdot 3}{1 \cdot 2} = 6$

$$^aE_g + {}^bA_{1g} + {}^cA_{2g} = 6$$
$$2a + b + c = 6$$

Lösung:

$$a = 1\,, \quad b = 3\,, \quad c = 1 \quad \text{oder}$$
$$a = 1\,, \quad b = 1\,, \quad c = 3$$

Aus e_g^2 resultieren die Folgeterme: $^3A_{2g}$, ^1E_g, $^1A_{1g}$

Auf diese Weise lassen sich sämtliche Folgeterme (mit M^S) aus Ligandenfeld-Konfigurationen ermitteln; sie sind für alle d^N-Systeme im starken Ligandenfeld in Tabelle 9.16 zusammengefasst.

Merke.

(1) Durch direkten Vergleich mit den Folgetermen nach der Methode des schwachen Ligandenfelds erhält man unter Berücksichtigung der *non-crossing-rule* zwangsläufig das richtige Resultat.

(2) Die Gesamtentartung (der Folgeterme) im schwachen Ligandenfeld ist gleich der im starken Ligandenfeld.

Beispiel: d^2-System:

$$\binom{10}{2} = \frac{10 \cdot 9}{1 \cdot 2} = 45$$

Tab. 9.16: Folgeterme von d^N-Systemen im starken Ligandenfeld

d^N-System	Konfiguration	Folgeterme
1, 9	t_{2g}; $t_{2g}^5e_g^4$	$^2T_{2g}$
	e_g, $t_{2g}^6e_g^3$	^2E_g
2, 8	t_{2g}^2; $t_{2g}^4e_g^4$	$^3T_{1g}$, $^1A_{1g}$, ^1E_g, $^1T_{2g}$
	$t_{2g}e_g$; $t_{2g}^5e_g^3$	$^3T_{1g}$, $^3T_{2g}$, $^1T_{1g}$, $^1T_{2g}$
	e_g^2; $t_{2g}^6e_g^2$	$^3A_{2g}$, $^1A_{1g}$, ^1E_g
3, 7	t_{2g}^3; $t_{2g}^3e_g^4$	$^4A_{2g}$, ^2E_g, $^2T_{1g}$, $^2T_{2g}$
	$t_{2g}^2e_g$; $t_{2g}^4e_g^3$	$^4T_{1g}$, $^4T_{2g}$, $^2A_{1g}$, $^2A_{2g}$, $2\,^2E_g$, $2\,^2T_{1g}$, $2\,^2T_{2g}$
	$t_{2g}e_g^2$; $t_{2g}^5e_g^2$	$^4T_{1g}$, $2\,^2T_{1g}$, $2\,^2T_{2g}$
	e_g^3; $t_{2g}^6e_g$	^2E_g
4, 6	t_{2g}^4; $t_{2g}^2e_g^4$	$^3T_{1g}$, $^1A_{1g}$, ^1E_g, $^1T_{2g}$
	$t_{2g}^3e_g$; $t_{2g}^3e_g^3$	^5E_g, $^3A_{1g}$, $^3A_{2g}$, $2\,^3E_g$, $2\,^3T_{2g}$, $2\,^3T_{1g}$, $^1A_{1g}$, $^1A_{2g}$, ^1E_g, $2\,^1T_{2g}$, $2\,^1T_{1g}$
	$t_{2g}^2e_g^2$; $t_{2g}^4e_g^2$	$^5T_{2g}$, $^3A_{2g}$, ^3E_g, $3\,^3T_{1g}$, $2\,^3T_{2g}$, $2\,^1A_{1g}$, $^1A_{2g}$, $3\,^1E_g$, $^1T_{1g}$, $3\,^1T_{2g}$
	$t_{2g}e_g^3$; $t_{2g}^5e_g$	$^3T_{1g}$, $^3T_{2g}$, $^1T_{1g}$, $^1T_{2g}$
	e_g^4; t_{2g}^6	$^1A_{1g}$
5	t_{2g}^5; $t_{2g}e_g^4$	$^2T_{2g}$
	$t_{2g}^4e_g$; $t_{2g}^2e_g^3$	$^4T_{1g}$, $^4T_{2g}$, $^2A_{1g}$, $^2A_{2g}$, $2\,^2E_g$, $2\,^2T_{1g}$, $2\,^2T_{2g}$
	$t_{2g}^3e_g^2$	$^6A_{1g}$, $^4A_{1g}$, $^4A_{2g}$, $2\,^4E_g$, $^4T_{1g}$, $^4T_{2g}$, $2\,^2A_{1g}$, $^2A_{2g}$, $3\,^2E_g$, $4\,^2T_{1g}$, $4\,^2T_{2g}$

(3) Die Folgeterme von d^N und d^{10-N} sind dieselben, sie zeigen aber Terminversion.

(4) Die Folgeterme von d^N im O_h-Fall entsprechen den Folgetermen von d^{10-N} im T_d-Fall (ohne g).

(5) Innerhalb einer Ligandenfeld-Konfiguration ist der Grundterm derjenige mit der höchsten Spinmultiplizität M^S.

Ligandenfeldstabilisierungsenergie (LFSE) im starken Ligandenfeld

Sie ist der Energiegewinn durch die Besetzung der Ligandenfeld-Konfigurationen mit Elektronen.

Tab. 9.17: Ligandenfeldstabilisierungsenergien von d^N-Systemen im O_h- und T_d-Fall (starkes Ligandenfeld)

d^n	LF-Konfiguration	LFSE/O_h	LFSE/T_d
d^0	–	0 Dq	0 Dq
d^1	t_{2g}^1	4 Dq	6 Dq
d^2	t_{2g}^2	8 Dq	12 Dq
d^3	t_{2g}^3	12 Dq	18 Dq
d^4	t_{2g}^4	16 Dq	24 Dq
d^5	t_{2g}^5	20 Dq	20 Dq
d^6	t_{2g}^6	24 Dq	16 Dq
d^7	$t_{2g}^6 e_g^1$	18 Dq	12 Dq
d^8	$t_{2g}^6 e_g^2$	12 Dq	8 Dq
d^9	$t_{2g}^6 e_g^3$	6 Dq	4 Dq
d^{10}	$t_{2g}^6 e_g^4$	0 Dq	0 Dq

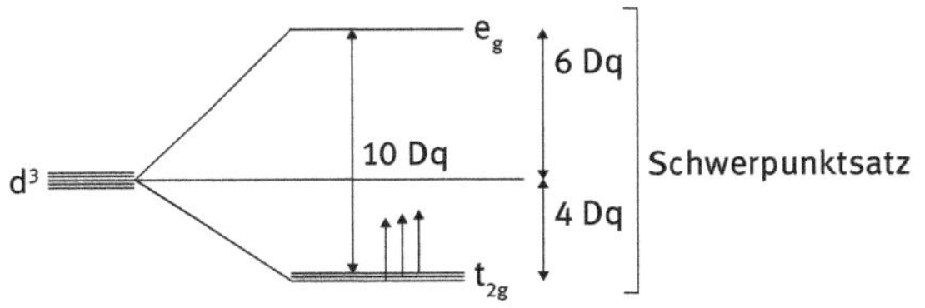

(a) LFSE=3 x (−4 Dq) = −12 Dq

Beispiel (d^3 im O_h-Fall). Bei sukzessiver Besetzung der Ligandenfeld-Konfigurationen mit Elektronen resultieren die in Tabelle 9.17 zusammengefassten Ligandenfeldstabilisierungsenergien von d^N-Systemen im O_h und T_d-Fall (starkes Ligandenfeld).

Ein *Vergleich* der Ligandenfeldstabilisierungsenergien im schwachen (Tabelle 9.13) und starken (Tabelle 9.17) Ligandenfeld liefert

(1) keinen Energiegewinn bei

O_h	T_d
d^1, d^2, d^3	d^1, d^2
d^8, d^9	d^7, d^8, d^9

(2) einen Energiegewinn von

	O_h	T_d
10 Dq	d^4	d^6
12 Dq	d^7	d^3
20 Dq	d^5, d^6	d^4, d^5

(3) den kleinen Energiegewinn von

	O_h	T_d
2 Dq	d^2	d^8

der auf die Termwechselwirkung der beiden $^3T_{1g}$-Terme (aus ^{3}F bzw. ^{3}P) zurückzuführen ist.

9.5 Termdiagramme

In der *Praxis* gilt für die Mehrheit der Übergangsmetallkomplexe, dass die Störung durch die *Elektronen-Wechselwirkung* vergleichbar ist mit der durch die *Ligandenfeld-Wechselwirkung*. Für solche Komplexe mit *mittelstarkem Ligandenfeld* existiert keine spezielle Theorie; stattdessen leitet man aus den beiden oben genannten Methoden sog. *Korrelationsdiagramme* für den mittleren Bereich ab. Speziell die $d^4 \dots d^7$-Konfigurationen zeigen dabei den sog. *Crossover-Effekt*, d. h. den Grundtermwechsel bei einer kritischen Ligandenfeldstärke. Gleichzeitig verringert sich der nach der *Spin-only*-Formel berechnete Magnetismus; am auffälligsten ist der Unterschied beim d^6-System. Der Aufbau der *Korrelationsdiagramme* geschieht nach folgenden Gesetzmäßigkeiten:

(1) Die Zahl und Rassen der Folgeterme im schwachen (links) und starken Ligandenfeld (rechts) sind gleich.
(2) Terme gleicher Spinmultiplizität M^S und gleicher Symmetrie(rasse) überschneiden sich nicht (*non-crossing-rule*).
(3) Unter Beachtung der non-crossing-rule werden die Folgeterme gleicher Spinmultiplizität, gleicher Symmetrie *und* ähnlicher Energien miteinander verbunden.

Beispiel 1. Korrelationsdiagramm für das d^1-System im O_h-Fall (Trivialfall, vgl. Abbildung 9.8).

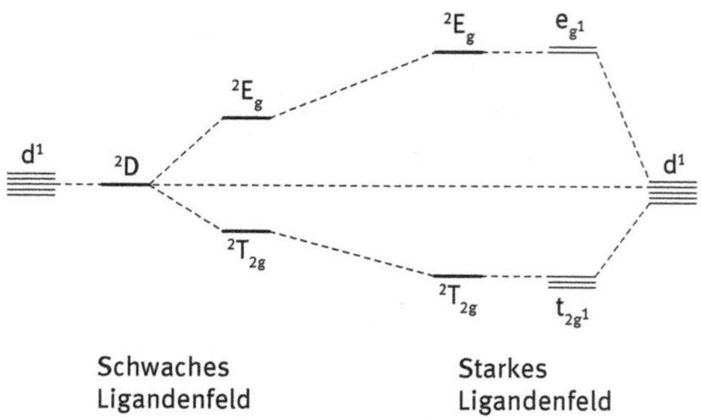

Abb. 9.8: Korrelationsdiagramm für das d^1-System im O_h-Fall.

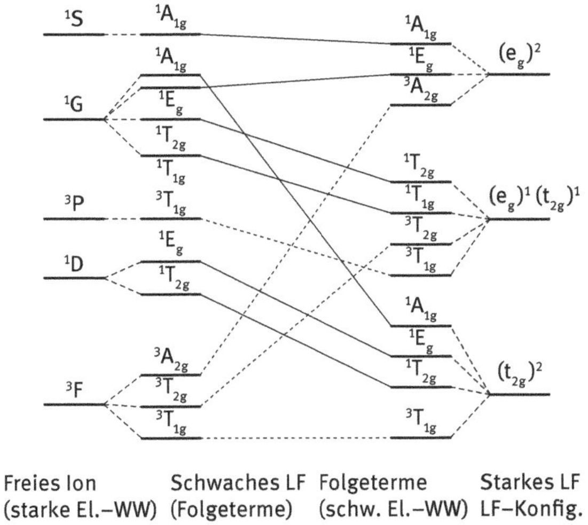

Abb. 9.9: Korrelationsdiagramm für das d^2-System im O_h-Fall (gültig auch für d^8-System im T_d-Fall.)

Beispiel 2. Korrelationsdiagramm für das d^2-System im O_h-Fall (vgl. Abbildung 9.9).

Auf diese Weise lassen sich die Termdiagramme sämtlicher d^N-Systeme ableiten. *Qualitative Termdiagramme* der Grundzustände von d^N-Konfigurationen für den O_h- bzw. T_d-Fall sind in Abbildung 9.10 und 9.11 dargestellt.

Merke.
(1) Auch in den Termdiagrammen zeigt sich der *Lochformalismus* zwischen d^N- und d^{10-N}-Konfigurationen und die *Terminversion* zwischen O_h- und T_d-Fall.
(2) Im Normalfall resultiert ein linearer Termverlauf als Funktion von 10 Dq.
(3) Aufgrund der Termwechselwirkung kommt es zum gekrümmten Termverlauf.

Quantitative Berechnungen von Termverläufen für d^N-Systeme werden in sog. *Orgel-* bzw. *Tanabe-Sugano*-Termdiagrammen zusammengefasst und veranschaulicht.

Orgel-Diagramme

(1) Termlagen werden als Funktion des Ligandenfeldparameters 10 Dq ($E_{\text{Term}} = f(10\,\text{Dq}/B)$) dargestellt.
(2) Durch eingesetzte Racah-Parameter B sind solche Termdiagramme an ganz bestimmte Metallionen gebunden.
(3) Jedes Metallion hat sein eigenes Orgeldiagramm.
(4) Sie sind deshalb sehr unpraktisch und werden im Folgenden nicht benutzt.

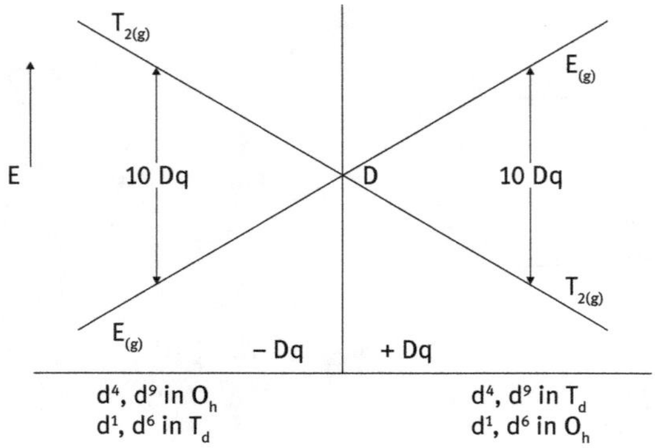

Abb. 9.10: Qualitatives Termdiagramm für d^N-Systeme mit D-Grundterm ($N = 1, 4, 6, 9$) im O_h- und T_d-Fall.

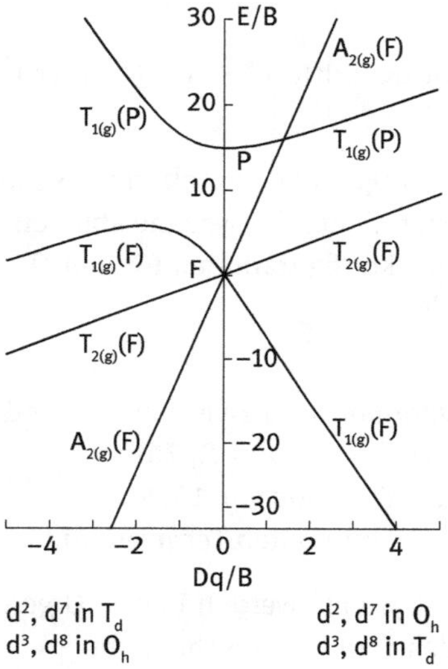

Abb. 9.11: Qualitatives Termdiagramm für d^N-Systeme mit F-Grundterm ($N = 2, 3, 7, 8$) im O_h- und T_d-Fall.

Tanabe-Sugano-Diagramme

(1) Termlagen werden als Funktion zweier Parameter, 10 Dq und B ($E/B = f(10\,\mathrm{Dq}/B)$), dargestellt.

(2) Durch die Parametrisierung sind solche Termdiagramme für alle Metallionen einer d^N-Konfiguration gültig.

(3) Es gibt so viele Tanabe-Sugano-Diagramme wie d^N-Konfigurationen.

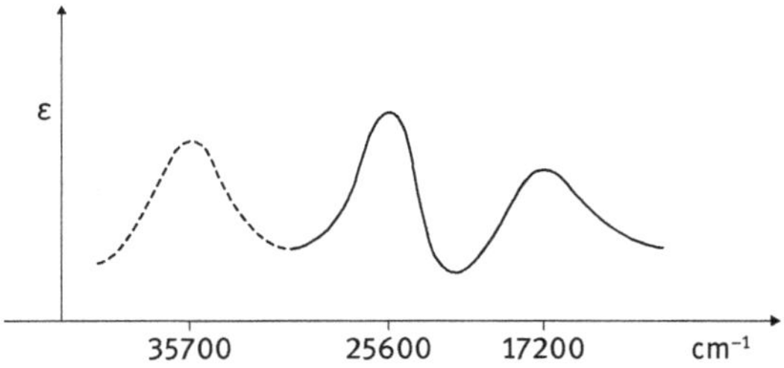

Abb. 9.12: UV/VIS-Spektrum von $V(H_2O)_6^{3+}$.

(4) Im Anhang C sind die Tanabe-Sugano-Diagramme von d^N-Konfigurationen ($N = 2 \ldots 8$) zusammengefasst.

Solche Tanabe-Sugano-Diagramme bzw. deren mathematische Funktionen werden zur Bestimmung des *Ligandenfeldparameters* 10 Dq, des *Racah-Parameters* B, der *Spin-Bahn-Kopplungskonstanten* und der *Symmetrie* von Übergangsmetallkomplexen benutzt.

Beispiel ($V(H_2O)_6^{3+}$, d^2-System).
Das UV/VIS-Spektrum von $V(H_2O)_6^{3+}$ in Abbildung 9.12 wird wie folgt zugeordnet und interpretiert:
(1)

Konfig.	Terme	Folgeterme
d^2	^{3}F	$^3T_{1g}(F), {}^3T_{2g}, {}^3A_{2g}$
	^{3}P	$^3T_{1g}(P)$

(2) $E_1(^3T_{1g}(F) - {}^3T_{2g}) = 17\,200\,\text{cm}^{-1}$
$E_2(^3T_{1g}(F) - {}^3T_{1g}(P)) = 25\,600\,\text{cm}^{-1}$
(3) Nach Abbildung 9.6 ist E_1 gleich 8 Dq, dann ergibt sich für 10 Dq der Wert $21\,500\,\text{cm}^{-1}$.
(4) Besser ist die grafische Ermittlung mithilfe der *Strahlensatz-Methode* und des betreffenden Tanabe-Sugano-Diagramms: Auf der Ordinate (einer durchsichtigen Schablone) werden die gemessenen Energiewerte E_n ($n = 1, 2, 3, \ldots$) im Maßstab des Tanabe-Sugano-Diagramms aufgetragen; durch sie werden von einem beliebigen Punkt auf der Abszisse Linien gezogen. Nach dem Strahlensatz bleibt das Verhältnis der Energien lageunabhängig konstant.
Nun verschiebt man diese Schablone auf dem Termdiagramm unter ständiger Deckung der Abszissen bis zum *gleichzeitigen* Schnittpunkt von Geraden und Termen; an dieser Stelle verhalten sich die Termenergien wie die gemessenen Energiewerte. Dadurch ergeben sich zwangsläufig die Koordinaten der Schnittpunkte $10\,\text{Dq}/B$ (auf der Abszisse) und E/B (auf der Ordinate).

Im vorliegenden Fall ($V(H_2O)_6^{3+}$ erhält man beim gleichzeitigen Schnittpunkt der Bandenenergien E_1 und E_2 mit den Termlinien $^3T_{2g}$ und $^3T_{1g}$ die Werte 10 Dq/B = 28 bzw. $E_1/B = 25.9$ und $E_2/B = 38.6$.

Aus diesen Beziehungen resultieren für $B = 665\,\text{cm}^{-1}$ und $10\,Dq = 18\,600\,\text{cm}^{-1}$. Gleichzeitig lässt sich der *Erwartungsbereich* der dritten Absorptionsbande für den Übergang $^3T_{1g} -^3 A_{2g}$ angeben; bei $10Dq/B = 28$ ergibt sich als dritter Schnittpunkt der Wert E_3/B auf der Ordinate und damit $E_3 = 35\,700\,\text{cm}^{-1}$.

9.6 Auswahlregeln bei Elektronenübergängen

Elektronische Übergänge werden durch zwei Typen von *Auswahlregeln* wesentlich beeinflusst. Der eine umfasst die Spinmultiplizität M^S und damit die *Spinquantenzahl* S, der andere die Orbitalsymmetrie und damit die *Bahnquantenzahl* L des elektronischen Zustands (Terms). Die elektronische Wechselwirkung in einem Absorptionsprozess geschieht über das *elektrische Dipolmoment* μ, d. h., die Intensität eines Elektronenübergangs wird vom Übergangsintegral oder -moment Q bestimmt (vgl. Kapitel 7.1). Das Dipolmoment μ fungiert als *Operator*, der die Kopplung zwischen Molekül und Strahlung beschreibt, und wie die Koordinatenachsen x, y und z in der jeweiligen Punktgruppe transformiert:

$$Q = \int \psi_{e_1} \mu \psi_{e_2}\, d\tau$$

wobei μ das Dipolmoment, ψ_{e_i} ein Elektronenzustand (Rasse von Termen) und $d\tau$ Integration im Raum bedeutet.

Erlaubte Übergänge sind solche mit $Q \neq 0$.

Verboten sind Übergänge mit $Q = 0$.

Da Terme ganz allgemein durch die beiden Quantenzahlen S und L definiert werden, lässt sich der Elektronenzustand ψ_e in die Spin- und Orbitalfunktion ψ_s bzw. ψ_l zerlegen, die im Folgenden getrennt diskutiert werden.

9.6.1 Spinauswahlregel (Spinverbot)

Definition. Elektronenübergänge zwischen Zuständen unterschiedlicher Spinmultiplizität sind bei Russell-Saunders-Kopplung verboten, d. h., bei Elektronenübergängen darf sich der Spin nicht ändern.

(1) $Q \neq 0$, wenn

$$\int \psi_{s_2} \psi_s \psi_{s_1} \neq 0\,, \quad \text{wenn } s_2 = s_1$$

(2) $\Delta M^S = \Delta(2S+1) = 0$, wenn $\Delta S = 0$

$$\text{erlaubt:} \quad \left.\begin{matrix} {}^3A_{2g}\text{–}{}^3T_{1g} \\ {}^3A_2\text{–}{}^3A_1 \end{matrix}\right\} \quad \Delta S = 0$$

$$\text{verboten:} \quad \left.\begin{matrix} {}^3A_{2g}\text{–}{}^1T_{1g} \\ {}^3A_2\text{–}{}^1A_1 \end{matrix}\right\} \quad \Delta S = \pm 1$$

Das Spinverbot gilt für *reine* Elektronenübergänge, in der Praxis sind spinverbotene Übergänge, wenn auch nur sehr intensitätsschwach, dennoch sichtbar. Der Grund liegt in der *Spin-Bahn-Kopplung*, die die reinen Spinzustände verändert. Die Intensität eines spinverbotenen Übergangs wird durch „Mithilfe" (intensity stealing) eines spinerlaubten Übergangs möglich.

Merke.

(1) Das Auftreten spinverbotener Übergänge wird durch günstige Energieverhältnisse und gewisse Symmetrieerfordernisse bestimmt.

(2) Der Elektronenspin transformiert als Eigendrehimpuls wie die *Rotationen* $R_{x,y,z}$.

(3) Ein spinverbotener Übergang resultiert, wenn spinunterschiedliche Terme durch Freiheitsgrade der Rotation miteinander verbunden werden können.

Allgemeiner Fall: Triplett-Term T_1 – Singulett-Term S_0

$$Q \neq 0 \quad \text{für } T_1\text{–}S_0, \quad \text{wenn}$$
$$\Gamma_{S_0} \times \Gamma_R = \Gamma_{T_s}$$
$$\Gamma_{S_s} \times \Gamma_R = \Gamma_{T_1}$$

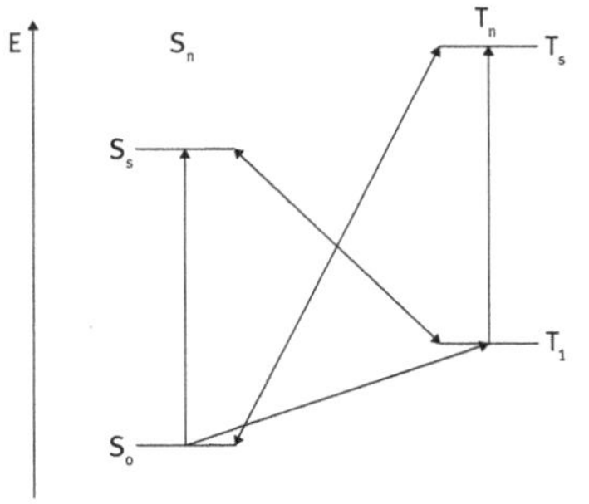

Der Übergang T_1–S_0 leiht sich Intensität von den beiden spinerlaubten Übergängen S_s–S_0 bzw. T_s–T_1.

Beispiel ($^3A_2$–$^1A_1$ im C_{2v}-Fall [z-polarisiert]). Rotationsfreiheitsgrade sind $B_2(R_x)$, $B_1(R_y)$, $A_2(R_z)$.

$\Gamma_s \times \Gamma_R = \Gamma_T$	Erlaubte Übergänge	Polarisation
$A_1 \times B_2 = B_2$	$^3B_2$–$^3A_2$	x-pol.(B_1)
$A_1 \times B_1 = B_1$	$^3B_1$–$^3A_2$	y-pol.(B_2)
$A_1 \times A_2 = A_2$	$^3A_2$–$^3A_2$	z-pol.(A_1)
$B_1 \times B_2 = A_2$	$^1B_1$–$^1A_1$	x-pol.(B_1)
$B_2 \times B_1 = A_2$	$^1B_2$–$^1A_1$	y-pol.(B_2)
$A_1 \times A_2 = A_2$	$^1A_1$–$^1A_1$	z-pol.(A_1)

Von den sechs aufgeführten spin- und bahnerlaubten Übergängen holt sich der Übergang $^3A_2$–$^1A_1$ nur von $^1A_1$–$^1A_1$ etwas Intensität, wenn der zweite angeregte $^1A_1$-Term dem $^3A_2$-Term energetisch benachbart ist und weil beide Übergänge die gleiche Polarisationsrichtung aufweisen ($\Gamma_{R_z} = A_2$ bzw. $\Gamma_{T_z} = \Gamma_{\mu_z} = A_1$).

Merke. Die Polarisationsrichtungen des spinverbotenen ($\Gamma_{R_{x,y,z}}$) und des spinerlaubten Übergangs ($\Gamma_{T_{x,y,z}}$) müssen übereinstimmen.

Als Beispiel für ein Spektrum mit ausschließlich spinverbotenen Übergängen (*Interkombinationsspektrum*) ist das von $Mn(H_2O)_6^{2+}$ (d^5: $^6A_{1g}$–^{4}Terme) in Abbildung 9.13 wiedergegeben.

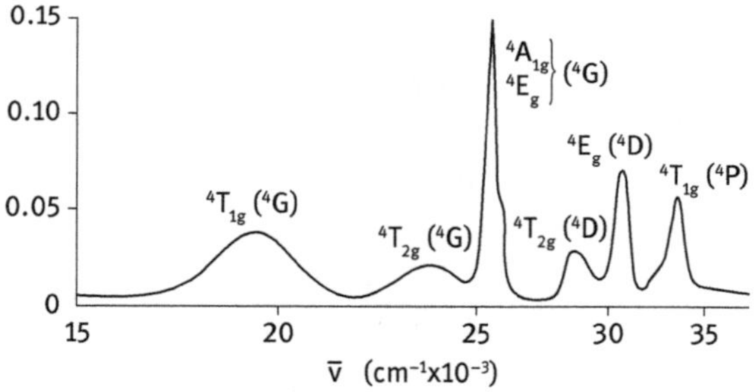

Abb. 9.13: UV/VIS-Spektrum von $Mn(H_2O)_6^{2+}$.

9.6.2 Bahnauswahlregel (Bahnverbot)

Für diesen Fall existieren auch die Begriffe *Symmetrie*- oder *Paritätsverbot*.

Definition. Elektronenübergänge im gleichen Orbitalsatz sind verboten bzw. es resultiert kein elektrischer Dipolbeitrag bei Übergängen zwischen Zuständen gleicher Parität (*Regel von Laporte*); die Parität gibt das Verhalten gegen i an:

erlaubt:	$g \to u$	bzw.	$u \to g$
verboten:	$g \to g$	bzw.	$u \to u$

Demnach sind reine d-d-Übergänge verboten.

Merke.

(1) $Q \neq 0$, wenn

$$\int \psi_{l_2}\, \mu\, \psi_{l_1} \neq 0\,, \quad \text{wenn } l_2 \neq l_1$$

(2) Gruppentheoretischer Ausdruck:

$$\Gamma_{\psi_{l_2}} \times \Gamma_\mu \times \Gamma_{\psi_{l_1}} \supseteq A \quad \text{bzw.} \quad \Gamma_{\psi_{l_2}} \times \Gamma_{\psi_{l_1}} \supseteq \Gamma_\mu = \Gamma_{x,y,z}$$

wobei Gleichheit nur bei nicht entarteten Termen eintritt.

(3) In Worten: Ein elektronischer Übergang ist bahnverboten, wenn das direkte Produkt der beiden Termrassen nicht die totalsymmetrische Darstellung der jeweiligen Punktgruppe enthält bzw. nicht die Rasse(n) des Dipolmoments oder der Koordinatenachsen x, y und z ergibt. Ihre Rassen sind für einige Ligandenfelder zusammengefasst:

Ligandenfeld	$\Gamma_\mu = \Gamma_{x,y,z}$
K_h	P_u
O_h	$T_{1\mathrm{u}}$
T_d	T_2
$D_{4\mathrm{h}}$	$A_{2\mathrm{u}} + E_\mathrm{u}$
$C_{4\mathrm{v}}$	$A_1 + E$

Beispiel 1 (Elektronenübergänge im K_h-Fall [freie Atome oder Ionen]).

(1) p-d-Übergänge: ($l_1 = 1$, $l_2 = 2$)

$$\Gamma_{l_1} \times \Gamma_{l_2} = \Gamma_1 \times \Gamma_2 = \Gamma_3 + \Gamma_2 + \Gamma_1 \quad \text{bzw.}$$

$$p_\mathrm{u} \times d_\mathrm{g} = F_\mathrm{u} + D_\mathrm{u} + P_\mathrm{u} \supset P_\mathrm{u} \quad \text{(erlaubt)}$$

(2) d-d-Übergänge: ($l_1 = l_2 = 2$)

$$\Gamma_{l_1} \times \Gamma_{l_2} = \Gamma_2 \times \Gamma_2 = \Gamma_4 + \Gamma_3 + \Gamma_2 + \Gamma_1 + \Gamma_0 \quad \text{bzw.}$$

$$d_\mathrm{g} \times d_\mathrm{g} = G_\mathrm{g} + F_\mathrm{g} + D_\mathrm{g} + P_\mathrm{g} + S_\mathrm{g} \not\supset P_\mathrm{u} \quad \text{(verboten)}$$

Beispiel 2 (Elektronenübergänge im O_h-Fall).

(1) Der Grundzustand ist totalsymmetrisch ($\psi_{l_1} = A_{1\mathrm{g}}$):

$$\Gamma_{\psi_{l_2}} \times \Gamma_\mu \times A_{1\mathrm{g}} = A_{1\mathrm{g}}$$

$$\Gamma_{\psi_{l_2}} \times \Gamma_\mu = A_{1\mathrm{g}} \quad \text{bzw.} \quad \Gamma_{\psi_{l_2}} = \Gamma_\mu = \Gamma_{x,y,z}$$

Dann können erlaubte Elektronenübergänge der Charakterentafel direkt entnommen werden; es folgt für $\psi_{l_2} = T_{1u}$:

erlaubt:	$A_{1g} \to T_{1u}$
verboten:	$A_{1g} \to$ alle übrigen

(2) Der Grundzustand ist nicht totalsymmetrisch

$$\Gamma_{\psi_{l_2}} \times \Gamma_\mu \times \Gamma_{\psi_{l_1}} \supseteq A_{1g}$$
$$\Gamma_{\psi_{l_2}} \times \Gamma_{\psi_{l_1}} = \Gamma_\mu = \Gamma_{x,y,z} = T_{1u}$$

Damit sind nur Übergänge zwischen Termen unterschiedlicher Parität möglich z. B.:

erlaubt	$T_{2g} \to A_{2u}$, da $T_{2g} \times A_{2u} = T_{1u}$
	$T_{2g} \to T_{1u}$, da $T_{2g} \times T_{1u} = A_{2u} + E_u + T_{1u} + T_{2u} \supset T_{1u}$
verboten	$T_{2g} \to A_{2g}$, da $T_{2g} \times A_{2g} = T_{1g} \neq T_{1u}$
	$T_{2g} \to T_{1g}$, da $T_{2g} \times T_{1g} = A_{2g} + E_g + T_{1g} + T_{2g} \not\supset T_{1u}$

Beispiel 3 (Elektronenübergänge im D_{6h}-Fall).

(1) Der Grundzustand ist totalsymmetrisch (A_{1g}):

erlaubt	$A_{1g} \to E_{1u}$, da $A_{1g} \times E_{1u} = E_{1u} = \Gamma_{x,y}$
	$A_{1g} \to A_{2u}$, da $A_{1g} \times A_{2u} = A_{2u} = \Gamma_z$
verboten	$A_{1g} \to E_{1g}$, da $A_{1g} \times E_{1g} = E_{1g} \neq \Gamma_\mu$

(2) Der Grundzustand ist nicht totalsymmetrisch

erlaubt	$A_{2g} \to E_{2u}$, da $A_{2g} \times E_{2u} = E_{1u} = \Gamma_{x,y}$
	$B_{2g} \to E_{2u}$, da $B_{2g} \times E_{2u} = E_{1u} = \Gamma_{x,y}$
	$E_{2g} \to E_{2u}$, da $E_{2g} \times E_{2u} = B_{1u} + B_{2u} + E_{1u} \supset \Gamma_{x,y}$
verboten	$B_{2g} \to E_{1g}$, da $B_{2g} \times E_{1g} = E_{2u} \neq \Gamma_\mu$

Beispiel 4 (Elektronenübergänge im T_d-Fall).

erlaubt	$A_2 \to T_1$, da $A_2 \times T_1 = T_2 = \Gamma_{x,y,z}$
verboten	$A_2 \to T_2 A_2 \times T_2 = T_1 \neq \Gamma_{x,y,z}$,

Tatsächlich zeigen beide Übergänge in tetraedrischen Komplexen sehr unterschiedliche Intensitäten.

Das Bahnverbot gilt für *reine* elektronische Übergänge; in der Praxis zeigen aber bahnverbotene Übergänge Intensitäten zwischen vollständig erlaubten und spinverbotenen Übergängen, d. h., das Bahnverbot kann durchbrochen werden.

Kopplungseffekte

Dies sind Mechanismen, durch die bahnverbotene Übergänge Intensitäten erhalten. Sie werden durch das sog. *dp-mixing* oder durch *Schwingungskopplung* ermöglicht:

(1) *dp-mixing*: Im T_d-Fall besitzen die p-Orbitale und ein Teil der d-Orbitale die gleiche Rasse, nämlich t_2. Sie können miteinander gemeinsame Terme aufbauen, zwischen denen Übergänge dann möglich sind: Der Übergang $E–T_2$ eines d^1-Systems im T_d-Fall ist erlaubt, da $E \times T_2 = T_1 + T_2 \supset T_2 = \Gamma_\mu$.
Aber auch im O_h-Fall können p-Orbitale (t_{1u}) und d-Orbitale ($e_g + t_{2g}$) kombinieren und gemeinsame Terme aufbauen. Durch diese Wechselwirkung werden die Terme (aus d-Orbitalen) modifiziert:

$$t_{2g} \times t_{1u} = A_{2u} + E_u + T_{1u} + T_{2u} \supset T_{1u}$$

Verboten bleibt nach wie vor der reine Elektronenübergang:

$$T_{2g}–T_{1g}, \quad \text{da} \quad T_{1g} \times T_{2g} = A_{2g} + E_g + T_{1g} + T_{2g} \not\supset T_{1u}$$

Der durch dp-mixing veränderte Übergang $T_{2g}/T_{1u}–T_{1g}$ gewinnt nun an Intensität, da

$$T_{2g} \times T_{1u} \times T_{1g} = A_{1u} + A_{2u} + 2E_u + 3T_{1u} + 4T_{2u} \supset T_{1u}$$

(2) *Schwingungskopplung* (vibronic states):
Den reinen Elektronenzuständen (e) sind meist Schwingungszustände (v) überlagert, wodurch die Elektronenschwingungszustände oder *vibronic states* (vibr[ational-electr]onic) entstehen, zwischen denen Übergänge wieder erlaubt sind:

$$Q = \int \psi_{ev2} \mu \psi_{ev1} \quad \text{oder}$$

$$\Gamma_{\psi_{ev2}} \times \Gamma_\mu \times \Gamma_{\psi_{ev1}} \supseteq A \quad \text{bzw.}$$

$$\Gamma_{\psi_{ev2}} \times \Gamma_{\psi_{ev1}} \supseteq \Gamma_\mu$$

Separierung ist möglich:

$$\Gamma_{\psi_{e2}} \times \Gamma_{\psi_{v2}} \Gamma_{\psi_{e1}} \times \Gamma_{\psi_{v1}} \supseteq \Gamma_\mu$$

Durch den Einfluss, d. h., die Überlagerung geeigneter Normalschwingungen werden die an sich bahnverbotenen reinen Elektronenübergänge vibronisch erlaubt.

Beispiel (Punktgruppe O_h).

$$\psi_{e2} = T_{2g} \quad \text{und} \quad \psi_{e1} = A_{2g}$$

Der *reine* Elektronenübergang $T_{2g}–A_{2g}$ ist verboten, da $T_{2g} \times A_{2g} = T_{1g} \not\supset T_{1u} = \Gamma_\mu$. Wenn aber die Normalschwingung $\Gamma_{\psi_{v2}} = T_{1u}$ überlagert wird, dann ist der *vibronische* Übergang $T_{2g}/T_{1u}–A_{2g}$ erlaubt, da $T_{2g} \times T_{1u} \times A_{2g} = A_{1u} + E_u + T_{1u} + T_{2u} \supset T_{1u} = \Gamma_\mu$.

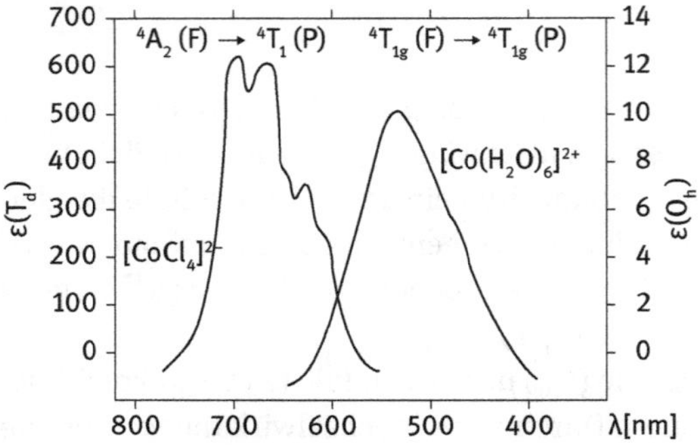

Abb. 9.14: Intensitätsverhältnisse in den Spektren oktaedrischer bzw. tetraedrischer Co(II)-Komplexe.

Zur Veranschaulichung der in diesem Kapitel diskutierten Intensitätsverhältnisse spinerlaubter und bahnerlaubter bzw. bahnverbotener, aber vibronisch erlaubter Übergänge dient Abbildung 9.14.

9.7 Diskussion des Ligandenfeldparameters 10 Dq

Definition. 10 Dq ist der Energieunterschied zwischen den (nach dem Schwerpunktsatz) aufgespaltenen d-Orbitalen in Gegenwart eines Ligandenfelds.

Beispiele.

$$O_\mathrm{h}: 10\,\mathrm{Dq}\,(O_\mathrm{h}) = E(e_\mathrm{g})-E(t_{2\mathrm{g}})$$

$$T_\mathrm{d}: 10\,\mathrm{Dq}\,(T_\mathrm{d}) = E(t_2)-E(e)$$

Modellvorstellung:

Liganden als Punktladungen: $\mathrm{Dq} = f(a^4/r^5)$

Liganden als Dipole: $\mathrm{Dq} = f(a^4/r^6)$

wobei a der Abstand der Liganden vom Kernmittelpunkt und r der Abstand der d-Elektronen von Kernmittelpunkt ist.

Experimentelle Ermittlung

Der Ligandenfeldparameter 10 Dq kann den UV/VIS-Spektren von Übergangsmetallkomplexen *direkt* (eine oder die erste Absorption) oder *indirekt* (aus Bandendifferenzen) entnommen werden (vgl. Tabelle 9.18). Eine systematische Behandlung sämtlicher gemessener 10 Dq-Werte lässt Trends und Abhängigkeiten erkennen.

Tab. 9.18: Experimentelle Ermittlung von 10 Dq-Werten

d^N	Grundterm	Übergänge	10 Dq [cm^{-1}]	Beispiel	
d^1	^2D	$^2T_{2g}$–^2E_g	$E(\nu)$	21 000	$Ti(H_2O)_6^{3+}$
d^2	^3F	$^3T_{2g}$–$^3A_{2g}$	$E_2 - E_1(\nu_2 - \nu_1)$	16 100	VF_6^{3-}
d^3	^4F	$^4A_{2g}$–$^4T_{2g}$	$E_1(\nu_1)$	21 550	$Cr(NH_3)_6^{3+}$
d^4	^5D	^5E_g–$^5T_{2g}$	$E(\nu)$	17 540	$MnCl_6^{3-}$
d^5	^6S	$^6A_{1g}$–^{4}Terme	kompliziert		
d^6	^5D	$^5T_{2g}$–^5E_g	$E(\nu)$	10 000	$Fe(H_2O)_6^{2+}$
d^7	^4F	$^4T_{2g}$–$^4A_{2g}$	$E_2 - E_1(\nu_2 - \nu_1)$	10 200	$Co(NH_3)_6^{2+}$
d^8	^3F	$^3A_{2g}$–$^3T_{2g}$	$E_1(\nu_1)$	11 500	Ni en_3^{2+}
d^9	^2D	^2E_g–$^2T_{2g}$	$E(\nu)$	12 000	$Cu(H_2O)_6^{2+}$

Abhängigkeit von 10 Dq

In oktaedrischen Komplexen des Typs nM^mL_6 ist 10 Dq abhängig vom Metall, von dessen Oxidationsstufe und von den Liganden:

(1) Wenn *M* innerhalb einer Reihe variiert wird, dann bleibt 10 Dq relativ konstant: Für $M(H_2O)_6^{2+}$ beträgt 10 Dq ca. 8 000–12 000 cm^{-1} (3*d*-Elemente).

(2) Beim Wechsel von *m* nach *m* + 1 wird 10 Dq um 40–80 % größer. Für $M(H_2O)_6^{3+}$ beträgt 10 Dq ca. 14 000–20 000 cm^{-1} (3*d*-Elemente).

(3) Beim Wechsel von *n* nach *n* + 1 wächst 10 Dq um ca. 40–50 %

Komplex	10 Dq[cm^{-1}]
$Co(NH_3)_6^{3+}$	22 900
$Rh(NH_3)_6^{3+}$	34 000
$Ir(NH_3)_6^{3+}$	41 000

(4) Wenn *L* variiert wird, dann resultiert die *spektrochemische Serie der Liganden*, eine vom Zentralion unabhängige Anordnung von Liganden, mit steigenden 10 Dq-Werten (von links nach rechts):

$I^- < Br^- < Cl^- \sim SCN^- \sim N_3^- < F^-$ urea $< OH^- < C_2O_4^{2-} \sim H_2O < NCS^- < NH_2CH_2COO^- < NH_3 \sim C_5H_5N(py) <$ en $\sim SO_3^{2-} <$ bpy $<$ phen $< NH_2OH < NO_2^- < H^- \sim CH_3^- < CN^- < CO$

Merke. Mit abnehmenden Ionenradien der koordinierten Atome werden 10 Dq-Werte größer:

$$I < Br < Cl < F < O < N < C$$

(5) Wenn die Metalle beliebig variiert werden, dann resultiert die *spektrochemische Serie der Metalle*: Dies ist eine vom Liganden unabhängige Anordnung von Metallen nach steigenden 10 Dq-Werten (von links nach rechts):

Mn^{2+} < Co^{2+} ~ Ni^{2+} < Fe^{2+} < V^{2+} < Fe^{3+} < Cr^{3+} < V^{3+} < Co^{3+} < Mn^{4+} < Mo^{3+} < Rh^{3+} < Ru^{3+} < Pd^{4+} < Ir^{3+} < Re^{4+} < Pt^{4+}

(6) Resultat aus den unter (4) und (5) genannten Reihen:

$$10\,\mathrm{Dq} = f(\mathrm{Ligand}) \cdot g(\mathrm{Zentralion}) \quad [10^3\,\mathrm{cm}^{-1}]$$

Beispiele.

Metallion	*g*	Ligand	*f*
Co^{2+}	9.3	6 Cl^-	0.80
Fe^{2+}	10.0	6 F^-	0.90
Ni^{2+}	8.9	3 bpy	1.43
Cr^{3+}	14.1	6 H_2O	1.00
Co^{3+}	19.0	6 NH_3	1.25
Mn^{4+}	23.0	6 CN^-	1.70

(7) *Regel von der mittleren Umgebung*:

Die 10 Dq-Werte *gemischter* Komplexe lassen sich angenähert durch lineare Interpolation der 10 Dq-Werte der *reinen* Komplexe angeben:

Beispiel (10 Dq von $[V(H_2O)_3Cl_3]$).

$$\begin{aligned} 10\,\mathrm{Dq}[V(H_2O)_3]^{3+} &= 18\,400\,\mathrm{cm}^{-1} \\ 10\,\mathrm{Dq}[VCl_6]^{3-} &= 12\,000\,\mathrm{cm}^{-1} \\ \hline 10\,\mathrm{Dq}[V(H_2O)_3Cl_3] &= \tfrac{1}{2}\cdot 18\,400 + \tfrac{1}{2}\cdot 12\,000\,[\mathrm{cm}^{-1}] \\ &= 15\,200\,\mathrm{cm}^{-1} \end{aligned}$$

9.8 Diskussion des Elektronenwechselwirkungsparameters B

Der Racah-Parameter *B* (und *C*) ist ein Maß für die interelektronischen Abstoßungskräfte, d. h. für die Energieunterschiede der verschiedenen Russel-Saunders-Terme, und hängt logischerweise mit dem Abstand *r* der *d*-Elektronen vom Kernort zusammen.

Radialabhängigkeit von *B*:

$$B = f(1/r) = f(r^{-1})$$

***Abhängigkeit von B* vom Metall (*n*, *M*), seiner Oxidationsstufe (*m*) und seiner Liganden (*L*):**

(1) Wenn *M* variabel, dann Zunahme von *B* beim Wechsel von *OZ* nach *OZ* + 1

(2) Wenn m variabel, dann Zunahme von B beim Wechsel von m nach $m + 1$
(3) Wenn n variabel, dann Zunahme von B beim Wechsel von n nach $n + 1$
(4)

$$B_{\text{Komplex}} < B_{\text{freies Ion}}\,, \quad \text{d. h.}$$
$$(r^{-1})_{3d}^{\text{Komplex}} < (r^{-1})_{3d}^{\text{freies Ion}}\,, \quad \text{d. h.}$$
$$r_{\text{Komplex}} > r_{\text{freies Ion}}$$

Grund: geringere Elektronenwechselwirkung oder größere Elektronendelokalisierung aufgrund kovalenter Bindungsanteile
Nephelauxetisches Verhältnis β:

$$\beta = \frac{B_{\text{Komplex}}}{B_{\text{freies Ion}}} < 1$$

(5) Wenn L variiert wird, dann resultiert die *nephelauxetische Serie der Liganden*: Dies ist eine vom Zentralion unabhängige Anordnung von Liganden mit abnehmenden β-Werten (von links nach rechts):

$F^- > H_2O > \text{urea} > NH_3 > \text{en} \sim C_2O_4^{2-} > NCS^- > Cl^- \sim CN^- > Br^- > I^-$

(6) Wenn die Metalle beliebig variiert werden, dann resultiert die *nephelauxetische Serie der Metalle*:

$Mn^{2+} \sim V^{2+} > Ni^{2+} \sim Co^{2+} > Mo^{2+} > Re^{4+} \sim Cr^{3+} > Fe^{3+} \sim Os^{4+} > Ir^{3+} \sim Rh^{3+} > Co^{3+} > Pt^{4+} \sim Mn^{4+} > Ir^{6+} > Pt^{6+}$

Merke.
(1) Die nephelauxetische Serie verläuft in Richtung abnehmender Elektronegativität (zunehmender Polarisierbarkeit) der koordinierten Atome:

F > O > N > Cl > Br > J

(2) Kleinere β-Werte bedeuten stärkere Kovalenz.
(3) Mit zunehmender Polarisierbarkeit wachsen kovalente Bindungsanteile.

Durch die Erniedrigung von B in Komplexen wird das Auftreten kovalenter Bindungen zwischen Metall und Liganden – im Sinne von *σ-Donor-π-Akzeptor-Bindungen* – offensichtlich. Damit sind aber definitionsgemäß die *Grenzen der Ligandenfeldtheorie* erreicht.

9.9 Das Theorem von Jahn-Teller

Definition. Jedes nicht lineare Molekülsystem in einem *entarteten* elektronischen Zustand ist instabil und versucht sich unter Aufhebung der Entartung so zu verzerren, dass ein Molekül niedrigerer Symmetrie und geringerer Energie entsteht.

Folge. Komplexverbindungen mit bahnentarteten Grundtermen sollten nicht existieren.

Eine totalsymmetrische Konfiguration kann sich über eine Normalschwingung (Veränderung der Lagekoordinaten) in eine stabilere, nicht totalsymmetrische Konfiguration verzerren. Welche der Schwingungen nun tatsächlich *Jahn-Teller-aktiv* ist, entscheidet das direkte Produkt des Grundterms.

Tab. 9.19: Jahn-Teller-Stabilitäten von d^N-Konfigurationen

Ligandenfeld	d^N	ψ_e	$\psi_e \times \psi_e$	Jahn-Teller
	1	$^2T_{2g}$	$A_{1g} + E_g + T_{1g} + T_{2g}$	instabil
	2	$^3T_{1g}$	$A_{1g} + E_g + T_{1g} + T_{2g}$	instabil
	3	$^4A_{2g}$	A_{1g}	stabil
schwach	4	^5E_g	$A_{1g} + A_{2g} + E_g$	instabil
	5	$^6A_{1g}$	A_{1g}	stabil
	6	$^5T_{2g}$	$A_{1g} + E_g + T_{1g} + T_{2g}$	instabil
	7	$^4T_{1g}$	$A_{1g} + E_g + T_{1g} + T_{2g}$	instabil
stark	4	$^3T_{1g}$	$A_{1g} + E_g + T_{1g} + T_{2g}$	instabil
	5	$^2T_{2g}$	$A_{1g} + E_g + T_{1g} + T_{2g}$	instabil
	6	$^1A_{1g}$	A_{1g}	stabil
	7	^2E_g	$A_{1g} + A + 2g + E_g$	instabil
	8	$^3A_{2g}$	A_{1g}	stabil
	9	^2E_g	$A_{1g} + A_{2g} + E_g$	instabil

Beispiel (Oktaedrische Komplexe von d^N-Systemen).

$$\Gamma_V = A_{1g} + E_g + 2T_{1u} + T_{2g} + T_{2u}$$

In Tabelle 9.19 werden die Grundterme von d^N-Systemen angegeben, ihr direktes Produkt mit einer der Rassen von Normalschwingungen verglichen und die Jahn-Teller-Stabilität angegeben.

Ein Vergleich der direkten Produkte zeigt, dass

(1) die Schwingungen der Rassen E_g und T_{2g} zur Verzerrung der meisten Komplexe führen; E_g bzw. T_{2g} verursacht eine tetragonale bzw. trigonale Verzerrung nach D_{4h} bzw. D_{3d}.

(2) nur wenige d^N-Systeme reine O_h-Symmetrie aufweisen; das direkte Produkt des Grundzustandes ergibt A_{1g}.

Veranschaulichung am Schema eines Potenzialdiagramms, das die Aufspaltung eines zweifach bahnentarteten Terms (E_g) in zwei nicht entartete Komponenten (A_{1g} und B_{1g}) durch Kopplung mit einer geeigneten Normalschwingung (E_g) zeigt (vgl. Abbildung 9.15).

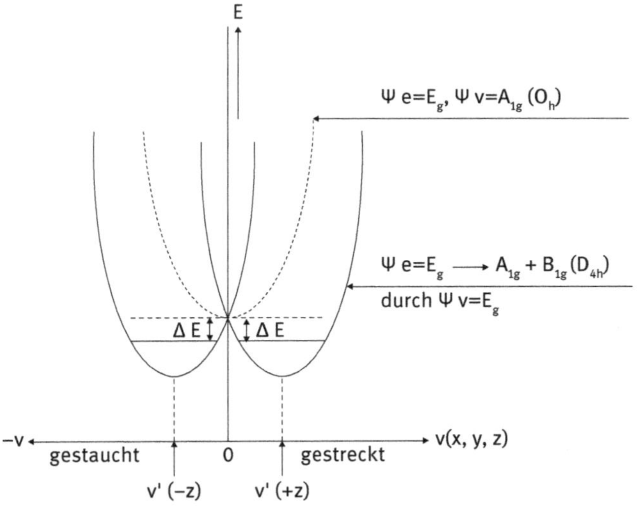

Abb. 9.15: Potenzialschema zur Erläuterung des *Jahn-Teller-Theorems*.

Unterscheidung

(1) *Statischer* Jahn-Teller-Effekt: Die Liganden schwingen um Gleichgewichtslagen, die unterschiedliche Abstände zum Zentralatom besitzen. Es resultiert eine tatsächliche makroskopische Verzerrung mit unterschiedlichen kristallografischen Daten. Die Höhe der Potenzialschwelle ist dann:

$$\Delta E > kT \quad \text{(thermische Energie pro Freiheitsgrad)}$$

(2) *Dynamischer* Jahn-Teller-Effekt: Die Liganden schwingen um äquivalente nicht entartete Gleichgewichtslagen. Es resultiert eine statistische Verteilung ohne makroskopische Verzerrung, d. h. mit gleichen kristallografischen Daten, aber spektroskopisch sichtbar. Die Höhe der Potenzialschwelle ist dann:

$$\Delta E \leq kT \quad \text{(thermische Energie pro Freiheitsgrad)}$$

Stabile d^N-Konfigurationen

Mit nicht entarteten Grundzuständen im O_h- und T_d-Fall:
(1) schwaches Ligandenfeld (high-spin):

$$\left.\begin{array}{llll} O_\mathrm{h}: & d^3(^4A_{2g}) & d^5(^6A_{1g}) & d^8(^3A_{2g}) \\ T_\mathrm{d}: & d^2(^3A_2) & d^5(^6A_1) & d^7(^4A_2) \end{array}\right\} \begin{array}{l}\text{Lochformalismus,}\\ \text{Terminversion}\end{array}$$

(2) starkes Ligandenfeld (low-spin):

$$\left.\begin{array}{llll} O_h: & d^3(^4A_{2g}) & d^6(^1A_{1g}) & d^8(^3A_{2g}) \\ T_d: & d^2(^3A_2) & d^4(^1A_1) & d^7(^4A_2) \end{array}\right\} \text{Lochformalismus, Terminversion}$$

Instabile d^N-Konfigurationen

Mit entarteten Grundzuständen im O_h- und T_d-Fall:
(1) schwaches Ligandenfeld (high-spin):

$$\begin{array}{lllllll} O_h: & d^1(^2T_{2g}) & d^2(^3T_{1g}) & d^4(^5E_g) & d^6(^5T_{2g}) & d^7(^4T_{1g}) & d^9(^2E_g) \\ T_d: & d^1(^2E) & d^3(^4T_1) & d^4(^5T_2) & d^6(^5E) & d^8(^3T_1) & d^9(^2T_2) \end{array}$$

(2) starkes Ligandenfeld (low-spin):

$$\begin{array}{lllllll} O_h: & d^1(^2T_{2g}) & d^2(^3T_{1g}) & d^4(^3T_{1g}) & d^5(^2T_{2g}) & d^7(^2E_g) & d^9(^2E_g) \\ T_d: & d^1(^2E) & d^3(^2E) & d^5(^2T_2) & d^6(^3T_1) & d^8(^3T_1) & d^9(^2T_2) \end{array}$$

Tetragonale Verzerrung eines Oktaeders

Die tetragonale Verzerrung führt über Symmetrieerniedrigung von O_h nach D_{4h} zum gestauchten oder gestreckten Oktaeder (vgl. Abbildung 9.16).

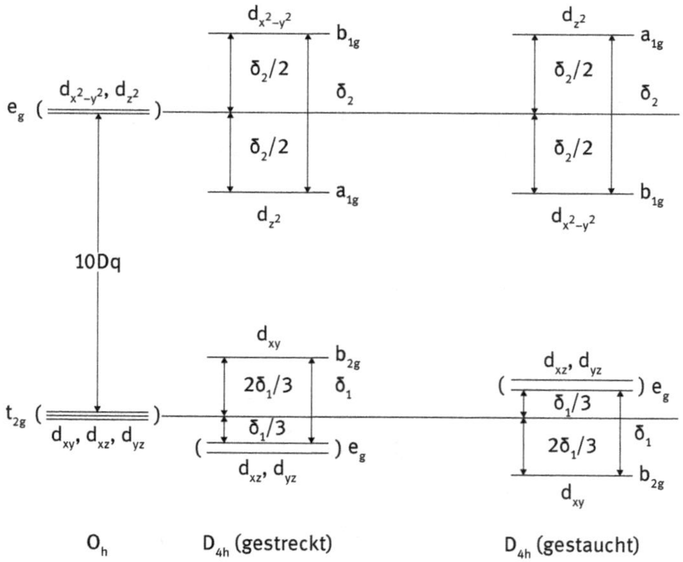

Abb. 9.16: Tetragonale Verzerrung im O_h-Fall.

Merke.

(1) $\delta_1 < \delta_2$, weil die e_g-Orbitale *auf* und die t_{2g}-Orbitale *zwischen* die Liganden weisen.
(2) Orbitale mit z-Komponente sind im gestreckten Oktaeder stabiler (geringere Wechselwirkung), im gestauchten Fall dagegen instabiler (größere Wechselwirkung).
(3) Besetzung der nach Abbildung 9.16 aufgespaltenen Orbitale mit Elektronen ergibt unterschiedliche δ_1- bzw. δ_2-Werte und damit unterschiedliche Verzerrungsformen:

gestaucht: d^1, d^6 (high-spin) bzw. d^4 (low-spin)
gestreckt: d^2, d^7 (high-spin) bzw. d^5 (low-spin)

(4) In Cu^{2+}-Komplexen (d^9-System) werden nur gestreckte Oktaeder realisiert, obwohl beide Verzerrungsformen äquivalent sein sollten; offenbar ist δ_2 (gestreckt) > δ_2 (gestaucht).
Ausnahme: Cu^{2+} setzt sich in gestauchte Oktaederlücken, die durch ein Wirtsgitter vorgegeben sind.

Der *spektroskopische Beweis* der Termaufspaltung durch den Jahn-Teller-Effekt und Symmetrieerniedrigung ist am Beispiel der d^1-Systeme $Ti(H_2O)_6^{3+}$ und VOF_5^{3-} in Tabelle 9.20 und Abbildung 9.17 wiedergegeben. Die Aufspaltung von $^2T_{2g}$ ist bei Ti^{3+} noch zu gering; durch das stärkere Ligandenfeld und die Symmetrieerniedrigung (C_{4v}) ist sie aber bei V^{4+} beobachtbar.

Tab. 9.20: Interpretation der Spektren von $Ti(H_2O)_6^{3+}$ und VOF_5^{3-}

d^1-System: ^2D	$Ti(H_2O)_6^{3+}$	VOF_5^{3-} ($\sim O_h$)
Folgeterme	$^2T_{2g}$	$^2T_{2g} \rightarrow {}^2B_2 + {}^2E$
	$^2E_g \rightarrow {}^2A_{1g} + {}^2B_{1g}$	$^2E_g \rightarrow {}^2A_1 + {}^2B_1$
Bandenzahl	zwei Banden	drei Banden
Energie [cm^{-1}]	17 400, 20 300	9 500, 15 500, 24 000

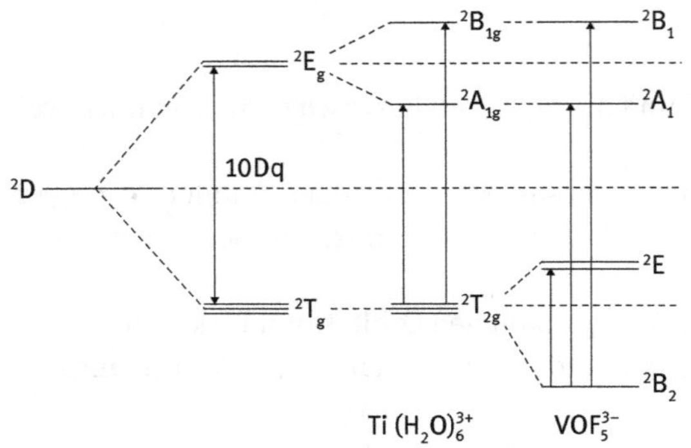

Abb. 9.17: Termschemata von d^1-Systemen.

9.10 Übungsaufgaben

1. Leiten Sie die Rassen der Elektronenübergänge des Komplexes $Cr(acac)_3$ (acac = acetylacetonato) ab.
2. Kann man durch Auswertung des UV/VIS-Spektrums einer wässrigen Ni(II)-Salzlösung zwischen dem Vorliegen von oktaedrisch koordinierten Hexaquokomplexen und tetraedrisch koordinierten Tetraquokomplexen unterscheiden?
3. Kann man durch Auswertung des UV/VIS-Spektrums einer Lösung des Anions $[NiCl_4]^{2-}$ zwischen dem Vorliegen einer tetraedrischen bzw. quadratisch-planaren Koordinationsgeometrie unterscheiden?
4. Bestimmen Sie B und 10 Dq des Komplexes $[Co(H_2O)_6]^{2+}$ (Elektronenübergänge im UV/VIS-Spektrum bei 8 000, 19 600 und 21 000 cm^{-1}) unter Verwendung des zugehörigen Tanabe-Sugano-Diagramms.

10 Anwendungen der Symmetrieregeln auf NMR-Spektren

Überlegungen zur Stereochemie von Molekülen und über die Zusammenhänge zwischen Stereochemie und NMR-Spektroskopie sind fast so alt wie die NMR-Spektroskopie selbst. Ende der Sechzigerjahre des letzten Jahrhunderts erschienen die ersten fundamentalen Review-Artikel, von denen hier nur zwei der wichtigsten zitiert werden sollen [1, 2], die mittlerweile Klassiker der chemischen Literatur darstellen.

10.1 Homotope, enantiotope und diastereotope Protonen, Gruppen oder Seiten

Für die NMR-Spektroskopie ist es von fundamentaler Bedeutung, bei einer gegebenen Molekülstruktur anzugeben, wie viele unterschiedliche Resonanzsignale man erwartet. Hierzu wurden die Begriffe
homotop (am gleichen Ort)
enantiotop (am gegenüberliegenden Ort) und
diastereotop (am verschiedenen Ort)
geprägt, die sich letztlich von der in diesem Band besprochenen Symmetrielehre ableiten. Ihre Definition fußt daher auf den in dem betrachteten Molekül vorhandenen Symmetrieelementen. Darüber hinaus gibt es jedoch einen einfachen, aber sicheren Substitutionstest, bei dem das Erkennen dieser Unterschiede auch ohne Kenntnis der Punktgruppen möglich ist. In der Praxis werden oben genannte Begriffe vor allem auf Methylenprotonen angewandt, sie gelten jedoch ebenso für andere Liganden $R \neq H$ sowie für molekulare Seiten, etwa die von Doppelbindungen. Der Begriff „chemische Äquivalenz" bezieht sich in Zusammenhang mit der NMR-Spektroskopie lediglich auf die chemische Verschiebung, während unterschiedliche Spin-Kopplungen die „magnetische Nichtäquivalenz" verursachen können; Begriffe, die in dem Kapitel 10.2.4 näher erläutert werden.

10.1.1 Homotope Gruppen und Seiten

Homotope Gruppen und Seiten befinden sich in äquivalenten, d. h. nicht unterscheidbaren Umgebungen. Sie sind durch C_n-Achsen ($1 < n < \infty$) des Moleküls ineinander überführbar; in der Praxis meist eine C_2-Achse. Für homotope Seiten einer Ebene muss die C_n-Achse in der Ebene liegen.

Dichlormethan **1** besitzt die Punktgruppe C_{2v} und daher eine C_2-Achse, mittels derer die beiden Protonen H_a und H_b ineinander überführt werden können. H_a und H_b sind daher homotop. Auch Aceton **2** besitzt die Punktgruppe C_{2v}, die Methylgrup-

https://doi.org/10.1515/9783110736366-010

pen des Acetons sind ebenfalls homotop. Des Weiteren besitzt die C = O-Gruppe des Acetons homotope Seiten. Addition von HCN führt zu identischen Cyanhydrinen **2a**, unabhängig von der Seite des Angriffs.

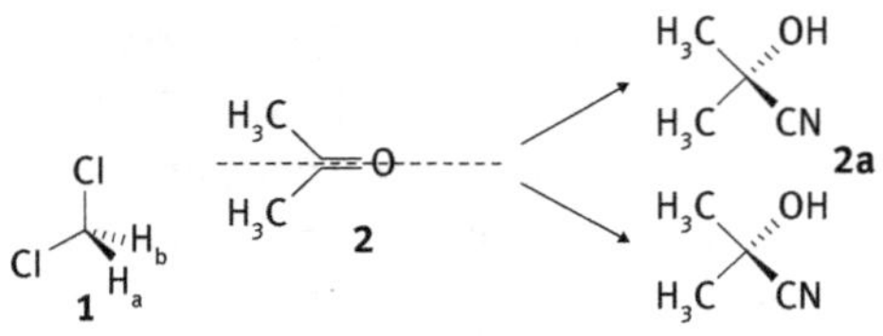

10.1.1.1 Der Substitutionstest

Wir ersetzen in Methylenchlorid **1** beide Protonen nacheinander jeweils durch eine Testgruppe T und vergleichen danach die beiden entstandenen Verbindungen **1a** und **1b**. Wir erkennen (am allerbesten mithilfe eines Molekülbaukastens oder aber eines Molekül-Grafik-Programms), dass **1a** und **1b** identisch, d. h., durch eine 180° Drehung um die senkrechte C-Cl-Achse, gefolgt von einer 120° Drehung senkrecht zur ersten Operation ineinander überführbar sind. Daher geht aus diesem Substitutionstest hervor, dass die beiden Protonen H_a und H_b in **1** homotop sind.

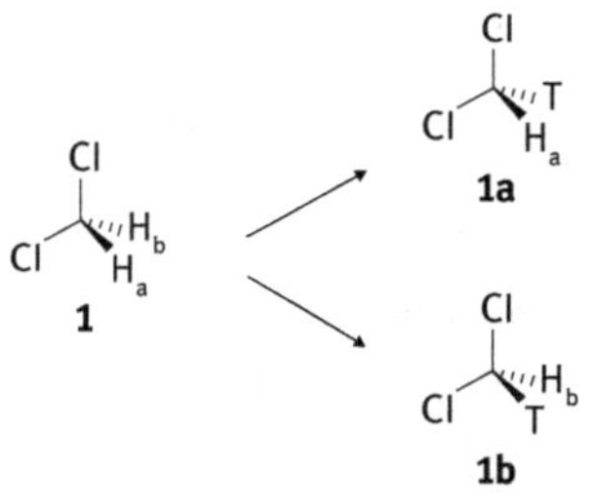

10.1.1.2 NMR-Spektroskopie

Homotope Gruppen haben prinzipiell die gleichen chemischen Verschiebungen, unabhängig von der Feldstärke des Magneten und vom Lösungsmittel. Auch in chiralen Lösungsmitteln sind sie nicht unterscheidbar. Infolge der gleichen chemischen Verschiebung tritt eine Spin-Kopplung zwischen homotopen Protonen im NMR-Spektrum nicht auf, obwohl diese, quantenmechanisch gesehen, existiert. Allerdings können homotope Protonen zu anderen Spins eine *J*-Kopplung aufweisen. Bestes Beispiel ist hierzu *n*-Propan **3**, für das wir zwei Signale im Integralverhältnis 6 : 2 erwarten, die als Triplett, bzw. Septett erscheinen.

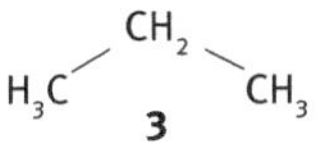
3

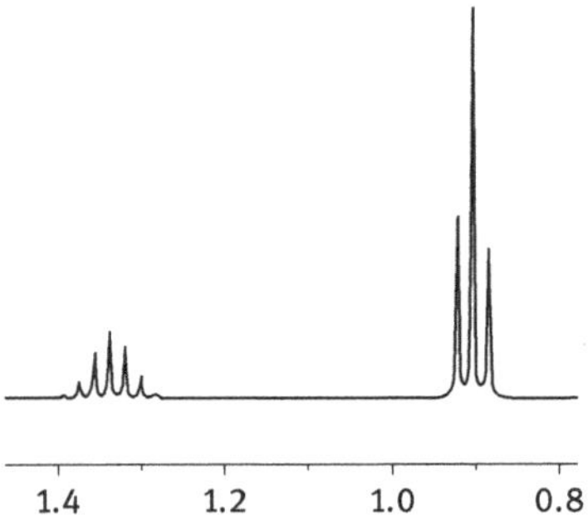

Abb. 10.1: Für 400 MHz simuliertes ^{1}H-NMR-Spektrum von *n*-Propan **3** nach den Daten von Lit.[3].

10.1.2 Enantiotope Gruppen und Seiten

Enantiotope Gruppen und Seiten befinden sich in nicht äquivalenten, d. h. unterscheidbaren Umgebungen. Sie sind durch S_n-Achsen des Moleküls ineinander überführbar; in der Praxis meist eine S_1-Achse, welche identisch ist mit der Spiegelebene σ oder eine S_2-Achse, identisch mit einem Inversionszentrum i. Chirale Moleküle, die nach der gruppentheoretischen Definition der Chiralität weder ein Spiegelebene σ, ein Inversionszentrum i oder eine höhere Drehspiegelachse S_n besitzen, haben also keine enantiotope Gruppen. Diese treten auch nicht in den Punktgruppen $C_{\infty v}$ und $D_{\infty h}$ auf. Für enantiotope Seiten einer Ebene muss die S_n-Achse senkrecht zur Ebene stehen.

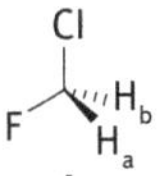
4

Chlorfluormethan **4** besitzt die Punktgruppe C_S und daher eine Spiegelebene, mittels derer die beiden Protonen H_a und H_b ineinander überführt werden können. H_a und H_b sind also enantiotop. Enzyme sind chirale Katalysatoren und deswegen in der Lage, enantiotope Gruppen in biochemischen Reaktionen zu unterscheiden.

Acetaldehyd **5** besitzt ebenfalls die Punktgruppe C_S und somit eine Spiegelebene. Der Angriff von HCN führt anders als im Aceton zu zwei enantiomeren Produkten **5a** und **5b**, je nachdem ob dieser Angriff von vorne oder von hinten stattfindet.

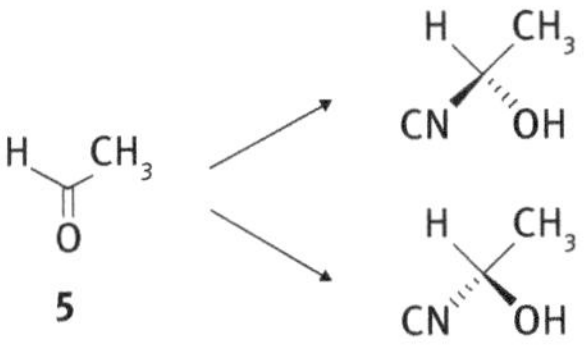
5a
5
5b

10.1.2.1 Der Substitutionstest

Wir ersetzen in Chlorfluormethan **4** beide Protonen nacheinander jeweils durch eine Testgruppe T und vergleichen danach die beiden entstandenen Verbindungen **4a** und **4b**. Wir erkennen wiederum mithilfe eines Molekülbaukastens oder eines Molekül-Grafik-Programms, dass **4a** und **4b** Enantiomere sind, sich also wie Bild und Spiegelbild verhalten, die nicht zur Deckung gebracht werden können. Daher geht aus diesem Substitutionstest hervor, dass die beiden Protonen H_a und H_b in **4** enantiotop sind.

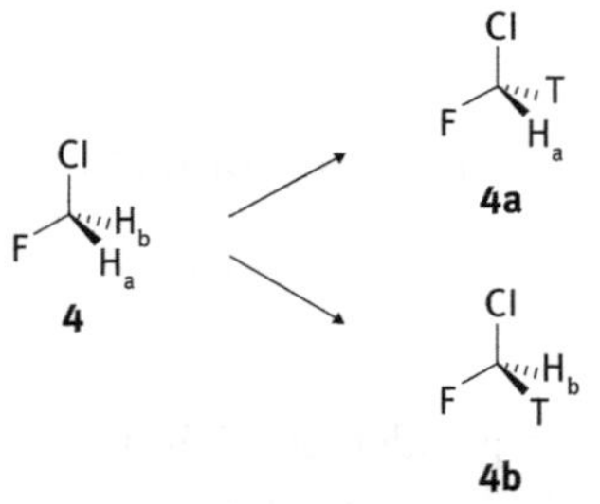

10.1.2.2 NMR-Spektroskopie

Enantiotope Gruppen haben die gleichen chemischen Verschiebungen, unabhängig von der Feldstärke des Magneten und vom Lösungsmittel, solange dieses achiral ist. In chiralen Lösungsmitteln sind sie unterscheidbar. Diese Unterscheidung kann auch durch chirale Hilfsmittel, wie z. B. chirale Lanthaniden-Shift-Reagenzien, chirale Komplexbildner oder neuerdings durch chirale Alignment-Medien hervorgerufen werden. Infolge der gleichen chemischen Verschiebung tritt eine Spin-Kopplung zwischen enantiotopen Protonen in achiralen Medien nicht auf. Allerdings können enantiotope Protonen zu anderen Spins eine *J*-Kopplung aufweisen. Im hier gezeigten Beispiel **4** erwarten wir daher im achiralen Medium, etwa $CDCl_3$, für H_a und H_b ein Dublett mit einer HF-Spin-Kopplung. In Gegenwart chiraler Hilfsmittel tritt jedoch ein AB-Spinsystem mit einer H, H-Kopplung auf, welches zusätzlich HF-Kopplungen zeigt. Diese können für die beiden Protonen H_a und H_b unterschiedlich sein.

10.1.3 Diastereotope Gruppen und Seiten

Diastereotope Gruppen und Seiten befinden sich in nicht äquivalenten, d. h. unterscheidbaren Umgebungen. Sie sind durch keine Symmetrieoperation des Moleküls ineinander überführbar. Chiralität ist keine Voraussetzung für Diastereotopie, obwohl diese häufig ihre Ursache ist und auch im Beispiel **6** angewendet wird.

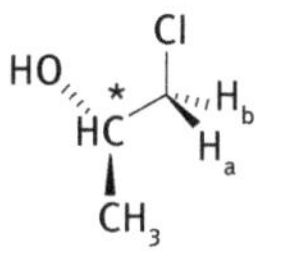

6

1-Chlor-2-hydroxypropan **6** besitzt die Punktgruppe C_1 und daher keine Symmetrieelemente, mittels derer die beiden Protonen H_a und H_b ineinander überführt werden können. H_a und H_b sind also diastereotop. Das Molekül besitzt an C–2 ein stereogenes Zentrum und ist daher chiral.

10.1.3.1 Der Substitutionstest

Wir ersetzen in 1-Chlor-2-hydroxypropan **6** beide Protonen nacheinander jeweils durch eine Testgruppe T und vergleichen danach die beiden entstandenen Verbindungen **6a** und **6b**. Wir erkennen wiederum mithilfe eines Molekülbaukastens, dass **6a** und **6b** Diastereomere sind, also zwei verschiedene Stereoisomere darstellen. Daher geht aus diesem Substitutionstest hervor, dass die beiden Protonen H_a und H_b in **6** diastereotop sind.

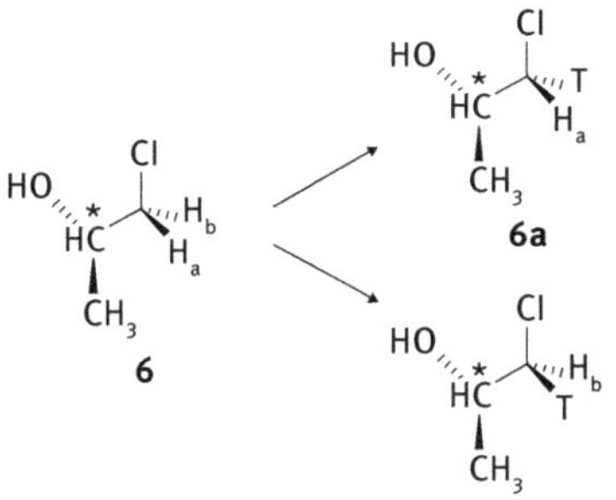

6 **6a** **6b**

Durch den Substitutionstest wird neben dem schon vorhandenen stereogenen Zentrum ein weiteres an C–3 erzeugt. Im Prinzip können **6a/b** also vier Stereoisomere mit den Bezeichnungen RS, RR, SR und SS bilden. Die Paare RR und SS, sowie die Paare RS und SR sind zueinander enantiomer. Beim Substitutionstest bleibt das erste stereogene Zentrum unverändert, z. B. etwa = R. Durch das Einfügen der Testgruppe T entstehen also die Stereoisomeren RS und RR, welche zueinander diastereomer sind.

Die Sesselform des Cyclohexans **7** zeigt, dass Chiralität keine Bedingung der Diastereotopie ist. Die axialen und äquatorialen Protonen der Methylenguppen sind zueinander diastereotop, wie der Substitutionstest sofort zeigt, obwohl Cyclohexan nicht chiral ist. Cyclohexan wird in der Sesselform durch die Punktgruppe D_{3d} beschrieben. Diese besitzt die Symmetrieelemente C_3, S_6, i, $3 \times C_2$ und $3 \times \sigma_D$. Keine dieser Symmetrieoperationen kann jedoch ein axiales in ein äquatoriales Proton überführen.

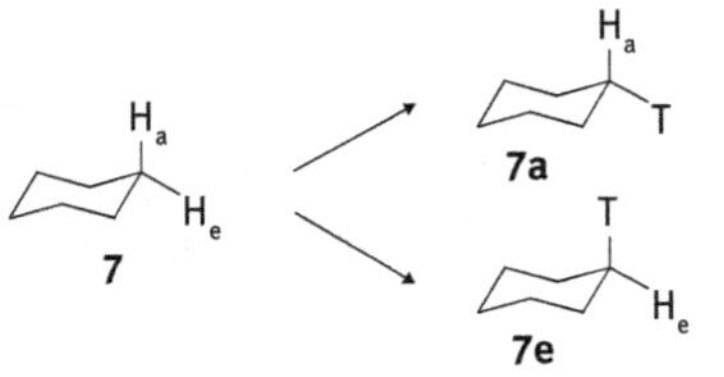

2-Phenylpropionaldehyd **8** besitzt bereits ein stereogenes Zentrum an C–2 und damit diastereotope Seiten. Die Addition von HCN kann wiederum von vorne oder von hinten erfolgen und führt zu den beiden Diasteromeren **8a** und **8b**.

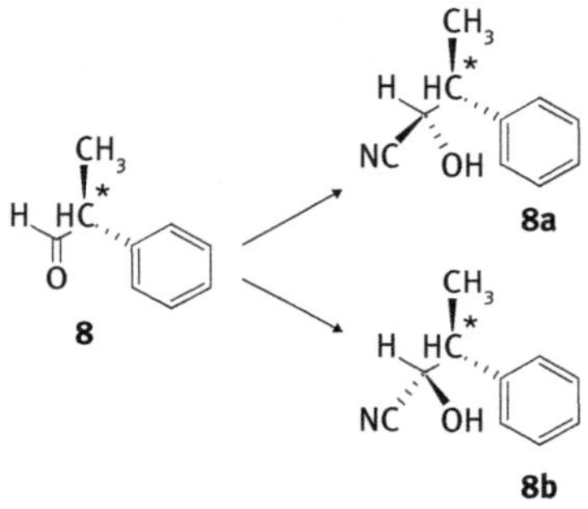

10.1.3.2 NMR-Spektroskopie

Diastereotope Gruppen haben unterschiedliche chemische Verschiebungen, unabhängig von der Feldstärke des Magneten und vom Lösungsmittel. Über das Ausmaß der Diastereotopie sagen die Symmetrieregeln allerdings nichts aus. Neben großen Verschiebungsunterschieden wird in manchen Fällen auch eine zufällige Isochronie beobachtet. Als Faustregel, vor allem in chiralen Naturstoffen gilt, dass die Diastereotopie mit dem Abstand zum nächsten stereogenen Zentrum ebenfalls abnimmt. Eine Verschiebungsdifferenz ist sehr weit entfernt von diesem Zentrum kaum oder nicht mehr messbar.

Infolge der unterschiedlichen chemischen Verschiebung tritt eine Spin-Kopplung zwischen diastereotopen Protonen auf. Methylengruppen bilden deshalb ein AB- AM- oder AX-Spinsystem (siehe Kapitel 10.2.1). Zusätzlich können diastereotope Protonen zu anderen Spins eine J-Kopplung aufweisen. Im hier gezeigten Beispiel **6** erwarten wir daher für H_a und H_b ein AM-Spinsystem, das zusätzlich mit dem Methinproton an C–2 zu einem AMX-Spinsystem aufgeweitet wird, welches man in fast allen Aminosäuren findet. Die Kopplungskonstante zwischen den Protonen H_a oder H_b zu dem Methinproton ist entsprechend der Karpluskurve deutlich unterschiedlich.

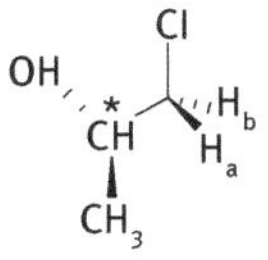

6

Übung 1
Klassifizieren Sie die benzylische Methylengruppe der drei Bicyclo[2.2.2]octanderivate **9a–c** als homo-, enantio- oder diastereotop und geben Sie das Erwartungsspektrum im ^{1}H NMR für diese Gruppe an.

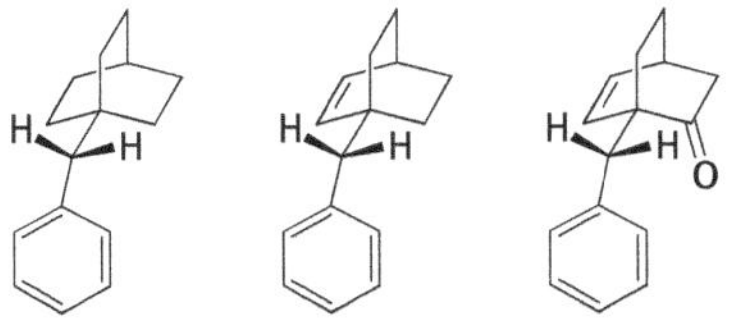

9a **9b** **9c**

Übung 2
Gezeigt sind drei chemische Strukturen **10a–c**. Begründen Sie, wie Sie diese durch ^{1}H- und ^{13}C-NMR unterscheiden würden. Welche Symmetrieelemente sind vorhanden? Wie viele Signale im Cyclobutanring würden Sie jeweils für ^{13}C erwarten? Klassifizieren Sie die Protonen im Cyclobutanring als homo-, enantio-, oder diastereotop. Unterscheiden Sie dabei jeweils zwischen den Methylengruppen als Ganzes und den Protonen innerhalb einer Methylengruppe. Wie viele Signale mit welchen Kopplungen der Ringprotonen erwarten Sie im ^{1}H-NMR?

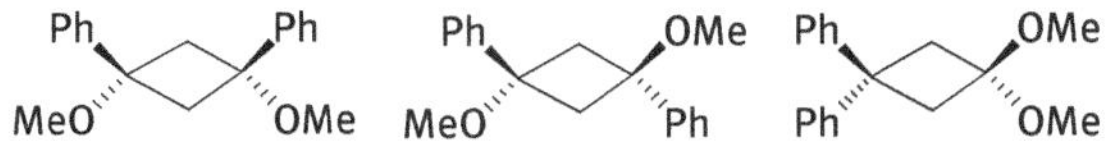

10a **10b** **10c**

10.1.4 Weiterführende Überlegungen

Die Diastereotopie der Methylenprotonen in Verbindungen der Art **6** wird von vielen Chemikern nicht verstanden oder angezweifelt, vor allen von denen, die mit den mehr abstrakten Symmetrieregeln Schwierigkeiten besitzen. Ihr Hauptargument ist die freie Drehbarkeit um die C–2-C–3-Einfachbindung, welche doch die Unterschiede zwischen den chemischen Verschiebungen ausmitteln sollte. Um dieses Argument zu entkräften, betrachten wir die drei gestaffelten Newman-Projektionen. Bei der Inspektion der drei Konformationsisomeren **6c–6e** und den unterhalb der Newman-Projektionen angegebenen Nachbarschaftsbeziehungen sieht man, dass es keine Rotameren gibt, in denen H_a in H_b überführt würde. Daher kann schnelle Rotation um die Einfachbindung die Unterschiede für H_a und H_b nicht aufheben.

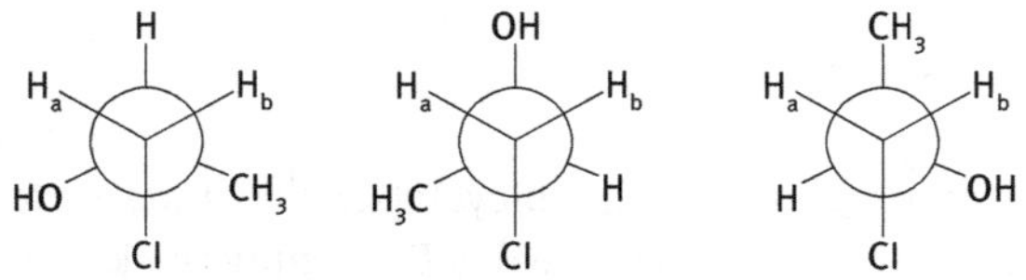

6c **6d** **6e**

H_a: [OH, H] H_b: [H, CH_3]

H_a: [CH_3, OH] H_b: [OH, H]

H_a: [H, CH_3] H_b: [CH_3, OH]

Bei Verbindungen mit mehr als einer Methylengruppe ergibt sich eine neue Fragestellung. Zusätzlich zur Klassifizierung der Methylenprotonen *innerhalb* einer Methylengruppe muss man noch die Methylengruppen *als Ganzes* zueinander klassifizieren. Das bekannteste Beispiel ist das Glycerin **11**, welches wir im Folgenden betrachten.

Glycerin **11** ist nicht chiral und besitzt die Punktgruppe C_S. Die Spiegelebene, welche durch C–2 verläuft, kann daher die beiden CH_2OH-Gruppen ineinander überführen, weshalb diese *als Ganzes* zueinander als enantiotop klassifiziert werden. Diese Spiegelebene betrifft aber nicht die einzelnen Protonen einer der Methylengruppen. In der C_S-Punktgruppe gibt es keine weiteren Symmetrieelemente, daher sind die Protonen innerhalb einer Methylengruppe zueinander diastereotop.

10.1.4.1 Der Substitutionstest

Diese Verhältnisse werden beim Betrachten des Substitutionstestes klarer.

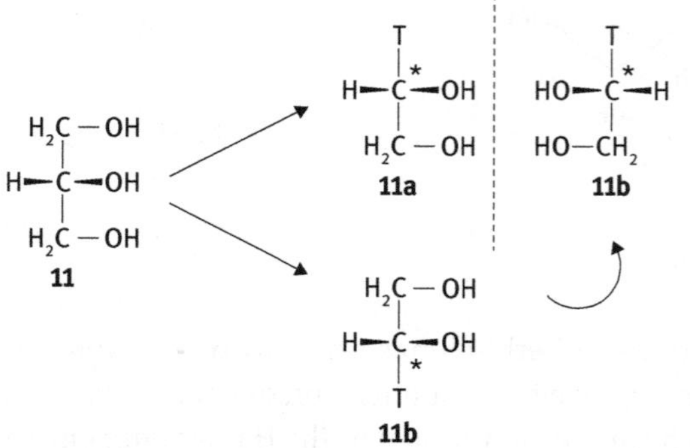

Ersetzt man die beiden CH_2OH-Gruppen in **11** nacheinander durch die Testgruppe T, so wird dadurch in **11a** und **11b** ein neues stereogenes Zentrum kreiert. Wie man nach Drehung von **11b** um 180° sieht, verhalten sich **11a** und **11b** wie Bild und Spiegelbild und sind daher Enantiomere. Die beiden CH_2OH-Gruppen sind als Ganzes also zueinander enantiotop.

Ersetzt man dagegen jeweils ein Proton der gleichen Methylengruppe durch die Testgruppe, so werden dadurch in den Strukturen **11c** und **11d** zwei neue stereogene Zentren erzeugt. Das obere Zentrum ändert sich von **11c** nach **11d**, während das Zentrum an C–2 konstant bleibt; wir haben also etwa das Paar RS und SS. **11c** und **11d** sind damit Diastereomere und die Methylenprotonen innerhalb einer Methylengruppe in **11** sind zueinander diastereotop.

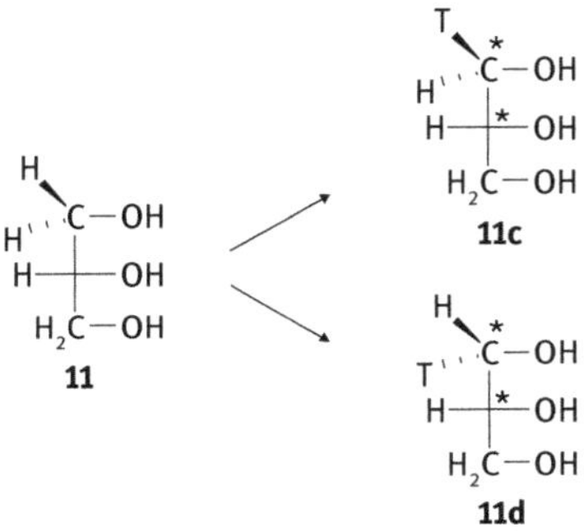

Wenn man von den schnell austauschenden OH-Protonen des Glycerins absieht, ergibt sich aus dieser Analyse ein $(AB)_2C$ ^1H-NMR-Spinsystem, gebildet aus den zwei enantiotopen, aber in sich diastereotopen Signalen AB und der Methingruppe C.

Die Mächtigkeit solcher Überlegungen zeigt sich bei der Analyse komplexerer Verbindungen, für die wir hier als Beispiel 2,4-Diaminoglutarsäure **12** wählen. Zunächst untersuchen wir die *meso*-Form **12a**, welche wiederum zur Punktgruppe C_S gehört und daher nur eine Spiegelebene besitzt. Dementsprechend ist die Verbindung nicht chiral, und da es in dieser Punktgruppe keine weiteren Symmetrieelemente gibt, müssen die Methylenprotonen diastereotop sein.

Dies zeigt auch der Substitutionstest. Tauscht man in der Verbindung **12a** die beiden Protonen nacheinander durch eine Testgruppe T aus, so entstehen die beiden Strukturen **12b** und **12c**.

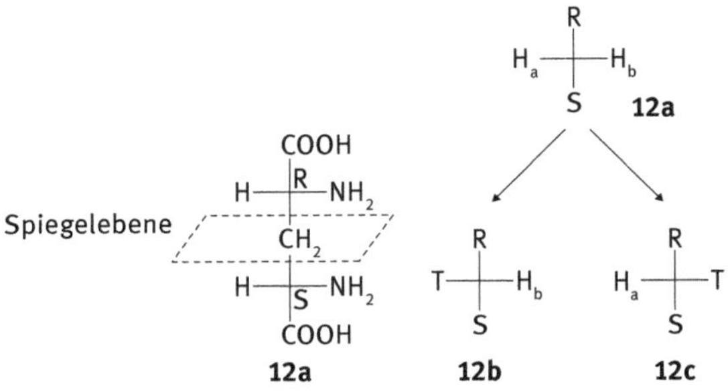

Zwischen den Strukturen **12b** und **12c** darf man keine Spiegelebene zeichnen, da diese den R-Substituenten in einen S- sowie den S-Substituenten in einen R-Liganden umwandeln würde. **12b** und **12c** sind daher Diastereomere und die beiden Protonen H_a und H_b diastereotop.

Anders verhält es sich mit der chiralen Verbindung **12d.** Diese hat, wie besser mit einem Molekülmodell zu sehen ist, lediglich eine C_2-Achse und somit die Punktgruppe C_2. Die Methylenprotonen werden durch die C_2-Achse ineinander überführt und sind daher homotop.

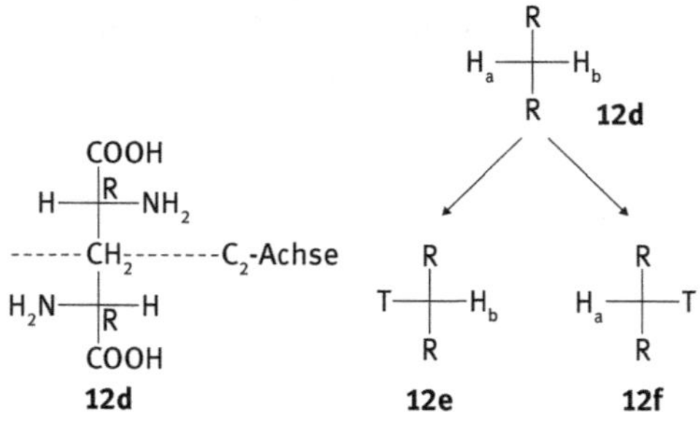

Dies zeigt auch wiederum der Substitutionstest. Tauscht man in der Verbindung **12d** die beiden Protonen nacheinander durch eine Testgruppe T aus, so entstehen die beiden Strukturen **12e** und **12f**, welche offensichtlich identisch sind.

Übung 3

(a) Klassifizieren Sie die Protonen innerhalb der Methylengruppen von Acetaldehyddiethylacetal **13** als zueinander homo-, enantio-, oder diastereotop.

(b) Klassifizieren die Ethoxygruppen als zueinander homo-, enantio-, oder diastereotop.

(c) Wie viele Signale zeigt das Molekül im ^{1}H-entkoppelten ^{13}C-NMR-Spektrum?

(d) Zeichnen Sie einen „Spinschlüssel" für eine der beiden Methylengruppen (^{1}H-NMR).

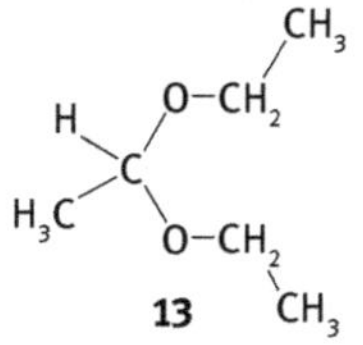

13

Übung 4

Der abgebildete Naturstoff Tetrahydrocannabinol **14** besitzt sechs Methylengruppen an den C-Atomen 7, 8 und 14–17.

(a) Klassifizieren Sie die Protonen an den Methylengruppen als homo-, enantio-, oder diastereotop.
$^7CH_2$: homotop □, enantiotop □, diastereotop □
$^8CH_2$: homotop □, enantiotop □, diastereotop □
$^{14}CH_2$: homotop □, enantiotop □, diastereotop □
$^{15}CH_2$: homotop □, enantiotop □, diastereotop □
$^{16}CH_2$: homotop □, enantiotop □, diastereotop □
$^{17}CH_2$: homotop □, enantiotop □, diastereotop □

(b) Erwarten Sie im ^{13}C-NMR-Spektrum für die beiden Methylgruppen C–11 und C–12 ein Signal oder zwei verschiedene Signale? Begründen Sie Ihre Angabe.

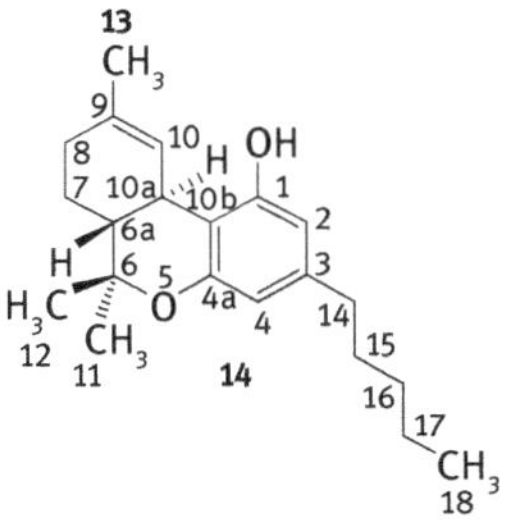

14

Übung 5

Warum sind im Acetaldehyddiethylacetal **13** aus Übung 3 die Protonen der endständigen Ester-Methylgruppen nicht auch diastereotop?

10.2 Symmetrieüberlegungen bei NMR-Spinsystemen

10.2.1 Das Zweispinsystem AX oder AB

Spinsysteme in chemischen Molekülen werden mit einem Buchstabencode bezeichnet, wobei der Abstand der Buchstaben im Alphabet in etwa die Größenordnung des Unterschieds der chemischen Verschiebungen δ wiedergeben soll. Letzterer ist natürlich vom angewendeten Magnetfeld abhängig und ein Spinsystem, welches in der Zeit der 60 MHz Spektrometer als AB-System klassifiziert wurde, sollte bei einem 400 MHz

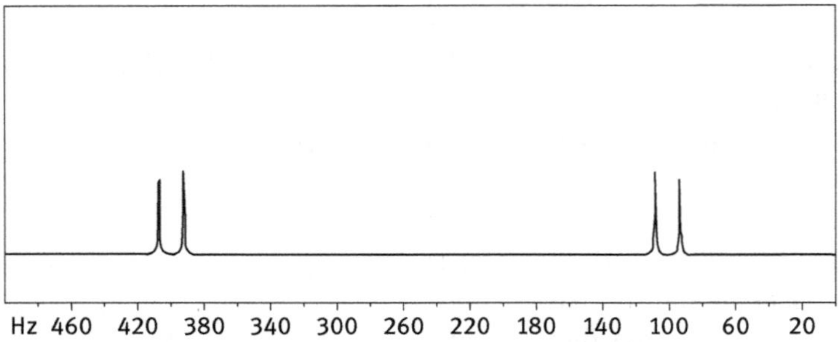

Abb. 10.2: Simuliertes ^{1}H-NMR-Spektrum eines AX-Spinsystems mit den Daten δ_A = 100 Hz, δ_X = 400 Hz und J_{AX} = 15 Hz, $\Delta\delta/J$ = 20.

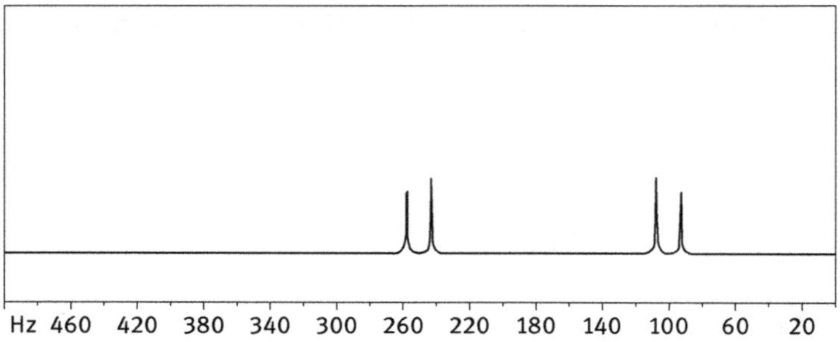

Abb. 10.3: Simuliertes ^{1}H-NMR-Spektrum eines AX-Spinsystems mit den Daten δ_A = 100 Hz, δ_X = 250 Hz und J_{AX} = 15 Hz, $\Delta\delta/J$ = 10.

Spektrometer besser als AX-Spinsystem beschrieben werden. Wichtig bei dieser Klassifizierung ist der zweite Parameter, die Spin-Spin-Kopplung J. Man spricht dann von einem AX-Spinsystem, wenn der in Hertz gemessene Unterschied der chemischen Verschiebungen $\Delta\delta \geq 20J$ ist. Wie die Abbildung 10.2 zeigt, erhält man unter diesen Bedingungen ein sogenanntes Spektrum erster Ordnung mit vier Linien nahezu gleicher Intensität für den A- und den X-Spin, wobei die Kopplungskonstante direkt aus den Linienabständen des A- oder X-Dubletts entnommen werden kann. Die chemischen Verschiebungen δ_A und δ_X entsprechen den Zentren dieser Dubletts.

Völlig gleiche Intensität innerhalb der beiden Dubletts gibt es nur im heteronuklearen AX-Spinsystem. Abhängig vom untersuchten Molekül oder von der Feldstärke des verwendeten Instruments kann nun der $\Delta\delta$-Wert erheblich kleiner werden, während die Kopplungskonstante vom Magnetfeld unabhängig ist und bei ähnlichen Strukturelementen des Moleküls in ihrer Größenordnung konstant bleibt. Aus einem AX-Spinsystem wird somit ein AM- oder ein AB-Spinsystem, für welche die oben beschriebenen einfachen Entnahmeregeln der δ-Parameter nicht mehr gelten.

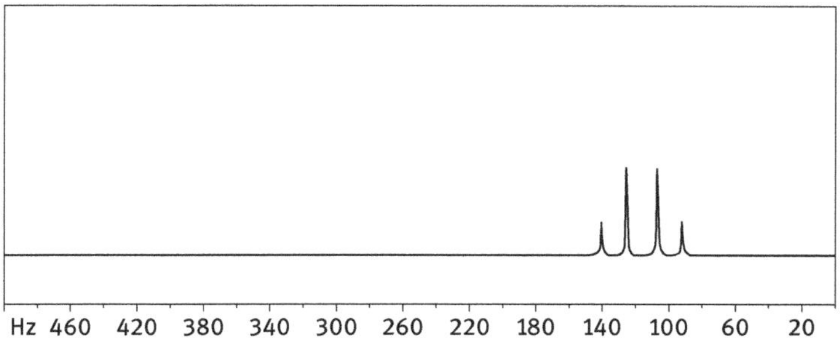

Abb. 10.4: Simuliertes ^{1}H-NMR-Spektrum eines AB-Spinsystems mit den Daten δ_A = 100 Hz, δ_X = 130 Hz und J_{AX} = 15 Hz, $\Delta\delta/J = 2$. Ein ausgeprägter „Dacheffekt“ ist sichtbar.

Fallen die chemischen Verschiebungen bei homotopen oder enantiotopen Protonen vollends zusammen, tritt keine Spin-Kopplung im Spektrum mehr auf und wir haben es schließlich mit einem A_2-Spinsystem zu tun.

Übung 6

In NMR Spektren von AB-Systemen, wie in Abbildung 10.4 gezeigt, kann man zwar noch die Kopplungskonstante direkt aus den Linienabständen entnehmen, aber nicht mehr die chemischen Verschiebungen aus den Zentren der Dubletts. Informieren Sie sich aus Lehrbüchern der Kernresonanz über die gültigen Gleichungssysteme für die chemischen Verschiebungen.

10.2.2 Dreispinsysteme AMX oder ABC

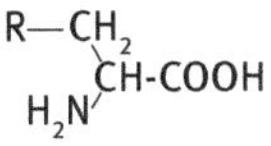

15

In nahezu allen Aminosäuren finden wir das Strukturelement **15**, wobei die Methylenprotonen aufgrund der Chiralität am α-C-Atom diastereotop sind. Das Spinsystem der $-CH_2-CH$-Gruppierung ist bei den heute gebräuchlichen Feldstärken ($\geq$ 400 MHz) vom AMX-Typ und somit erster Ordnung. Im Spektrum erscheinen drei Doppeldubletts, deren Parameter in der Regel direkt entnommen werden können. Bei niedrigen Feldstärken oder besonderen molekularen Gegebenheiten kann das AMX-System sich jedoch zu einem ABX- oder ABC-Spinsystem wandeln, deren Auswertung nur noch mit einer computergestützten Spinsimulation möglich ist.

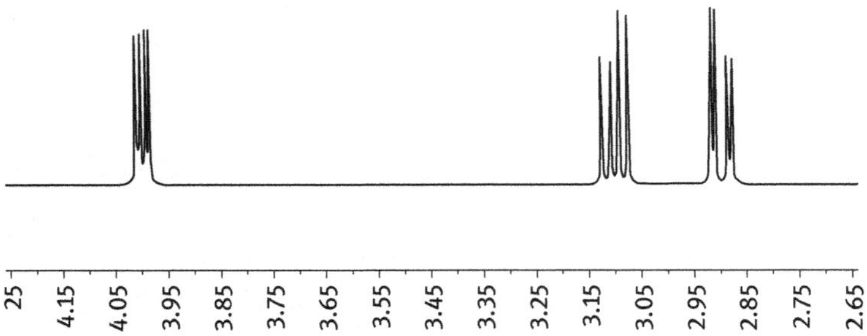

Abb. 10.5: Simuliertes ^{1}H-NMR-Spektrum eines AMX-Spinsystems **15** mit den Daten $\delta_A = 2{,}9$ ppm, $\delta_M = 3{,}1$ ppm, $\delta_X = 4{,}0$ ppm, $J_{AM} = -13$ Hz, $J_{AX} = 3$ Hz und $J_{MX} = 7$ Hz. Beachten Sie, dass Spin-Kopplungskonstanten ein Vorzeichen tragen, geminale Kopplungskonstanten sind in der Regel negativ.

10.2.3 Vierspinsysteme

Neue Symmetrieüberlegungen sind bei vier Spins notwendig. Ein einfaches aber recht seltenes Spinsystem ist zunächst das A_2X_2-System, welches man z. B. in Difluormethan **16** vorfindet. Dieses gehört zur Punktgruppe C_{2v} und daher sind die Protonen, sowie die Fluoratome zueinander jeweils homotop. Es tritt im Spektrum also keine Spin-Kopplung zwischen den Protonen oder zwischen den Fluoratomen auf. Allerdings gibt es genau eine Kopplung zwischen Protonen und Fluor und wir erwarten daher sowohl im Fluor- als auch im Protonenspektrum ein 1 : 2 : 1 Triplett.

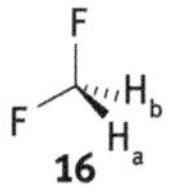

16

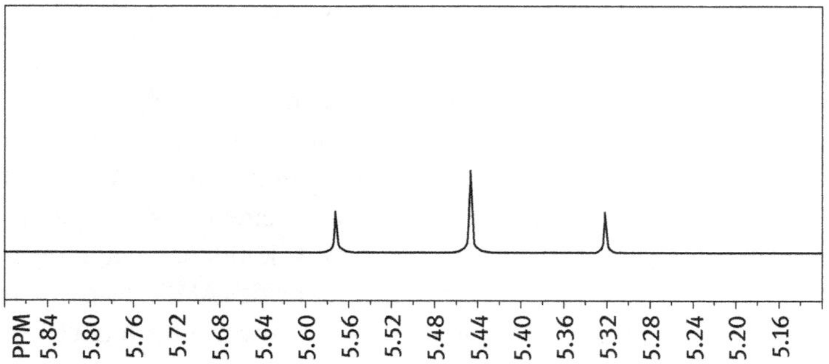

Abb. 10.6: Simuliertes ^{1}H-NMR-Spektrum des A_2X_2-Spinsystems von **16** mit den Daten δ_H = 5,45 ppm, und J_{HF} = 50,2 Hz [4] Die Aufspaltung des Tripletts im ^{19}F NMR-Spektrums ist identisch.

10.2.4 Magnetische Nichtäquivalenz

Wesentlich komplexer sind die Verhältnisse in 1,1-Difluorethen **17**, wobei wir an diesem Molekül zum ersten Mal den Begriff der magnetischen Nichtäquivalenz erläutern müssen.

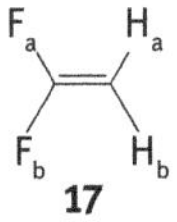

17

1,1-Difluorethen **17** gehört zwar ebenfalls zur Punktgruppe C_{2v} und wiederum sind die Protonen sowie die Fluoratome zueinander jeweils homotop. Diese Festlegungen rühren aber nur von der chemischen oder molekularen Symmetrie her und zeigen sich in den NMR-chemischen Verschiebungen. Obwohl die Protonen H_a und H_b chemisch gleich sind und durch die C_2-Achse oder die Spiegelebene σ ineinander überführt werden können, sind sie bei näherem Hinsehen in Bezug auf die Spin-Kopplung nicht identisch. H_a besitzt eine *cis*-^3J-Kopplung zu F_a, während H_b zu diesem Fluoratom eine *trans*-^3J-Kopplung besitzt.

Diesen Umstand bezeichnet man als **magnetische Nichtäquivalenz**, die immer dann auftritt, wenn Spins, die im Sinne der chemischen Verschiebung gleich sind, zu einem weiteren Partner eine unterschiedliche Spin-Kopplung aufweisen. Die magnetische Nichtäquivalenz erzeugt eine **höhere Ordnung** für das Spinsystem, welches nun statt mit drei Parametern im Falle von **16** (δ_F, δ_H, J_{HF}) von sechs Parametern beschrieben werden muss. Diese sind δ_F, δ_H, J_{FF}, J_{HH}, J_{HaFa} und J_{HaFb}. Natürlich gelten die symmetrischen Beziehungen $J_{HaFa} = J_{HbFb}$ und $J_{HaFb} = J_{HbFa}$.

Leider gibt es zur Beschreibung dieser Umstände zwei verschiedene Nomenklatursysteme. In der anorganischen Chemie, wo man eher mit Symmetriepunktgruppen arbeitet, und wo durch die Vielzahl NMR-aktiver Heteroatome sehr komplexe Verhältnisse auftreten können, bezeichnet man das Spinsystem von **17** mit $[AX]_2$. Diese Bezeichnung fasst 1,1-Difluorethen also als zwei miteinander gekoppelte AX-Spinsysteme auf. Das in diesem Umfeld häufigst benutzte Spinsimulationsprogramm „DAISY" [5] fragt demnach als ersten Eingabeparameter die Punktgruppe des Moleküls ab.

In der organischen Chemie hat man sich an ein anderes Beschreibungssystem gewöhnt und bezeichnet das Spinsystem von **17** mit AA′XX′. Die gestrichenen Buchstaben sollen die gleiche chemische Verschiebung wie für die ungestrichenen Buchstaben anzeigen, der Strich weist jedoch auf die magnetische Nichtäquivalenz hin. Entsprechend kommen die hier häufig benutzten Spinsimulationsprogramme, wie z. B. „Spinworks" [6], ohne die Punktgruppen-Bezeichnung aus.

Abbildung 10.7 zeigt ein Zehn-Linien-Spektrum, welches in diesem heteronuklearen Fall sogar von Hand lösbar ist. In Lehrbüchern der Kernresonanz wird die Entnah-

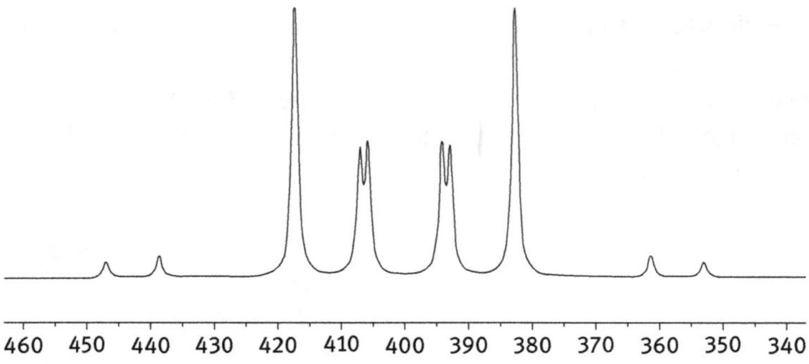

Abb. 10.7: Simuliertes ^{1}H-NMR-Spektrum von 1,1-Difluorethen **17** mit den Daten [7] $^2J_{HH}$ = 4,8 Hz, $^2J_{FF}$ = 36,4 Hz, *cis*$^3J_{HaFa}$ = 0,7 Hz und *trans*$^3J_{HaFb}$ = 33,9 Hz. Die Aufspaltung des entsprechenden ^{19}F NMR-Spektrums ist identisch.

me der spektralen Parameter beschrieben. Geübte Augen erkennen unschwer in den beiden starken Linien ein A_2-Teilsystem, untersetzt von zwei AB-Teilsystemen.

Den Übergang vom heteronuklearen AA′XX′ Fall **17** zum homonuklearen AA′BB′-System veranschaulicht das Standardbeispiel der organischen Chemie, das *ortho*-Dichlorbenzol **18.**

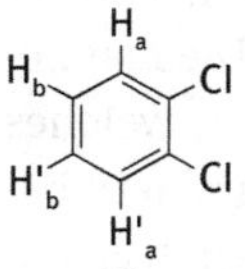

18

Es gelten die gleichen Regeln, nur dass jetzt infolge der homonuklearen Situation für jedes Teilspektrum der Kerne H_a und H_b ein Zwölf-Linien-Spektrum auftritt. In diesem konkreten Beispiel fallen (fünfte Linie von links) zwei Absorptionen aufeinander.

Übung 7

Im ^{1}H-NMR-Spektrum von *ortho*-Dichlorbenzol **18**, dem Musterbeispiel für ein AA′BB′-Spin-System, wurde die magnetische Nichtäquivalenz der Protonen H_a und H_a' (AA′) damit begründet, dass H_a zu H_b eine große ^3J-Kopplung von 8 Hz besitzt, während H_a' zu H_b nur eine ^4J Kopplung von ca. 1.5 Hz aufweist, also $J_{AB} \neq J_{A'B}$

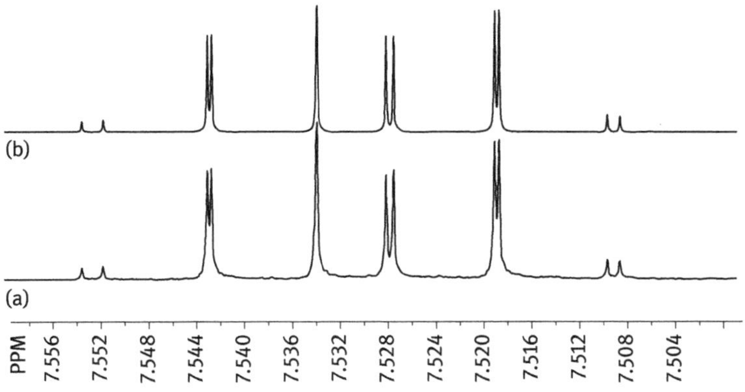

Abb. 10.8: Experimentelles (**a**) und iterativ angepasstes 400 MHz ^{1}H-NMR-Teilspektrum (**b**) von *ortho*-Dichlorbenzol **18** mit den Parametern[8] $\delta_{Ha} = 7.530$ ppm, $\delta_{Hb} = 7.319$ ppm, $^3J_{HaHb} = 8.063$ Hz, $^4J_{HaH'b} = 1.531$ Hz, $^5J_{HaH'a} = 0.332$ Hz und $^3J_{HbH'b} = 7.502$ Hz.

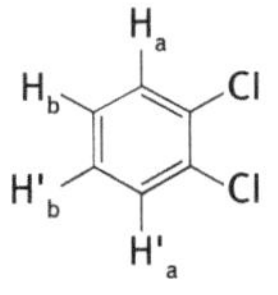

18

Wieso wird das nicht dadurch kompensiert, dass die Verhältnisse von $J_{\mathrm{H_aH'_b}}$ und $J_{\mathrm{H'_bH'_a}}$ ($J_{\mathrm{AB'}}$ und $J_{\mathrm{A'B'}}$) genau umgekehrt sind? Welche weiteren Kopplungen bestimmen das Spinsystem?

10.2.5 Weitere [AB]$_2$ oder AA′BB′-Systeme

Die oben diskutierten Spinsysteme sind alles andere als selten, sie können jedoch das spektrale Muster sehr deutlich variieren. Alle unterschiedlich *para*-substituierten Aromaten des Typs **19** bilden ein AA′BB′-Spinsystem. Diese Verbindungen haben wiederum C_{2v}-Symmetrie und die Protonen $\mathrm{H_a}$ oder $\mathrm{H_b}$ sind untereinander homotop.

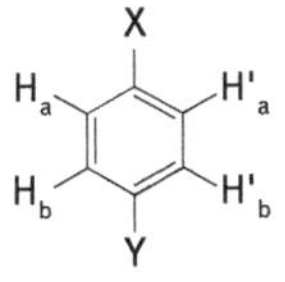

19

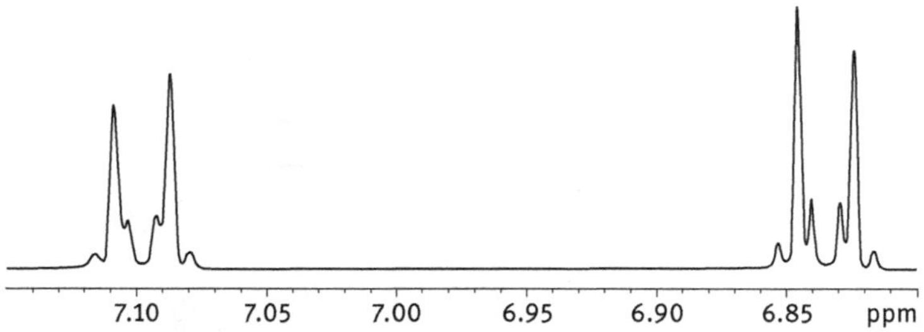

Abb. 10.9: Ausschnitt aus dem ^{1}H-NMR-Spektrum von Estragol **20**.

Jedoch sind die homotopen Protonen magnetisch nicht äquivalent, da H_a zu H_b eine ^3J-Spin-Kopplung aufweist, während H_a' mit H_b durch eine ^5J-Kopplung verknüpft ist.

Ein besonders eindrucksvolles und gut aufgelöstes 400 MHz ^{1}H-NMR-Spektrum liefert Estragol **20**. Neben den vier Hauptlinien sieht man deutlich die zwei AB-Quartetts. Diese sind häufig nicht so klar zu erkennen und werden manchmal sogar als Verunreinigungen angesehen.

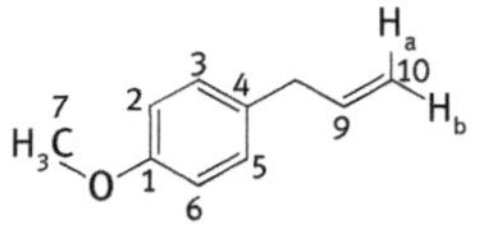

20

Übung 8

(a) Wieso hat der linke Teil des ^{1}H-NMR-Spektrums von **20** in Abbildung 10.9 eine deutlich größere Linienbreite als der rechte?
(b) Informieren Sie sich in Lehrbüchern der Kernresonanz über die Entnahme der Parameter aus den AA′BB′-Spektren von *para*-substituierten Aromaten.

Neben den oben beschriebenen aromatischen Verbindungen ist zu erwähnen, dass auch alle $X-CH_2-CH_2-Y$ Systeme **21** magnetisch nicht äquivalente Protonen besitzen[9]. Auch hier wird häufig eingewendet, dass die freie Drehbarkeit um die C-C-Bindung doch die magnetische Nichtäquivalenz aufheben sollte. Dies ist aber nicht der Fall, wie wiederum die Betrachtung der drei gestaffelten Newman-Projektionen **21a**–**21c** mit den unter den Projektionen angegebenen Nachbarschaftsbeziehungen zeigt.

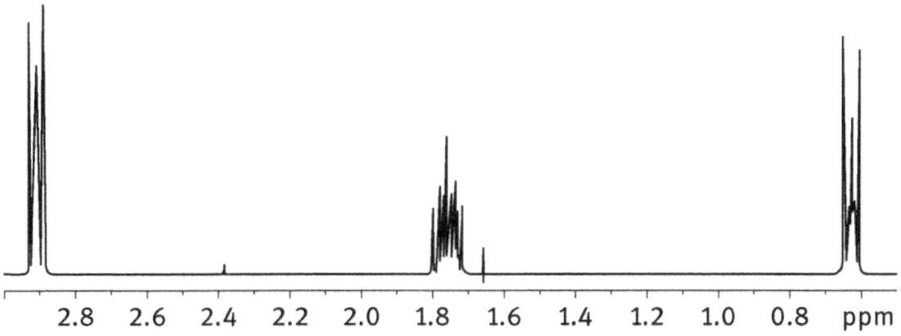

Abb. 10.10: Ausschnitt aus dem ^{1}H-NMR-Spektrum von DSS **22**.

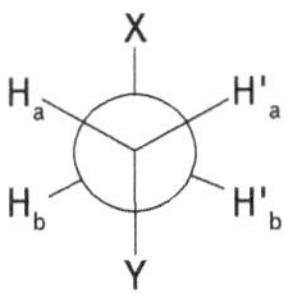

21a

H_a: [H_b, x]
H'_a: [X, H'_b]

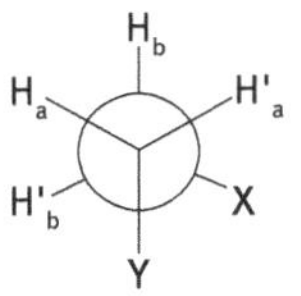

21b

H_a: [H'_b, H_b]
H'_a: [H_b, X]

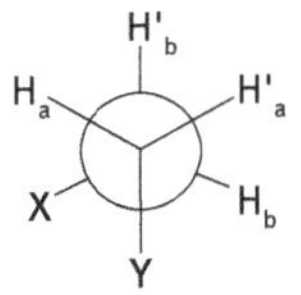

21c

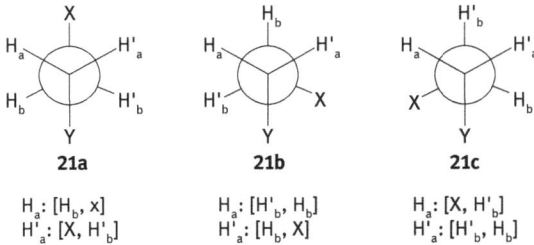

H_a: [X, H'_b]
H'_a: [H'_b, H_b]

Aus der Analyse der angegebenen Nachbarschaftsbeziehungen wird deutlich, dass keines der drei Rotameren identisch ist und somit auch freie Rotation nicht zu einer Aufhebung der magnetischen Nichtäquivalenz führen kann. Ein weiteres Argument liefern die Punktgruppen. Während das Rotamer **21a** eine Spiegelebene besitzt und somit zur Punktgruppe C_s gehört, besitzen **21b** und **21c** keine Symmetrieelemente und gehören zur Punktgruppe C_1. Drehung kann somit nicht zur magnetischen Äquivalenz führen.

Einschränkend ist allerdings zu bemerken, dass diese Spinsysteme in der Praxis oft sehr schlecht aufgelöst sind und meist als zwei verbreiterte Tripletts und evtl. mit Banden„füßchen“ erscheinen.

2,2-Dimethylsilapentan-5-sulfonsäure Natriumsalz **22** (DSS) ist die wasserlösliche, TMS-analoge Referenzsubstanz für alle NMR-Arbeiten im biologischen Umfeld. Misst man die in den Methylengruppen undeuterierte Verbindung, so zeigt das in Abbildung 10.10 wiedergegebene ^{1}H-NMR-Spektrum sofort an, dass es sich um ein sehr komplexes Spinsystem handelt, welches nur als AA′BB′CC′-System gelöst werden kann.

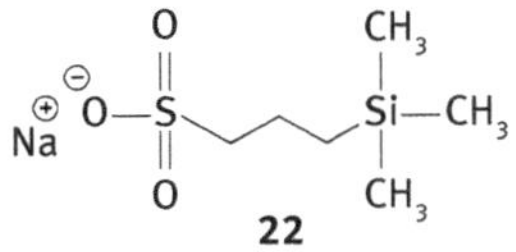

22

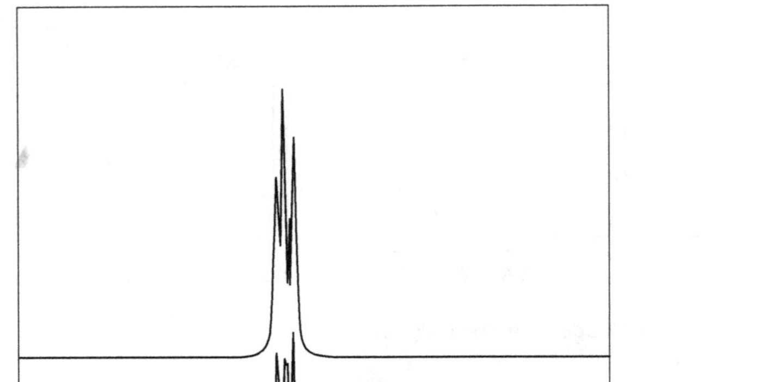

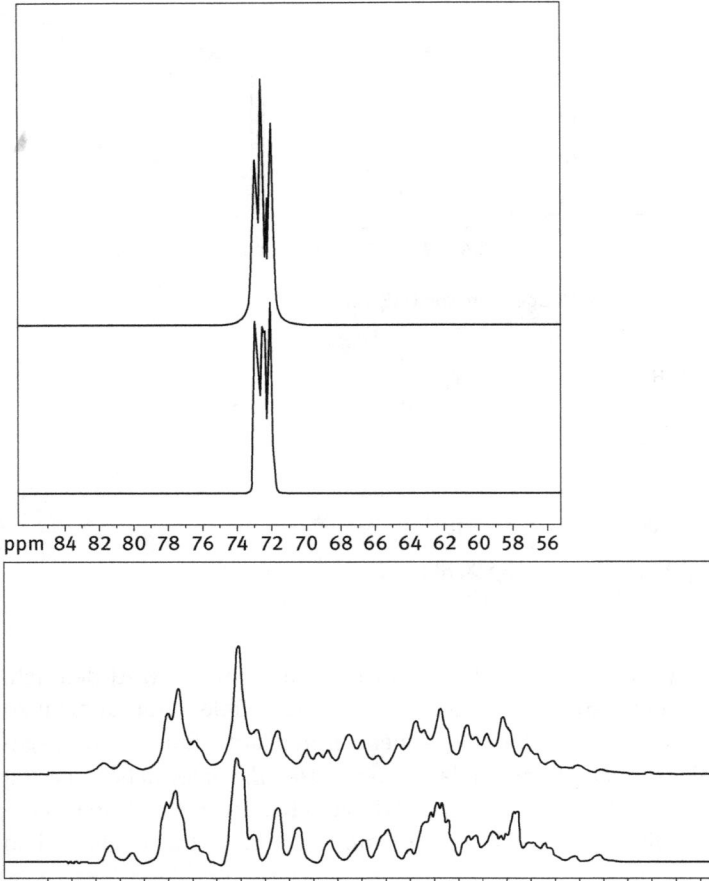

Abb. 10.11: Ausschnitte aus dem 600 MHz ^{1}H-NMR-Spektrum des Cantharidins (ohne Methylgruppen), untere Spur: experimentell in $CDCl_3$, obere Spur: Computersimulation [10].

Zum gleichen Spinsystem und von noch größerer Komplexität ist das ^{1}H-NMR-Spektrum des nicht ungefährlichen Potenzmittels Cantharidin **23**. Das ^{1}H-NMR-Spektrum dieses Naturstoffs, der aus pulverisierten spanischen Fliegen, *Lytta vesicatoria* (Meloidae) gewonnen wird, ist in Abbildung 10.11 wiedergegeben.

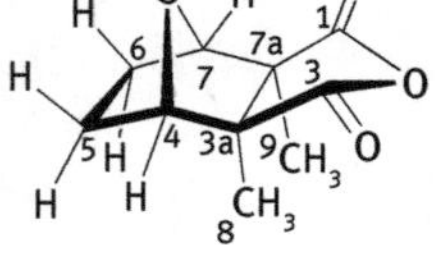

23

10.2.6 Symmetriebruch bei ^{1}H-gekoppelten ^{13}C-NMR-Spektren

trans-1,2-Dichlorethen **24** gehört zur Punktgruppe C_{2h} und hat zwei homotope Protonen sowie zwei homotope C-Atome. Dementsprechend finden wir sowohl im ^{1}H- als auch im ^{1}H-entkoppelten ^{13}C-NMR-Spektrum jeweils nur ein Signal.

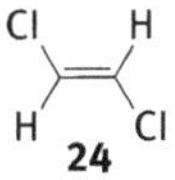

24

Misst man jedoch das ^{1}H-gekoppelte ^{13}C-NMR-Spektrum, so liegt wegen der natürlichen Häufigkeit von 1,1 % für ^{13}C die Struktur **25** zugrunde.

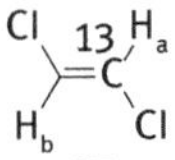

25

Die beiden Protonen haben nun eine unterschiedliche Beziehung zum ^{13}C-Atom, sie sind also magnetisch nicht äquivalent. Bei genauerem Hinsehen erkennt man aufgrund des Isotopeneffektes sogar eine leicht unterschiedliche chemische Verschiebung. Im ^{13}C-gekoppelten ^{1}H-NMR-Spektrum sowie im ^{1}H-gekoppelten ^{13}C-NMR-Spektrum haben wir es also mit dem AB-Teil, bzw. dem X-Teil eines ABX-Spinsystems zu tun, wie es die Abbildung 10.12 zeigt.

Die Aufhebung der Molekülsymmetrie oder der lokalen Symmetrie ist für ^{1}H-gekoppelte ^{13}C-NMR-Spektren fast die Regel. Ein typisches Beispiel ist etwa *tert.*-Butylbenzol **26**. Hier würde man für die Methylgruppen der *tert.*-Butylgruppe im ^{1}H- oder im ^{1}H-entkoppelten ^{13}C-NMR-Spektrum wiederum jeweils genau ein Signal erwarten, da die Methylgruppen homotop sind.

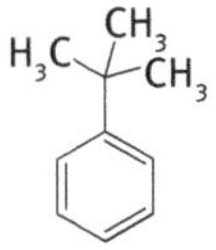

26

Im ^{1}H-gekoppelten ^{13}C-NMR-Spektrum erscheint für die *tert.*-Butylgruppe jedoch ein Quadruplett, wobei jeder Ast des Quadrupletts in ein Septett aufgespalten ist. Das Quadruplett kommt durch die große $^{1}J_{CH}$- Spin-Kopplung, die Feinstruktur durch die $^{3}J_{CH}$-Kopplung zu den sechs gleichen Protonen zustande. Infolge der geringen natürlichen Häufigkeit ist nur eine der Methylgruppen „^{13}C-markiert" und daher sind die sechs anderen Protonen magnetisch nicht äquivalent zu den drei Protonen, die am „markierten" Ast der *tert.*-Butylgruppe sitzen.

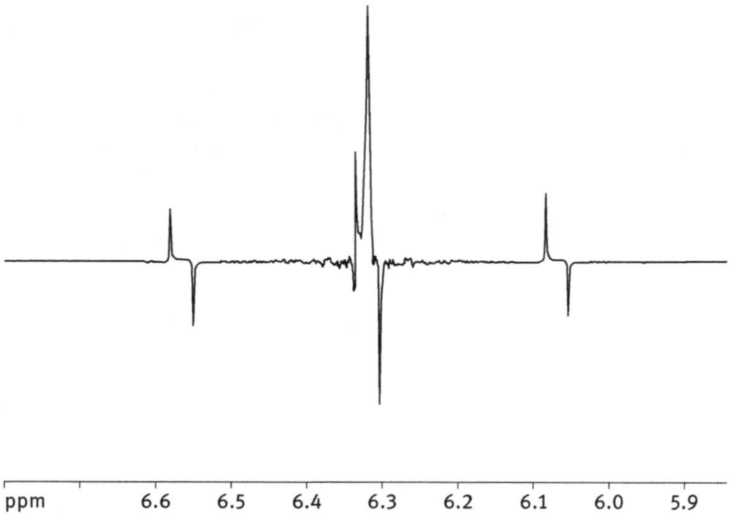

Abb. 10.12: Experimentelles ^{1}H-INADEQUATE-Spektrum von **25** (in natürlicher Anreicherung), welches den AB-Teil des ABX-Systems zeigt [11].

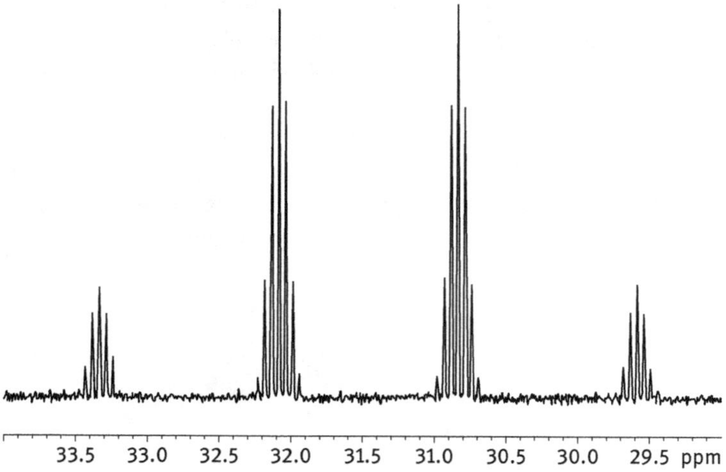

Abb. 10.13: Gated decoupled ^{13}C-NMR-Spektrum für die *tert.*-Butylgruppe in *tert.*-Butylbenzol **26**.

Während ^{1}H-gekoppelte ^{13}C-NMR-Spektren nach dem gated-decoupling-Verfahren nicht mehr so häufig gemessen werden, verwendet man heute zur Strukturanalyse vor allem 2D-HMBC-Spektren. In diesen wird das CH-Spinsystem ebenfalls ohne ^{13}C-Entkopplung, aber mittels Protonendetektion beobachtet und es gelten die oben geschilderten Verhältnisse. Ein typisches Beispiel ist der Symmetriebruch im 2D-HMBC-Spektrum des Phenacetins **27**, wie er in Abbildung 10.14 wiedergegeben ist.

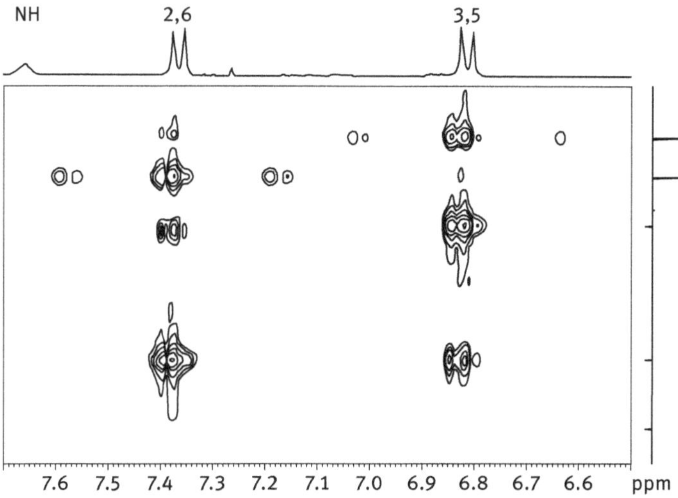

Abb. 10.14: Ausschnitt aus dem 2D-HMBC-Spektrum für die aromatischen C-Atome von Phenacetin **27**.

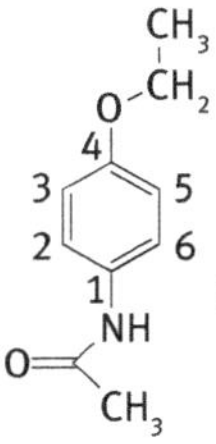

27

Zunächst erkennt man für die Protonen 3,5 sowie für die Protonen 2,6 den Signaldurchbruch der großen $^{1}J_{CH}$ Spin-Kopplung. Jeweils im Zentrum dieser Dubletts ist jedoch ein HMBC- Signal erkennbar, welches über drei Bindungen, also etwa vom Proton an C–5 zum C-Atom 3 zu Stande kommt. Auch im HMBC-Spektrum ist daher die molekulare Symmetrie der C-Atome 3 und 5 durch die magnetische Nichtäquivalenz aufgehoben. Die HMBC-Spektren von *tert.*-Butylgruppen zeigenden gleichen Effekt.

10.2.7 Experimentelle Herausforderungen

In Kapitel 10.2.6 wurde gezeigt, wie durch Einführung eines ^{13}C-Spins die molekulare Symmetrie gestört und durch die dadurch verursachte magnetische Nichtäquivalenz der Protonen komplexere Spinsysteme entstehen. Will man aber die ^{13}C, ^{13}C-Spin-Kopplung zwischen zwei symmetrischen C-Atomen messen, so hilft diese „einfache" Markierung nicht weiter. Es wurden jedoch Pulssequenzen entwickelt, mit deren Hilfe auch solche Probleme lösbar sind [11]. In der gespannten Verbindung **28** ist z. B. die Spin-Kopplung zwischen den beiden olefinischen C-Atomen von Interesse.

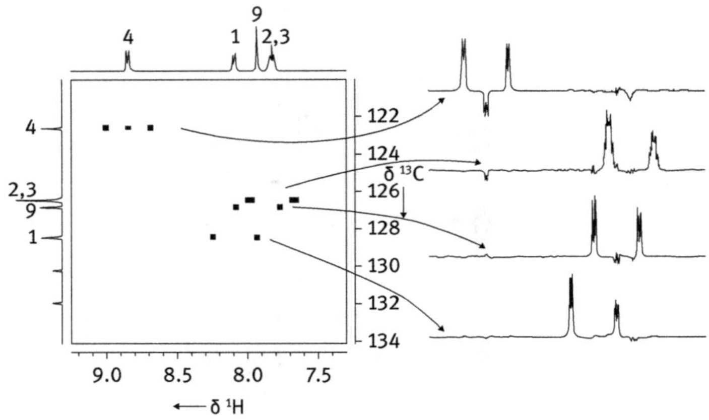

Abb. 10.15: NOESY-HSQC-Spektrum von Phenanthren **29**.

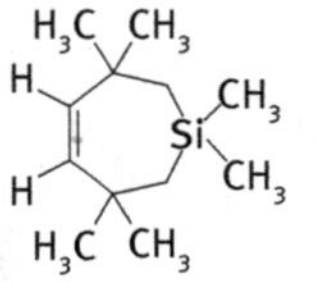

28

Diese tritt natürlich im ^{13}C-NMR-Spektrum nicht auf, da immer nur eines der beiden C-Atome in natürlicher Anreicherung „markiert" wäre. Aber selbst in einer chemisch doppelt markierten Verbindung **28** erscheint diese Kopplung nicht, da die beiden olefinischen C-Atome homotop sind. Mit den beiden olefinischen H-Atomen bilden die beiden C-Atome jedoch ein AA′XX′-Spinsystem, und die gewünschte Kopplungskonstante konnte daher mithilfe eines ^{1}H-INADEQUATE Spektrums erhalten werden [12], da in diesem Spinsystem sowohl die C,C- als auch die H,H-Spin-Kopplungen Bestimmungsgrößen sind.

Nicht nur Spin-Kopplungen, sondern auch Abstände zwischen symmetrischen H-Atomen können durch NOESY-Messungen erhalten werden, wenn z. B. die Äquivalenz der zwei Protonen durch einen ^{13}C-Spin (in natürlicher Anreicherung) aufgehoben wird [13, 14].

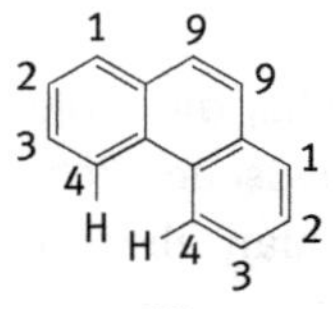

29

So gelang es, eine ^{13}C-editierte NOESY-Technik (NOESY-HSQC) zu entwickeln, mittels der eine NOE-Intensität zwischen den beiden ansonsten äquivalenten Protonen an C–4 im Phenanthren **29** gemessen werden konnte [13].

10.3 Dynamische Stereochemie

10.3.1 Einführung

Bisher haben wir in diesem Kapitel lediglich statische Moleküle behandelt. Die NMR-Spektroskopie kann die Moleküle auch temperaturabhängig untersuchen und hierbei signifikante Strukturänderungen nachweisen. Dieses Teilgebiet der NMR-Spektroskopie heißt Dynamische NMR-Spektroskopie und ist in jedem Lehrbuch der NMR-Spektroskopie mehr oder weniger ausführlich beschrieben. Ein besonders guter Artikel befindet sich in dem Lehrbuch von Harald Günther [15], siehe aber auch das Vorlesungsskript [16]. In diesem Abschnitt erwähnen wir daher nur einige wenige Grundbegriffe, welche später für das Verständnis der Beispiele wichtig sind.

Jede spektroskopische Methode besitzt eine Zeitskala, die eine Geschwindigkeitskonstante mit einer Frequenzdifferenz in Beziehung setzt. Mithilfe der heisenbergschen Unschärferelation lässt sich Gleichung (10.1) leicht ableiten:

$$k \leq 2\pi\Delta\nu \tag{10.1}$$

Ausgehend von einem Standard-NMR-Spektrometer mit 400 MHz-Protonenfrequenz erwarten wir chemische Verschiebungsunterschiede von ca. 0,01 bis 5 ppm oder 4–2000 Hz für austauschende Protonen in organischen Molekülen. Einsetzen dieser Grenzen in Gleichung (10.1) liefert Geschwindigkeitskonstanten von etwa 24 bis 18.000 s^{-1}, die auf diesem Instrument beobachtbar sind. In Abb. 10.16 ist die Zeitskala für ESR- und NMR-Spektroskopie sowie für klassische chemische Methoden wie etwa die Chromatografie gezeigt.

Die kinetischen Daten aus (10.1) können verwendet werden, um die Aktivierungsenergie E_a und den Frequenzfaktor A aus der Arrhenius-Gleichung (10.2) zu berechnen [17]:

$$\ln k = -\frac{E_a}{RT} + \ln A \tag{10.2}$$

Die Arrhenius-Gleichung geht davon aus, dass A und E_a temperaturunabhängig sind. In Abb. 10.17 ist ein Energiediagramm für die Isomerisierung eines Olefins dargestellt. Wir sehen die Differenz der freien Energie ΔG^0 zwischen den E- und Z-Isomeren des Moleküls. Weiterhin sind die freien Aktivierungsenergien $\Delta G^{\#}_{EZ}$ und $\Delta G^{\#}_{ZE}$ angezeigt.

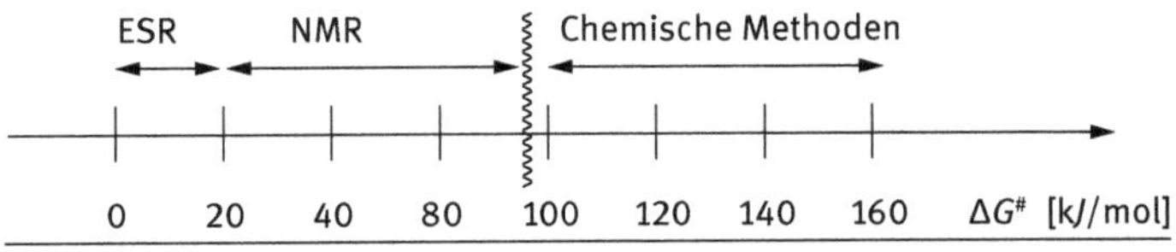

Abb. 10.16: Zeitskala für ESR- und NMR-Spektroskopie [16].

Beispiel Doppelbindung

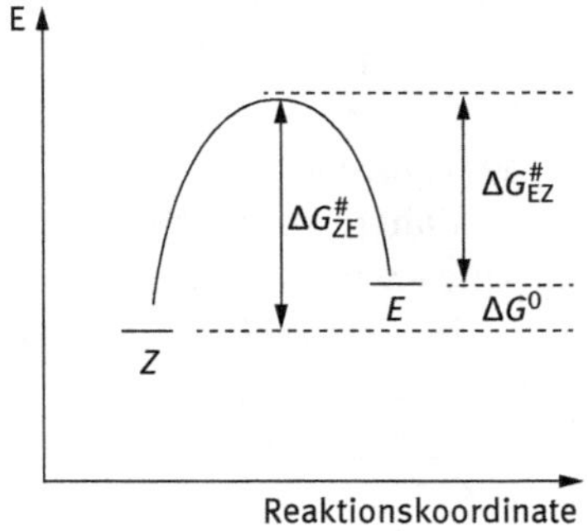

Abb. 10.17: Energiediagramm einer Isomerisierung [16].

Diese können mit der Eyring-Gleichung (10.3) berechnet werden, wenn die Geschwindigkeitskonstanten k_{EZ} und k_{ZE} bekannt sind [18]:

$$k = \frac{k_B T}{h} e^{-\frac{\Delta G^{\#}}{RT}} \tag{10.3}$$

Mithilfe der Gibbs-Beziehung (10.4) lässt sich (10.3) leicht in (10.5) mit den angegebenen Parametern umformen:

$$\Delta G = \Delta H - T\Delta S \tag{10.4}$$

$$k = \frac{k_B T}{h} e^{\frac{\Delta S^{\#}}{R}} e^{-\frac{\Delta H^{\#}}{RT}} \tag{10.5}$$

k_B: Boltzmann-Konstante = $1{,}381 \times 10^{-23}\,J \times K^{-1}$;
h: Planck-Konstante = $6{,}626 \times 10^{-34}\,J \times s$;
R: Gaskonstante = $8.314\,J \times mol^{-1} \times K^{-1}$;
T: absolute Temperatur /K,
wobei $\Delta H^{\#}$ die Aktivierungsenthalpie und $\Delta S^{\#}$ die Aktivierungsentropie ist.

10.3.2 Dynamik von Molekülfragmenten

Dimethylformamid (DMF) **30** war eines der ersten untersuchten Moleküle, als die Methodik dynamischer NMR-Messungen entwickelt wurde [19–21]. Die beiden Methylgruppen sind diastereotop und können durch eine Bindungsrotation um die C–N-Bindung ausgetauscht werden. Diese Bindungsrotation ist bei Raumtemperatur relativ langsam, weil die C–N-Bindung einen partiellen Doppelbindungscharakter hat.

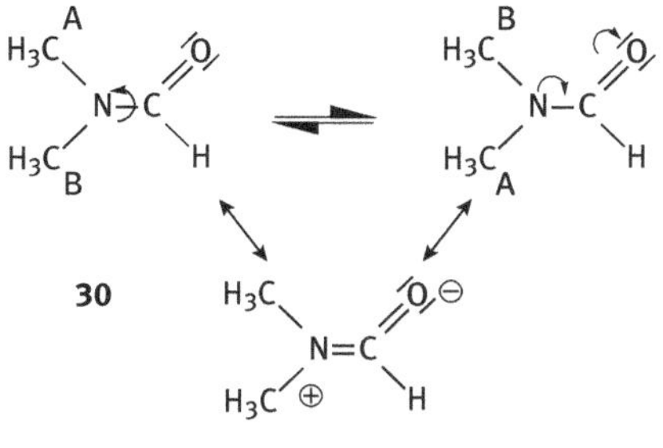

30

Die Temperatur, bei der die beiden Signale zusammenfallen, wird als Koaleszenztemperatur bezeichnet. Doch mit der schnellen Entwicklung von Hochfeld-NMR-Instrumenten ist die Koaleszenztemperatur von DMF derart angestiegen, dass sie in normalen NMR-Sonden nicht mehr erreicht werden kann. Dies liegt an dem großen Frequenzabstand der *syn*- und *anti*-orientierten Methylgruppen von DMF auf aktuellen Hochfeld-Instrumenten. Wir empfehlen daher, für Lehrzwecke die Verwendung des Chlorderivats **31** mit einer niedrigeren Rotationsbarriere. Dies weist zudem keine Spinkopplung an ein Amidproton auf [22].

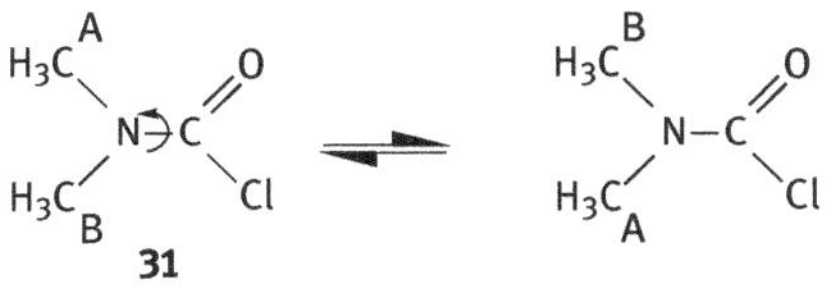

31

Es handelt sich bei diesem Beispiel und den weiteren in diesem Abschnitt nicht um die gesamte Änderung der Molekülsymmetrie, sondern nur um die lokale Änderung bedingt durch den Austausch der Methylgruppen. Die Symmetriepunktgruppen beziehen sich jedoch immer auf das gesamte Molekül und sind für einzelne Molekülteile nicht definiert. Daher ändert sich die Punktgruppe von DMF bei Erhöhung der Temperatur nicht.

Gehinderte Rotation einer Methylgruppe

Nach Entdeckung der gehinderten Rotation von *t*-Butyl- und Isopropylgruppen, die an ein tetraedrisches Kohlenstoffatom gebunden sind, wurde untersucht, ob dies auch für eine einfache Methylgruppe möglich ist. Es stellte sich bald heraus, dass das molekulare Gerüst, an das die Methylgruppe gebunden ist, eine enorme sterische Hinderung liefern muss. Somit wurden schließlich Triptycene vom Typ **32** gewählt.

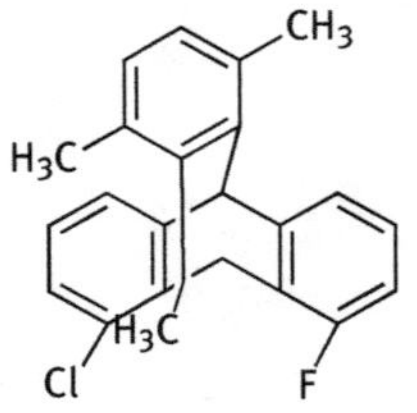

32

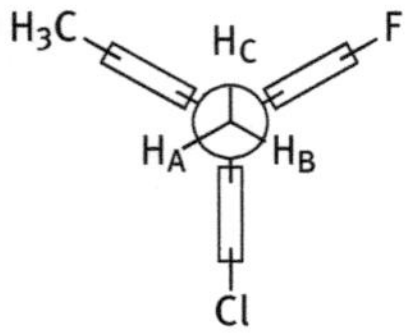

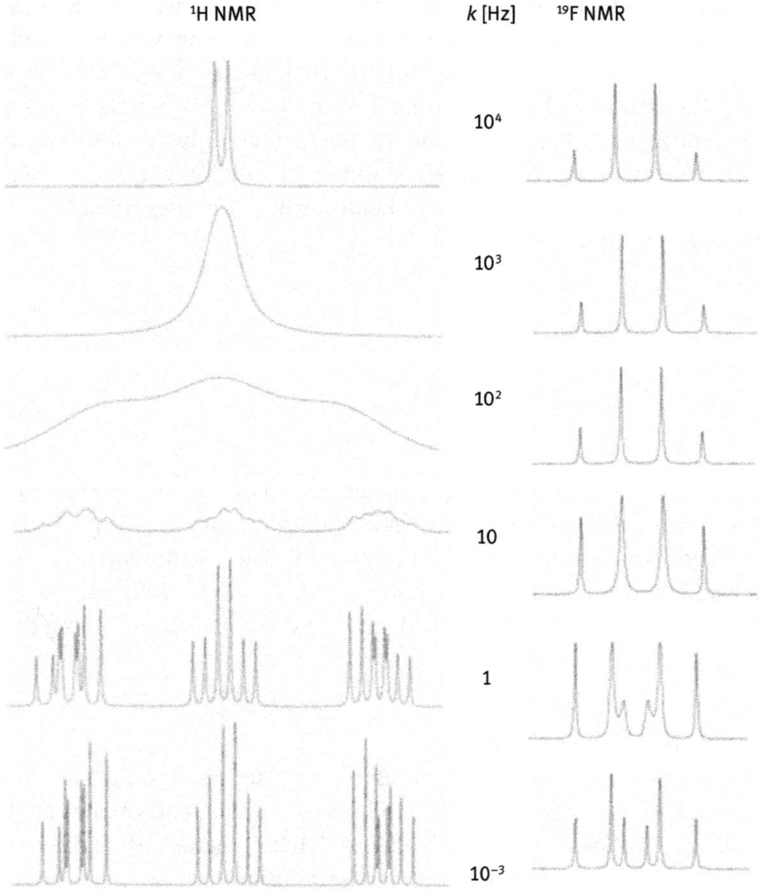

Abb. 10.18: Temperaturabhängige ^{1}H- und ^{19}F-NMR-Spektren der Verbindung **32** [16].

Eine Vielzahl substituierter Triptycene wurde untersucht. In vielen Verbindungen zeigen die Protonen der Methylgruppe ein AB_2-Spinsystem bei sehr niedriger Temperatur. Die einzige asymmetrische, in der das erwartete ABC-Spinsystem beobachtet werden kann, ist Verbindung **32**, wobei die zusätzliche Spinkopplung an das Fluoratom das Spinsystem zu ABCX verändert. In Abb. 10.18 ist das simulierte Spektrum basierend auf den Daten von [23] gezeigt.

Tetraisopropylethen

Kraftfeldberechnungen hatten die in Formel **33** gezeigte Geometrie unterstützt [24, 25]. In dieser Struktur würden die Methinwasserstoffe der Isopropylgruppen als zwei Paare existieren: eines in der Ebene der Doppelbindung und das andere Paar ebenfalls in der Ebene der Doppelbindung, aber näher der Doppelbindungsachse. Diese Paare können durch eine synchrone Rotation um alle vier Einfachbindungen zur Doppelbindung ineinander umgewandelt werden.

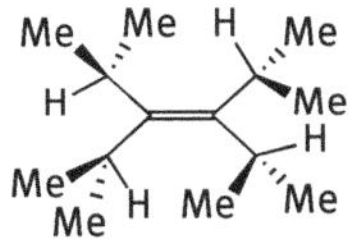

33

Das NMR-Spektrum von **33** war temperaturabhängig (siehe Abb. 10.19). Bei 2,5 °C wurden zwei Isopropyldubletts gleicher Intensität beobachtet, bei $\delta_H = 0{,}91$ und 1,10. Zwei Methinheptette gleicher Intensität wurden bei $\delta_H = 2{,}28$ und 2,94 gefunden. Bei 30 °C verschmelzen die Signalpaare und bei 61 °C wurde ein einzelnes scharfes Isopropyldublett ($J = 7$ Hz) bei $\delta_H = 1{,}00$ sichtbar, zusammen mit einem Methinmultiplett bei $\delta_H = 2,6$. Das Auftreten von zwei verschiedenen Paaren von Isopropylgruppen im Grundzustand wurde für die vorhergesagte Geometrie angenommen. Die ^{13}C-NMR-Spektren bestätigen diese Analyse. Sie zeigen bei niedriger Temperatur zwei Signalpaare für die Methin- und Methylkohlenstoffatome, die verschmelzen, und schließlich nur zwei Signale bei 140 °C. Die Barriere für die Umwandlung der magnetisch nicht äquivalenten Isopropylgruppen bei 24 °C wurden zu $\Delta G^{\#}_{297} = 70$ kJ/mol berechnet.

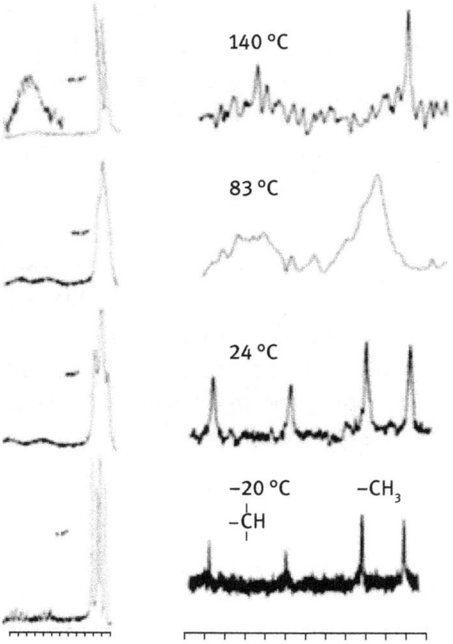

Abb. 10.19: Temperaturabhängige ^{1}H- und ^{13}C-NMR-Spektren der Verbindung **33**; übernommen aus R. F. Langler, T. T. Tidwell „Tetraisopropylethylene" *Tetrahedron Letters* **1975**, *16*, 777 and D. S. Bomse, T. H. Morton „Sterically hindered internal rotation in acyclic hydrocarbons: Tetraisopropylethylene" *Tetrahedron Letters* **1975**, *16*, 781 mit Erlaubnis von Elsevier.

10.3.3 Temperaturabhängigkeit der Molekülsymmetrie

In diesem Abschnitt besprechen wir fluktuierende Moleküle, die während der NMR-Aufnahme ihre Punktgruppe wechseln oder deren Punktgruppe nicht mehr bestimmt werden kann.

Das prominenteste Beispiel für eine Cope-Umlagerung ist Bullvalen (**34**), dessen Existenz 1963 von Döring und Roth [26] vorhergesagt wurde. Die Verbindung **34** besitzt aufgrund ihrer C_3-Symmetrie $10!/3 = 1.209.600$ Isomere. Nur zwei davon werden in der Formel zusammen mit der Darstellung von äquilibrierenden Kohlenstoffatomen angezeigt. Dies ist ein Austauschprozess an vier Seiten.

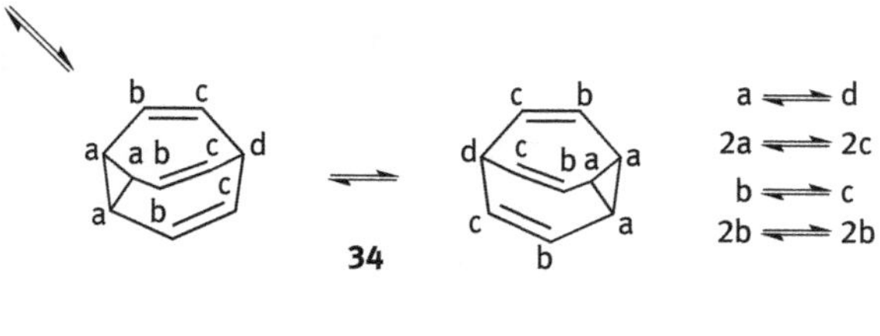

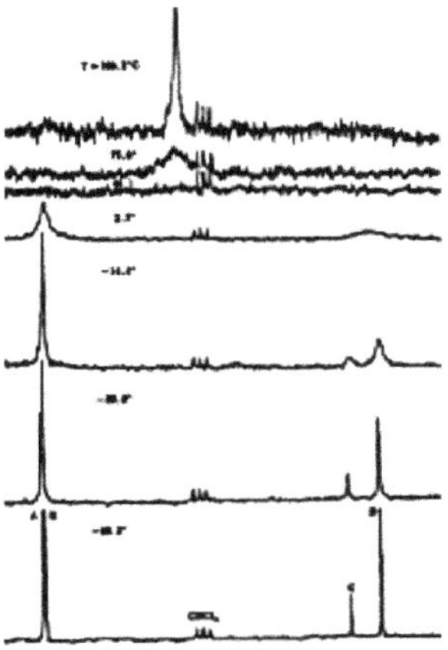

Abb. 10.20: Temperaturabhängige ^{13}C-NMR-Spektren von Bullvalen; übernommen aus H. Nakanishi, O. Yamamoto „Nuclear magnetic resonance study of exchanging systems V. A study on the Cope rearrangement of by ^{13}C NMR“ *Tetrahedron Letters* **1974**, *15*, 1803 mit Erlaubnis von Elsevier.

Während die Protonen-NMR-Spektren schwer zu analysieren sind, ist **34** ein ausgezeichnetes Beispiel, um den Vorteil der ^{13}C-NMR-Spektroskopie zu zeigen. Im Frühjahr 1974 wurden von drei verschiedenen Forschungsgruppen drei Arbeiten eingereicht [27–29], die über das ^{13}C-NMR-Ergebnis berichteten.

1981 wurde dann durch ^{13}C-2D-EXSY-NMR-Spektroskopie gezeigt, dass der Austauschprozess von Bullvalen richtig interpretiert wurde, wie in Abb. 10.21 gezeigt [30].

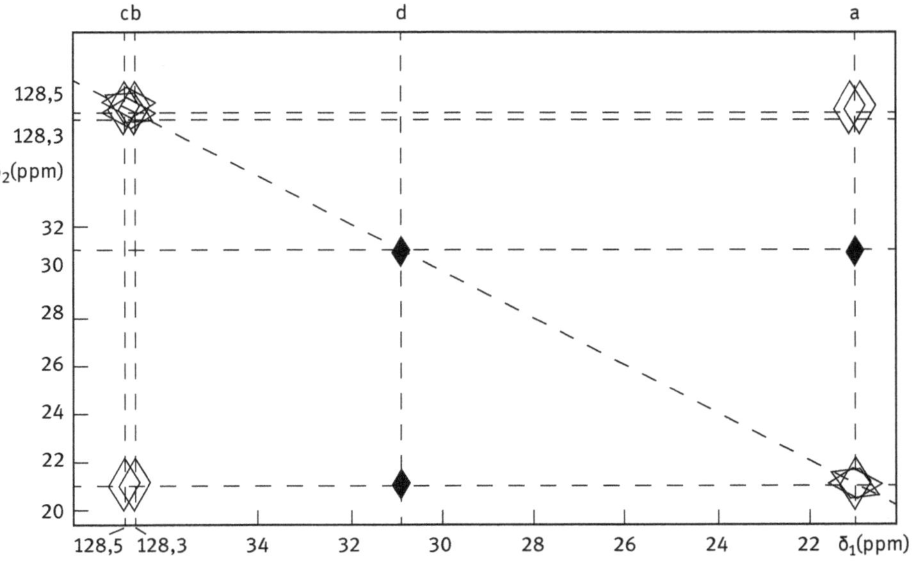

Abb. 10.21: 22,6 MHz-^{13}C-Austausch-Spektrum von 70 mg Bullvalen, gelöst in einer 2:1-Mischung von Tetrahydrofuran-d_8 und Schwefelkohlenstoff, aufgezeichnet bei 213 K; übernommen aus Y. Huang, S. Macura, R. R. Ernst „Carbon-13 Exchange Maps for the Elucidation of Chemical Exchange Networks“ *J. Amer. Chem. Soc.* **1981**, *103*, 5327 mit Erlaubnis von American Chemical Society.

Cyclooctatetraen

Cyclooctatetraen (COT) (**35**) war Gegenstand zahlreicher Studien [29]. Seit der Beschreibung des COT mithilfe der Molekülorbital (MO)-Theorie von Hückel, ist das Molekül als archetypisches Modell für Nichtaromatizität etabliert, so wie Benzol für Aromatizität und Cyclobutadien für Antiaromatizität stehen. COT in seiner Gleichgewichtskonfiguration ist ein wannenförmiges Molekül mit D_{2d}-Symmetrie, wie experimentell gezeigt wurde, z. B. durch Schwingungsspektroskopie [31]. Für COT im elektronischen Grundzustand sind zwei dynamische Prozesse von Bedeutung: die Inversion der Wanne (Ringinversion, RI) und der Austausch von einfachen und doppelten Kohlenstoff-Kohlenstoff-Bindungen (Doppelbindungsverschiebung, DBS) [32]. In Abb. 10.22 sind die verschiedenen Punktgruppen gezeigt, die von COT während der Isomerisierung erreicht werden können.

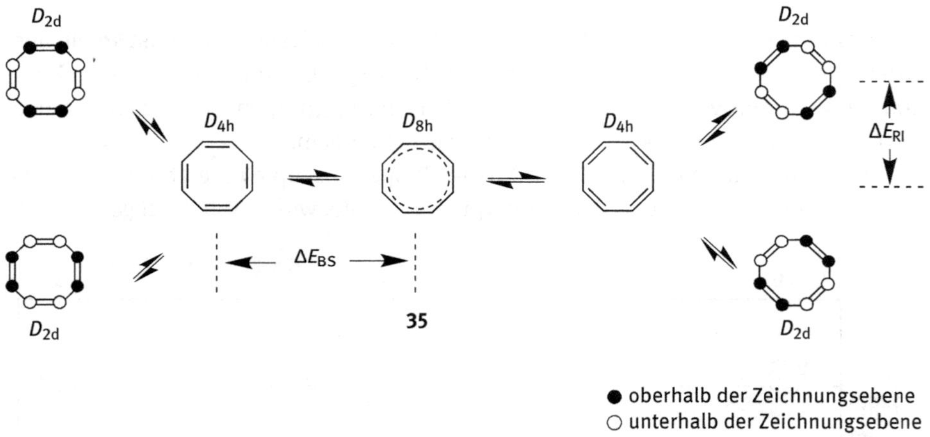

Abb. 10.22: Punktgruppen, die während der Isomerisierung von COT **35** erreicht werden können [16].

Die 60 MHz-^{1}H-NMR-Spektren von Cyclooctatetraenyl-2,3,4,5,6,7-d_6-dimethylcarbinol (**35a**) zeigen bei tiefen Temperaturen (−35 °C) die Signale der Ringprotonen (CS_2-Lösung), die aus zwei scharfen Linien gleicher Intensität bestehen [32]. Das abgeschirmte Signal (δ_H = 5,76) wird dem Proton in **35a** und **35b** zugeordnet und das entschirmte Signal (δ_H = 5,80) dem Proton in **35c** und **35d**, weil in Abwesenheit der Deuteriumentkopplung nur das Hochfeldband scharf bleibt. Die Methylprotonen ergeben ebenfalls zwei Signale, wie von einer Struktur wie **35a** erwartet, in der die zwei Methylgruppen chemisch nicht äquivalent sind.

Wenn die Temperatur steigt, verbreitert sich das Methyldublett, koalesziert dann (bei −2 °C) und wird schließlich zu einer einzelnen scharfen Linie. Das aus dem Ringproton entstehende Dublett zeigt ein ähnliches Verhalten, außer dass die Koaleszenztemperatur viel höher ist. Die Prozesse, die die Umgebungen der beiden Methylgrup-

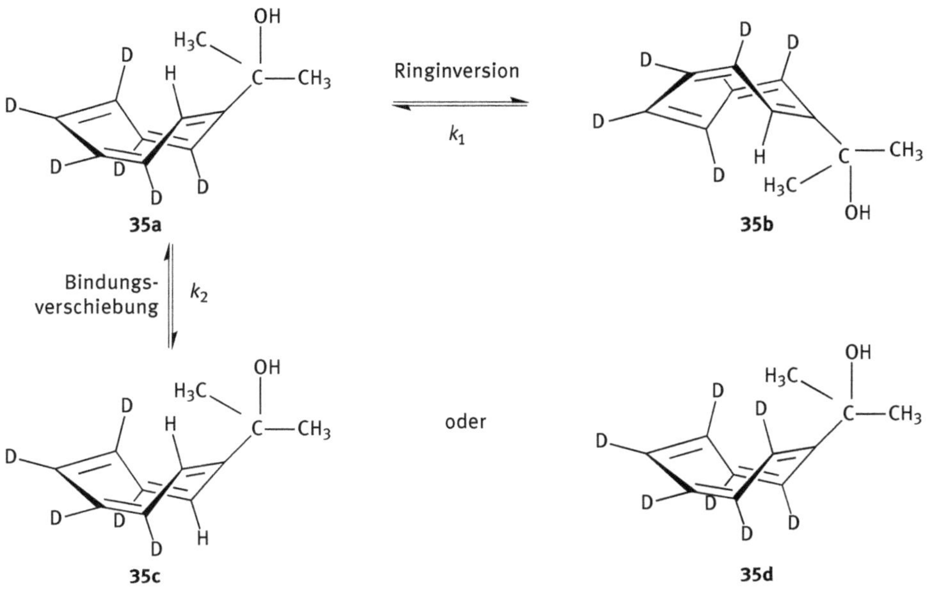

Abb. 10.23: Ringinversion und Doppelbindungssverschiebung im COT-Derivat **35a**, angepasst nach [16].

pen mitteln, sind **35a** ⇆ **35b** und **35a** ⇆ **35d**. Die Prozesse **35a** ⇆ **35c** und **35a** ⇆ **35d** tragen zur Mittelung der Umgebungen des Rings bei. Für die Bindungsverschiebung wurden $\Delta G^{\#}_{314} = 72{,}8$ kJ/mol, $\Delta H^{\#} = 64{,}4$ kJ/mol und $\Delta S^{\#} = -26$ J/K × mol ermittelt [32].

$Rh_4(CO)_{12}$

Gerüstumlagerungen werden besonders häufig in der metallorganischen Chemie beobachtet. In Clusterkomplexen wie $Rh_4(CO)_{12}$ (**36**) können die Carbonylgruppen in zwei verschiedenen Positionen vorliegen, entweder als terminales Carbonyl an *ein* Metallzentrum gebunden, oder als Carbonylbrücke an *zwei* Metallzentren. Während die bei hoher Temperatur vorliegende Form **36b** Tetraedersymmetrie T_d besitzt, ist die Symmetrie der bei tiefer Temperatur vorliegenden Form **36a** mit C_3 wesentlich geringer.

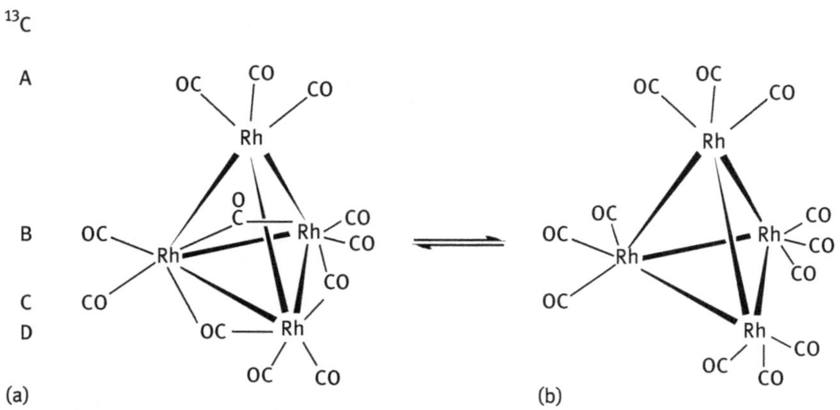

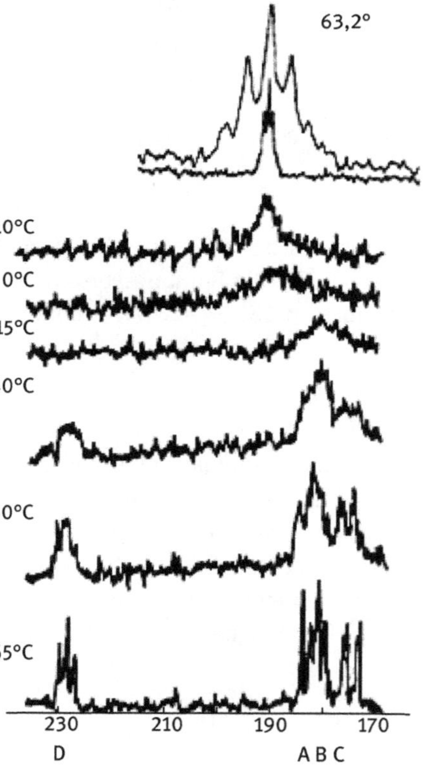

Abb. 10.24: Temperaturabhängiges ^{13}C-NMR Spektrum von $Rh_4(CO)_{12}$ (**36**); übernommen aus F. A. Cotton, L. Kruczynski, B. L. Shapiro, L. F. Johnson „Direct Evidence from Carbon-13 Nuclear Magnetic Resonance for Intramolecular Scrambling of Carbonyl Groups in a Metal Atom Cluster Carbonyl, Tetrarhodium Dodecacarbonyl" *J. Amer. Chem. Soc.* **1972**, *94*, 6191 mit Erlaubnis der American Chemical Society und übernommen aus J. Evans, B. F. G. Johnson, J. Lewis, T. W. Matheson, J. R. Norton „Carbon 13 Nuclear Magnetic Resonance Spectra of Polynuclear Carbonyls of Cobalt and Rhodium" *J. Chem. Soc. Dalton Trans.* **1978**, 626 mit Erlaubnis der Royal Society of Chemistry; vermittelt durch das Copyright Clearance Center, Inc.

Bei 0 °C zeigt das ^{13}C-NMR-Spektrum nur eine einzige breite Resonanz. Wenn die Temperatur erhöht wird, verengt sich diese Resonanz und beginnt eine Struktur zu zeigen. Das Spektrum wird charakteristisch für den schnellen Austausch. Bei etwa 50 °C ist die Grenze erreicht. Es besteht aus einem 1 : 4 : 6 : 4 : 1-Quintett mit einer Aufspaltung von 17,1 Hz. In $[Rh(CO)_2Cl]_2$ wurde $^1J_{C,Rh}$ mit 68,8 Hz gemessen. Für **36b** sind daher 68,8/4 = 17,2 Hz als eine durchschnittliche Aufspaltung zu erwarten. Ein intermolekularer Austausch würde die ^{103}Rh,^{13}C-Kopplung aufheben und wird daher ausgeschlossen [33]. Die Linienbreite der Signale wird durch ^2J(C–Rh–C) bestimmt. Die apikalen Carbonylgruppen (A) besitzen ein einfacheres lokales Spinsystem AA′A″X als beide der beiden basal-terminalen Umgebungen (B und C). Diese haben das Spinsystem ABMM′X′ und sollten daher eine breitere Resonanz aufweisen. Damit wird das Dublettsignal bei δ_C = 183,4 mit J = 75 Hz der apikalen Umgebung (A) und das Triplettsignal bei δ_C = 228 den verbrückenden Carbonylen (D) [34] zugeordnet.

Übung 9

Was sind die prinzipiellen Unterschiede der Austauschprozesse in DMF und Methylcyclohexan?

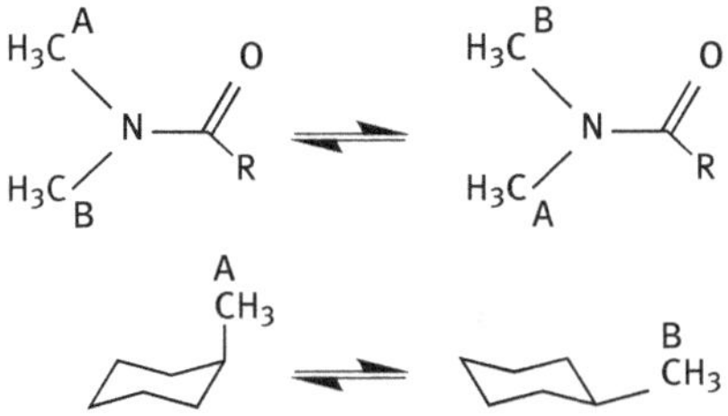

Übung 10

Schätzen Sie ab, welche der beiden Verbindungen, Bullvalen oder Barbaralon, die höhere freie Aktivierungsenergie $\Delta G^{\#}_{298}$ besitzt.

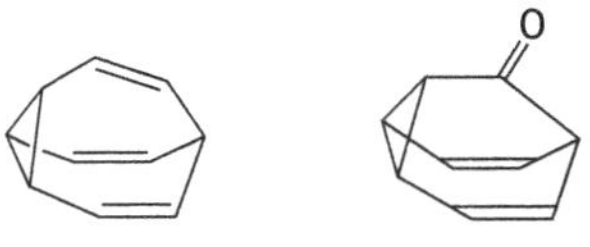

Literatur

[1] K. Mislow, M. Raban, Stereoisomeric Relationships of Groups in Molecules, *Top. Stereochemistry* **1** (1967), 1–38.

[2] R. G. Jones, The Use of Symmetry in Nuclear Magnetic Resonance, *NMR Basic Principles and Progress* **1** (1969), 97–174.

[3] N. Sheppard, J. J. Turner, High-resolution nuclear-magnetic-resonance spectra of hydrocarbon groupings III. An analysis of the spectrum of liquid propane using ^{13}CH satellites, *Mol. Phys.* **3** (1960),168–173.

[4] G. W. Flynn, J. D. Baldeschwieler, NMR and Double Resonance Spectra of CH_2F_2 and CH_3CHF_2 in the Gas Phase, *J. Chem. Phys.* **37** (1962), 2907–2918.

[5] U. Weber, H. Thiele, *NMR-Spectroscopy: Modern Spectral Analysis*, Wiley-VCH, Weinheim, 1998.

[6] K. Marat, Spinworks. ftp://davinci.chem.umanitoba.ca/pub/marat/SpinWorks/

[7] G. W. Flynn, J. D. Baldeschwieler, NMR Spectrum of l,l-Difluoroethylene in the Gas Phase, *J. Chem. Phys.* **38** (1963), 226–231.

[8] S. Berger, S. Braun, *200 And More NMR Experiments*, Wiley-VCH, Weinheim, 2004, S. 58.

[9] H. Günther, ^{1}H-NMR Spectra of the AA′XX′ and AA′BB′ Type – Analysis and Classification, *Angew. Chem. Int. Ed.* **11** (1972), 861–874.

[10] A. Rudo, H.-U. Siehl, K.-P. Zeller, S. Berger, D. Sicker, Cantharidin – als Potenzmittel entzaubert, aber, *Chem. Unserer Zeit* **47** (2013), 310–316.

[11] S. Berger, Proton Detection of Carbon Carbon Spin Coupling Constants in Symmetrical Molecules, *J. Magn. Reson.* **142** (2000), 136–138.

[12] S. Berger, A. Krebs, B. Thölke, H.-U. Siehl, Experimental and Quantum Chemical Investigation of the Stereochemical Dependence of Spin Coupling Constants in Symmetrical Strained Systems, *Magn. Reson. Chem.* **38** (2000), 566–569.

[13] R. Wagner, S. Berger, Heteronuclear edited Gradient Selected 1D and 2D NOE spectra: Determination of the NOE effect between chemically equivalent protons, *Magn. Reson. Chem.* **35** (1997), 199–202.

[14] R. M. Gschwind, X. Xie, P. Rajamohanan, Gs-HSQC-NOESY versus gs-NOESY-HSQC experiments: signal attenuation due to diffusion; application to symmetrical molecules, *Magn. Reson. Chem.* **42** (2004), 308–31

[15] H. Günther, NMR Spectroscopy, 3. edn., Wiley-VCH, Weinheim, 2013, 718 pp.

[16] S. Berger, Lecture Course in Dynamic NMR Spectroscopy, 2019, 1–131 (erhältlich vom Autor).

[17] S. A. Arrhenius, Über die Dissociationswärme und den Einfluß der Temperatur auf den Dissociationsgrad der Elektrolyte, *Z. Phys. Chem.* **4** (1889), 96–116.

[18] H. Eyring, The Activated Complex in Chemical Reactions, *J. Chem. Phys.* **3** (1935), 107–115.

[19] H. S. Gutowsky, C. H. Holm, Rate Processes and Nuclear Magnetic Resonance Spectra. II. Hindered Internal Rotation of Amides, *J. Chem. Phys.* **25** (1956), 1228–1234.

[20] K. Rabinowitz, A. Pines, Hindered Internal Rotation and Dimerization of N,N-Dimethylformamide in Carbon Tetrachloride, *J. Am. Chem. Soc.* **91** (1969), 1585–1589.

[21] T. Drakenberg, K. I. Dahlqvist, S. Forsén, The Barrier to Internal Rotation in Amides. IV. N,N-Dimethylamides; Substituent and Solvent Effects, *J. Phys. Chem.* **76** (1972) all more, 2178–2183.

[22] M. Findeisen, S. Berger, *50 and more Essential NMR Experiments*, Wiley-VCH, Weinheim, 2013, 308 pp.

[23] G. Yamamoto, M. Oki, Restricted Rotation Involving the Tetrahedral Carbon. LX. peri-Substituent Effect on the Rotational Barrier of the 9-Methyl Group in Several Triptycene Derivatives, *Bull. Chem. Soc. Jpn.* **63** (1990), 3550–3559.

[24] R. F. Langler, T. T. Tidwell, Tetraisopropylethylene, *Tetrahedron Letters* **16** (1975), 777–780.

[25] D. S. Bomse, T. H. Morton, Sterically hindered internal rotation in acyclic hydrocarbons: Tetraisopropylethylene, *Tetrahedron Letters* **16** (1975), 781–787.

[26] W. E. v. Doering, W. R. Roth, Thermal Rearrangements, *Angew. Chem. Int. Ed. Engl.* **2** (1963), 115–122.

[27] H. Nakanishi, O. Yamamoto, Nuclear magnetic resonance study of exchanging systems V. A study on the Cope rearrangement of by ^{13}C NMR, *Tetrahedron Letters* **15** (1974), 1803–1806.

[28] H. Günther, J. Ulmen, Applications of carbon-13 resonance spectroscopy-XV. The degenerate Cope rearrangement of Bullvalene, *Tetrahedron* **30** (1974), 3781–3786.

[29] J. F. M. Oth, K. Müllen, J.-M. Gilles, G. Schröder, Comparison of ^{13}C and ^{1}H-Magnetic Resonance Spectroscopy as Techniques for the Quantitative Investigation of Dynamic Processes. The Cope Rearrangement in Bullvalene, *Helv. Chim. Acta* **57** (1974), 1415–1433.

[30] Y. Huang, S. Macura, R. R. Ernst, Carbon-13 Exchange Maps for the Elucidation of Chemical Exchange Networks, *J. Amer. Chem. Soc.* **103** (1981), 5327–5333.

[31] M. Perec, A reinvestigation of the vibrational spectra of cyclooctatetraene and cyclooctatetraene-d_8, *Spectrochim. Acta* **47A** (1991), 799–809.

[32] F. A. L. Anet, A. J. R. Bourn, Y. S. Lin, Ring Inversion and Bond Shift in Cyclooctatetraene Derivatives, *J. Amer. Chem. Soc.* **86** (1964), 3576–3577.

[33] F. A. Cotton, L. Kruczynski, B. L. Shapiro, L. F. Johnson, Direct Evidence from Carbon-13 Nuclear Magnetic Resonance for Intramolecular Scrambling of Carbonyl Groups in a Metal Atom Cluster Carbonyl, Tetrarhodium Dodecacarbonyl, *J. Amer. Chem. Soc.* **94** (1972), 6191–6192.

[34] J. Evans, B. F. G. Johnson, J. Lewis, T. W. Matheson, J. R. Norton, Carbon 13 Nuclear Magnetic Resonance Spectra of Polynuclear Carbonyls of Cobalt and Rhodium, *J. Chem. Soc. Dalton Trans.* (1978), 626–634.

11 Kristallstrukturen und Raumgruppen

Liste der Abkürzungen

$[uvw]$	Indizes für Gitterrichtung	$\boldsymbol{W}$	(3×3)-Matrix
$\langle uvw \rangle$	Satz äquivalenter Gitterrichtungen	$\boldsymbol{W}^T$	transponierte Matrix
		$\boldsymbol{W}^{-1}$	inverse Matrix
(hkl)	Indizes für Netzebenen	$\mathbb{W}$	erweiterte (4×4)-Matrix
$\{hkl\}$	Satz äquivalenter Ebenen, Kristallflächen	$\mathbb{I}$	Einheitsmatrix
		$\boldsymbol{P}$, $\mathbb{P}$	Transformationsmatrix
$\mathbf{t}$	Translationsvektor	$\det(\cdots)$	Determinante einer Matrix
$\mathbf{T}$	Vektorgitter	I, R, T	Abbildungen
d	Netzebenenabstand	$\mathcal{G}$, $\mathcal{H}$	Gruppen
O	Ursprung	$\mathcal{T}$	Gruppe aller Translationen
$a, b, c, \alpha, \beta, \gamma$	Gitterparameter	$\mathcal{P}$	Kristallklasse
$\mathbf{a}, \mathbf{b}, \mathbf{c}$	Basisvektoren	t2	translationengleich mit Index zwei
$(\mathbf{a})^{\mathrm{T}}$, $(\mathbf{a}')^{\mathrm{T}}$	Zeilen mit Basisvektoren		
$\boldsymbol{r}, \boldsymbol{t}, \boldsymbol{u}, \boldsymbol{w}, \boldsymbol{x}$	Spalten mit Koordinaten oder Vektorkoeffizienten	k2	klassengleich mit Index zwei
		i2	isomorph mit Index zwei
$\boldsymbol{w}$	Vektorkoeffizienten	i	Index der Untergruppe

11.1 Kristallstrukturen

Das Thema Raumgruppen und Symmetrie wird in mehreren Monografien z. B. [1, 2] und Tabellenwerken wie [3, 4] abgehandelt. Dieses Kapitel soll einen Eindruck vermitteln, wie Symmetrieprinzipien zur Beschreibung von Kristallstrukturen eingesetzt werden können.

In der Kristallografie kommt der Symmetrie eine zentrale Rolle zu. Die Symmetrie der Kristalle, die einen Einfluss auch auf die physikalischen Eigenschaften hat, wird mithilfe der Raumgruppen spezifiziert.

1. In Kristallstrukturen besitzt die Anordnung der Atome eine ausgesprochene Tendenz die höchstmögliche Symmetrie zu erreichen.
2. Gegenläufige Faktoren, bedingt durch spezielle Eigenschaften einzelner Atome oder Atomansammlungen, können des Erreichen der höchstmöglichen Symmetrie verhindern. In vielen Fällen ist jedoch die Abweichung von der idealen Symmetrie nur sehr gering (Pseudosymmetrie).
3. Bei Phasenübergängen und Festkörperreaktionen, die Produkte niederer Symmetrie erzeugen, wird sehr oft die höhere Symmetrie des Ausgangsprodukts durch die Ausbildung von Orientierungsdomänen erhalten.

Kristalle zeichnen sich durch eine Fernordnung aus, d. h., dass sich ihr Aufbau in allen Raumrichtungen periodisch wiederholt. Mathematisch lässt sich dies als Gitter

https://doi.org/10.1515/9783110736366-011

beschreiben, dessen sich periodisch wiederholende Baueinheit die Elementarzelle ist. Ihre Achsen können als Koordinatensystem verwendet werden. In der Natur vorkommende und synthetische Kristalle kann man als endliche Blöcke einer unendlich periodischen Struktur auffassen.

11.1.1 Gitter

Eine Gitterrichtung ist die Richtung parallel zu einem Gittervektor $\mathbf{t}$. Dieser wird mit dem Symbol $[uvw]$ geschrieben. u, v und w haben keinen gemeinsamen Teiler. [100], [010] und [001] korrespondieren mit den Gitterrichtungen $\boldsymbol{a}_1$, $\boldsymbol{a}_2$ und $\boldsymbol{a}_3$ bzw. [111] zu $\boldsymbol{a}_1 + \boldsymbol{a}_2 + \boldsymbol{a}_3$.

Die Netzebene, die durch einzelne Punkte eines Gitters läuft, ist eine aus einer Schar äquidistanter, paralleler Ebenen. Die Netzebene wird durch (hkl) in runden Klammern angegeben. h, k, l sind ganzzahlige Miller-Indizes. Aus der Ebenenschar wird diejenige ausgewählt, die am nächsten zum Ursprung liegt, ohne dass sie selbst durch den Ursprung geht. Sie schneidet die Koordinatenachsen bei a_1/h, a_2/k und a_3/l vom Ursprung aus gesehen.

Um das Rechnen mit Ebenen zu erleichtern, ist es bequem, jeden Satz von Netzebenen durch einen Vektor $\mathbf{t}^*_{hkl} = h\mathbf{a}^*_1 + k\mathbf{a}^*_2 + l\mathbf{a}^*_3$ im reziproken Gitter zu bezeichnen. Das reziproke Gitter $\mathbf{T}^*$ ist ein Vektorgitter der reziproken Basisvektoren $\mathbf{a}^*_1, \mathbf{a}^*_2, \mathbf{a}^*_3$ oder $\mathbf{a}^*, \mathbf{b}^*, \mathbf{c}^*$. $\mathbf{t}^*_{hkl}$ ist senkrecht zur Netzebene (hkl) und hat die Länge $1/d_{hkl}$, die den Abstand d zwischen den benachbarten Ebenen angibt.

In der Kristallografie werden Richtungen in einem Gitter in eckigen Klammern angegeben, z. B. $[uvw]$ oder $\langle uvw\rangle$, wenn es sich um einen Satz aus symmetrieäquivalenten Gitterrichtungen handelt. Die Indizes für eine Kristallfläche lauten (hkl) und werden in runden Klammern angegeben, die für einen Satz symmetrieäquivalenter Flächen $\{hkl\}$ in Schweifklammern.

Das reziproke Gitter

Viele Miller-Ebenen auf einmal darzustellen, ist sehr unübersichtlich. Vergrößert wird das Problem zusätzlich dadurch, dass die Miller-Indizes nicht nur eine Ebene beschreiben, sondern eine ganze Schar.

Eine Vereinfachung ist, jede Miller-Ebene durch einen Vektor $\mathbf{d}$ darzustellen, der vom Ursprung aus senkrecht auf der Ebene steht und somit eine Länge hat, die dem Abstand der Ebene vom Ursprung entspricht. Aufgrund des reziproken Zusammenhangs mit hkl sind die Berechnungen von $\mathbf{d}$ jedoch nicht trivial. Als Beispiel soll die Berechnung der Länge d von $\mathbf{d}$ für ein orthorhombisches Gitter dienen. Da in einem orthorhombischen Gitter die Winkel zwischen den Basisvektoren gleich 90° sind und

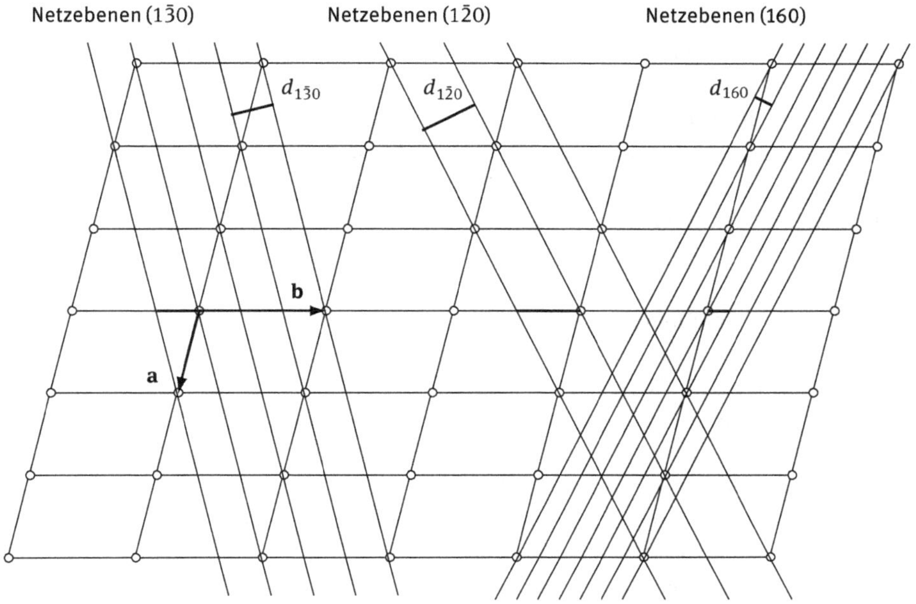

Abb. 11.1: Die Gitterebenen entlang [001]. In Klammern angegeben sind die Miller-Indizes der Ebenen im realen Gitter.

so sämtliche trigonometrischen Terme entfallen, ist das ein einfaches Beispiel:

$$\frac{1}{d^2} = \frac{h^2}{a^2} + \frac{k^2}{b^2} + \frac{l^2}{c^2} .$$

Man verwendet deshalb das reziproken Gitter und erhält so:

$$d^{*2} = h^2 a^{*2} + k^2 b^{*2} + l^2 c^{*2}$$

Dabei sind a^*, b^* und c^* die Längen der reziproken Basisvektoren (in diesem Fall $1/a$, $1/b$ und $1/c$) und d^* die Länge des reziproken Gittervektors ($1/d$). Ganz allgemein kann man formulieren:

$$\mathbf{d}^* = h\mathbf{a}^* + k\mathbf{b}^* + l\mathbf{c}^*$$

Da h, k und l ganzzahlig sind, entspricht das der Beschreibung eines Gitters. Das heißt, es ist gelungen, jede Miller-Ebene durch einen einzigen Punkt im reziproken Gitter darzustellen. Allgemein gilt, dass die reziproken Gittervektoren und damit auch die Achsen der reziproken Elementarzelle senkrecht auf realen Ebenen (z. B. $\mathbf{c} \perp \mathbf{ab}$-Fläche) stehen und umgekehrt. In schiefwinkligen Gittern liegen die reziproken und realen Achsen nicht parallel zueinander.

Der allgemeine Zusammenhang zwischen den realen und den reziproken Basisvektoren lautet wie folgt:

$$\mathbf{a}^* = \frac{\mathbf{b} \times \mathbf{c}}{V} \quad \mathbf{b}^* = \frac{\mathbf{a} \times \mathbf{c}}{V} \quad \mathbf{c}^* = \frac{\mathbf{a} \times \mathbf{b}}{V}$$

Da das Kreuzprodukt zweier Vektoren einer Fläche entspricht, muss durch das Volumen der Elementarzelle V ($V = \mathbf{a} \cdot (\mathbf{b} \times \mathbf{c})$) geteilt werden, um auf eine reziproke Länge zu kommen.

Neben der übersichtlicheren Form der Darstellung hat das reziproke Gitter aber auch eine physikalische Bewandtnis. Es beschreibt die räumliche Anordnung der Beugungsmaxima, so dass aus den Messergebnissen ein Rückschluss auf das Kristallgitter möglich ist (siehe Kapitel 11.4.2)

11.1.2 Die Wahl der Elementarzelle

Üblicherweise wird für Raumgruppen ein kristallografisches Koordinatensystem gewählt, das aus einer kristallografischen Basis (die Basisvektoren sind Gittervektoren) und einem Ursprung besteht. Dafür sollten die üblichen Regeln beachtet werden:

1. Für die Basis sollte $a \leq b \leq c$ gelten.
   Alle Winkel sollten entweder unter 90° liegen: $60° \leq \alpha, \beta, \gamma \leq 90°$
   oder alle über 90°: $90° \leq \alpha, \beta, \gamma \leq 120°$.
2. Die gewählte Zelle sollte so klein wie möglich sein.
3. Die gewählte Zelle sollte Zentrierungen und Symmetrie berücksichtigen.
4. Der Ursprung sollte, wenn möglich, in einem Symmetriezentrum gewählt werden.

Üblicherweise lässt sich aus dem Inhalt der Elementarzelle die Zusammensetzung einer Verbindung bestimmen.

Im Beispiel Natriumchlorid enthält die Elementarzelle ein Chloratom im Zentrum der Zelle und zwölf Chloratome auf den Kanten der würfelförmigen Zelle. Die Letzteren zählen aber auch zu den vier Nachbarzellen und werden nur zu einem Viertel gezählt ($1 + 12/4$). Acht Natriumatome befinden sich an den Ecken der Zelle ($8/8$) und sechs auf den Flächenmitten ($6/2$). Damit ergibt sich ein Verhältnis von vier Na zu vier Cl und somit die $1:1$-Verbindung NaCl.

Kennt man die Raumgruppe und die Atomlagen, lässt sich die Zusammensetzung auch aufgrund der Lagemultiplizität ermitteln. Für NaCl in $Fm\bar{3}m$ mit Na in 4a (000) und Cl in 4b ($\frac{1}{2}, \frac{1}{2}, \frac{1}{2}$), ergibt sich das $1:1$-Verhältnis.

11.1.3 Die asymmetrische Einheit

Die asymmetrische Einheit einer Raumgruppe ist der kleinste Teil des Raumes, von dem aus durch Anwendung der Symmetrieoperationen der Raumgruppe der ganze Raum gefüllt werden kann.

Aus der asymmetrischen Einheit wird im Gegensatz zur Elementarzelle, die sich ausschließlich durch Translationen fortschreibt, die Struktur auch durch Symmetrieoperationen wie Rotation, Schraubung, Spiegelung und Gleitspiegelung erzeugt. Des-

Tab. 11.1: Festlegung der asymmetrischen Einheiten für ausgewählte Raumgruppen.

Kristallsystem	Raumgruppe	Asymmetrische Einheit		
Triklin	$P1$	$0 \le x \le 1$	$0 \le y \le 1$	$0 \le z \le 1$
Monoklin	$C2/m$	$0 \le x \le \frac{1}{2}$	$0 \le y \le \frac{1}{4}$	$0 \le z \le 1$
Orthorhombisch	$Pnma$	$0 \le x \le \frac{1}{2}$	$0 \le y \le \frac{1}{4}$	$0 \le z \le 1$
Tetragonal	$P4/m$	$0 \le x \le \frac{1}{2}$	$0 \le y \le \frac{1}{2}$	$0 \le z \le \frac{1}{2}$
Trigonal	$P3$	$0 \le x \le \frac{2}{3}$	$0 \le y \le \frac{2}{3}$	$0 \le z \le 1$
Hexagonal	$P6/mmm$	$0 \le x \le \frac{2}{3}$	$0 \le y \le \frac{1}{3}$	$0 \le z \le \frac{1}{2}$
Kubisch	$Fm\bar{3}m$	$0 \le x \le \frac{1}{2}$	$0 \le y \le \frac{1}{4}$	$0 \le z \le \frac{1}{4}$

halb ist die asymmetrische Einheit kleiner als die Elementarzelle, enthält aber alle Informationen, um den ganzen Kristall zu beschreiben. Das Volumen der asymmetrischen Einheit ist:

$$V_A = V_E/nh$$

Dabei ist V_E das Volumen der Elementarzelle, n ist die Anzahl der Gitterpunkte (eins für primitiv, zwei für innenzentriert, drei für rhomboedrisch zentriert und vier für allseitig flächenzentriert) und h ist die Anzahl der Symmetrieoperationen der Punktgruppe. Für $P2_1/c$ ist $h = 4$ und $n = 1$ und damit das Volumen der asymmetrischen Einheit $1/4$ der Elementarzelle.

Deshalb gilt je höher die Symmetrie, desto kleiner die asymmetrische Einheit. Einige Beispiele sind in Tab. 11.1 angegeben.

11.1.4 Die sieben Kristallsysteme

Die Raumgruppen werden nach zwei Kriterien geordnet:

1. Nach ihrer Kristallklasse (Punktgruppe): Es gibt insgesamt 32 Kristallklassen im dreidimensionalen Raum (s. Tab. 11.4).
2. Nach ihren Kristallsystemen: Die 230 Raumgruppen werden dabei in die sieben Kristallsysteme eingeteilt.

Die sieben Holoedrien (Kristallsysteme), die den Raumgruppen zugeordnet sind, sind triklin, monoklin, orthorhombisch, tetragonal, trigonal, hexagonal und kubisch.

11.1.5 Die 14 Bravais-Typen

Ein Gitter ist nicht als solches primitiv oder zentriert, aber es wird durch Hinzufügen der Basis als primitiv oder zentriert eingeordnet (s. Abb. 11.2). Die dann möglichen Gittertypen werden Bravais-Gitter genannt und sind in Tab. 11.2 angegeben. In Tab. 11.3 sind die möglichen Zentrierungstypen aufgelistet.

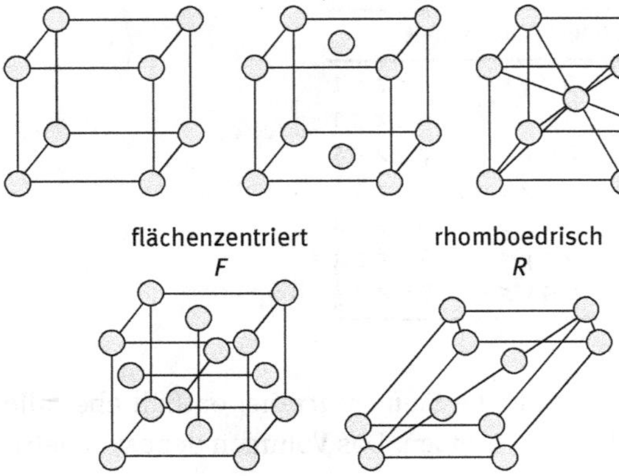

Abb. 11.2: Elementarzellen mit primitiver und zentrierter Basis.

Tab. 11.2: Die vierzehn Bravais-Gitter.

Bezeichnung (Abkürzung)	**Gittermetrik**
Primitiv triklin (*aP*)	$a \neq b \neq c; \alpha \neq \beta \neq \gamma \neq 90°$
Primitiv monoklin (*mP*)	$a \neq b \neq c; \alpha = \gamma = 90°; \beta \neq 90°$
Basiszentriert monoklin (*mC*)	$a \neq b \neq c; \alpha = \gamma = 90°; \beta \neq 90°$
Primitiv orthorhombisch (oP)	$a \neq b \neq c; \alpha = \beta = \gamma = 90°$
Basiszentriert orthorhombisch	$a \neq b \neq c; \alpha = \beta = \gamma = 90°$
Flächenzentriert orthorhombisch (oF)	$a \neq b \neq c; \alpha = \beta = \gamma = 90°$
Innenzentriert orthorhombisch (oI)	$a \neq b \neq c; \alpha = \beta = \gamma = 90°$
Primitiv tetragonal(*tP*)	$a = b \neq c; \alpha = \beta = \gamma = 90°$
Innenzentriert tetragonal(*tI*)	$a = b \neq c; \alpha = \beta = \gamma = 90°$
Primitiv hexagonal (*hP*)	$a = b \neq c; \alpha = \beta = 90°; \gamma = 120°$
Rhomboedrisch trigonal (*hR*)*	$a = b \neq c; \alpha = \beta = 90°; \gamma = 120°$
Primitiv rhomboedrisch (*rP*)*	$a = b = c; \alpha = \beta = \gamma \neq 90°$
Primitiv kubisch (*cR*)	$a = b = c; \alpha = \beta = \gamma = 90°$
Flächenzentriert kubisch (*cF*)	$a = b = c; \alpha = \beta = \gamma = 90°$
Innenzentriert kubisch (*cI*)	$a = b = c; \alpha = \beta = \gamma = 90°$

* *hR* und *rP* sind identisch, aber besitzen unterschiedliche Aufstellung der Basisvektoren.

11.1.6 Die 32 Punktgruppen (Kristallklassen)

In Tab. 11.4 werden die Schoenflies-Symbole der Punktgruppen den entsprechenden Hermann-Mauguin-Symbolen gegenübergestellt. Dort sind die 32 Punktgruppen, die den Kristallklassen entsprechen, eingerahmt.

Tab. 11.3: Die Zentrierungstypen der Bravais Gitter.

Gitter	Zentrierung	Koeffizienten des Zentrierungsvektors	Zentrierungsvektor
P	Primitiv		
A	Basiszentriert	$0\frac{1}{2}\frac{1}{2}$	$w = \frac{1}{2}\mathbf{b} + \frac{1}{2}\mathbf{c}$.
B	Basiszentriert	$\frac{1}{2}0\frac{1}{2}$	$w = \frac{1}{2}\mathbf{a} + \frac{1}{2}\mathbf{c}$.
C	Basiszentriert	$\frac{1}{2}\frac{1}{2}0$	$w = \frac{1}{2}\mathbf{a} + \frac{1}{2}\mathbf{b}$.
F	Flächenzentriert	$\frac{1}{2}\frac{1}{2}0, 0\frac{1}{2}\frac{1}{2}, \frac{1}{2}0\frac{1}{2}$	$w = \frac{1}{2}\mathbf{a} + \frac{1}{2}\mathbf{b}, w = \frac{1}{2}\mathbf{b} + \frac{1}{2}\mathbf{c}, w = \frac{1}{2}\mathbf{a} + \frac{1}{2}\mathbf{c}$
I	Innenzentriert	$\frac{1}{2}\frac{1}{2}\frac{1}{2}$	$w = \frac{1}{2}\mathbf{a} + \frac{1}{2}\mathbf{b} + \frac{1}{2}\mathbf{c}$
R	Rhomboedrisch	$\frac{1}{3}\frac{2}{3}\frac{2}{3}, \frac{2}{3}\frac{1}{3}\frac{1}{3}$	$w = \frac{1}{3}\mathbf{a} + \frac{2}{3}\mathbf{b} + \frac{2}{3}\mathbf{c}, \frac{2}{3}\mathbf{a} + \frac{1}{3}\mathbf{b} + \frac{1}{3}\mathbf{c}$

Tab. 11.4: Gegenüberstellung der Schoenflies-Symbole und der Hermann-Mauguin-Symbole. Eingerahmt sind die 32 Kristallklassen (Punktgruppen).

Schoenflies	Hermann-Mauguin	Schoenflies	Hermann-Mauguin	Schoenflies	Hermann-Mauguin Kurzform	Hermann-Mauguin Langform
C_1	1	C_i	$\bar{1}$	C_s	m	
C_2	2	C_{2h}	$2/m$	C_{2v}	$mm2$	
C_3	3	$C_{3h} = S_3$	$\bar{6} = 3/m$	C_{3v}	$3m$	
C_4	4	C_{4h}	$4/m$	C_{4v}	$4mm$	
C_6	6	C_{6h}	$6/m$	C_{6v}	$6mm$	
S_4	$\bar{4}$	$C_{3i} = S_6$	$\bar{3}$	$C_{\infty v}$	∞m	
D_2	222	$D_{2d} = S_{4v}$	$\bar{4}2m$	D_{2h}	mmm	$2/m2/m2/m$
D_3	32	D_{3h}	$\bar{6}2m$	D_{3d}	$\bar{3}m$	$\bar{3}2/m$
D_4	422	$D_{4d} = S_{8v}$	$\bar{8}2m$	D_{4h}	$4/mmm$	$4/m2/m2/m$
D_5	52	D_{5h}	$\overline{10}2m$	D_{5d}	$\bar{5}m$	$\bar{5}2/m$
D_6	622	$D_{6d} = S_{12v}$	$\overline{12}2m$	D_{6h}	$6/mmm$	$6/m2/m2/m$
				$D_{\infty h}$	∞/mm	$\infty/m2/m = \overline{\infty}2/m$
T	23	T_d	$\bar{4}3m$	T_h	$m\bar{3}$	$2/m\bar{3}$
		O	432	O_h	$m\bar{3}m$	$4/m\bar{3}2/m$
		I	235	I_h	$m\bar{3}\bar{5}$	$2/m\bar{3}\bar{5}$

11.1.7 Schoenflies- oder Hermann-Mauguin-Symbole

Neben den Punktgruppen lassen sich selbstverständlich auch die Raumgruppen mit beiden Symbolen ausdrücken. Schoenflies-Symbole haben den Vorteil, dass sie den Raumgruppentyp in einer eindeutigen Art zuordnen, unabhängig von der Wahl der Basis. Sie besitzen den Nachteil, dass sie lediglich eine direkte Auskunft über die Punktgruppensymmetrie geben, denn sie liefern keine Information über den Gittertyp, der lediglich über die hochgestellte Zahl angegeben wird. Schoenflies-Symbole sind prägnant, aber bieten weniger Information als die Hermann-Mauguin-Symbole. Sie werden zwar in der Spektroskopie, der Quantenchemie und für die Symmetriebestimmung von Molekülen benutzt, werden jedoch in der Kristallografie kaum noch benutzt. So stehen die Schoenflies-Raumgruppensymbole C_{2h}^1, C_{2h}^2, C_{2h}^3, C_{2h}^4, C_{2h}^5 und C_{2h}^6 für die monoklinen Raumgruppen $P2/m$, $P2_1/m$, $C2/m$, $P2/c$, $P2_1/c$ und $C2/c$. Die Tab. 11.5 gibt einen Vergleich einiger Raumgruppensymbole in Schoenflies- und Hermann-Mauguin-Symbolik.

Tab. 11.5: Gegenüberstellung der Schoenflies-Symbole und der Hermann-Mauguin-Symbole einzelner Raumgruppen.

Schoenflies	Hermann-Mauguin	Schoenflies	Hermann-Mauguin	Schoenflies	Hermann-Mauguin	
					Kurzform	Langform
C_1^1	$P1$	C_i^1	$P\bar{1}$	C_s^1	Pm	$P1m1$
C_2^1	$P2$	C_2^2	$P2_1$	C_{2h}^5	$P2_1/c$	$P12_1/c1$
D_2^1	$P222$	C_{2v}^{12}	$Cmc2_1$	D_{2h}^{16}	$Pnma$	$P2_1/n2_1/m2_1/a$
C_{4h}^6	$I4_1/a$	D_{2d}^3	$P\bar{4}2_1m$	D_{4h}^9	$P4_2/mmc$	$P4_2/m2/m2/c$
C_{3i}^2	$R\bar{3}$	C_{6h}^2	$P6_3/m$	D_{6h}^4	$P6_3/mmc$	$P6_3/m2/m2/c$
T_d^2	$F\bar{4}3m$	O^3	$F432$	O_h^5	$Fm\bar{3}m$	$F4/m\bar{3}2/m$

11.1.8 Die 230 Raumgruppen

Um die innere und äußere Symmetrie von Kristallen zu beschreiben und zu klassifizieren, wird die Gruppentheorie herangezogen. Die Symmetriegruppe der Kristallstruktur wird Raumgruppe genannt, ihre Untergruppe der reinen Translationen bestimmt das Bravais-Gitter des Kristalls und die orthogonalen Anteile der Elemente der Raumgruppe bilden die Punktgruppe. Man erhält aus dem Raumgruppensymbol das Punktgruppensymbol, indem man:

1. das Gittersymbol löscht (P, A, B, C, F, I, R),
2. alle Komponenten der Schraubungen löscht (die tief gestellten Ziffern),
3. die Buchstaben für die Gleitspiegelung (a, b, c, n, d, e) in m umwandelt.

Beispiele:

$P2_1/c \rightarrow 2/m$
$Pnma \rightarrow mmm$
$I4_1/amd \rightarrow 4/mmm$
$Ia\bar{3}d \rightarrow m\bar{3}m$

Alle Hermann-Mauguin-Symbole der Raumgruppen geben in ihrem Punktgruppenteil die Gittersymmetrie bestimmter Blickrichtungen an, die je nach Kristallsystem verschieden sind. Die Tab. 11.6 gibt die Blickrichtungen an und in Tab. 11.7 sind einige Beispiele für Raumgruppen und die Symmetrierichtungen der Punktgruppe angegeben.

Tab. 11.6: Gittersymmetrie: Blickrichtungen für dreidimensionale Systeme.

Gitter	**Symmetrierichtung Position im Hermann-Mauguin-Symbol**		
	Erstes	**Zweites**	**Drittes**
Triklin	Keine		
Monoklin	[010] (Einheitsachse *b*) [001] (Einheitsachse *c*)		
Orthorhombisch	[100]	[010]	[001]
Tetragonal	[001]	[100] [010]	[1$\bar{1}$0] [110]
Hexagonal	[001]	[100] [010] [$\bar{1}\bar{1}$0]	[1$\bar{1}$0] [120] [$\bar{2}\bar{1}$0]
Rhomboedrisch (hexagonale Achsen)	[001]	[100] [010] [$\bar{1}\bar{1}$0]	
Kubisch	[100] [010] [001]	[111] [1$\bar{1}\bar{1}$] [$\bar{1}$1$\bar{1}$] [$\bar{1}\bar{1}$1]	[1$\bar{1}$0][110] [01$\bar{1}$][011] [$\bar{1}$01][101]

Die symmorphen Raumgruppen

Man könnte nun glauben, durch Kombinationen der 14 Bravais-Typen mit den 32 Punktgruppen alle Raumgruppen zu erzeugen. Diese Vorgehensweise erzeugt aber von den 230 Raumgruppen lediglich die 73 symmorphen Raumgruppen.

In einem triklinen System gibt es lediglich einen Gittertyp, nämlich primitiv P sowie zwei Punktgruppen. Die Kombination ergibt die Raumgruppen $P1$ und $P\bar{1}$. In monoklinen Gittern sind es zwei Bravais-Typen P und C und drei Punktgruppen 2, m und $2/m$, die zusammen die sechs Raumgruppen $P2$, Pm, $P2/m$, $C2$, Cm, $C2/m$ ergeben. Auf diese Weise erhält man 66 Raumgruppen. Die zusätzlichen sieben symmorphen Raumgruppen, in Tab. 11.8 mit einem * markiert, erhält man unter Berücksichtigung der Lagen der Symmetrieelemente.

Tab. 11.7: Einige Raumgruppensymbole und die Blickrichtungen.

Blickrichtung triklin	P	1		
Blickrichtung			[010]	
monoklin	C	1	$2/m$	1
Blickrichtung		[100]	[010]	[001]
orthorhombisch	P	$2_1/n$	$2_1/m$	$2_1/a$
Blickrichtung		[001]	[100]	[110]
tetragonal	I	4_1	m	d
Blickrichtung		[001]	[100]	[1$\bar{1}$0]
hexagonal	P	$6_3/m$	$2/m$	$2/c$
Blickrichtung		[111]	[1$\bar{1}$0]	
rhomboedrisch	R	$\bar{3}$	$2/m$	
Blickrichtung		[100]	[111]	[110]
kubisch	F	$4/m$	$\bar{3}$	$2/m$

Tab. 11.8: Die 73 symmorphen Raumgruppen.

Kristallsystem	**Bravais-Gitter**	**Raumgruppen**
Triklin	P	$P1$, $P\bar{1}$
Monoklin	P	$P2$, Pm, $P2/m$
	C	$C2$, Cm, $C2/m$
Orthorhombisch	P	$P222$, $Pmm2$, Cm, $Pmmm$
	C, A oder B	$C222$, $Cmm2$, $Amm2^*$, $Cmmm$
	I	222, $Imm2$, $Immm$
	F	$F222$, $Fmm2$, $Fmmm$
Tetragonal	P	$P4$, $P\bar{4}$, $P4/m$, $P422$, $P4mm$
		$P42m$, $P\bar{4}m2^*$, $P4/mmm$
	I	$I4$, $I\bar{4}$, $I4/m$, $I422$, $I4mm$
		$I\bar{4}2m$, $I\bar{4}m2^*$, $I4/mmm$
Kubisch	P	$P23$, $Pm3$, $P432$, $P\bar{4}3m$, $Pm3m$
	I	$I23$, $Im3$, $I32$, $I\bar{4}3m$, $Im3m$
	F	$F23$, $Fm3$, $F432$, $F\bar{4}3m$, $Fm3m$
Trigonal	P	$P3$, $P\bar{3}$, $P312$, $P321^*$, $P3m1$
		$P31m^*$, $P\bar{3}1m$, $P\bar{3}m1^*$
(Rhomboedrisch)	R	$R3$, $R\bar{3}$, $R32$, $R3m$, $R\bar{3}m$
Hexagonal	P	$P6$, $P\bar{6}$, $P6/m$, $P622$, $P6mm$
		$P\bar{6}m2$, $P\bar{6}2m^*$, $P6/mmm$

Im orthorhombischen Kristallsystem gibt es A-, B- und C-zentrierte Bravais-Typen. Werden diese mit der Punktgruppe $mm2$ verknüpft, kann die zweizählige Achse, die parallel zu **c** gewählt wird, entweder senkrecht zur Fläche oder parallel zur Fläche verlaufen. Im ersten Fall ergibt sich eine C- im zweiten Fall eine A- oder B-Zentrierung.

Das Hermann-Mauguin-Symbol symmorpher Raumgruppen besteht immer aus dem Symbol des Bravais-Gitters und einem Punktgruppensymbol.

Im Symbol symmorpher Raumgruppen erscheinen keine Schraubenachsen oder Gleitspiegelebenen. Trotzdem ergeben sich auch in symmorphen Raumgruppen solche Elemente. Sie sind jedoch nie als erzeugende Operationen erforderlich.

Die nicht symmorphen Raumgruppen

Die Erweiterung auf nicht symmorphe Raumgruppen kann so geschehen, dass man die Drehungen und Spiegelungen der Punktgruppen systematisch durch Schraubungen und Gleitspiegelungen ersetzt. In nicht symmorphen Raumgruppen gibt es keine Punkte mit der vollen Symmetrie der Punktgruppe der Raumgruppe. Das Hermann-Mauguin-Symbol nicht symmorpher Raumgruppen enthält immer wenigstens das Symbol einer Schraubenachse oder Gleitspiegelebene. Insgesamt ergeben sich 157 nicht symmorphe Raumgruppen, die dann zusammen mit den 73 symmorphen Raumgruppen die 230 bekannten Raumgruppen ergeben.

Die 230 Raumgruppen wurden 1891 von Fedorov und Schoenflies abgeleitet. Der periodische Aufbau einer Kristallstruktur wurde später dann (1912) durch ein Röntgenbeugungsexperiment an einem Kristall von Laue, Friedrich und Knipping bewiesen.

Tab. 11.9: Die nicht symmorphen sieben monoklinen und 47 orthorhombischen Raumgruppen der insgesamt 157 nicht symmorphen Raumgruppen.

Kristallsystem	Bravais-Gitter	Raumgruppen
Monoklin	P	$P2_1, Pc, P2_1/m, P2/c, P2_1/c$
	C	$Cc, C2/c$
Orthorhombisch	P	$P222_1, P2_12_12, P2_12_12_1$,
		$Pmc2_1, Pcc2, Pma2, Pca2_1, Pnc2, Pmn2_1, Pba2, Pna2_1, Pnn2$,
		$Pnnn, Pccm, Pban, Pmma, Pnna, Pmna, Pcca$,
		$Pbam, Pccn, Pbcm, Pnnm, Pmmn, Pbcn, Pbca, Pnma$
	C, A oder B	$C222_1, Cmc2_1, Ccc2, Abm2, Ama2, Aba2$,
		$Cmcm, Cmca, Cmmm, Cccm, Cmma, Ccca$
	I	$I2_12_12_1, Iba2, Ima2, Ibam, Ibca, Imma$
	F	$Fdd2, Fddd$

Es gibt also 230 eindeutige Kombinationen für die dreidimensionale Symmetrie und diese entsprechen den 230 bekannten Raumgruppen. Davon sind zwei triklin, 13 (6+7) monoklin, 59 (12+47) orthorhombisch, 68 (16+52) tetragonal, 25 (8+17) trigonal,

27 (8+19) hexagonal und 36 (15+21) kubisch (in Klammern jeweils die Anzahl symmorpher und nicht symmorpher Raumgruppen).

Die enantiomeren Raumgruppen

Tab. 11.10: Die Raumgruppen der elf Enantiomerenpaare.

$P3_1$	$P3_2$
$P3_121$	$P3_221$
$P3_112$	$P3_212$
$P3_1$	$P3_2$
$P4_1$	$P4_3$
$P4_122$	$P4_322$
$P4_12_12$	$P4_32_12$
$P6_1$	$P6_3$
$P6_2$	$P6_4$
$P6_122$	$P6_322$
$P6_222$	$P6_422$
$P4_132$	$P4_332$

Die elf enantiomeren Raumgruppen sind in Tab. 11.10 angegeben. Sie enthalten natürlich keine Spiegelebenen. Da jede dieser Raumgruppen mit ihrer enantiomorphen durch eine Spiegelung verbunden ist, könnte man die enantiomorphen Raumgruppen nicht als separate Raumgruppen betrachten. In diesem Sinne ist die enantiomorphe Raumgruppe nur der unterschiedliche Blick (in einen Spiegel) auf dieselbe Raumgruppe. Mit dieser Sichtweise wären es dann nicht 230, sondern 219 Raumgruppen.

11.2 Symmetrie, Abbildung und Isometrie

11.2.1 Die Symbole der Symmetrieoperationen

In den Tabellen 11.11 und 11.12 sind Symbole der Symmetrieoperationen dargestellt.

11.2.2 Die Symmetrieoperationen

Im kristallografischen Sinn bedeutet Symmetrie, dass eine starre Bewegung (sog. *Isometrie*) ein Muster mit sich selbst zur Deckung bringt oder mit anderen Worten auf sich abbildet. Auf sich selbst abbilden bedeutet, dass der Betrachter zwischen dem Status des Objekts vor und nach der Abbildung nicht unterscheiden kann. Dabei be-

Tab. 11.11: Die wichtigsten Symmetrieachsen senkrecht zur Projektionsebene und ihre grafischen Symbole.

Drehachse oder Symmetriezentrum	Symbol	Grafisches Symbol	Schraubenvektor parallel zur Achse
Identität	1	–	–
Zweizählige Drehachse	2	⬥	–
Zweizählige Schraubenachse	2_1	⬥	$\frac{1}{2}$
Dreizählige Drehachse	3	▲	–
Dreizählige Schraubenachse	3_1	▲	$\frac{1}{3}$
Dreizählige Schraubenachse	3_2	▲	$\frac{2}{3}$
Vierzählige Drehachse	4	◆	–
Vierzählige Schraubenachse	4_1	◆	$\frac{1}{4}$
Vierzählige Schraubenachse	4_2	◆	$\frac{1}{2}$
Vierzählige Schraubenachse	4_3	◆	$\frac{3}{4}$
Sechszählige Drehachse	6	●	–
Sechszählige Schraubenachse	6_1	●	$\frac{1}{6}$
Sechszählige Schraubenachse	6_2	●	$\frac{1}{3}$
Sechszählige Schraubenachse	6_3	●	$\frac{1}{2}$
Sechszählige Schraubenachse	6_4	●	$\frac{2}{3}$
Sechszählige Schraubenachse	6_5	●	$\frac{5}{6}$
Inversionszentrum	$\bar{1}$	○	–
Vierzählige Drehinversion	$\bar{4}$	◆	–
Dreizählige Drehinversion	$\bar{3}$	△	–
Sechszählige Drehinversion	$\bar{6}$	⬢	–
Zweizählige Drehachse mit Symmetriezentrum	$2/m$	⬥	–
Zweizählige Schraubenachse mit Symmetriezentrum	$2_1/m$	⬥	$\frac{1}{2}$
Vierzählige Drehachse mit Symmetriezentrum	$4/m$	◆	–
Vierzählige Schraubenachse mit Symmetriezentrum	$4_2/m$	◆	$\frac{1}{2}$
Sechszählige Drehachse mit Symmetriezentrum	$6/m$	●	–
Sechszählige Schraubenachse mit Symmetriezentrum	$6_3/m$	●	$\frac{1}{2}$

Tab. 11.12: Weitere grafische Symbole für Symmetrieelemente.

Achsen parallel zur Papierebene					
2 ← →	2_1 ← →	4 ⊢	$\bar{4}$ ⊢	4_1 ⊢	4_2 ⊢

Achsen schräg zur Papierebene					
2 ⊹	2_1 ⊹	3 ⬟	$\bar{3}$ ⬟	3_1 ⬟	3_2 ⬟

Ebenen senkrecht zur Papierebene

m ——— b - - - - - c ·········· n –·–·–·– d –·–·→·– e –··–··–

Ebenen parallel zur Papierebene

m ⌐ a ↓ b ⌐→ n ⌐↘ e ⌐→↓

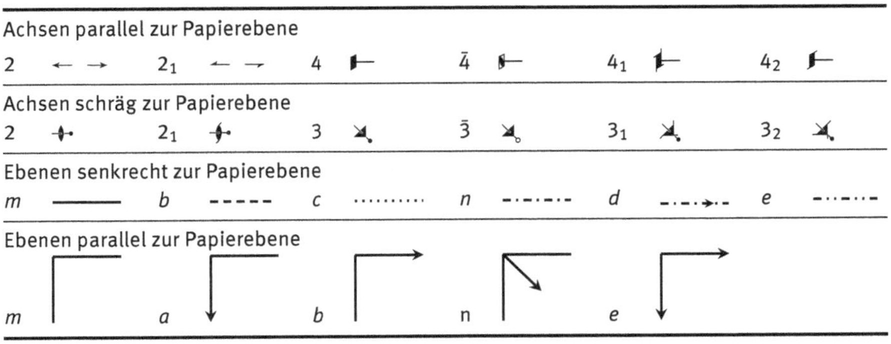

anspruht die Abbildung das gleiche Volumen wie das Original. Ein Volumenwechsel unter Abbildungsbedingungen wird durch die Determinante det($\boldsymbol{W}$) angegeben. Deshalb gilt für die Isometrie:

$$\det(\boldsymbol{W}) = \pm 1$$

Eine affine Abbildung in Bezug auf eine orthonormale Basis ist eine präzise Isometrie, wenn $\boldsymbol{W}^{\mathrm{T}} = \boldsymbol{W}^{-1}$ erfüllt ist (Bedingung für Orthogonalität).

Eine *Symmetrieoperation* ist die *Abbildung* eines Objekts, so dass alle Abstände unverändert bleiben und das Objekt auf sich selbst oder auf sein Spiegelbild abgebildet wird.

Solche Operationen können Drehungen oder Spiegelungen sein. Ist das Objekt eine Kristallstruktur, so ist die Abbildung eine kristallografische Symmetrieoperation. Der Satz aller Symmetrieoperationen einer Kristallstruktur ist die Raumgruppe der Kristallstruktur.

Eine Symmetrieoperation $\boldsymbol{W}$ transformiert jeden Punkt $\boldsymbol{X}$ mit den Koordinaten x, y, z in einen symmetrieäquivalenten Punkt $\tilde{\boldsymbol{X}}$ mit den Koordinaten $\tilde{x}, \tilde{y}, \tilde{z}$. Die Matrixschreibweise für diese Transformation ist:

$$\begin{pmatrix} \tilde{x} \\ \tilde{y} \\ \tilde{z} \end{pmatrix} = \begin{pmatrix} W_{11} & W_{12} & W_{13} \\ W_{21} & W_{22} & W_{23} \\ W_{31} & W_{32} & W_{33} \end{pmatrix} \begin{pmatrix} x \\ y \\ z \end{pmatrix} + \begin{pmatrix} w_1 \\ w_2 \\ w_3 \end{pmatrix}$$

Die (3 × 3)-Matrix $\boldsymbol{W}$ ist der Rotationsanteil und die (3 × 1)-Spalte der Translationsanteil $\boldsymbol{w}$. Das Paar ($\boldsymbol{W}, \boldsymbol{w}$) charakterisiert die Operation eindeutig. Die Gleichung lässt sich auch mit einer erweiterten (4 × 4)-Matrix angeben.

$$\mathbb{W} = \left(\begin{array}{ccc|c} W_{11} & W_{12} & W_{13} & w_1 \\ W_{21} & W_{22} & W_{23} & w_2 \\ W_{31} & W_{32} & W_{33} & w_3 \\ \hline 0 & 0 & 0 & 1 \end{array}\right)$$

Die Translationssymmetrie

Ein Kristall zeichnet sich durch die Anordnung seiner Materie (Atome, Ionen, Moleküle) auf einem Gitter aus. Das impliziert die Translationssymmetrie. Im Gitter lassen sich drei linear unabhängige Translationsvektoren $\boldsymbol{t}_j$ finden, für die alle Linearkombinationen mit ganzzahligen Komponenten die Kristallbausteine wieder zur Deckung bringen.

Durch die Translation T (Verschiebung) wird der Bildpunkt in $\boldsymbol{x} + \boldsymbol{w}$ erzeugt.

$$\tilde{\boldsymbol{x}} = \boldsymbol{x} + \boldsymbol{w}$$

Die identische Abbildung oder Identität

Für die Symmetrieoperation der Identität $\boldsymbol{W} = \boldsymbol{I}$ ist $\boldsymbol{I}$ die Einheitsmatrix $\begin{pmatrix} 1 & 0 & 0 \\ 0 & 1 & 0 \\ 0 & 0 & 1 \end{pmatrix}$ und für sie kommt nur eine Translation mit dem Translationsvektor $\boldsymbol{w}$ infrage:

$$x + \frac{1}{2}, y + \frac{1}{2}, z \Rightarrow \boldsymbol{W} = \begin{pmatrix} 1 & 0 & 0 \\ 0 & 1 & 0 \\ 0 & 0 & 1 \end{pmatrix} = \boldsymbol{I}, \boldsymbol{w} = \begin{pmatrix} \frac{1}{2} \\ \frac{1}{2} \\ 0 \end{pmatrix}$$

Das Ergebnis ist in diesem Fall die Translation einer *C*-Zentrierung mit dem Translationsvektor $\boldsymbol{w} = \frac{1}{2}\mathbf{a} + \frac{1}{2}\mathbf{b}$. Im Wesentlichen kommen alle Translationsvektoren zu den verschiedenen Zentrierungen der Bravais-Typen (Tab. 11.3) infrage.

Die Drehungen und Schraubungen

Rotation: Eine Rotation R erzeugt einen Bildpunkt $\boldsymbol{Wx}$:

$$\tilde{\boldsymbol{x}} = \boldsymbol{Wx}$$

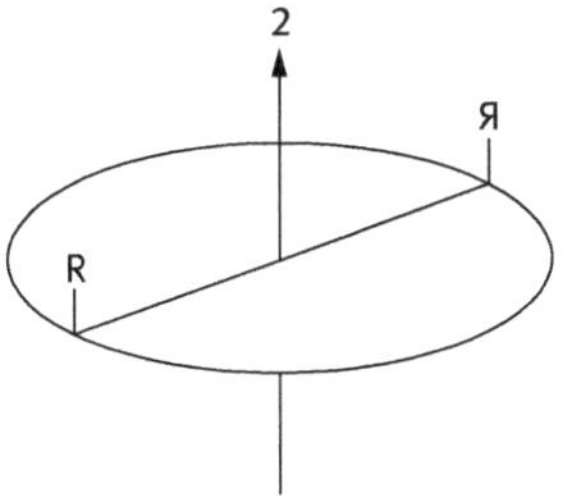

Abb. 11.3: Die Drehung eines Objekts (R) um eine zweizählige Achse ($\varphi = 180°$).

In einem kartesischen Koordinatensystem und einer Rotation um die **c**-Achse besitzt ($\boldsymbol{W}$) die Form:

$$\boldsymbol{W} = \begin{pmatrix} \cos\varphi & -\sin\varphi & 0 \\ \sin\varphi & \cos\varphi & 0 \\ 0 & 0 & 1 \end{pmatrix}$$

Für eine Drehung um 180° ist $\sin 180 = 0$ und $\cos 180 = -1$. Damit ergibt sich $\boldsymbol{W}$ für eine zweizählige **c**-Achse:

$$\boldsymbol{W} = \begin{pmatrix} \bar{1} & 0 & 0 \\ 0 & \bar{1} & 0 \\ 0 & 0 & 1 \end{pmatrix}$$

In Gittern gibt es nur ein-, zwei-, drei-, vier- und sechszählige Drehachsen. Drehoperationen mit Drehwinkeln $\varphi = m \cdot 360°/k$, $m \leq k$ und teilerfremd zu k werden mit k^m

Tab. 11.13: Einige Beispiele für Matrizen der Punktgruppen mehrzähliger Drehachsen und die Orientierung der entsprechenden Symmetrieelemente (s. IT Tab. 11.2 und 11.3).

Symmetrie-operation	Orientierung	Matrix *W*	Symmetrie-operation	Orientierung	Matrix *W*
2	0, 0, *z*, [001]	$\begin{pmatrix} \bar{1} & 0 & 0 \\ 0 & \bar{1} & 0 \\ 0 & 0 & 1 \end{pmatrix}$	2	0, *y*, 0, [010]	$\begin{pmatrix} \bar{1} & 0 & 0 \\ 0 & 1 & 0 \\ 0 & 0 & \bar{1} \end{pmatrix}$
3^+	0, 0, *z*, [001]	$\begin{pmatrix} 0 & \bar{1} & 0 \\ 1 & \bar{1} & 0 \\ 0 & 0 & 1 \end{pmatrix}$	3^+	*x*, *x*, *x*, [111]	$\begin{pmatrix} 0 & 0 & 1 \\ 1 & 0 & 0 \\ 0 & 1 & 0 \end{pmatrix}$
4^+	0, 0, *z*, [001]	$\begin{pmatrix} 0 & \bar{1} & 0 \\ 1 & 0 & 0 \\ 0 & 0 & 1 \end{pmatrix}$	4^-	0, 0, *z*, [001]	$\begin{pmatrix} 0 & 1 & 0 \\ \bar{1} & 0 & 0 \\ 0 & 0 & 1 \end{pmatrix}$
6^+	0, 0, *z*, [001]	$\begin{pmatrix} 1 & \bar{1} & 0 \\ 1 & 0 & 0 \\ 0 & 0 & 1 \end{pmatrix}$	$\bar{6}$	0, 0, *z*, [001]	$\begin{pmatrix} 0 & \bar{1} & 0 \\ 1 & \bar{1} & 0 \\ 0 & 0 & \bar{1} \end{pmatrix}$

bezeichnet, wobei *k* die Zähligkeit der Drehung angibt. In den IT/A [3] werden für diese Operationen folgende Symbole verwendet:

$$6^+ = 6^1\,; \quad 6^- = 6^5 = 6^{-1}\,; \quad 4^+ = 4^1\,; \quad 4^- = 4^3 = 4^{-1}$$
$$3^+ = 3^1\,; \quad 3^- = 3^2 = 3^{-1}\,; \quad 2\,; \quad 1$$

Dabei erfolgt die Drehung 3^+ um 120° im Gegenuhrzeigersinn um die Achse und die Drehung 3^- um 120° im Uhrzeigersinn.

Schraubenachsen: Eine Schraubung setzt sich aus einer Rotation R um einen Winkel φ und einer Translation T parallel zur Rotationsachse zusammen. Sie erzeugt in der Abbildung einen Punkt ***Wx***.

$$\tilde{\boldsymbol{x}} = \boldsymbol{W}\boldsymbol{x} + \boldsymbol{w} \quad \text{mit} \quad \det(\boldsymbol{W}) = +1$$

$$\mathrm{W} = \left(\begin{array}{ccc|c} \cos\varphi & -\sin\varphi & 0 & 0 \\ \sin\varphi & \cos\varphi & 0 & 0 \\ 0 & 0 & +1 & w_3' \\ \hline 0 & 0 & 0 & 1 \end{array}\right)$$

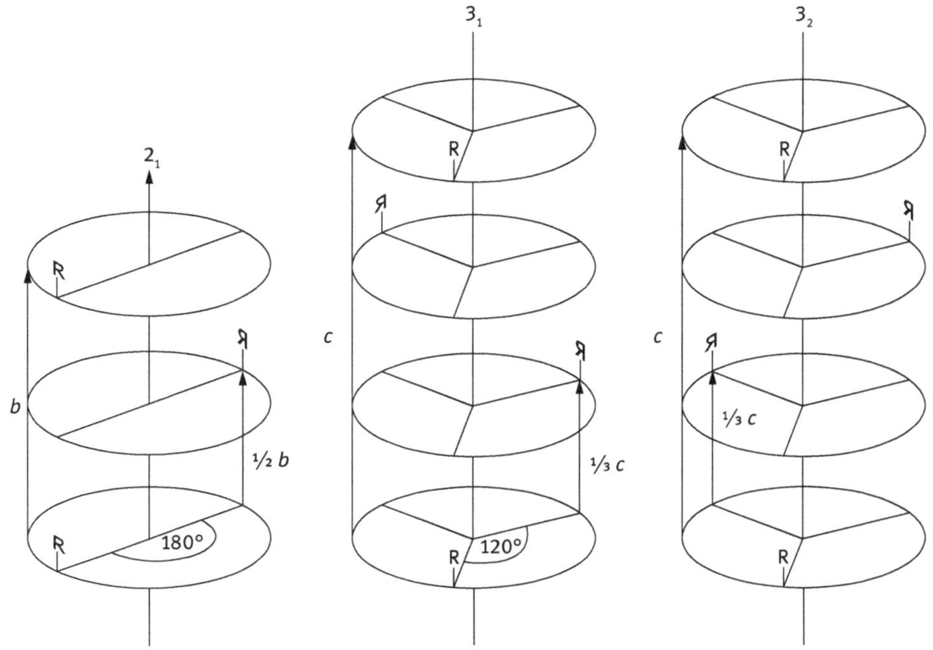

Abb. 11.4: Die 2_1-, 3_1- und 3_2-Schraubenachsen. Drehung eines Objekts (R) um den Winkel φ (180° bzw. 120°) und die anschließende Translation um $t = 1/2$ bzw. $t = 1/3$ parallel zur Achse.

Die Inversion

$$\boldsymbol{W} = -\boldsymbol{I} \quad \text{mit} \quad \det(\boldsymbol{W}) = -1\,; \quad \boldsymbol{W} = \begin{pmatrix} \bar{1} & 0 & 0 \\ 0 & \bar{1} & 0 \\ 0 & 0 & \bar{1} \end{pmatrix}$$

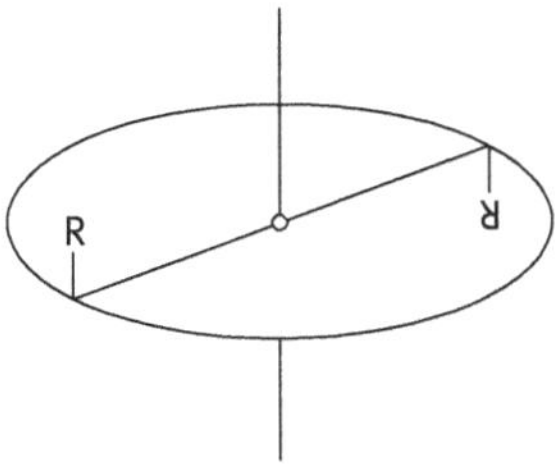

Jedes Gitter ist zentrosymmetrisch. Zu jedem Gittervektor $\mathbf{t}_n$ gibt es nämlich den Gegenvektor $-\mathbf{t}_n$. Die entsprechende Abbildung wird durch die Abbildungsmatrix $\bar{\boldsymbol{I}}' = (-\mathbf{1})\boldsymbol{I}$ dargestellt. Diese Symmetrieoperation heißt Inversion und bedeutet eine Spiegelung an einem Punkt (dem sog. Inversionszentrum). Die Inversionsoperation und das zugehörige Inversionszentrum werden mit dem Symbol $\bar{1}$ (eins quer)

bezeichnet. Inversion impliziert die Bildung eines Spiegelbildes: Ein ursprünglich rechtshändiges Objekt wird dadurch linkshändig und umgekehrt.

Die Drehinversion

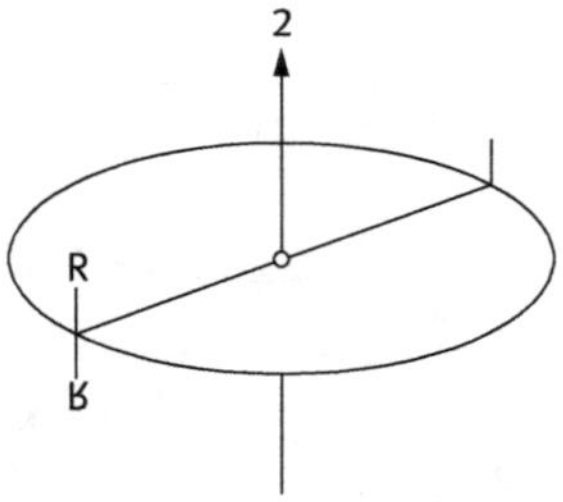

Die Drehinversion kann als Paarung einer Rotation R und einer Inversion $\bar{1}$ interpretiert werden:

$$\bar{I} \cdot R = (-R)$$

Die Determinante einer Drehinversionsoperation ist $\det(\boldsymbol{W}) = -1$. Mit einem Gitter kompatibel sind die Drehinversionsachsen $\bar{1}$, $\bar{2} \equiv m$, $\bar{3}$, $\bar{4}$, $\bar{6} \equiv 3/m$. Eine zweizählige Drehinversion ist identisch mit einer Spiegelebene m. Während die Zähligkeit (Ordnung) von einfachen Drehachsen durch das Symbol 1, 2, 3, 4, 6 gegeben ist, ist die Zähligkeit von $\bar{1}$ und $\bar{2} \equiv m$ zwei, die von $\bar{4}$ vier und die von $\bar{3}$ und $\bar{6}$ sechs.

Die Spiegelung und Gleitspiegelung

Spiegelung: In einem kartesischen Koordinatensystem mit einer Drehachse b ist die Matrix $\boldsymbol{W}$ einer zweizähligen Drehinversion $\bar{2}$ und damit einer Spiegelebene m:

$$\boldsymbol{W} = \begin{pmatrix} 1 & 0 & 0 \\ 0 & \bar{1} & 0 \\ 0 & 0 & 1 \end{pmatrix} \quad \det(\boldsymbol{W}) = -1$$

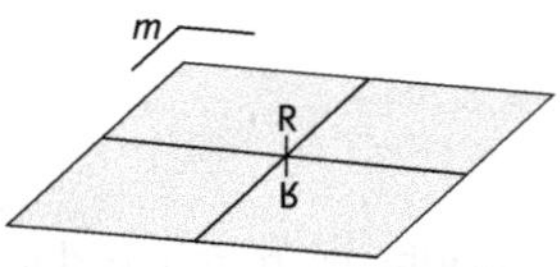

Abb. 11.5: Die Spiegelung eines Objekts (R) an einer **ac**-Ebene.

Gleitspiegelung: Für die Gleitspiegelung eines Objekts (R) an einer **ac**-Ebene, mit anschließender Translation $\frac{1}{2}\mathbf{c}$, gilt folgende erweiterte Matrix:

$$\mathrm{W} = \left(\begin{array}{ccc|c} 1 & 0 & 0 & 0 \\ 0 & \bar{1} & 0 & 0 \\ 0 & 0 & 1 & \frac{1}{2} \\ \hline 0 & 0 & 1 & 1 \end{array}\right); \quad \det(\boldsymbol{W}) = -1$$

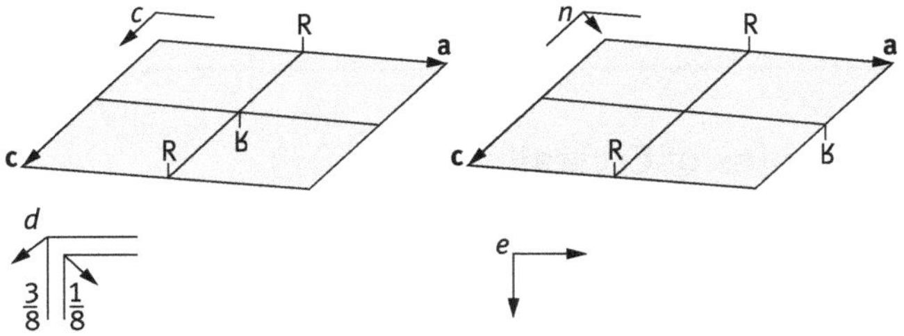

Abb. 11.6: Die Spiegelung eines Objekts (R) an einer Ebene und die anschließende Translation um $t = 1/2$ parallel zur Ebene für die Gleitspiegelebenen *c* und *n*. Für *d* und *e* sind die Symbole der Gleitspiegelebenen in der Papierebene angegeben.

d nennt sich Diamantgleitspiegelebene. Sie tritt als Paar in zentrierten Zellen auf und befindet sich in den Höhen $y = \frac{1}{8}$ und $y = \frac{3}{8}$. Sie generiert ursächlich zwei Abbildungspunkte.

Betrachtet man die Diamantstruktur (Raumgruppe $Fd\bar{3}m$), so wird durch die Gleitspiegelebene in $y = \frac{1}{8}$ ein Kohlenstoffatom im Ursprung nach $0,\frac{2}{8},0$ gespiegelt. Die diagonale Gleitkomponente ist immer ein Viertel einer Diagonale der konventionellen flächenzentrierten Zelle. Das Kohlenstoffatom wird also durch die *d*-Gleitspiegelebene in der Höhe $y = \frac{1}{8}$ in $\frac{1}{4}, \frac{1}{4}, \frac{1}{4}$ abgebildet. Die Abbildung durch die *d*-Gleitspiegelebene in der Höhe $y = \frac{3}{8}$ erfolgt die Spiegelung nach $0,\frac{6}{8},0$ und der Shift geht nach $-\frac{1}{4},0,\frac{1}{4}$. Daraus resultiert die Abbildung in $\frac{\bar{1}}{4}, \frac{3}{4}, \frac{1}{4}$.

In der Raumgruppe $Fm\bar{3}m$ befindet sich in der Höhe $y = \frac{1}{4}$ eine Gleitspiegelebene *e*. Auch sie generiert zwei Abbildungen. Geht man wieder von einem Atom in 0,0,0 aus, so wird es auf $0,\frac{1}{2},0$ gespiegelt, die beiden Gleitkomponenten $\frac{1}{2}a$ und $\frac{1}{2}c$ ergeben dann die Abbildungen in $0,\frac{1}{2}, \frac{1}{2}$ und $\frac{1}{2}, \frac{1}{2},0$, also die Flächenzentrierung. Die Tab. 11.14 gibt einen Überblick der verschiedenen Gleitspiegelebenen.

Symmetrieoperationen mit einer Determinante $\det(\boldsymbol{W}) = -1$ wie die Inversion, die Drehinversion, die Spiegelebene und die Gleitspiegelebene werden Symmetrieoperationen zweiter Art genannt.

Tab. 11.14: Zusammenstellung der Gleitspiegelebenen und ihrer Gleitkomponenten.

a, *b*, *c* *c*	Axiale Gleitspiegelebene ⊥ [010]	Gleitspiegelung durch die Ebene mit Gleitvektor $\frac{1}{2}\mathbf{c}$
e	Doppelte Gleitspiegelebene ⊥ [010]	Gleitspiegelung durch die Ebene mit Gleitvektor und senkrechten Gleitvektoren $\frac{1}{2}\mathbf{a}$ und $\frac{1}{2}\mathbf{c}$
n	Diagonale Gleitspiegelebene ⊥ [010]	Gleitspiegelung durch die Ebene mit Gleitvektor $\frac{1}{2}(\mathbf{a}+\mathbf{c})$
d	Diamantgleitspiegelebene ⊥ [010]	Gleitspiegelung durch die Ebene mit Gleitvektor $\frac{1}{4}(\pm\mathbf{a}+\mathbf{c})$

11.3 Die International Tables of Crystallography (IT)

In den International Tables of Crystallography [3] werden die 230 Raumgruppen einzeln mit ihren wichtigsten Informationen dargestellt. Im Beispiel auf der nächsten Doppelseite ist es die Raumgruppe $P2_1/c$. Die Informationen sind auf einer Doppelseite zu Papier gebracht und enthalten die Hermann-Mauguin- und Schoenflies-Symbole der Raumgruppe, ferner die Kristallklasse und das Kristallsystem. Danach folgen die Raumgruppennummer, das vollständige Hermann-Mauguin Symbol und die Patterson-Symmetrie.

In den Diagrammen sind dann die verschiedenen Projektionen der Elementarzelle mit ihren Symmetrieelementen abgebildet. Die Anzahl und die Typen der Diagramme hängen vom Kristallsystem ab. Dann folgt die Angabe zum Ursprung der Elementarzelle und die Definition der asymmetrischen Einheit, gefolgt von den Symmetrieoperationen der Raumgruppe und ihren Lagen.

Die zweite Seite beginnt mit den Symmetrieoperationen („Generators selected"), die nötig sind, um die Struktur vollständig abzubilden. Unter dem Punkt „Positions" befinden sich Angaben zur Multiplizität der Lage, ihre Wykoff-Klassifizierung und ihrer Symmetrie. Dann folgen die Koordinaten und die Reflexionsbedingungen.

Danach wird noch die Symmetrie ausgezeichneter Projektionen angegeben, bevor die maximalen nicht isomorphen Untergruppen der Raumgruppe abgedruckt sind.

Symmetry operations

Die Symmetrieoperationen der einzelnen Punktgruppen werden durch 3×3-Matrizen wiedergegeben. So sind die Operationen für die Punktgruppe $\frac{2}{m}$ (C_{2h}) die Identität eins, die Drehachse zwei und die Spiegelebene m senkrecht dazu sowie das Inversionszentrum $\bar{1}$.

$$1=\begin{pmatrix}1&0&0\\0&1&0\\0&0&1\end{pmatrix}\quad 2=\begin{pmatrix}\bar{1}&0&0\\0&1&0\\0&0&\bar{1}\end{pmatrix}\quad m=\begin{pmatrix}1&0&0\\0&\bar{1}&0\\0&0&1\end{pmatrix}\quad \bar{1}=\begin{pmatrix}\bar{1}&0&0\\0&\bar{1}&0\\0&0&\bar{1}\end{pmatrix}$$

Will man nun von der Punktgruppe $\frac{2}{m}$ zur Raumgruppe $P2_1/c$ kommen, müssen Translationsvektoren hinzugefügt werden. Aus der 3×3-Matrix wird die erweiterte 4×4-Matrix.

In einer Elementarzelle können alle Atomlagen, unter Anwendung der Symmetrieoperationen der Raumgruppe, generiert werden. Besitzt die Raumgruppe N Symmetrieoperationen, einschließlich der Identität, so werden $N - 1$ Kopien eines Atoms auf der *allgemeinen Lage* x, y, z erzeugt.

Liegt das Atom auf einem der verschiedenen Symmetrieelemente, so wird es auf sich selbst abgebildet. Das sind dann die *speziellen Lagen* der Raumgruppe. Besitzt das Symmetrieelement eine Translationskomponente, kann das Atom niemals auf sich selbst kopiert werden, wie im Fall einer Gleitspiegelebene oder einer Schraubenachse.

Generators selected

Eine ureigene Eigenschaft aller Gruppen, im mathematischen Sinn, ist die Tatsache, dass alle Elemente durch eine Untermenge an Symmetrieoperationen kreiert werden können. Diese werden in den IT/A „Generators selected" genannt. Diese Symmetrieoperationen werden dann auf das Atom und in der Folge auf jede Abbildung des Atoms angewandt. Dadurch weist die so erhaltene Kristallstruktur alle Symmetrieelemente der Raumgruppe auf. Am Beispiel von $P2_1/c$ sind die in den IT/A gelisteten „Generators selected" in Tab. 11.15 verwendet.

Um eine Kristallstruktur zu zeichnen, benötigt man die Gitterkonstanten, die Raumgruppe und die Koordinaten der Atome in der asymmetrischen Einheit. Die „Generators selected" geben das Minimum an Symmetrieoperationen der Raumgruppe an, die nötig sind, um die ganze Elementarzelle auszufüllen. Die Kristallstruktur ergibt sich dann durch die Translationen $t(1,0,0)$, $t(0,1,0)$ und $t(0,0,1)$.

Die erste Symmetrieoperation ist die Identität. Die nächsten drei geben die Translationen entlang den Gitterkonstanten a, b, c an. Die fünfte geht auf die zweizählige Achse parallel zu $\mathbf{b}$ in $0, y, \frac{1}{4}$ mit Gleitkomponente $\frac{1}{2}$ und die letzte auf das Symmetriezentrum im Ursprung zurück. Die Matrixdarstellung dieser Symmetrieoperationen sind in ebenfalls in Tab. 11.15 angegeben.

Die Auswahl der „Generators selected" ist nicht einheitlich und auch nicht ihre Reihenfolge. Anstelle des Symmetriezentrums hätte man auch die Gleitspiegelebene c nehmen können. Das obige Beispiel folgt der Auswahl der IT/A (International Tables for Crystallography, Vol. A.).

Coordinates

Aus den Angaben unter „Coordinates" lassen sich die Transformationsmatrizen $\mathbb{W}$ ableiten (s. Tab. 11.16).

Hermann-Mauguin-Symbol	Schoenflies-Symbol	Punktgruppe Kristallklasse	Kristallsystem
$P2_1/c$	C_{2h}^5	$2/m$	**Monoclinic**
No. 14	$P12_1/c1$		Patterson symmetry $P12/m1$

UNIQUE AXIS b, CELL CHOICE 1

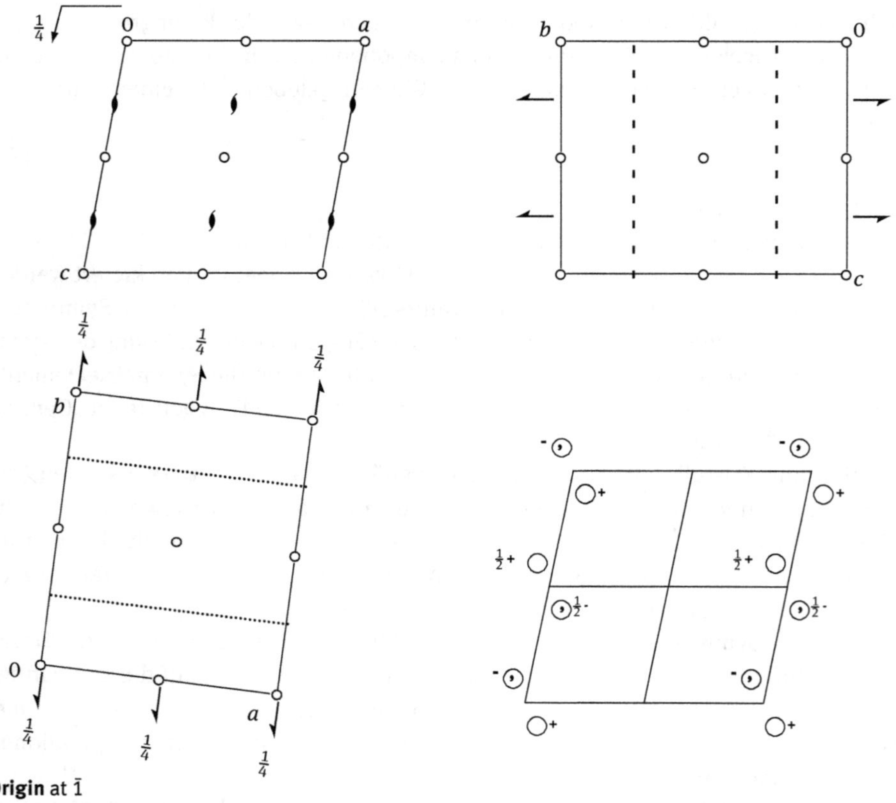

Origin at $\bar{1}$

Asymmetric unit $0 \leq x \leq 1$; $0 \leq y \leq \frac{1}{4}$; $0 \leq z \leq 1$.

Symmetry operations

(1) 1 (2) $2(0\frac{1}{2}0)$ $0, y, \frac{1}{4}$ (3) $\bar{1}$ $0, 0, 0$ (4) c $x, \frac{1}{4}, z$

Generators selected (1); $t(1,0,0)$; $t(0,1,0)$; $t(0,0,1)$; (2); (3)

Positions

Multiplicity Wyckoff letter Site symmetry			Coordinates		Reflection conditions
					General:
4	*c*	1	(1) x, y, z (3) $\bar{x}, \bar{y}, \bar{z}$	(2) $\bar{x}, y+\frac{1}{2}, \bar{z}+\frac{1}{2}$ (4) $x, \bar{y}+\frac{1}{2}, z+\frac{1}{2}$	$h0l$: $l = 2n$ $0k0$: $k = 2n$ $00l$: $l = 2n$
					Special as above, plus
2	d	$\bar{1}$	$\frac{1}{2}, 0, \frac{1}{2}$	$\frac{1}{2}, \frac{1}{2}, 0$	hkl: $k + l = 2n$
2	c	$\bar{1}$	$0, 0, \frac{1}{2}$	$0, \frac{1}{2}, 0$	hkl: $k + l = 2n$
2	b	$\bar{1}$	$\frac{1}{2}, 0, 0$	$\frac{1}{2}, \frac{1}{2}, \frac{1}{2}$	hkl: $k + l = 2n$
2	a	$\bar{1}$	$0, 0, 0$	$0, \frac{1}{2}, \frac{1}{2}$	hkl: $k + l = 2n$

Symmetry of special projections

Along[001] $p2gm$	Along [100] $p2gg$	Along [010] $p2$
$\boldsymbol{a}' = \boldsymbol{a}_p$ $\quad \boldsymbol{b}' = \boldsymbol{b}$	$\boldsymbol{a}' = \boldsymbol{b}$ $\quad \boldsymbol{b}' = \boldsymbol{c}_p$	$\boldsymbol{a}' = \frac{1}{2}\boldsymbol{c}$ $\quad \boldsymbol{b}' = \boldsymbol{a}$
Origin at 0,0,*z*	Origin at *x*,0,0	Origin at 0,*y*,0

Maximal non-isomorphic subgroups

I	$[2]P12_11\ (P2_1)$	1; 2
	$[2]P\bar{1}$	1; 3
	$[2]P1c1\ (Pc)$	1; 4
IIa	none	
IIb	none	

Maximal isomorphic subgroups of lowest index

IIc $[3]P12_1/c1\ (\boldsymbol{b}' = 3\boldsymbol{b})(P2_1/c)$;
$[2]P12_1/c1\ (\boldsymbol{a}' = 2\boldsymbol{a}$ or $\boldsymbol{a}' = 2\boldsymbol{a}, \boldsymbol{c}' = 2\boldsymbol{a} + \boldsymbol{c})(P2_1/c)$

Minimal non-isomorphic supergroups

I $[2]Pnna$; $[2]Pmna$; $[2]Pcca$; $[2]Pbam$; $[2]Pccn$; $[2]Pbcm$; $[2]Pnnm$; $[2]Pbcn$; $[2]Pbca$; $[2]Pnma$; $[2]Cmca$

II $[2]C12/c1\ (C2/c)$; $[2]A12/m1\ (C2/m)$; $[2]I12/c1\ (C2/c)$; $[2]P12_1/m1\ (2\boldsymbol{c}' = \boldsymbol{c})(P2_1/m)$; $[2]P12/c1\ (2\boldsymbol{b}' = \boldsymbol{b})\ (P2/c)$

Tab. 11.15: Liste der „Generators selected" für die Raumgruppe $P2_1/c$. Von den Matrizen für $t(100)$, $t(010)$ und $t(001)$ ist nur die für $t(100)$ angegeben.

Generators selected	(1) 1	$t(100)$ $t(010)$ $t(001)$	(2) 2 $(0,\frac{1}{2},0)$ in $0,y,\frac{1}{4}$	(3) $\bar{1}$ (0,0,0)
Symmetry operations	$\begin{pmatrix} 1 & 0 & 0 & 0 \\ 0 & 1 & 0 & 0 \\ 0 & 0 & 1 & 0 \\ 0 & 0 & 0 & 1 \end{pmatrix}$	$\begin{pmatrix} 1 & 0 & 0 & 1 \\ 0 & 1 & 0 & 0 \\ 0 & 0 & 1 & 0 \\ 0 & 0 & 0 & 1 \end{pmatrix}$	$\begin{pmatrix} \bar{1} & 0 & 0 & 0 \\ 0 & 1 & 0 & \frac{1}{2} \\ 0 & 0 & \bar{1} & \frac{1}{2} \\ 0 & 0 & 0 & 1 \end{pmatrix}$	$\begin{pmatrix} \bar{1} & 0 & 0 & 0 \\ 0 & \bar{1} & 0 & 0 \\ 0 & 0 & \bar{1} & 0 \\ 0 & 0 & 0 & 1 \end{pmatrix}$

Tab. 11.16: Liste der Koordinaten für die Raumgruppe $P2_1/c$ und daraus abgeleitete 4×4-Matrizen $\mathbb{W}$.

Koordinaten	Matrix $\mathbb{W}$
(1) x, y, z	$\mathbb{W} = \begin{pmatrix} 1 & 0 & 0 & 0 \\ 0 & 1 & 0 & 0 \\ 0 & 0 & 1 & 0 \\ 0 & 0 & 0 & 1 \end{pmatrix}$
(2) $\bar{x}, y + \frac{1}{2}, \bar{z} + \frac{1}{2}$	$\mathbb{W} = \begin{pmatrix} \bar{1} & 0 & 0 & 0 \\ 0 & 1 & 0 & \frac{1}{2} \\ 0 & 0 & \bar{1} & \frac{1}{2} \\ 0 & 0 & 0 & 1 \end{pmatrix}$
(3) $\bar{x}, \bar{y}, \bar{z}$	$\mathbb{W} = \begin{pmatrix} \bar{1} & 0 & 0 & 1 \\ 0 & \bar{1} & 0 & 0 \\ 0 & 0 & \bar{1} & 0 \\ 0 & 0 & 0 & 1 \end{pmatrix}$
(4) $x, \bar{y} + \frac{1}{2}, z + \frac{1}{2}$	$\mathbb{W} = \begin{pmatrix} 1 & 0 & 0 & 0 \\ 0 & \bar{1} & 0 & \frac{1}{2} \\ 0 & 0 & 1 & \frac{1}{2} \\ 0 & 0 & 0 & 1 \end{pmatrix}$

11.3.1 Transformationen

Die Verschiebung des Ursprungs

Wenn:

- O der Ursprung des alten Koordinatensystems,
- $\boldsymbol{x} = \begin{pmatrix} x \\ y \\ z \end{pmatrix}$ eine Koordinatenspalte eines Punktes X im alten Koordinatensystem,
- O' der Ursprung im neuen Koordinatensystem,
- $\boldsymbol{x}' = \begin{pmatrix} x' \\ y' \\ z' \end{pmatrix}$ eine Koordinatenspalte eines Punktes X im neuen Koordinatensystem,

– $\boldsymbol{p} = \begin{pmatrix} x_p \\ y_p \\ z_p \end{pmatrix}$ der Verschiebungsvektor des Ursprungs OO'

sind, dann ergibt sich

$$\boldsymbol{x}' = \boldsymbol{x} - \boldsymbol{p}$$

oder formal:

$$\boldsymbol{x}' = (\boldsymbol{I}, -\boldsymbol{p})\boldsymbol{x} = (\boldsymbol{I}, \boldsymbol{p})^{-1}\boldsymbol{x}$$

Mit erweiterten Matrizen liest sich das zu:

$$\mathbb{x}' = \mathbb{P}^{-1}\mathbb{x} \quad \text{mit} \quad \mathbb{P} = \begin{pmatrix} 1 & 0 & 0 & x_p \\ 0 & 1 & 0 & y_p \\ 0 & 0 & 1 & z_p \\ 0 & 0 & 0 & 1 \end{pmatrix} \quad \text{und} \quad \mathbb{P}^{-1} = \begin{pmatrix} 1 & 0 & 0 & -x_p \\ 0 & 1 & 0 & -y_p \\ 0 & 0 & 1 & -z_p \\ 0 & 0 & 0 & 1 \end{pmatrix}$$

Komplett ausgeschrieben erhält man:

$$\begin{pmatrix} x' \\ y' \\ z' \\ 1 \end{pmatrix} = \begin{pmatrix} 1 & 0 & 0 & -x_p \\ 0 & 1 & 0 & -y_p \\ 0 & 0 & 1 & -z_p \\ 0 & 0 & 0 & 1 \end{pmatrix} \begin{pmatrix} x \\ y \\ z \\ 1 \end{pmatrix}$$

oder $x' = x - x_p$, $y' = y - y_p$, $z' = z - z_p$.

Eine Ursprungsverschiebung (x_p, y_p, z_p) verursacht eine Änderung der Koordinaten um den gleichen Betrag, aber mit umgekehrtem Vorzeichen. Die Transformation $\mathbb{t} = \mathbb{P}^{-1}\mathbb{t}$ ergibt keine Veränderung für den Entfernungsvektor, da die Spalte $\boldsymbol{p}$ wegen der 0 in $\mathbb{t}$ ineffektiv ist:

$$\mathbb{t} = \begin{pmatrix} t_1 \\ t_2 \\ t_3 \\ 0 \end{pmatrix}$$

Der Wechsel der Basis

Werden die Basisvektoren **a**, **b**, **c** einer Struktur verändert, so ändern sich auch alle anderen kristallografischen Größen, wie die Miller-Indizes (hkl) im realen Raum oder die Koordinaten eines Punktes h, k, l im reziproken Raum.

Die Größen, die sich wie **a**, **b**, **c** ändern, werden als kovariante Größen bezeichnet und werden als Zeilenvektoren geschrieben. Solche Größen sind kontravariant zu den Größen, die sich wie $\mathbf{a}^*$, $\mathbf{b}^*$, $\mathbf{c}^*$ ändern. Diese werden in Spaltenvektoren geschrieben.

Ein Wechsel der Basis wird üblicherweise durch eine (3×3)-Matrix $\boldsymbol{P}$ angegeben, die die neuen Basisvektoren mit den alten Basisvektoren durch Linearkombinationen in Beziehung setzt:

$$(\mathbf{a}', \mathbf{b}', \mathbf{c}') = (\mathbf{a}, \mathbf{b}, \mathbf{c})\boldsymbol{P} \quad \text{oder} \quad (\mathbf{a}')^{\mathrm{T}} = (\mathbf{a})^{\mathrm{T}}\boldsymbol{P}$$

Für einen Punkt X sei:

$$\mathbf{a}x + \mathbf{b}y + \mathbf{c}z = \mathbf{a}'x' + \mathbf{b}'y' + \mathbf{c}'z' \quad \text{oder kurz} \quad (\mathbf{a})^{\mathrm{T}}\boldsymbol{x} = (\mathbf{a}')^{\mathrm{T}}\boldsymbol{x}'$$

Tab. 11.17: Die Basistransformationen kristallografischer Größen mit den Matrizen $\boldsymbol{P}$ und $\boldsymbol{P}^{-1}$ (inverse Matrix).

Zu transformierende Größen	Hintransformation	Rücktransformation
Basisvektoren, **a**, **b**, **c**	$(\mathbf{a}', \mathbf{b}', \mathbf{c}') = (\mathbf{a}, \mathbf{b}, \mathbf{c})\boldsymbol{P}$	$(\mathbf{a}, \mathbf{b}, \mathbf{c}) = (\mathbf{a}', \mathbf{b}', \mathbf{c}')\boldsymbol{P}^{-1}$
Miller-Indizes, (hkl)	$(h', k', l') = (h, k, l)\boldsymbol{P}$	$(h, k, l) = (h', k', l')\boldsymbol{P}^{-1}$
Reziproke Basisvektoren, **a***, **b***, **c***	$\begin{pmatrix} a^{*\prime} \\ b^{*\prime} \\ c^{*\prime} \end{pmatrix} = \boldsymbol{P}^{-1} \begin{pmatrix} a^* \\ b^* \\ c^* \end{pmatrix}$	$\begin{pmatrix} a^* \\ b^* \\ c^* \end{pmatrix} = \boldsymbol{P} \begin{pmatrix} a^{*\prime} \\ b^{*\prime} \\ c^{*\prime} \end{pmatrix}$
Richtung im realen Raum, $[uvw]$	$\begin{pmatrix} u' \\ v' \\ w' \end{pmatrix} = \boldsymbol{P}^{-1} \begin{pmatrix} u \\ v \\ w \end{pmatrix}$	$\begin{pmatrix} u \\ v \\ w \end{pmatrix} = \boldsymbol{P} \begin{pmatrix} u' \\ v' \\ w' \end{pmatrix}$
Koordinaten im realen Raum, x, y, z	$\begin{pmatrix} x' \\ y' \\ z' \end{pmatrix} = \boldsymbol{P}^{-1} \begin{pmatrix} x \\ y \\ z \end{pmatrix}$	$\begin{pmatrix} x \\ y \\ z \end{pmatrix} = \boldsymbol{P} \begin{pmatrix} x' \\ y' \\ z' \end{pmatrix}$

Die Determinante von $\boldsymbol{P}$, $\det(\boldsymbol{P})$, sollte positiv sein. Sollte $\det(\boldsymbol{P})$ negativ sein, wird ein rechtshändisches Koordinatensystem in ein linkshändisches überführt (oder eben anders herum). Ebenso lässt die Determinante der Transformationsmatrix $\det(\boldsymbol{P})$ eine Aussage über das Volumen der transformierten Zelle zu. Eine Determinante drei bedeutet das dreifache Volumen für die transformierte Zelle.

$$V' = \det(\boldsymbol{P})V$$

Die Basistransformationen für $P2_1/c$

Die Basistransformationen für die Raumgruppe $P2_1/c$ ergeben die Raumgruppen $P2_1/n$ und $P2_1/a$. In den Transformationsmatrizen werden die Wechsel als Spaltenvektoren geschrieben. Für die Transformation von $P2_1/c$ nach $P2_1/n$ ergeben sich die folgenden Matrizen $\boldsymbol{P}$ und $\boldsymbol{P}^{-1}$:

$$\boldsymbol{P} = \begin{pmatrix} \bar{1} & 0 & 1 \\ 0 & 1 & 0 \\ \bar{1} & 0 & 0 \end{pmatrix} \quad \text{und} \quad \boldsymbol{P}^{-1} = \begin{pmatrix} 0 & 0 & \bar{1} \\ 0 & 1 & 0 \\ 1 & 0 & \bar{1} \end{pmatrix}$$

Die Basistransformation für ***Pnma***

Üblicherweise wählt man im Orthorhombischen die Basisvektoren so, dass $a < b < c$ ist und das System rechtshändisch. Um Strukturen vergleichen zu können, ist es oftmals nötig, ihre Basis auszutauschen.

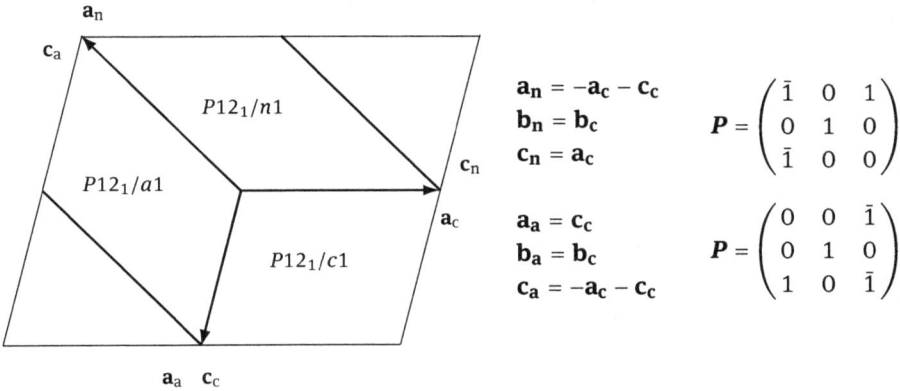

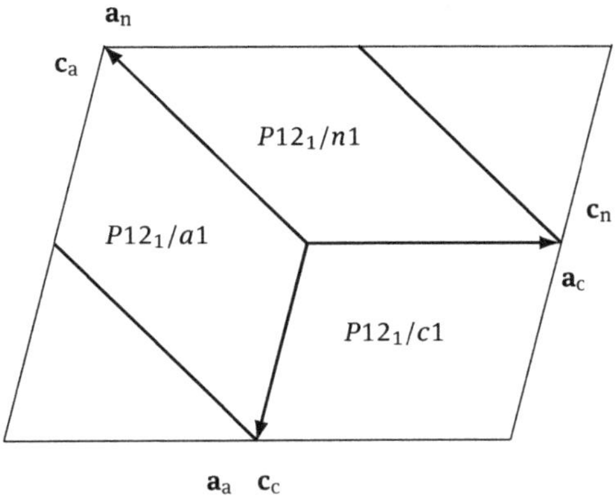

$$\mathbf{a_n} = -\mathbf{a_c} - \mathbf{c_c} \quad \mathbf{b_n} = \mathbf{b_c} \quad \mathbf{c_n} = \mathbf{a_c} \qquad \boldsymbol{P} = \begin{pmatrix} \bar{1} & 0 & 1 \\ 0 & 1 & 0 \\ \bar{1} & 0 & 0 \end{pmatrix}$$

$$\mathbf{a_a} = \mathbf{c_c} \quad \mathbf{b_a} = \mathbf{b_c} \quad \mathbf{c_a} = -\mathbf{a_c} - \mathbf{c_c} \qquad \boldsymbol{P} = \begin{pmatrix} 0 & 0 & \bar{1} \\ 0 & 1 & 0 \\ 1 & 0 & \bar{1} \end{pmatrix}$$

Abb. 11.7: Die verschiedenen Aufstellungen für die Raumgruppe $P2_1/c$, die Basiswechsel und die Transformationsmatrizen.

So ergeben sich für den Austausch der Basis **abc** im orthorhombischen Kristallsystem die Permutationen **ba$\bar{\mathbf{c}}$**, **cab**, **$\bar{\mathbf{c}}$ba**, **bca** und **a$\bar{\mathbf{c}}$b**. Betrachtet man die Raumgruppe *Pnma* (Nr. 62), so ergeben sich durch den Basistausch die Raumgruppen, die in Tab. 11.18 dargestellt sind.

Tab. 11.18: Mögliche Wechsel der Basisvektoren für die orthorhombische Raumgruppe *Pnma*. Siehe auch IT/A 4.3.

	Standard	**Unkonventionelle Aufstellungen für *Pnma***				
Basiswechsel	**abc**	**ba$\bar{\mathbf{c}}$**	**cab**	**$\bar{\mathbf{c}}$ba**	**bca**	**a$\bar{\mathbf{c}}$b**
Raumgruppe	*Pnma*	*Pnmb*	*Pbnm*	*Pcmn*	*Pmcn*	*Pnam*

Transformiert man die konventionelle **abc** (*Pnma*) in die unkonventionelle **ba$\bar{\mathbf{c}}$** (*Pnmb*) (bedeutet $\mathbf{a_{neu}} = \mathbf{b_{alt}}$, $\mathbf{b_{neu}} = \mathbf{a_{alt}}$, $\mathbf{c_{neu}} = -\mathbf{c_{alt}}$), so ergibt sich die folgende Transformationsmatrix $\boldsymbol{P}$:

$$\boldsymbol{P} = \begin{pmatrix} 0 & 1 & 0 \\ 1 & 0 & 0 \\ 0 & 0 & \bar{1} \end{pmatrix} \quad \text{und} \quad \boldsymbol{P}^{-1} = \begin{pmatrix} 0 & 1 & 0 \\ 1 & 0 & 0 \\ 0 & 0 & \bar{1} \end{pmatrix}$$

Die Gleichungen in Tab. 11.17 zeigen, dass die Matrix $\boldsymbol{P}$ von den alten in die neuen Basisvektoren transformiert, während die inverse Matrix $\boldsymbol{P}^{-1}$ die Koordinaten transformiert. Für die Rücktransformation gilt das Umgekehrte; $\boldsymbol{P}^{-1}$ transformiert von der neuen zurück in die alte Basis und $\boldsymbol{P}$ die neuen in die alten Koordinaten.

11.4 Die Bestimmung der Raumgruppe

Die Bestimmung der Raumgruppe aus der Laue-Klasse und den Auslöschungsbedingungen, die aus einem Beugungsmuster erhalten werden können, sind Inhalt dieses Abschnitts.

Röntgenstrahlen werden, wie sichtbares Licht auch, an einem Gitter gebeugt. Voraussetzung ist, dass die Wellenlänge des Lichts in etwa den Gitterabständen entspricht. Die Netzebenen in Kristallen sind im Ångströmbereich und damit in der Größenordnung der Wellenlängen der Röntgenstrahlung (für Cu$K\overline{\alpha}$-Strahlung ist $\lambda = 154{,}18\,\text{pm}$; $1\,\text{Å} = 100\,\text{pm}$).

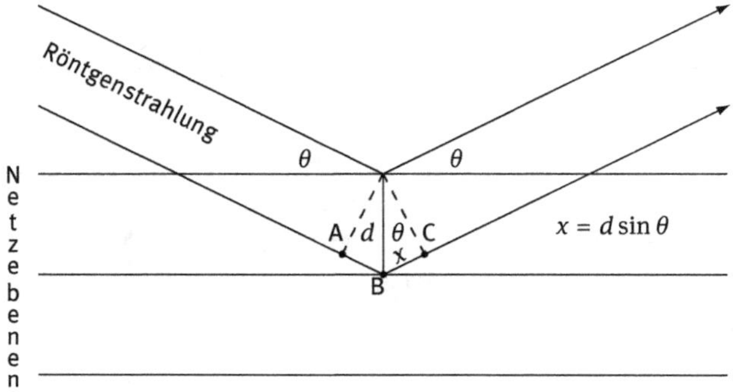

Abb. 11.8: Streuung von Röntgenstrahlung an den Netzebenen eines Kristalls.

Man erhält nur dann eine Verstärkung, wenn die Phasenverschiebung ein ganzzahliges Vielfaches von λ ist, also $n\lambda$. Aus Abb. 11.8 entnimmt man dass:

$$\begin{aligned} AB + BC &= n\lambda \\ d\sin\theta + d\sin\theta &= n\lambda \\ 2d\sin\theta &= n\lambda \end{aligned}$$

Diesen Sachverhalt gibt die braggsche Gleichung wieder:

$$n\lambda = 2d_{hkl}\sin\theta_{hkl}$$

Die Bragg-Reflexion kann nur für Wellenlängen $\lambda \leq 2d$ auftreten.

11.4.1 Die Laue-Klasse und friedelsches Gesetz

Das Beugungsmuster von Kristallen in der normalen Röntgenbeugung (wie auch bei der Neutronen- und Elektronenbeugung) ist immer zentrosymmetrisch. Dies ist unabhängig davon, ob die Punktgruppe des Kristalls ein Symmetriezentrum besitzt oder nicht (friedelsches Gesetz). Daher kann man mit einfachen kristallografischen Methoden eine Punktgruppe, die kein Symmetriezentrum hat, nicht von derjenigen unterscheiden, die dieses Symmetrieelement zusätzlich besitzt:

$$[F(hkl)]^2 = [F(\bar{h}\bar{k}\bar{l})]^2$$

Das bedeutet, dass das reziproke Gitter gewichtet mit $[F(hkl)]^2$ ein Inversionszentrum besitzt, selbst wenn der untersuchte Kristall kein Inversionszentrum hat. Deshalb gehört die Symmetrie zu einer der elf Laue-Klassen.

Fügt man jeder der 32 Kristallklassen bzw. Punktgruppen ein Inversionszentrum hinzu, so erhält man elf unterschiedliche Laue-Klassen bzw. Laue-Gruppen. Nur die Laue-Gruppen können mit einfachen kristallografischen Beugungsmethoden unterschieden werden. Einer der ersten Schritte in der Kristallstrukturanalyse ist die Bestimmung der Laue-Gruppe. Erst dann kann die Raumgruppe abgeleitet werden.

Tab. 11.19: Geordnet nach Kristallsystem sind die Laue-Gruppen in der Hermann-Mauguin-Symbolik angegeben.

Sieben Kristallsysteme	Elf Laue-Gruppen	32 Punktgruppen
Triklin	$\bar{1}$	$\bar{1}, 1$
Monoklin	$2/m$	$2/m, m, 2$
Orthorhombisch	mmm	$mmm, mm2, 222$
Tetragonal	$4/m$	$4/m, \bar{4}, 4$
	$4/mmm$	$4/mmm, \bar{4}2m, 4mm, 422$
Trigonal	$\bar{3}$	$\bar{3}, 3$
	$\bar{3}m$	$\bar{3}m, 3m, 32$
Hexagonal	$6/m$	$6/m, \bar{6}, 6$
	$6/mmm$	$6/mmm, \bar{6}m2, 6mm, 622$
Kubisch	$m\bar{3}$	$m\bar{3}, 23$
	$m\bar{3}m$	$m\bar{3}m, \bar{4}3m, 432$

Die Bestimmung der tatsächlichen Punktgruppe aus der Symmetrie des Röntgenbeugungsbildes ist möglich, wenn man die anomale Streuung ausnutzt, indem man Röntgenstrahlung verwendet, deren Wellenlänge nahe der Absorptionskante einer Atomsorte des untersuchten Materials liegt. Dann hat die von dem entsprechenden Atom gebeugte Röntgenstrahlung eine zusätzliche Phasenverschiebung, die bewirkt, dass das friedelsche Gesetz nicht mehr gilt. Dies hat kleine Abweichungen von der Inversionssymmetrie des Beugungsmusters zur Folge, so dass nicht nur die echte Punktgruppe beobachtet, sondern auch das Phasenproblem gelöst werden kann.

Da eine Strahlung passender Wellenlänge oft nicht zur Verfügung steht, versucht man in der Regel, den Nachweis eines fehlenden Symmetriezentrums durch andere physikalische Effekte zu erbringen, wie z. B. dem Piezoeffekt oder der Frequenzverdopplung.

11.4.2 Die Indizierung der Beugungsreflexe

Aus den Reflexpositionen können die Gitterkonstanten (a, b, c, α, β, γ) bestimmt werden. Diese ergeben eine Vorauswahl bezüglich des Bravais-Typs und der Punktgruppe. Ob es sich um eine symmorphe oder nicht symmorphe Raumgruppe handelt, hängt von den Reflexionsbedingungen ab, durch die sich Schraubenachsen und Gleitspiegelebenen zu erkennen geben. Dabei geben die Tabellen 11.20–11.22 die integralen, z. B. *hkl*, zonalen, z. B. *hk*0, oder axialen, z. B. *h*00, Reflexionsbedingungen und ihre Zuordnung zu Zentrierungstypen und den Symmetrieelementen mit einer Gleitkomponente an. Im deutschen Sprachgebrauch spricht man statt von einer Reflexionsbedingung z. B. *hkl* mit $h + k = 2n$ (vorhandene Reflexe) oft von Auslöschungsbedingungen z. B. *hkl* mit $h + k \neq 2n$ (fehlende Reflexe).

Tab. 11.20: Integrale Reflexionsbedingungen für zentrierte Zellen.

Reflexklassen	Zentrierungstyp	Zentrierungssymbol
Keine	Primitiv	*P*
		R (rhomboedrische Basis)
$h + k = 2n$	*C*-flächenzentriert	*C*
$k + l = 2n$	*A*-flächenzentriert	*A*
$h + l = 2n$	*B*-flächenzentriert	*B*
$h + k + l = 2n$	Innenzentriert	*I*
$h + k, h + l, k + l = 2n$	Allseitig flächenzentriert	*F*
$-h + k + l = 3n$	Rhomboedrisch zentriert, obvers	*R* (hexagonale Basis)
$h - k + l = 3n$	Rhomboedrisch zentriert, revers	*R* (hexagonale Basis)
$h - k = 3n$	Hexagonal zentriert	*H*

Tab. 11.21: Zonale Reflexionsbedingungen für Gleitspiegelebenen.

Reflexklasse	Reflexionsbedingung	Ebenenorientierung	Gleitvektor	Gleitspiegelebene
*h*0*l*	$l = 2n$	(010)	$c/2$	*c*
	$h = 2n$		$a/2$	*a*
	$l + h = 2n$		$c/2 + a/2$	*n*
	$l + h = 4n$		$c/4 + a/4$	*d*

Als Beispiel wird ein Kristall mit den Beugungsbildern aus Abb. 11.9 und 11.10 betrachtet. In den Beugungsmustern (berechnete Präzessionsaufnahmen für einen Kristall-Film-Abstand von $M = 60$ mm, einen Präzessionswinkel $\mu = 30°$, einer Wellenlänge von CuK$\overline{\alpha} = 1{,}5418$ Å und den Gitterkonstanten $a = 14{,}05$, $b = 10{,}56$, $c = 15{,}46$ Å

Tab. 11.22: Axiale Reflexionsbedingungen für Schraubenachsen.

Reflexklasse	Reflexionsbedingung	Achsenrichtung	Schraubenvektor	Symbol
0*k*0	$k = 2n$	[010]	$b/2$	2_1
	$k = 4n$	[010]	$b/4$	4_2

und $\beta = 104{,}8°$) beobachtet man die zweizählige Achse in (h0l) und die Spiegelebene senkrecht dazu in (hk0).

Für die Berechnungen der Gitterkonstanten aus diesen Beugungsbildern ist zu berücksichtigen, dass aus satztechnischen Gründen die Bilder ungenau skaliert sind.

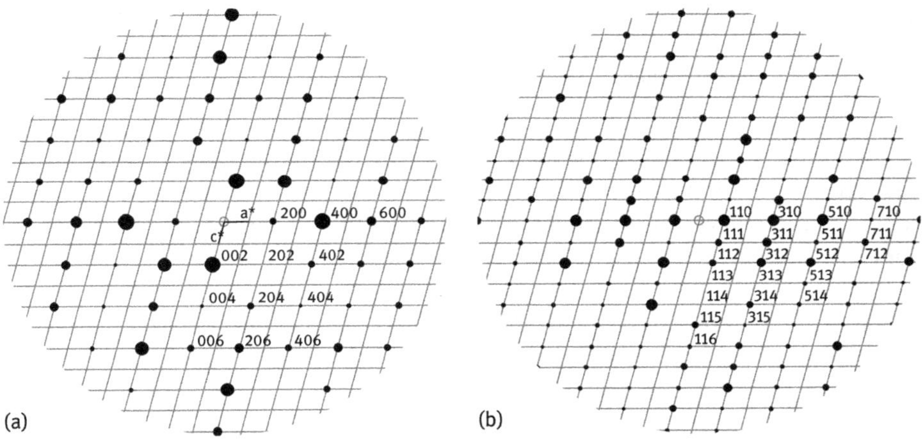

Abb. 11.9: Die Beugungsmuster der Schichten (a) ($h0l$) und (b) ($h1l$) des reziproken Gitters einer monoklinen Struktur (Einheitsachse **b**).

Aus einer Präzessionsaufnahme kommt man auf folgende Weise zu diesen Werten. Der monokline Winkel lässt sich direkt ausmessen. Ganz allgemein berechnen sich die reziproken Gitterkonstanten, z. B. a^*, aus einer Präzessionsaufnahme nach der Gleichung:

$$a^* = d^*_{(100)} = \frac{D}{\lambda \cdot M} \text{Å}^{-1}$$

Dabei ist λ die Wellenlänge der Röntgenstrahlung, M der Abstand Kristall–Film (60 mm) und D der Abstand gemessen in Millimeter vom Ursprung zum reziproken Gitterpunkt (100). Zur Berechnung der Gitterkonstanten dienen dann im monoklinen System mit b als monokliner Achse die Formeln:

$$a = \frac{1}{a^*} \cdot \sin\beta \qquad b = \frac{1}{b^*} \qquad c = \frac{1}{c^*} \cdot \sin\beta$$

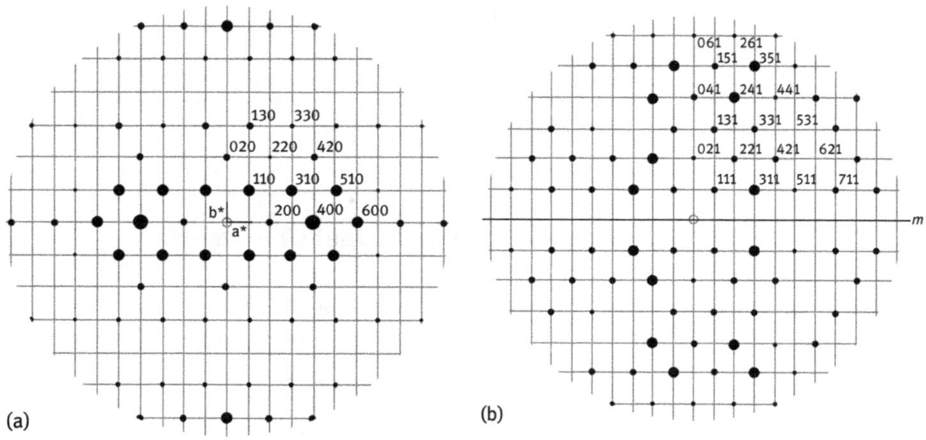

Abb. 11.10: Die Beugungsmuster der Schichten (a) ($hk0$) und (b) ($hk1$).

Moderne Diffraktometer sind mit Flächendetektoren ausgerüstet und registrieren das reziproke Gitter innerhalb weniger Minuten [5]. Die Berechnungen werden dann von Computerprogrammen automatisch durchgeführt, ebenso wie die Bestimmung der Laue-Gruppe.

Die monokline Basis im Beispiel hat die Laue-Gruppe $2/m$. Für die weitere Bestimmung der Raumgruppe kommen die Reflexionsbedingungen ins Spiel. Wie aus Abb. 11.9 und 11.10 ersichtlich, sind nur Reflexe hkl mit $h + k = 2n$ vorhanden. Dies ergibt nach Tab. 11.20 den Bravais-Typ C.

Daraus folgen für einzelnen Schichten die Reflexionsbedingungen:

$$0kl: \ k = 2n; \ h0l: \ h = 2n; \ hk0: \ h + k = 2n$$

Zusätzlich entnimmt man dem Beugungsbild für $h0l$ (Abb. 11.9) nur Reflexe mit $l = 2n$. Dies deutet nach Tab. 11.21 auf eine Gleitspiegelebene c hin.

Die axialen Reflexbedingungen $h00$ mit $h = 2n$ und $0k0$ mit $k = 2n$ erklären sich aus der C-Zentrierung. Die in $00l$ mit $l = 2n$ ergeben sich aus der c-Gleitspiegelebene. Deshalb wird eine 2_1-Schraubenachse nicht benötigt.

Die Raumgruppen, die auf diese Beobachtungen zutreffen, sind die nicht zentrosymmetrische Cc und die zentrosymmetrische $C2/c$. Auf dieser Basis der Symmetrie- und Reflexionsbedingungen kann keine Unterscheidung mehr zwischen beiden Raumgruppen getroffen werden.

Für beide Raumgruppen finden sich in den IT die Reflexbedingungen:

1. $hkl: \ h + k = 2n$
2. $0kl: \ k = 2n; \ h0l: \ h, l = 2n; \ hk0: \ h + k = 2n$
3. $h00: \ h = 2n; \ 0k0: \ k = 2n; \ 00l: \ l = 2n$

Aus den Intensitäten der Beugungsreflexe und den Beugungswinkeln in allen Schichten (hkl) lässt sich dann die Kristallstruktur bestimmen. Dabei wird deutlich, um welche der beiden Raumgruppen es sich handelt. Für Theorie und Praxis der Kristallstrukturanalyse sei auf die Literatur verwiesen [5].

11.5 Gruppe-Untergruppe-Beziehungen

11.5.1 Punktgruppen

Die Diagramme in Abb. 11.11 und 11.12 geben die Gruppe-Untergruppe-Beziehungen der Punktgruppen an. Auf der Ordinate ist die Ordnung der Punktgruppe angegeben. Sinkt die Ordnung von 48 auf 16, so bleiben $16/48 = 1/3$ der Symmetrieelemente der Gruppe mit höherer Ordnung übrig.

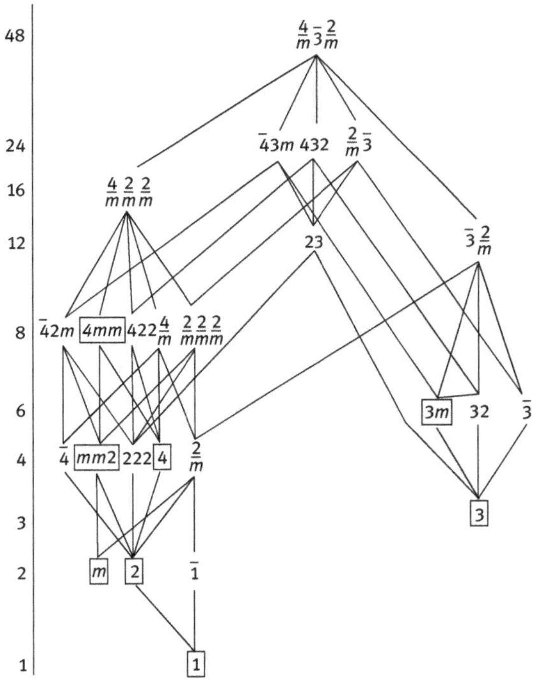

Abb. 11.11: Untergruppen der Punktgruppe $\frac{4}{m}\bar{3}\frac{2}{m}$.

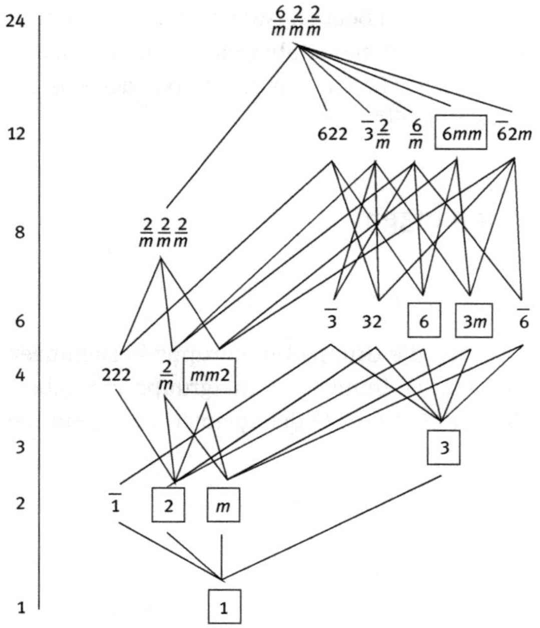

Abb. 11.12: Untergruppen der Punktgruppe $\frac{6}{m}\frac{2}{m}\frac{2}{m}$.

11.5.2 Raumgruppen

Eine Raumgruppe $\mathcal{G}$ besteht aus einer Menge von Symmetrieelementen. Wenn eine andere Raumgruppe $\mathcal{H}$ aus einer Untermenge dieser Symmetrieelemente besteht, dann ist sie eine Untergruppe von $\mathcal{G}$. $\mathcal{H}$ ist eine maximale Untergruppe von $\mathcal{G}$, wenn es keine Raumgruppe gibt, die als Zwischengruppe zwischen $\mathcal{G}$ und $\mathcal{H}$ auftreten kann. Eine maximale Untergruppe ist entweder translationengleich oder klassengleich. Die International Tables weisen die maximalen Untergruppen von allen Raumgruppen aus. Dabei wird unterschieden zwischen:

Typ I: translationengleiche Untergruppen; (Symbol t)

Typ IIa: klassengleiche Untergruppen, die durch den Verlust der Zentrierung der konventionellen Elementarzelle entstehen; (Symbol k)

Typ IIb: klassengleiche Untergruppen, die durch Vergrößerung der konventionellen Zelle auftreten; (Symbol k)

Typ IIc: isomorphe Untergruppen vom gleichen Typ wie die Obergruppe; (Symbol i).

$\mathcal{H} < \mathcal{G}$ wird translationengleiche Untergruppe genannt, wenn $\mathcal{G}$ und $\mathcal{H}$ dieselbe Gruppe von Translationen besitzen, $\mathcal{T}_{\mathcal{H}} = \mathcal{T}_{\mathcal{G}}$. Deshalb gehört $\mathcal{H}$ zu einer niedrigeren Kristallklasse als $\mathcal{G}$, $\mathcal{P}_{\mathcal{H}} < \mathcal{P}_{\mathcal{G}}$.

$\mathcal{H} < \mathcal{G}$ wird klassengleiche Untergruppe genannt, wenn $\mathcal{G}$ und $\mathcal{H}$ dieselbe Kristallklasse besitzen, $\mathcal{P}_{\mathcal{H}} = \mathcal{P}_{\mathcal{G}}$. Deshalb besitzt $\mathcal{H}$ weniger Translationen als $\mathcal{G}$, $\mathcal{T}_{\mathcal{H}} < \mathcal{T}_{\mathcal{G}}$.

Eine klassengleiche Untergruppe wird isomorph genannt, wenn $\mathcal{G}$ und $\mathcal{H}$ zum selben affinen Raumgruppentyp gehören.

$\mathcal{H}$ wird als *generelle Untergruppe* bezeichnet, wenn $\mathcal{T}_{\mathcal{H}} < \mathcal{T}_{\mathcal{G}}$ und $\mathcal{P}_{\mathcal{H}} < \mathcal{P}_{\mathcal{G}}$ sind.

Die maximale Untergruppe einer Raumgruppe ist entweder translationengleich oder klassengleich.

Mit diesen Voraussetzungen ist es möglich, die Symmetriebeziehungen zwischen zwei Kristallstrukturen in einem Bärnighausen-Stammbaum zusammenzufassen [6]:

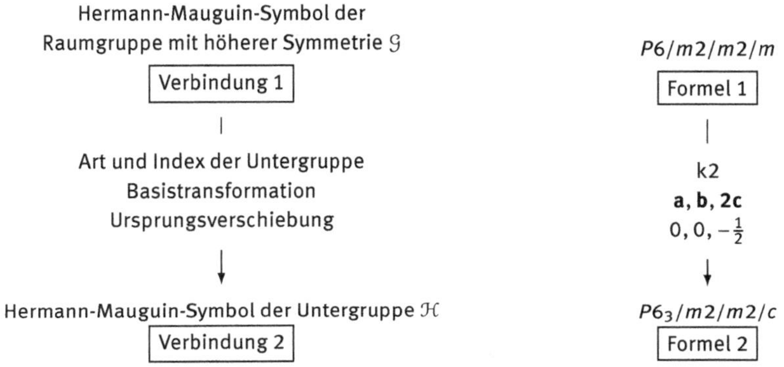

Ist die Raumgruppe der Struktur mit niederer Symmetrie eine maximale Untergruppe der Raumgruppe der Struktur mit höherer Symmetrie, gibt es lediglich einen Schritt der Symmetriereduktion. Wenn nicht, wird die gesamte Symmetriereduktion in Einzelschritte aufgelöst. Wobei dann jede Stufe den Übergang in eine maximale Untergruppe repräsentiert.

11.5.3 Stammbäume zur Erklärung der Strukturverwandtschaft

Vergleicht man die Strukturen der zwei Au/Cu Legierungen CuAu und $AuCu_3$ mit der Struktur von Gold, so kann man den Zusammenhang anhand des gemeinsamen Stammbaums der Verbindungen, der in Abb. 11.13 wiedergegeben ist, interpretieren. Der Zusammenhang erschließt sich durch den Vergleich der Raumgruppen der einzelnen Verbindungen, dabei stellt sich heraus, dass die Raumgruppen die Gruppe-Untergruppe-Beziehungen erfüllen. [7]

Ganz oben in Abb. 11.13 befindet sich die Struktur von Gold in der Raumgruppe $Fm\bar{3}m$. Die Tabellen rechts davon geben die jeweiligen Wykoff-Positionen der Atomlagen in den Raumgruppen an. Unter dem Gold steht die Legierung $AuCu_3$. Die Raum-

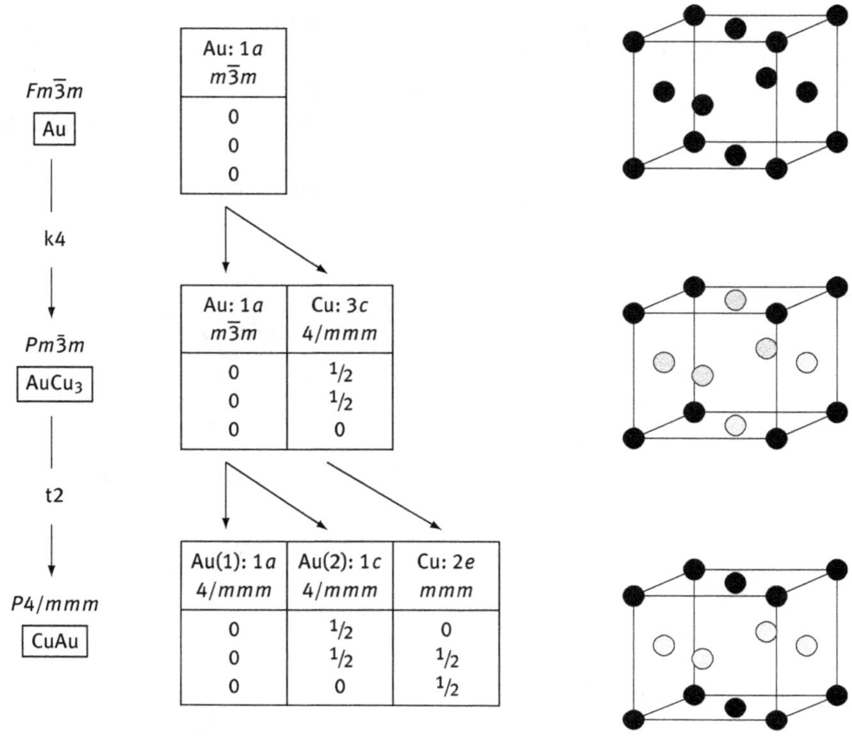

Abb. 11.13: Vergleich der Strukturen von Au, $AuCu_3$ und AuCu (Cu = grau).

gruppensymmetrie erniedrigt sich durch den Wegfall der Flächenzentrierung. Auf diesen Positionen ordnen die Kupferatome aus. Man erhält eine primitiv kubische Zelle.

Der folgende Schritt zur Verbindung AuCu beinhaltet eine tetragonale Verzerrung. Durch das kleinere Kupfer wird die Gitterkonstante c verkleinert.

11.5.4 Phasenübergänge

Eine thermodynamisch stabile Phase kann in Bezug auf eine zweite Phase instabil werden, wenn sich die äußeren Bedingungen (Druck, Temperatur, elektrische und magnetische Felder und mechanische Kräfte) ändern. Die Umwandlung ist *enantiotrop* d. h. reversibel oder umkehrbar, wenn man zu den Ausgangsbedingungen zurückkehrt. Die Umwandlung ist *monotrop*, irreversibel, d. h., sie startet mit einer nur kinetisch stabilen Phase, die aber thermodynamisch unter allen Bedingungen instabil ist.

Für reversible Prozesse sind nach den Gesetzen der Thermodynamik die Entropie und das Volumen die ersten partiellen Ableitungen der Gibbs-Energie (auf Druck und Temperatur bezogen). Die zweiten partiellen Ableitungen drücken die spezifische Wärme bei konstantem Druck $C_p = \partial H/\partial T$, die Kompressibilität bei konstanter Temperatur $\kappa V = \partial V/\partial p$ und die thermische Ausdehnung des Volumens bei konstantem Druck $\alpha V = \partial V/\partial T$ aus. (α ist der thermische Ausdehnungskoeffizient).

Gibbs-Energie $\quad G = H - TS = U + pV - TS$

1. Ableitungen $\quad \frac{\partial G}{\partial T} = -S\,; \quad \frac{\partial G}{\partial p} = V$

2. Ableitungen

$$\frac{\partial^2 G}{\partial p^2} = -\frac{\partial S}{\partial T} = -\frac{1}{T}\frac{\partial H}{\partial T} = -\frac{C_p}{T}$$

$$\frac{\partial^2 G}{\partial T^2} = \frac{\partial V}{\partial p} = -\kappa V$$

$$\frac{\partial^2 G}{\partial p \partial T} = \alpha V$$

Die Klassifizierung in Phasenübergänge erster und zweiter Ordnung machte Ehrenfest (1933). Heute benennt man diese Phasenübergänge, mit differenzierter Sicht der Dinge, diskontinuierliche und kontinuierliche Phasenübergänge.

Diskontinuierliche Phasenübergänge (Phasenübergänge erster Ordnung) sind Phasenumwandlungen mit einer sprunghaften Änderung der Struktur, des Volumens, der Entropie oder anderer thermodynamischer Funktionen bei genau definierten Druck-Temperatur-Bedingungen. Sie zeigen die Erscheinung der Hysterese, d. h., der Ablauf der Umwandlung kann zeitlich der verursachenden Temperatur- oder Druckänderung hinterherhinken.

Von *kontinuierlichen Phasenübergängen* (Phasenübergänge zweiter Ordnung) spricht man, wenn sich der Umwandlungsprozess über einen gewissen Temperaturbereich erstreckt. Sie sind mit einer kontinuierlich verlaufenden Strukturänderung verbunden und zeigen keine Hysterese.

Oftmals findet man auch die Unterteilung der Phasenübergänge nach strukturellen Kriterien.

1. Bei *rekonstruktiven Phasenübergängen* werden chemische Bindungen aufgebrochen und anders wieder verknüpft. Diese Phasenübergänge sind immer erster Ordnung.
2. In *displaziven Phasenübergängen* werden die Atome lediglich um geringe Beträge verschoben.
3. Zusätzlich definiert man noch *Ordnungs-Unordnungs-Übergänge*. In ihnen besitzt die Hochtemperaturphase eine statistische Verteilung der Atome auf ein und derselben Lage. Es gilt: Hochtemperatur gleich höhere Symmetrie. Beim Abkühlen ordnen die unterschiedlichen Elemente auf unterschiedlichen Lagen aus, wodurch die Symmetrie erniedrigt wird.

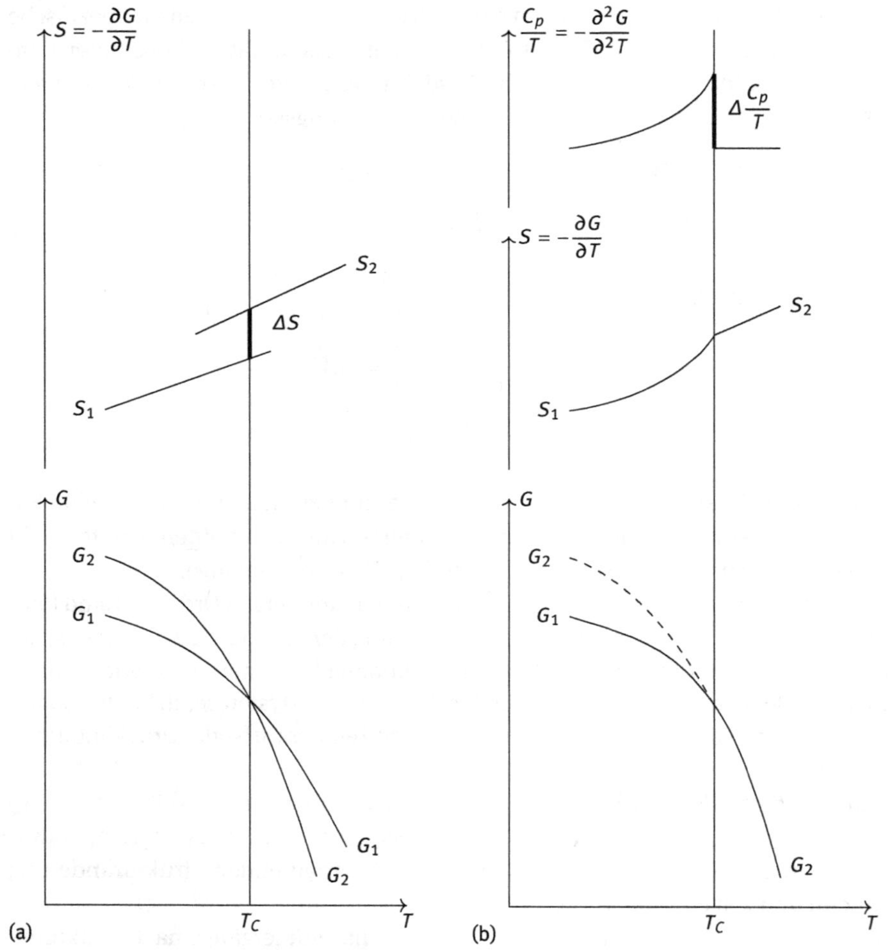

Abb. 11.14: Temperaturabhängiger Verlauf der Gibbs-Energie und ihrer Ableitungen für zwei Phasen, die ineinander überführt werden. Phasenübergang (a) erster und (b) zweiter Ordnung.

Landau-Theorie der kontinuierlichen Phasenübergänge

Einen zielführenden Ansatz, um die komplexen Vorgänge während des Phasenüberganges zu beschreiben, bietet die Landau-Theorie. Sie beschreibt das Verhalten des Systems nahe der kritischen Temperatur, ohne die genauen mikroskopischen Wechselwirkungen zu kennen.

In der Landau-Theorie wird ein Ordnungsparameter eingeführt. Der Ordnungsparameter ist eine geeignete messbare Größe, die die entscheidenden Unterschiede zweier Phasen beschreibt. Diese können z. B. Unterschiede in den Dichten der beiden Phasen oder in der Magnetisierung, bei einem Übergang von einer paramagnetischen in eine ferromagnetische Phase, sein. Ebenfalls können bestimmte Strukturparameter verwendet werden. Der Ordnungsparameter muss die nachfolgenden Bedingungen erfüllen.

In der Niedrigsymmetriephase muss sich der Ordnungsparameter kontinuierlich mit der Temperatur oder anderen Zustandsgrößen wie dem Druck ändern und er muss letztendlich bei der kritischen Temperatur T_c den Wert null erreichen. In der Hochtemperaturphase bleibt er bei null. Die kritische Temperatur korrespondiert mit dem Umwandlungspunkt.

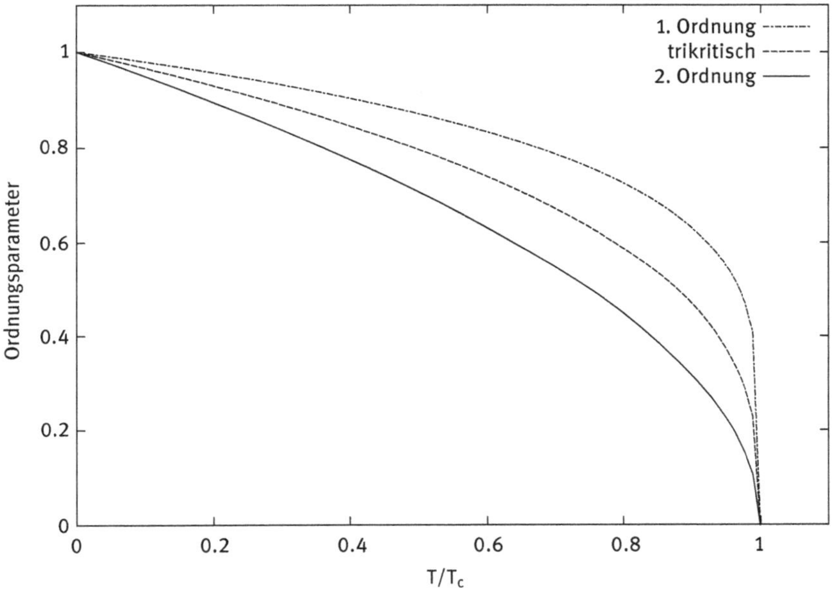

Abb. 11.15: Verlauf der Ordnungsparameter, η, für Phasenübergänge erster Ordnung, trikritische Phasenübergänge und solche zweiter Ordnung.

Für kleine Werte des Ordnungsparameters η kann die Änderung der freien Energie gegenüber G_0 mit einer Potenzreihe (Taylor-Reihe) ausgedrückt werden. Alle Glieder mit ungeraden Hochzahlen wurden eliminiert, da G unverändert bleiben muss, wenn sich das Vorzeichen von η ändert. Diese Annahme gilt allgemein nach der Landau-Theorie. Für einen kontinuierlichen Phasenübergang erscheinen in der Taylor-Reihe nur gerade Hochzahlen.

$$G = G_0 + \frac{1}{2}a_2\eta^2 + \frac{1}{4}a_4\eta^4 + \frac{1}{6}a_6\eta^6 + \cdots$$

Der Phasenübergang in $LiTaF_6$

In Abb. 11.16 ist das zeit- und temperaturaufgelöste Diffraktogramm für den Phasenübergang in $LiTaF_6$ abgebildet. Man erkennt eine reversible Phasenumwandlung ohne Hysterese bei etwa 418 K. Die Strukturlösungen zeigen eine kubische Hochtemperaturphase (HT-Phase, $Fm\bar{3}m$) [8] und eine rhomboedrische Tieftemperaturphase (TT-Phase, $R\bar{3}$) [9]. In der TT-Phase sind die MF_6-Oktaeder (M = Ta, Li) leicht gegeneinander verdreht. Das spart Platz. Steigt die Temperatur, so macht sich von 380 K an eine zunehmende Verdrehung der Oktaeder bemerkbar. Die thermische Ausdehnung der Gitterkonstanten führt dazu, dass sich die Oktaeder in der HT-Phase in eine höhere Symmetrie drehen. Die Atome werden lediglich um geringe Beträge verschoben. Diese Betrachtung spricht für einen kontinuierlichen Phasenübergang.

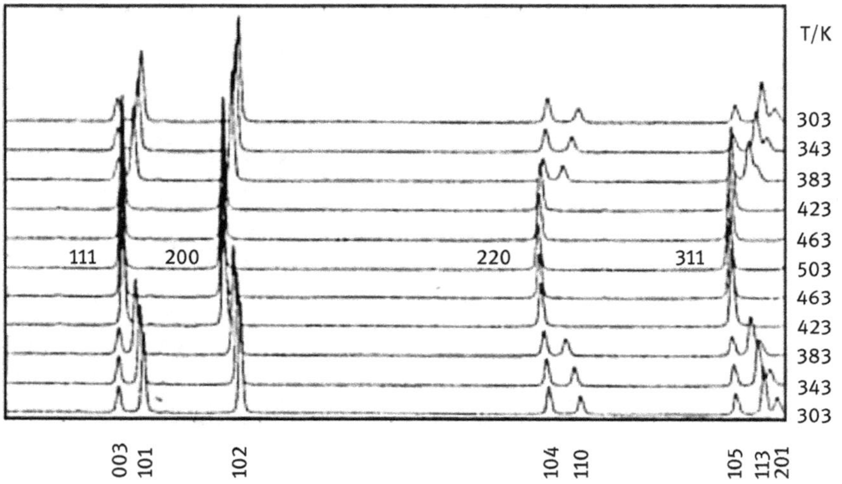

Abb. 11.16: Zeit- und temperaturaufgelöstes Diffraktogramm für den Phasenübergang in $LiTaF_6$.

Werden zwei kristalline Strukturen durch einen Phasenübergang zweiter Ordnung ineinander überführt, so verhalten sich die Raumgruppen wie Gruppe zu Untergruppe. Die Störung, die den Phasenübergang erzeugt, ist dann durch eine einzige irreduzible Darstellung der Raumgruppe höherer Symmetrie gegeben.

Stehen die Raumgruppen zweier Phasen in einem direkten Gruppe-Untergruppe-Verhältnis und findet dabei ein Wechsel im Kristallsystem statt, so können für die niedersymmetrische Phase ferroische Eigenschaften erwartet werden. Bei einem Phasenübergang gibt der Index eines translationengleichen Übergangs direkt die Anzahl der Mehrlinge an, die sich aus der Symmetriereduktion ergeben. Aus dem Stammbaum entnimmt man zwei Symmetriereduktionen. Zwei translationengleiche Übergänge: der erste mit Index vier und der zweite mit Index zwei. Dies bedeutet, dass

$Fm\bar{3}m$

HT-$LiTaF_6$

t4

$\frac{1}{2}(-\mathbf{a}+\mathbf{b}),\ \frac{1}{2}(-\mathbf{b}+\mathbf{c}),\ \mathbf{a}+\mathbf{b}+\mathbf{c}$

$R\bar{3}m$

t2

$R\bar{3}$

(a) TT-$LiTaF_6$

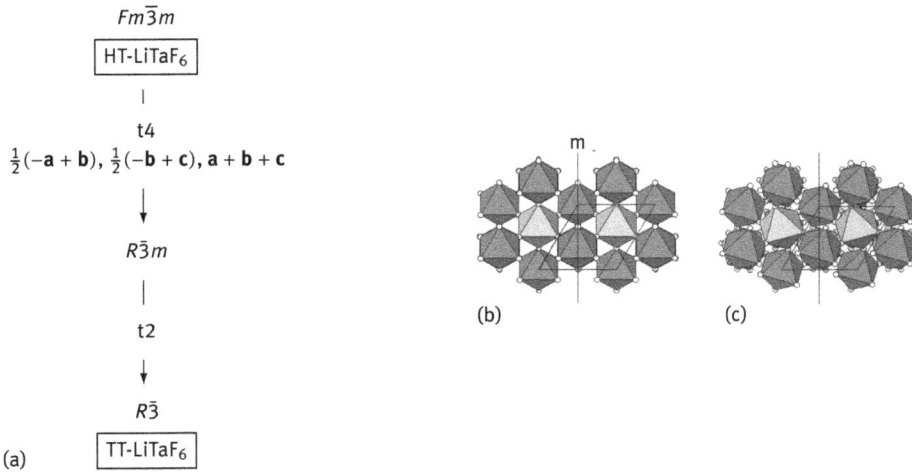

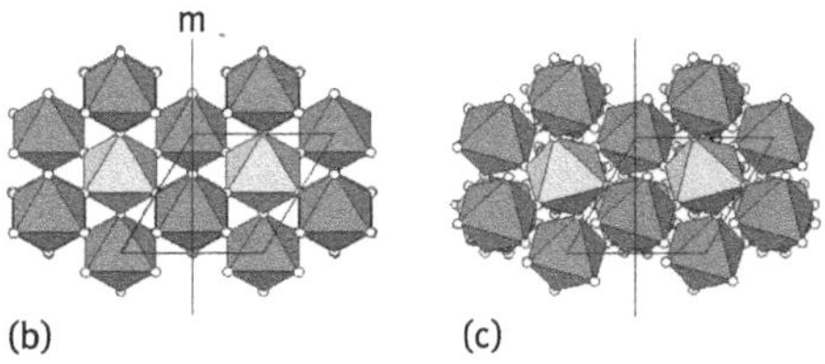

Abb. 11.17: (a) Bärnighausen-Stammbaum für den Phasenübergang in $LiTaF_6$ und Strukturänderungen entlang der dreizähligen Achse. (b) Anordnung der Oktaeder in der HT-Phase und (c) in der TT-Phase.

sich durch den Phasenübergang von der paraelastischen HT-Phase in die ferroelastische TT-Phase Zwillinge von Vierlingen ausbilden können.

In den Tabellen von Stokes und Hatch [10] wird der Übergang von $Fm\bar{3}m$ nach $R\bar{3}$ (s. Abb. 11.19) als proper ferroelastisch (pfs) klassifiziert. Das bedeutet für die TT-Phase ferroelastische Eigenschaften. In ferroelastischen Kristallen tritt eine spontane makroskopische Verformung auf. Wenn eine lineare Kopplung zwischen dem Ordnungsparameter η und der spontanen Verformung besteht, handelt es sich um einen proper ferroelastischen Phasenübergang.

Mit Verformung ist hier die Änderung der Form der Elementarzelle, beispielsweise beim Phasenübergang von der kubischen HT-Phase zur rhomboedrischen TT-Phase, gemeint (s. Abb. 11.18). Relativ gesehen zur kubischen Struktur ist der Kristall in der rhomboedrischen Phase auch ohne äußere Krafteinwirkung, also spontan, verformt. Die kubische Elementarzelle hat in diesem Fall die Länge einer ihrer Raumdiagonalen zu Ungunsten der drei anderen verändert.

Beim Durchlaufen eines ferroelastischen Phasenübergang von der paraelastischen Phase zur ferroelastischen Phase treten zwei Größen in Erscheinung, die zuvor in der Hochtemperaturphase gleich null waren. In der theoretischen Behandlung des Vorgangs ist dies der Ordnungsparameter des Landau-Potenzials und in der experimentellen Praxis die spontane Verformung des Kristallgitters, die man auch als makroskopischen Ordnungsparameter bezeichnen kann.

Für $LiTaF_6$ findet man einen Phasenübergang von der ferroelastischen, rhomboedrischen TT-Phase in die paraelastische, kubische HT-Phase bei 418 K. Durch

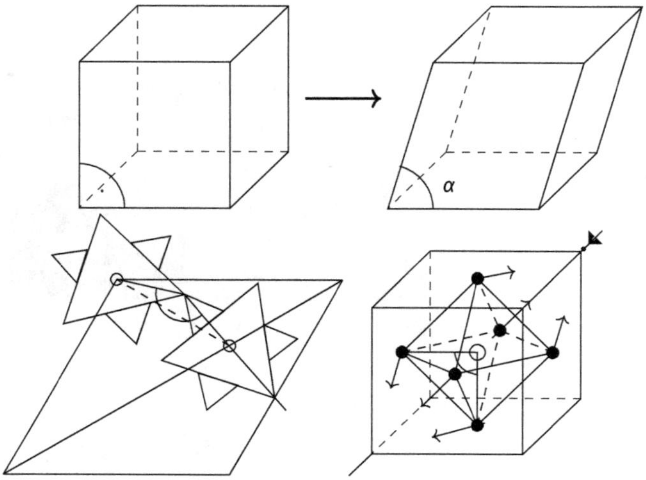

Abb. 11.18: Die Wahl des Ordnungsparameters: Zelldeformation der kubischen Zelle. Deformation des Winkels M–F–M und die Deformation des Winkels F–M–F (M = leere Kreise, F = gefüllte Kreise).

die rhomboedrische Verzerrung weicht der Winkel α kontinuierlich von 90° ab (Abb. 11.18). Die Abweichung von 90° wird in diesem Fall als Ordnungsparameter benutzt werden, $\eta = 90 - \alpha$.

Unter den Strukturparametern taugen neben dem Rhomboederwinkel α, die Rotation der MF_6-Oktaeder bezogen auf den Winkel M–F–M (s. Abb. 11.18) oder die interne Deformation der Oktaeder bezogen auf den Winkel F–M–F als Ordnungsparameter.

Die genaue Bestimmung der Gitterkonstante a in möglichst kleinen Temperaturschritten vor dem Umwandlungspunkt zeigt den Verlauf des Ordnungsparameters $\eta = 90 - \alpha$ (Abb. 11.19). Die Messwerte lassen sich mit einer Funktion f(T) anpassen, um den kritischen Exponenten β und die Konstante A zu bestimmen.

$$\eta = A\left(\frac{T_C - T}{T_C}\right)^{\beta}$$

A ist eine Konstante und β der kritische Exponent.

Als Ordnungsparameter η wurde die Abweichung des Rhomboederwinkels der TT-Phase vom 90°-Winkel in der kubischen HT-Phase ausgewählt. Der Verlauf des Ordnungsparameters wurde im Temperaturbereich zwischen 300–500 °C aufgezeichnet (s. Abb. 11.19). Für eine kritische Temperatur von 418 K liefert die Gleichung:

$$\eta = 0{,}25\left(\frac{418\,\mathrm{K} - T}{418\,\mathrm{K}}\right)^{0{,}322}$$

die an die Messwerte angepasste Kurve.

T/K	$\eta = 90 - \alpha$	α/°
303	1,672	88,328
323	1,555	88,445
343	1,44	88.560
363	1,306	88,694
383	1,126	88.871
388	1,067	88,933
393	1,024	88,976
398	0,96	89,043
403	0,872	89,128
408	0,721	89,270
413	0,5	89,5
418	0	90

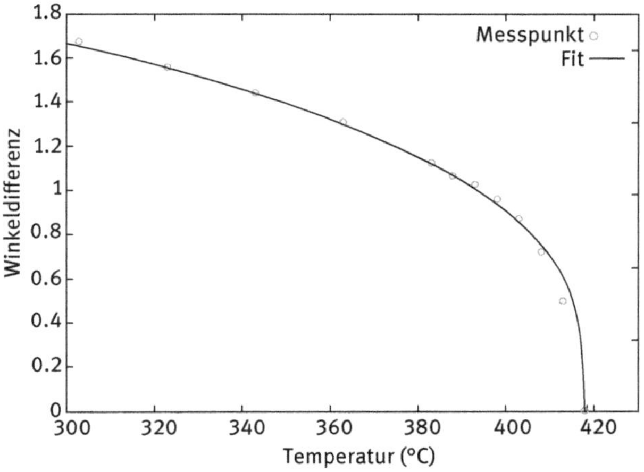

Abb. 11.19: Verlauf des Ordnungsparameters für den kontinuierlichen Phasenübergang in $LiTaF_6$.

Der Ordnungs-Unordnungs-Übergang in AuCu

Verschiedene Atomsorten, die statistisch gesehen dieselbe Atomposition besetzen, ordnen auf unterschiedlichen Positionen aus.

In der Legierung CuAu findet ein solcher Übergang bei 410 °C statt [11]. In der Phase mit statistischer Verteilung befinden sich alle Atome auf der Lage 1*a* der Raumgruppe $Fm\bar{3}m$. Man erhält diese Phase metastabil, wenn man aus der Schmelze abschreckt. Die Gitterkonstante ist **a** = 4,078 Å.

Kühlt man eine Schmelze, die 50 % Kupfer und 50 % Gold enthält, ab, so erstarrt sie bei 889 °C. Es bildet sich die Legierung AuCu. In ihrer Struktur sind Kupfer- und Goldatome statistisch auf den Wykoff Position 4a (0,0,0) in der Raumgruppe $Fm\bar{3}m$ gesetzt. Die weitere Absenkung der Temperatur führt zur kritischen Temperatur T_c = 410 °C. Darunter beginnt die Keimbildung der Niedertemperaturphase, in der Cu und Au ausordnen und es dadurch zu einer Symmetrieerniedrigung in die tetragonale Raumgruppe $P4/mmm$ kommt. Durch das Ausordnen wird die Zelle tetragonal verzerrt. Die niedrigere Temperatur und das kleinere Cu-Atom führen zur Abnahme der Gitterkonstanten **c** (a = 3,960 und c = 3,670 Å).

Die Schritte von $Fm\bar{3}m$ nach $P4/mmm$ werden in einem Stammbaum dargestellt (Abb. 11.20). Man erkennt daraus erstens den Übergang k4 in die maximale Untergruppe $Pm\bar{3}m$ unter Verlust der allseitigen Flächenzentrierung. Dieser klassengleiche Übergang mit Index vier bedeutet, dass vier Antiphasendomänen gebildet werden können.

Der zweite Schritt ist translationengleich und besitzt den Index zwei. Damit können die Zwillinge erklärt werden, die sich bei der Phasenumwandlung ebenfalls bilden. Die Kupferatome ordnen dabei auf der Wykoff-Position 2e (0, $\frac{1}{2}$, $\frac{1}{2}$ und $\frac{1}{2}$, 0, $\frac{1}{2}$) aus.

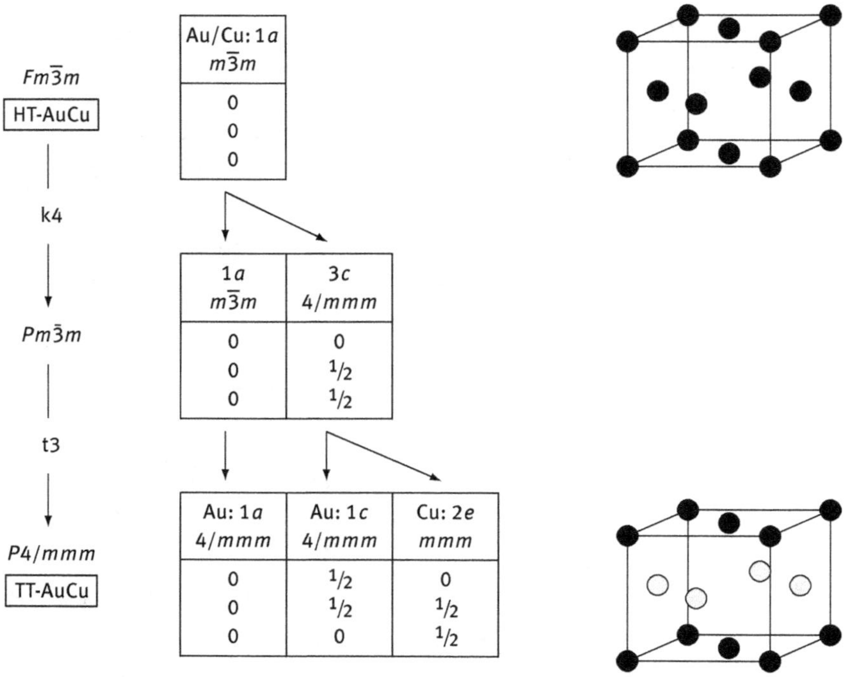

Abb. 11.20: Stammbaum für den Ordnungs-Unordnungs-Übergang in AuCu; helle Kugeln = Cu.

Topotaktische Reaktionen

Die Landau-Theorie lässt sich ebenfalls auf topotaktische Reaktionen anwenden. In einer topotaktischen Reaktion ist die Ausrichtung des Produktkristalls durch den Eduktkristall bestimmt. Die Keimbildung der Produktphase in der Eduktphase ist im Allgemeinen der entscheidende Schritt einer topotaktischen Reaktion. Keime mit geeigneter Ausrichtung besitzen eine höhere Bildungswahrscheinlichkeit und Wachstumsgeschwindigkeit. Dabei sind oft Diffusionsvorgänge entscheidend.

Der Sauerstoff im Anionenteilgitter des Praseodymdioxids diffundiert bei erhöhter Temperatur durch das f.c.c. Metallgitter und hinterlässt Defekte im Anionenteilgitter der Fluoritstruktur. Als Konsequenz wird ein gewisser Prozentsatz der vierwertigen Kationen zu dreiwertigen Kationen reduziert.

$$24\,PrO_2 \longrightarrow Pr_{24}O_{44} + 2\,O_2$$

Hält man die äußeren Bedingungen wie die Temperatur und den Sauerstoffpartialdruck über Tage konstant, gelingt es die einzelnen Phasen herzustellen und ihre

Strukturen mit Neutronen-Pulverdiffraktometrie zu bestimmen [12–14].

$$PrO_2 \xrightarrow[p_{O_2}=350\text{Torr}]{420°} Pr_{12}O_{24} \xrightarrow[p_{O_2}=200\text{Torr}]{420°} Pr_{11}O_{20} \xrightarrow[p_{O_2}=14\text{Torr}]{460°} Pr_{10}O_{18} \xrightarrow[p_{O_2}=10\text{Torr}]{560°}$$
$$Pr_9O_{16} \xrightarrow[p_{O_2}=10\text{Torr}]{780°} Pr_7O_{12}$$

Tab. 11.23: Liste der fluoritverwandten Praseodymoxide und ihr Bezug zur Fluoritstruktur [12–14].

Zusammensetzung	Bezeichnung	Formel	Inhalt der Elementarzelle	Bezug zur Fluoritstruktur
$PrO_{1,833}$	β-Phase	$Pr_{12}O_{24}$	$Pr_{24}O_{44}$	$(\mathbf{a},\mathbf{b},\mathbf{c})_{24} = (\mathbf{a},\mathbf{b},\mathbf{c})_F \cdot \frac{1}{2}\begin{pmatrix} 2 & 0 & 2 \\ 1 & 3 & \bar{3} \\ \bar{1} & 3 & 3 \end{pmatrix}$
$PrO_{1,818}$	$\delta(2)$-Phase	$Pr_{11}O_{22}$	$Pr_{88}O_{160}$	Strukturvorschlag
$PrO_{1,80}$	ϵ-Phase	$Pr_{10}O_{18}$	$Pr_{40}O_{72}$	$(\mathbf{a},\mathbf{b},\mathbf{c})_{40} = (\mathbf{a},\mathbf{b},\mathbf{c})_F \cdot \frac{1}{2}\begin{pmatrix} 2 & 0 & 2 \\ 1 & 5 & \bar{3} \\ \bar{1} & 5 & 3 \end{pmatrix}$
$PrO_{1,77}$	ζ-Phase	Pr_9O_{16}	Pr_9O_{16}	$(\mathbf{a},\mathbf{b},\mathbf{c})_9 = (\mathbf{a},\mathbf{b},\mathbf{c})_F \cdot \frac{1}{2}\begin{pmatrix} 2 & 0 & 1 \\ 1 & 3 & \bar{1} \\ \bar{1} & 1 & 2 \end{pmatrix}$
$PrO_{1,71}$	ι-Phase	Pr_7O_{12}	Pr_7O_{12}	$(\mathbf{a},\mathbf{b},\mathbf{c})_7 = (\mathbf{a},\mathbf{b},\mathbf{c})_F \cdot \frac{1}{2}\begin{pmatrix} 2 & \bar{1} & 1 \\ 1 & 2 & \bar{1} \\ \bar{1} & 1 & 2 \end{pmatrix}$

Oftmals reicht die Energie eines Elektronenstrahls im Hochvakuum eines Elektronenmikroskops, um die Reduktion z. B. von $Pr_{24}O_{48}$ zu $Pr_{40}O_{72}$ mikroskopisch zu verfolgen [16]. Auch konnten die meisten der erwarteten Zwillingsbildungen und die Ausbildung der erwarteten Antiphasendomänen für $Pr_{24}O_{48}$ elektronenmikroskopisch beobachtet werden [15].

Man findet in diesen Phasen geordnete Fehlstellen im Anionenteilgitter. In Abb 11.21b ist die Struktur von $Pr_{24}O_{44}$ entlang $[21\bar{1}]$ abgebildet, die Fehlstellen im Anionenteilgitter sind durch die sie umgebenden Metalltetraeder gekennzeichnet.

Die Metallatome erhalten das flächenzentrierte Gitter der Fluoritstruktur. Verbindungen wie $PrO_{1,833}$ wurden früher als nicht stöchiometrische Verbindungen bezeichnet. Nach der Strukturbestimmung weiß man, dass es sich sehr wohl um eine Verbindung mit geordneten Anionenfehlstellen handelt. Auch die anderen Mitglieder der Familie besitzen über Metallatome gepaarte und ungepaarte Fehlstellen im Anionenteilgitter der Fluoritstruktur.

In Abb. 11.23 ist z. B. die Strukturverwandtschaft und der Symmetrieabbau von $Fm\bar{3}m$ (Fluoritstruktur, Aristotyp) zu den Strukturen in $P2_1/c$ bzw. $R\bar{3}$ und $P\bar{1}$ (Hettotypen) aufgezeigt. Unter dem Aristotyp versteht man eine hochsymmetrische Kris-

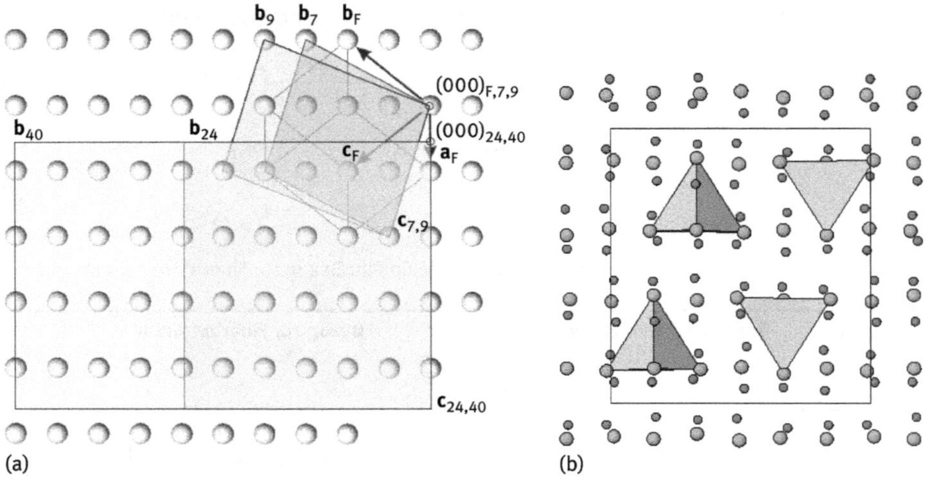

Abb. 11.21: (a) Die Elementarzellen der Praseodymoxide und ihre Beziehungen zur Fluoritstruktur. Gezeichnet sind die Metallatome in Projektion entlang $[21\bar{1}]_F$. (b) Die Struktur von $Pr_{24}O_{44}$ in derselben Projektion (Pr = große Kreise, O = kleine Kreise). Im Zentrum der Tetraeder befinden sich die Sauerstofffehlstellen.

tallstruktur aus der die Hettotypen, Strukturtypen niederer Symmetrie, erhalten werden können. In Abb. 11.21 sind die Elementarzellen der einzelnen Phasen entlang der $[21\bar{1}]_F$-Projektion der Fluoritstruktur eingezeichnet.

Der Symmetrieabbau von $Fm\bar{3}m$ nach $R\bar{3}m$ ist der erste Schritt. Die angegebenen Basistransformationen führen zur maximalen Untergruppe in der dreifach hexagonalen Aufstellung. Die nächsten Schritte sind die Übergänge in die Untergruppen $R\bar{3}$ und $C2/m$.

Der Übergang von $R\bar{3}2/m$ nach $C2/m$ ist translationengleich mit Index drei. Das erklärt die Ausbildung von Drillingen. Die Orientierungszustände der Zellen in $C2/m$ resultieren aus den Orientierungen der Kristallisationskeime, deren Orientierung durch die Matrix des ursprünglichen Kristalls in $R\bar{3}2/m$ vorbestimmt ist.

Die Abb. 11.22 verdeutlicht diesen Schritt, bei dem lediglich 1/3 der Symmetrieelemente der Raumgruppe $R\bar{3}2/m$ übrig bleibt.

Von $R\bar{3}$ führt der nächste Schritt, eine isomorphe Symmetriereduktion mit Index sieben, zur Elementarzelle für Pr_7O_{12} in $R\bar{3}$ (hexagonale Aufstellung). Hier sei erwähnt, dass die in Abb. 11.21 eingezeichnete Zelle der rhomboedrischen Aufstellung entspricht, da nur diese $\mathbf{a} = \frac{1}{2}[21\bar{1}]_F$ besitzt und so mit der Projektion der Abbildung übereinstimmt.

Von $C2/m$ geht es nach $C2/c$ unter Verdopplung der c-Achse und unter Verschiebung des Ursprungs um $00\frac{1}{2}$ bezogen auf die Translationen von $C2/m$. Im nächsten Schritt wird die c-Achse nochmals verdoppelt, bevor der Schritt i3, im Fall von $Pr_{24}O_{44}$, die b-Achse verdreifacht und so zum endgültigen Volumen der Elementarzelle führt.

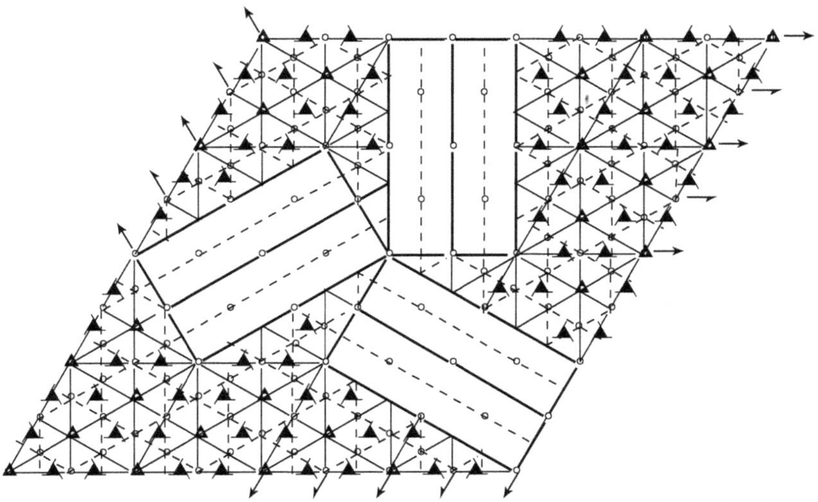

Abb. 11.22: Drillingsbildung durch Symmetriereduktion, translationengleich mit Index 3 (t3), von $R\bar{3}2/m$ nach $C2/m$. Von den vielen zweizähligen Achsen und Schraubenachsen der Raumgruppe $R\bar{3}2/m$ parallel zur Papierebene auch in den Höhen $\frac{1}{6}$ und $\frac{1}{3}c$ sind nur die gezeichnet, die durch die Symmetriereduktion zu $C2/m$ übrig bleiben.

Der letzte Schritt ist ein klassengleicher Übergang mit Index zwei, der durch den Verlust der Zellzentrierung zustande kommt und zur Raumgruppe $P2_1/c$ führt, in der $Pr_{24}O_{44}$ kristallisiert. Für die Phasen $Pr_{40}O_{72}$ und $Pr_{88}O_{160}$ gilt das entsprechende. Für Letztere gibt es keine Strukturbestimmung, lediglich einen Strukturvorschlag [17].

Von $R\bar{3}$ geht der Symmetrieabbau translationengleich mit Index drei weiter nach $P\bar{1}$. Das Volumen der Elementarzelle ist jetzt nur noch ein Drittel der Zelle der Übergruppe. Darauf folgen zwei isomorphe Übergänge mit Index drei, die insgesamt das neunfache Volumen der primitiven Fluoritzelle für Pr_9O_{16} ergeben.

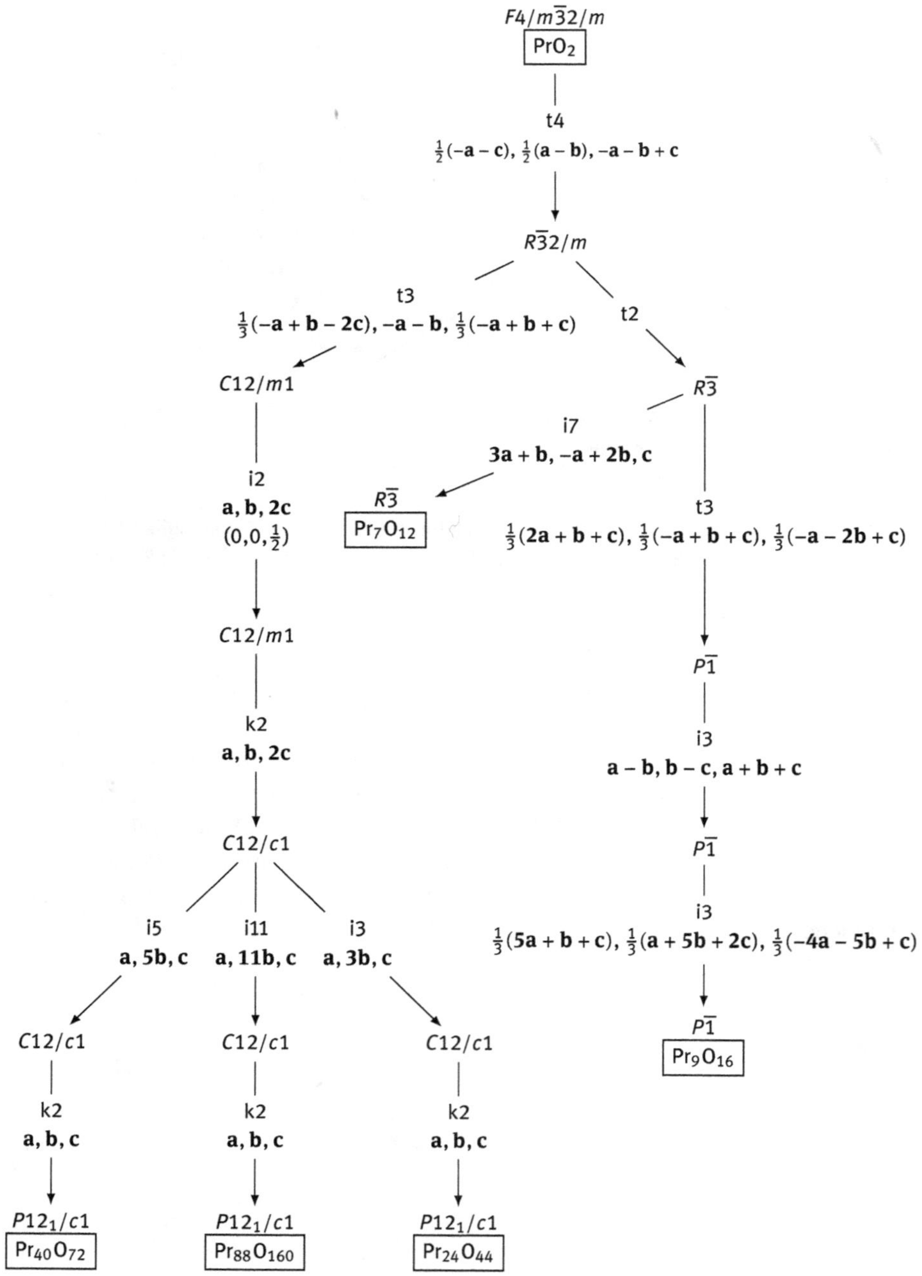

Abb. 11.23: Symmetrieverwandtschaft für die Praseodymoxide ausgehend vom Aristotyp der Fluoritstruktur.

Literatur

[1] U. Müller, IUCr Texts on Crystallography 18, Symmetry Relationships between Crystal Structures, Oxford University Press 1 edn. 2013.
[2] G. Burns, A. M. Glazer, Space Groups for Solid State Scientists, Academic Press Inc. 2 edn. 1990.
[3] International Tables for Crystallography, Vol. A., Space-group symmetry, (6. Auflage 2013, ed. M. I. Aroyo), Chichester: Wiley. http://it.iucr.org.
[4] International Tables for Crystallography, Vol. A1., Symmetry relations between space groups(1. Auflage 2004, eds. H. Wondratschek und U. Müller), Chichester: Wiley. http://it.iucr.org.
[5] W. Massa, Kristallstrukturbestimmung, 8. Aufl., Berlin: Springer (2015).
[6] H. Bärnighausen, Group-Subgroup relations between spacegroups: a useful tool in crystal chemistry, Match, Commun. Math. Chem. **9**, 139 (1980).
[7] A. Yu. Volkov, Structure and Mechanical Properties of CuAu and CuAuPd Ordered Alloys, Gold Bulletin **37/3–4**, 208 (2004).
[8] S. Kaskel, J. Strähle, Synthese und Struktur von $Li_2Ta_2O_3F_6$, Z. Anorg. Allg. Chem. **623**, 456–460 (1997).
[9] O. Graudejus, A. P. Wilkinson, L. C. Chacon, N. Bartlett, M-F interatomic distances and effective volumes of second and third transition series $(MF_6)^-$ and $(MF_6)^{2-}$ anions, Inorg. Chem. **39**, 2794–2800 (2000).
[10] H. T. Stokes, D. M. Hatch, Isotropic Subgroups of the 230 Crystallographic Space Groups (Singapore: World Scietific) pp 1–371 (1988).
[11] K. Asaumi, Order-Disorder Transition in CuAu Alloy at high pressure, Jpn. J. Appl. Phys. **14**, 336–340 (1975).
[12] J. Zhang, R. B. Von Dreele, L. Eyring, Structures in the Oxygen-Deficient Fluorite-Related R_nO_{2n-2} Homologous Series: $Pr_{12}O_{22}$, J. Solid State Chem., **122**, 53–58 (1996).
[13] J. Zhang, R. B. Von Dreele, L. Eyring, Structures in the Oxygen-Deficient Fluorite-Related R_nO_{2n-2} Homologous Series: $Pr_{10}O_{18}$, J. Solid State Chem., **118**, 141–147 (1995).
[14] J. Zhang, R. B. Von Dreele, L. Eyring, Structures in the Oxygen-Deficient Fluorite-Related R_nO_{2n-2} Homologous Series: Pr_9O_{16}, J. Solid State Chem., **118**, 133–140 (1996).
[15] E. Schweda, L. Eyring, Twinning in $Pr_{24}O_{44}$: An investigation by high-resolution electron microscopy, J. Solid State Chem. **78**, 1–6 (1989).
[16] E. Schweda, L. Eyring, D. J. Smith, Transformation and chemical reduction of $Pr_{24}O_{44}$ induced by the electron beam during microscopical examination, Ultramicroscopy **23**, 443–452 (1987).
[17] Z. C. Kang, L. Eyring, Proposed Structure of $Pr_{88}O_{160}$ phase in the binary rare earth higher oxides, J. Alloys and Comp., **408–412**, 1123–1126 (2006).

A Charaktertafeln

A.1 Nicht axiale Gruppen

C_1	E	
A	1	alle

C_s	E	σ_h		
A'	1	1	x, y, R_z	x^2, y^2, z^2, xy
A''	1	−1	z, R_x, R_y	yz, xz

C_i	E	i		
A_g	1	1	R_x, R_y, R_z	$x^2, y^2, z^2, xy, xz, yz$
A_u	1	−1	x, y, z	

A.2 Axiale Gruppen C_n ($n = 2 \ldots 8$)

C_2	E	C_2		
A	1	1	z, R_z	x^2, y^2, z^2, xy
B	1	−1	x, y, R_x, R_y	yz, xz

C_3	E	C_3	C_3^2		$\varepsilon = \exp(2\pi i/3)$
A	1	1	1	z, R_z	$x^2 + y^2, z^2$
E	$\begin{cases} 1 \\ 1 \end{cases}$	$\begin{matrix} \varepsilon \\ \varepsilon^* \end{matrix}$	$\begin{matrix} \varepsilon^* \\ \varepsilon \end{matrix}$	$(x, y)(R_x, R_y)$	$(x^2 - y^2, xy)(yz, xz)$

C_4	E	C_4	C_2	C_4^3		
A	1	1	1	1	z, R_z	$x^2 + y^2, z^2$
B	1	−1	1	−1		$x^2 - y^2, xy$
E	$\begin{cases} 1 \\ 1 \end{cases}$	$\begin{matrix} i \\ -i \end{matrix}$	$\begin{matrix} -1 \\ -1 \end{matrix}$	$\begin{matrix} -i \\ i \end{matrix}$	$(x, y)(R_x, R_y)$	(yz, xz)

https://doi.org/10.1515/9783110736366-012

C_5	E	C_5	C_5^2	C_5^3	C_5^4		$\varepsilon = \exp(2\pi i/5)$
A	1	1	1	1	1	z, R_z	$x^2 + y^2, z^2$
E_1	1	ε	ε^2	ε^{2*}	ε^*	$(x, y)(R_x, R_y)$	(yz, xz)
	1	ε^*	ε^{2*}	ε^2	ε		
E_2	1	ε^2	ε^*	ε	ε^{2*}		$(x^2 - y^2, xy)$
	1	ε^{2*}	ε	ε^*	ε^2		

C_6	E	C_6	C_3	C_2	C_3^2	C_6^5		$\varepsilon = \exp(2\pi i/6)$
A	1	1	1	1	1	1	z, R_z	$x^2 + y^2, z^2$
B	1	−1	1	−1	1	−1		
E_1	1	ε	$-\varepsilon^*$	−1	$-\varepsilon$	ε^*	(x, y)	(yz, xz)
	1	ε^*	$-\varepsilon$	−1	$-\varepsilon^*$	ε	(R_x, R_y)	
E_2	1	$-\varepsilon^*$	$-\varepsilon$	1	$-\varepsilon^*$	$-\varepsilon$		$(x^2 - y^2, xy)$
	1	$-\varepsilon$	$-\varepsilon^*$	1	$-\varepsilon$	$-\varepsilon^*$		

C_7	E	C_7	C_7^2	C_7^3	C_7^4	C_7^5	C_7^6		$\varepsilon = \exp(2\pi i/7)$
A	1	1	1	1	1	1	1	z, R_z	$x^2 + y^2, z^2$
E_1	1	ε	ε^2	ε^3	ε^{3*}	ε^{2*}	ε^*	(x, y)	(yz, xz)
	1	ε^*	ε^{2*}	ε^{3*}	ε^3	ε^2	ε	(R_x, R_y)	
E_2	1	ε^2	ε^{3*}	ε^*	ε	ε^3	ε^{2*}		$(x^2 - y^2, xy)$
	1	ε^{2*}	ε^3	ε	ε^*	ε^{3*}	ε^2		
E_3	1	ε^3	ε^*	ε^2	ε^{2*}	ε	ε^{3*}		
	1	ε^{3*}	ε	ε^{2*}	ε^2	ε^*	ε^3		

C_8	E	C_8	C_4	C_2	C_4^3	C_8^3	C_8^5	C_8^7		$\varepsilon = \exp(2\pi i/8)$
A	1	1	1	1	1	1	1	1	z, R_z	$x^2 + y^2, z^2$
B	1	−1	1	1	1	−1	−1	−1		
E_1	1	ε	i	−1	$-i$	$-\varepsilon^*$	$-\varepsilon$	ε^*	(x, y)	(yz, xz)
	1	ε^*	$-i$	−1	i	$-\varepsilon$	$-\varepsilon^*$	ε	(R_x, R_y)	
E_2	1	i	−1	1	−1	$-i$	i	$-i$		$(x^2 - y^2, xy)$
	1	$-i$	−1	1	−1	i	$-i$	i		
E_3	1	$-\varepsilon$	i	−1	$-i$	ε^*	ε	$-\varepsilon^*$		
	1	$-\varepsilon^*$	$-i$	−1	i	ε	ε^*	$-\varepsilon$		

A.3 Axiale Gruppen D_n ($n = 2 \ldots 6$)

D_2	E	$C_2(z)$	$C_2(y)$	$C_2(x)$		
A	1	1	1	1		x^2, y^2, z^2
B_1	1	1	−1	−1	z, R_z	xy
B_2	1	−1	1	−1	y, R_y	xz
B_3	1	−1	−1	1	x, R_x	yz

D_3	E	$2C_3$	$3C_2$		
A_1	1	1	1		$x^2 + y^2, z^2$
A_2	1	1	−1	z, R_z	
E	2	−1	0	$(x, y)(R_x, R_y)$	$(x^2 - y^2, xy)(xz, yz)$

D_4	E	$2C_4$	C_2	$2C'_2$	$2C''_2$		
A_1	1	1	1	1	1		$x^2 + y^2, z^2$
A_2	1	1	1	−1	−1	z, R_z	
B_1	1	−1	1	1	−1		$x^2 - y^2$
B_2	1	−1	1	−1	1		xy
E	2	0	−2	0	0	$(x, y)(R_x, R_y)$	(xz, yz)

D_5	E	$2C_5$	$2C_5^2$	$5C_2$		
A_1	1	1	1	1		$x^2 + y^2, z^2$
A_2	1	1	1	−1	z, R_z	
E_1	2	$2\cos(72°)$	$2\cos(144°)$	0	$(x, y)(R_x, R_y)$	(xz, yz)
E_2	2	$2\cos(144°)$	$2\cos(72°)$	0		$(x^2 - y^2, xy)$

D_6	E	$2C_6$	$2C_3$	C_2	$3C'_2$	$3C''_2$		
A_1	1	1	1	1	1	1		$x^2 + y^2, z^2$
A_2	1	1	1	1	−1	−1	z, R_z	
B_1	1	−1	1	−1	1	−1		
B_2	1	−1	1	−1	−1	1		
E_1	2	1	−1	−2	0	0	$(x, y)(R_x, R_y)$	(xz, yz)
E_2	2	−1	−1	2	0	0		$(x^2 - y^2, xy)$

A.4 C_{nv}-Gruppen ($n = 2 \ldots 6$)

C_{2v}	E	C_2	$\sigma_v(xz)$	$\sigma_{v'}(yz)$		
A_1	1	1	1	1	z	x^2, y^2, z^2
A_2	1	1	−1	−1	R_z	xy
B_1	1	−1	1	−1	x, R_y	xz
B_2	1	−1	−1	1	y, R_x	yz

C_{3v}	E	$2C_3$	$3\sigma_v$		
A_1	1	1	1	z	$x^2 + y^2, z^2$
A_2	1	1	−1	R_z	
E	2	−1	0	$(x, y)(R_x, R_y)$	$(x^2 - y^2, xy)(xz, yz)$

C_{4v}	E	$2C_4$	C_2	$2\sigma_v$	$2\sigma_d$		
A_1	1	1	1	1	1	z	$x^2 + y^2, z^2$
A_2	1	1	1	−1	−1	R_z	
B_1	1	−1	1	1	−1		$x^2 - y^2$
B_2	1	−1	1	−1	1		xy
E	2	0	−2	0	0	$(x, y)(R_x, R_y)$	(xz, yz)

C_{5v}	E	$2C_5$	$2C_5^2$	$5\sigma_v$		
A_1	1	1	1	1	z	$x^2 + y^2, z^2$
A_2	1	1	1	−1	R_z	
E_1	2	2 cos(72°)	2 cos(144°)	0	$(x, y)(R_x, R_y)$	(xz, yz)
E_2	2	2 cos(144°)	2 cos(72°)	0		$(x^2 - y^2, xy)$

C_{6v}	E	$2C_6$	$2C_3$	C_2	$3\sigma_v$	$3\sigma_d$		
A_1	1	1	1	1	1	1	z	$x^2 + y^2, z^2$
A_2	1	1	1	1	−1	−1	R_z	
B_1	1	−1	1	−1	1	−1		
B_2	1	−1	1	−1	−1	1		
E_1	2	1	−1	−2	0	0	$(x, y)(R_x, R_y)$	(xz, yz)
E_2	2	−1	−1	2	0	0		$(x^2 - y^2, xy)$

A.5 C_{nh}-Gruppen ($n = 2 \dots 6$)

C_{2h}	E	C_2	i	σ_h		
A_g	1	1	1	1	R_z	x^2, y^2, z^2, xy
B_g	1	−1	1	−1	R_x, R_y	xz, yz
A_u	1	1	−1	−1	z	
B_u	1	−1	−1	1	x, y	

C_{3h}	E	C_3	C_3^2	σ_h	S_3	S_3^5		$\varepsilon = \exp(2\pi i/3)$
A'	1	1	1	1	1	1	R_z	$x^2 + y^2, z^2$
E'	1	ε	ε^*	1	ε	ε^*	(x, y)	$(x^2 - y^2, xy)$
	1	ε^*	ε	1	ε^*	ε		
A''	1	1	1	−1	−1	−1	z	
E''	1	ε	ε^*	−1	$-\varepsilon$	$-\varepsilon^*$	(R_x, R_y)	(xz, yz)
	1	ε^*	ε	−1	$-\varepsilon^*$	$-\varepsilon$		

C_{4h}	E	C_4	C_2	C_4^3	i	S_4^3	σ_h	S_4		
A_g	1	1	1	1	1	1	1	1	R_z	$x^2 + y^2, z^2$
B_g	1	−1	1	−1	1	−1	1	−1		$x^2 - y^2, xy$
E_g	1	i	−1	$-i$	1	i	−1	$-i$	(R_x, R_y)	(xz, yz)
	1	$-i$	−1	i	1	$-i$	−1	i		
A_u	1	1	1	1	−1	−1	−1	−1	z	
B_u	1	−1	1	−1	−1	1	−1	1		
E_u	1	i	−1	$-i$	−1	$-i$	1	i	(x, y)	
	1	$-i$	−1	i	−1	i	1	$-i$		

C_{5h}	E	C_5	C_5^2	C_5^3	C_5^4	σ_h	S_5	S_5^7	S_5^3	S_5^9		$\varepsilon = \exp(2\pi i/5)$
A'	1	1	1	1	1	1	1	1	1	1	R_z	$x^2 + y^2, z^2$
E_1'	1	ε	ε^2	ε^{2*}	ε^*	1	ε	ε^2	ε^{2*}	ε^*	(x, y)	
	1	ε^*	ε^{2*}	ε^2	ε	1	ε^*	ε^{2*}	ε^2	ε		
E_2'	1	ε^2	ε^*	ε	ε^{2*}	1	ε^2	ε^*	ε	ε^{2*}		$(x^2 - y^2, xy)$
	1	ε^{2*}	ε	ε^*	ε^2	1	ε^{2*}	ε	ε^*	ε^2		
A''	1	1	1	1	1	−1	−1	−1	−1	−1	z	
E_1''	1	ε	ε^2	ε^{2*}	ε^*	−1	$-\varepsilon$	$-\varepsilon^2$	$-\varepsilon^{2*}$	$-\varepsilon^*$	(R_x, R_y)	(xz, yz)
	1	ε^*	ε^{2*}	ε^2	ε	−1	$-\varepsilon^*$	$-\varepsilon^{2*}$	$-\varepsilon^2$	$-\varepsilon$		
E_2''	1	ε^2	ε^*	ε	ε^{2*}	−1	$-\varepsilon^2$	$-\varepsilon^*$	$-\varepsilon$	$-\varepsilon^{2*}$		
	1	ε^{2*}	ε	ε^*	ε^2	−1	$-\varepsilon^{2*}$	$-\varepsilon$	$-\varepsilon^*$	$-\varepsilon^2$		

C_{6h}	E	C_6	C_3	C_2	C_3^2	C_6^5	i	S_3^5	S_6^5	σ_h	S_6	S_3		$\varepsilon = \exp(2\pi i/6)$
A_g	1	1	1	1	1	1	1	1	1	1	1	1	R_z	$x^2 + y^2, z^2$
B_g	1	−1	1	−1	1	−1	1	−1	1	−1	1	−1		
E_{1g}	1	ε	$-\varepsilon^*$	−1	$-\varepsilon$	ε^*	1	ε	$-\varepsilon^*$	−1	$-\varepsilon$	ε^*	(R_x, R_y)	(xz, yz)
	1	ε^*	$-\varepsilon$	−1	$-\varepsilon^*$	ε	1	ε^*	$-\varepsilon$	−1	$-\varepsilon^*$	ε		
E_{2g}	1	$-\varepsilon^*$	$-\varepsilon$	1	$-\varepsilon^*$	$-\varepsilon$	1	$-\varepsilon^*$	$-\varepsilon$	1	$-\varepsilon^*$	$-\varepsilon$		$(x^2 - y^2, xy)$
	1	$-\varepsilon$	$-\varepsilon^*$	1	$-\varepsilon$	$-\varepsilon^*$	1	$-\varepsilon$	$-\varepsilon^*$	1	$-\varepsilon$	$-\varepsilon^*$		
A_u	1	1	1	1	1	1	−1	−1	−1	−1	−1	−1	z	
B_u	1	−1	1	−1	1	−1	−1	1	−1	1	−1	1		
E_{1u}	1	ε	$-\varepsilon^*$	−1	$-\varepsilon$	ε^*	−1	$-\varepsilon$	ε^*	1	ε	$-\varepsilon^*$	(x, y)	
	1	ε^*	$-\varepsilon$	−1	$-\varepsilon^*$	ε	−1	$-\varepsilon^*$	ε	1	ε^*	$-\varepsilon$		
E_{2u}	1	$-\varepsilon^*$	$-\varepsilon$	1	$-\varepsilon^*$	$-\varepsilon$	−1	ε^*	ε	−1	ε^*	ε		
	1	$-\varepsilon$	$-\varepsilon^*$	1	$-\varepsilon$	$-\varepsilon^*$	−1	ε	ε^*	−1	ε	ε^*		

A.6 D_{nh}-Gruppen ($n = 2 \dots 6$)

D_{2h}	E	$C_2(z)$	$C_2(y)$	$C_2(x)$	i	$\sigma(xy)$	$\sigma(xz)$	$\sigma(yz)$		
A_g	1	1	1	1	1	1	1	1		x^2, y^2, z^2
B_{1g}	1	1	−1	−1	1	1	−1	−1	R_z	xy
B_{2g}	1	−1	1	−1	1	−1	1	−1	R_y	xz
B_{3g}	1	−1	−1	1	1	−1	−1	1	R_x	yz
A_u	1	1	1	1	−1	−1	−1	−1		
B_{1u}	1	1	−1	−1	−1	−1	1	1	z	
B_{2u}	1	−1	1	−1	−1	1	−1	1	y	
B_{3u}	1	−1	−1	1	−1	1	1	−1	x	

D_{3h}	E	$2C_3$	$3C_2$	σ_h	$2S_3$	$3\sigma_v$		
A_1'	1	1	1	1	1	1		$x^2 + y^2, z^2$
A_2'	1	1	−1	1	1	−1	R_z	
E'	2	−1	0	2	−1	0	(x, y)	$(x^2 - y^2, xy)$
A_1''	1	1	1	−1	−1	−1		
A_2''	1	1	−1	−1	−1	1	z	
E''	2	−1	0	−2	1	0	(R_x, R_y)	(xz, yz)

D_{4h}	E	$2C_4$	C_2	$2C_2'$	$2C_2''$	i	$2S_4$	σ_h	$2\sigma_v$	$2\sigma_d$		
A_{1g}	1	1	1	1	1	1	1	1	1	1		x^2+y^2, z^2
A_{2g}	1	1	1	−1	−1	1	1	1	−1	−1	R_z	
B_{1g}	1	−1	1	1	−1	1	−1	1	1	−1		x^2-y^2
B_{2g}	1	−1	1	−1	1	1	−1	1	−1	1		xy
E_g	2	0	−2	0	0	2	0	−2	0	0	(R_x, R_y)	(xz, yz)
A_{1u}	1	1	1	1	1	−1	−1	−1	−1	−1		
A_{2u}	1	1	1	−1	−1	−1	−1	−1	1	1	z	
B_{1u}	1	−1	1	1	−1	−1	1	−1	−1	1		
B_{2u}	1	−1	1	−1	1	−1	1	−1	1	−1		
E_u	2	0	−2	0	0	−2	0	2	0	0	(x, y)	

D_{5h}	E	$2C_5$	$2C_5^2$	$5C_2$	σ_h	$2S_5$	$2S_5^3$	$5\sigma_v$		
A_1'	1	1	1	1	1	1	1	1		x^2+y^2, z^2
A_2'	1	1	1	−1	1	1	1	−1	R_z	
E_1'	2	α	β	0	2	α	β	0	(x, y)	
E_2'	2	β	α	0	2	β	α	0		(x^2-y^2, xy)
A_1''	1	1	1	1	−1	−1	−1	−1		
A_2''	1	1	1	−1	−1	−1	−1	1	z	
E_1''	2	α	β	0	−2	$-\alpha$	$-\beta$	0	(R_x, R_y)	(xz, yz)
E_2''	2	β	α	0	−2	$-\beta$	$-\alpha$	0		

wobei $\alpha = 2\cos(72°)$ und $\beta = 2\cos(144°)$

D_{6h}	E	$2C_6$	$2C_3$	C_2	$3C_2'$	$3C_2''$	i	$2S_3$	$2S_6$	σ_h	$3\sigma_d$	$3\sigma_v$		
A_{1g}	1	1	1	1	1	1	1	1	1	1	1	1		x^2+y^2, z^2
A_{2g}	1	1	1	1	−1	−1	1	1	1	1	−1	−1	R_z	
B_{1g}	1	−1	1	−1	1	−1	1	−1	1	−1	1	−1		
B_{2g}	1	−1	1	−1	−1	1	1	−1	1	−1	−1	1		
E_{1g}	2	1	−1	−2	0	0	2	1	−1	−2	0	0	(R_x, R_y)	(xz, yz)
E_{2g}	2	−1	−1	2	0	0	2	−1	−1	2	0	0		(x^2-y^2, xy)
A_{1u}	1	1	1	1	1	1	−1	−1	−1	−1	−1	−1		
A_{2u}	1	1	1	1	−1	−1	−1	−1	−1	−1	1	1	z	
B_{1u}	1	−1	1	−1	1	−1	−1	1	−1	1	−1	1		
B_{2u}	1	−1	1	−1	−1	1	−1	1	−1	1	1	−1		
E_{1u}	2	1	−1	−2	0	0	−2	−1	1	2	0	0	(x, y)	
E_{2u}	2	−1	−1	2	0	0	−2	1	1	−2	0	0		

A.7 D_{nd}-Gruppen ($n = 2\dots6$)

D_{2d}	E	$2S_4$	C_2	$2C_2'$	$2\sigma_d$		
A_1	1	1	1	1	1		x^2+y^2, z^2
A_2	1	1	1	−1	−1	R_z	
B_1	1	−1	1	1	−1		x^2-y^2
B_2	1	−1	1	−1	1	z	xy
E	2	0	−2	0	0	$(x, y); (R_x, R_y)$	xz, yz

D_{3d}	E	$2C_3$	$3C_2$	i	$2S_6$	$3\sigma_d$		
A_{1g}	1	1	1	1	1	1		x^2+y^2, z^2
A_{2g}	1	1	−1	1	1	−1	R_z	
E_g	2	−1	0	2	−1	0	(R_x, R_y)	$(x^2-y^2, xy); (xz, yz)$
A_{1u}	1	1	1	−1	−1	−1		
A_{2u}	1	1	−1	−1	−1	1	z	
E_u	2	−1	0	−2	1	0	(x, y)	

D_{4d}	E	$2S_8$	$2C_4$	$2S_8^3$	C_2	$4C_2'$	$4\sigma_d$		
A_1	1	1	1	1	1	1	1		x^2+y^2, z^2
A_2	1	1	1	1	1	−1	−1	R_z	
B_1	1	−1	1	−1	1	1	−1		
B_2	1	−1	1	−1	1	−1	1	z	
E_1	2	$\sqrt{2}$	0	$-\sqrt{2}$	−2	0	0	(x, y)	
E_2	2	0	−2	0	2	0	0		(x^2-y^2, xy)
E_3	2	$-\sqrt{2}$	0	$\sqrt{2}$	−2	0	0	(R_x, R_y)	(xz, yz)

D_{5d}	E	$2C_5$	$2C_5^2$	$5C_2$	i	$2S_{10}^3$	$2S_{10}$	$5\sigma_d$		
A_{1g}	1	1	1	1	1	1	1	1		x^2+y^2, z^2
A_{2g}	1	1	1	−1	1	1	1	−1	R_z	
E_{1g}	2	α	β	0	2	α	β	0	(R_x, R_y)	(xz, yz)
E_{2g}	2	β	α	0	2	β	α	0		(x^2-y^2, xy)
A_{1u}	1	1	1	1	−1	−1	−1	−1		
A_{2u}	1	1	1	−1	−1	−1	−1	1	z	
E_{1u}	2	α	β	0	−2	$-\alpha$	$-\beta$	0	(x, y)	
E_{2u}	2	β	α	0	−2	$-\beta$	$-\alpha$	0		

wobei $\alpha = 2\cos(72°)$ und $\beta = 2\cos(144°)$

D_{6d}	E	$2S_{12}$	$2C_6$	$2S_4$	$2C_3$	$2S_{12}^5$	C_2	$6C_2'$	$6\sigma_d$		
A_1	1	1	1	1	1	1	1	1	1		x^2+y^2, z^2
A_2	1	1	1	1	1	1	1	−1	−1	R_z	
B_1	1	−1	1	−1	1	−1	1	1	−1		
B_2	1	−1	1	−1	1	−1	1	−1	1	z	
E_1	2	$\sqrt{3}$	1	0	−1	$-\sqrt{3}$	−2	0	0	(x, y)	
E_2	2	1	−1	−2	−1	1	2	0	0		(x^2-y^2, xy)
E_3	2	0	−2	0	2	0	−2	0	0		
E_4	2	−1	−1	2	−1	−1	2	0	0		
E_5	2	$-\sqrt{3}$	1	0	−1	$\sqrt{3}$	−2	0	0	(R_x, R_y)	(xz, yz)

A.8 S_n-Gruppen ($n = 4, 6, 8$)

S_4	E	S_4	C_2	S_4^3		
A	1	1	1	1	R_z	x^2+y^2, z^2
B	1	−1	1	−1	z	x^2-y^2, xy
E	$\{$1	i	−1	$-i$	$(x, y); (R_x, R_y)$	(xz, yz)
	1	$-i$	−1	i		

S_6	E	C_3	C_3^2	i	S_6^5	S_6		$\varepsilon = \exp(2\pi i/3)$
A_g	1	1	1	1	1	1	R_z	x^2+y^2, z^2
E_g	$\{$1	ε	ε^*	1	ε	ε^*	(R_x, R_y)	$(x^2-y^2, xy); (xz, yz)$
	1	ε^*	ε	1	ε^*	ε		
A_u	1	1	1	−1	−1	−1	z	
E_u	$\{$1	ε	ε^*	−1	$-\varepsilon$	$-\varepsilon^*$	(x, y)	
	1	ε^*	ε	−1	$-\varepsilon^*$	$-\varepsilon$		

S_8	E	S_8	C_4	S_8^3	C_2	S_8^5	C_4^3	S_8^7		$\varepsilon = \exp(2\pi i/8)$
A	1	1	1	1	1	1	1	1	R_z	x^2+y^2, z^2
B	1	−1	1	1	1	−1	1	−1	z	
E_1	$\{$1	ε	i	$-\varepsilon^*$	−1	$-\varepsilon$	$-i$	ε^*	(x, y)	
	1	ε^*	$-i$	$-\varepsilon$	−1	$-\varepsilon^*$	i	ε	(R_x, R_y)	
E_2	$\{$1	i	−1	$-i$	1	i	−1	$-i$		(x^2-y^2, xy)
	1	$-i$	−1	i	1	$-i$	−1	i		
E_3	$\{$1	$-\varepsilon^*$	$-i$	ε	−1	$-\varepsilon^*$	i	ε		(xz, yz)
	1	$-\varepsilon$	i	ε^*	−1	$-\varepsilon$	$-i$	$-\varepsilon^*$		

A.9 Kubische Gruppen *T*, T_h, T_d, *O*, O_h

T	E	$4C_3$	$4C_3^2$	$3C_2$		$\varepsilon = \exp(2\pi i/3)$
A	1	1	1	1		$x^2 + y^2 + z^2$
E	$\begin{cases} 1 \\ 1 \end{cases}$	ε ε^*	ε^* ε	1 1		$(2z^2 - x^2 - y^2,$ $x^2 - y^2)$
T	3	0	0	−1	$(x, y, z); (R_x, R_y, R_z)$	(xy, xz, yz)

T_h	E	$4C_3$	$4C_3^2$	$3C_2$	i	$4S_6$	$4S_6^5$	$3\sigma_h$		$\varepsilon = \exp(2\pi i/3)$
A_g	1	1	1	1	1	1	1	1		$x^2 + y^2 + z^2$
A_u	1	1	1	1	−1	−1	−1	−1		
E_g	$\begin{cases} 1 \\ 1 \end{cases}$	ε ε^*	ε^* ε	1 1	1 1	ε ε^*	ε^* ε	1 1		$(2z^2 - x^2 - y^2,$ $x^2 - y^2)$
E_u	$\begin{cases} 1 \\ 1 \end{cases}$	ε ε^*	ε^* ε	1 1	−1 −1	$-\varepsilon$ $-\varepsilon^*$	$-\varepsilon^*$ $-\varepsilon$	−1 −1		
T_g	3	0	0	−1	3	0	0	−1	(R_x, R_y, R_z)	(xz, yz, xy)
T_u	3	0	0	−1	−3	0	0	1	(x, y, z)	

T_d	E	$8C_3$	$3C_2$	$6S_4$	$6\sigma_d$		
A_1	1	1	1	1	1		$x^2 + y^2 + z^2$
A_2	1	1	1	−1	−1		
E	2	−1	2	0	0		$(2z^2 - x^2 - y^2, x^2 - y^2)$
T_1	3	0	−1	1	−1	(R_x, R_y, R_z)	
T_2	3	0	−1	−1	1	(x, y, z)	(xy, xz, yz)

O	E	$6C_4$	$3C_2$	$8C_3$	$6C_2$		
A_1	1	1	1	1	1		$x^2 + y^2 + z^2$
A_2	1	−1	1	1	−1		
E	2	0	2	−1	0		$(2z^2 - x^2 - y^2, x^2 - y^2)$
T_1	3	1	−1	0	−1	$(R_x, R_y, R_z); (x, y, z)$	
T_2	3	−1	−1	0	1		(xy, xz, yz)

O_h	E	$8C_3$	$6C_2$	$6C_4$	$3C_2$	i	$6S_4$	$8S_6$	$3\sigma_h$	$6\sigma_d$		
A_{1g}	1	1	1	1	1	1	1	1	1	1		$x^2 + y^2 + z^2$
A_{2g}	1	1	−1	−1	1	1	−1	1	1	−1		
E_g	2	−1	0	0	2	2	0	−1	2	0		$(2z^2 - x^2 - y^2,$ $x^2 - y^2)$
T_{1g}	3	0	−1	1	−1	3	1	0	−1	−1	(R_x, R_y, R_z)	
T_{2g}	3	0	1	−1	−1	3	−1	0	−1	1		(xz, yz, xy)
A_{1u}	1	1	1	1	1	−1	−1	−1	−1	−1		
A_{2u}	1	1	−1	−1	1	−1	1	−1	−1	1		
E_u	2	−1	0	0	2	−2	0	1	−2	0		
T_{1u}	3	0	−1	1	−1	−3	−1	0	1	1	(x, y, z)	
T_{2u}	3	0	1	−1	−1	−3	1	0	1	−1		

A.10 Ikosaeder-Gruppen I, I_h

I	E	$12C_5$	$12C_5^2$	$20C_3$	$15C_2$		$\eta^{\pm} = \frac{1}{2}(1 \pm \sqrt{5})$
A	1	1	1	1	1		$x^2 + y^2 + z^2$
T_1	3	η^+	η^-	0	−1	(x, y, z); (R_x, R_y, R_z)	
T_2	3	η^-	η^+	0	−1		
G	4	−1	−1	1	0		
H	5	0	0	−1	1		$(2z^2 - x^2 - y^2,$ $x^2 - y^2, xy, yz, zx)$

I_h	E	$12C_5$	$12C_5^2$	$20C_3$	$15C_2$	i	$12S_{10}$	$12S_{10}^3$	$20S_6$	15σ		$\eta^{\pm} = \frac{1}{2}(1 \pm \sqrt{5})$
A_g	1	1	1	1	1	1	1	1	1	1		$x^2 + y^2 + z^2$
T_{1g}	3	η^+	η^-	0	−1	3	η^-	η^+	0	−1	$R_{x,y,z}$	
T_{2g}	3	η^-	η^+	0	−1	3	η^+	η^-	0	−1		
G_g	4	−1	−1	1	0	4	−1	−1	1	0		
H_g	5	0	0	−1	1	5	0	0	−1	1		$(2z^2 - x^2 - y^2,$ $x^2 - y^2,$ $xy, yz, zx)$
A_u	1	1	1	1	1	−1	−1	−1	−1	−1		
T_{1u}	3	η^+	η^-	0	−1	−3	$-\eta^-$	$-\eta^+$	0	1	(x, y, z)	
T_{2u}	3	η^-	η^+	0	−1	−3	$-\eta^+$	$-\eta^-$	0	1		
G_u	4	−1	−1	1	0	−4	1	1	−1	0		
H_u	5	0	0	−1	1	−5	0	0	1	−1		

A.11 $C_{\infty v}$- und $D_{\infty h}$-Gruppen für lineare Moleküle

$C_{\infty v}$	E	$2C_{\infty}^{\Phi}$	...	$\infty\,\sigma_v$		
$A_1 \equiv \Sigma^+$	1	1	...	1	z	$x^2 + y^2, z^2$
$A_2 \equiv \Sigma^-$	1	1	...	−1	R_z	
$E_1 \equiv \Pi$	2	$2\cos\Phi$	...	0	(x, y); (R_x, R_y)	(xz, yz)
$E_2 \equiv \Delta$	2	$2\cos(2\Phi)$	...	0		$(x^2 - y^2, xy)$
$E_3 \equiv \Phi$	2	$2\cos(3\Phi)$	...	0		
...	...	...	...	...		

$D_{\infty h}$	E	$2C_\infty^\Phi \ldots \infty\sigma_v$			i	$2S_\infty^\Phi \ldots \infty C_2$				
Σ_g^+	1	1	...	1	1	1	...	1		x^2+y^2, z^2
Σ_g^-	1	1	...	−1	1	1	...	−1	R_z	
Π_g	2	α	...	0	2	$-\alpha$	...	0	(R_x, R_y)	(xz, yz)
Δ_g	2	β	...	0	2	β	...	0		(x^2-y^2, xy)
...	...	...	...	...	...	...	...	...		
Σ_u^+	1	1	...	1	−1	−1	...	−1	z	
Σ_u^-	1	1	...	−1	−1	−1	...	1		
Π_u	2	α	...	0	−2	α	...	0	(x, y)	
Δ_u	2	β	...	0	−2	$-\beta$	...	0		
...	...	...	...	...	...	...	...	...		

wobei $\alpha = 2\cos\Phi$ und $\beta = 2\cos(2\Phi)$

A.12 Kugelsymmetrie K_h

K_h	E	∞C_∞^Φ	∞S_∞^Φ	i		
S_g	1	1	1	1		$x^2+y^2+z^2$
S_u	1	1	−1	−1		
P_g	3	$1+\alpha$	$1-\alpha$	3	$R_{x,y,z}$	
P_u	3	$1+\alpha$	$-1+\alpha$	−3	(x, y, z)	
D_g	5	$1+\alpha+\beta$	$1-\alpha+\beta$	5		$(2z^2-x^2-y^2, x^2-y^2, xy, xz, yz)$
D_u	5	$1+\alpha+\beta$	$-1+\alpha-\beta$	−5		
F_g	7	$1+\alpha+\beta+\gamma$	$1-\alpha+\beta-\gamma$	7		
F_u	7	$1+\alpha+\beta+\gamma$	$-1+\alpha-\beta+\gamma$	−7		

wobei $\alpha = 2\cos\Phi$, $\beta = 2\cos(2\Phi)$ und $\gamma = 2\cos(3\Phi)$

B Abzähltabellen

Punktgruppe (Grundgleichung)	Rasse	Aktivität		T	R	Anzahl von V (Teilgleichungen)
		IR	RA			
C_1 ($N = n$)	A	a	tp	3	3	$3n - 6$
C_i ($N = 2n + n_0$)	A_g	ia	tp	0	3	$3n - 3$
	A_u	a	v	3	0	$3n - 3n_0 - 3$
C_s ($N = 2n + n_0$)	A'	a	tp	2	1	$3n + 2n_0 - 3$
	A''	a	dp	1	2	$3n + n_0 - 3$
C_2 ($N = 2n + n_0$)	A	a	tp	1	1	$3n + n_0 - 2$
	B	a	dp	2	2	$3n + 2n_0 - 4$
C_{2v} ($N = 4n + 2n_{xy} + n_{xy} + n_0$)	A_1	a	p	1	0	$3n + 2n_{xz} + 2n_{yz} + n_0 - 1$
	A_2	ia	dp	0	1	$3n + n_{xz} + n_{yz} - 1$
	B_1	a	dp	1	1	$3n + 2n_{xz} + n_{yz} + n_0 - 2$
	B_2	a	dp	1	1	$3n + n_{xz} + 2n_{yz} + n_0 - 2$
C_{2h} ($N = 4n + 2n_h + n_2 + n_0$)	A_g	ia	tp	0	1	$3n + 2n_h + n_2 - 1$
	A_u	a	v	1	0	$3n + n_h + n_2 + n_0 - 1$
	B_g	ia	dp	0	2	$3n + n_h + 2n_2 - 2$
	B_u	a	v	2	0	$3n + 2n_h + 2n_2 + 2n_0 - 2$
D_2 ($N = 4n + 2n_{2x} + 2n_{2y} + 2n_{2z} + n_0$)	A	ia	p	0	0	$3n + n_{2x} + n_{2y} + n_{2z}$
	B_1	a	dp	1	1	$3n + 2n_{2x} + 2n_{2y} + n_{2z} + n_0 - 2$
	B_2	a	dp	1	1	$3n + 2n_{2x} + n_{2y} + 2n_{2z} + n_0 - 2$
	B_3	a	dp	1	1	$3n + n_{2x} + 2n_{2y} + 2n_{2z} + n_0 - 2$
D_{2h} ($N = 8n + 4n_{xy} + 4n_{xz} + 4n_{yz} + 2n_{2x} + 2n_{2y} + 2n_{2z} + n_0$)	A_g	ia	p	0	0	$3n + 2n_{xy} + 2n_{xz} + 2n_{yz} + n_{2x} + n_{2y} + n_{2z}$
	A_u	ia	v	0	0	$3n + n_{xy} + n_{xz} + n_{yz}$
	B_{1g}	ia	dp	0	1	$3n + 2n_{xy} + n_{xz} + n_{yz} + n_{2x} + n_{2y} - 1$
	B_{1u}	a	v	1	0	$3n + n_{xy} + 2n_{xz} + 2n_{yz} + n_{2x} + n_{2y} + n_{2z} + n_0 - 1$
	B_{2g}	ia	dp	0	1	$3n + n_{xy} + 2n_{xz} + n_{yz} + n_{2x} + n_{2z} - 1$
	B_{2u}	a	v	1	0	$3n + 2n_{xy} + n_{xz} + 2n_{yz} + n_{2x} + n_{2y} + n_{2z} + n_0 - 1$
	B_{3g}	ia	dp	0	1	$3n + n_{xy} + n_{xz} + 2n_{yz} + n_{2y} + n_{2z} - 1$
	B_{3u}	a	v	1	0	$3n + 2n_{xy} + 2n_{xz} + n_{yz} + n_{2x} + n_{2y} + n_{2z} + n_0 - 1$
C_3 ($N = 3n + n_0$)	A	a	p	1	1	$3n + n_0 - 2$
	E	a	tp	2	2	$3n + n_0 - 2$
$C_{3i}(S_6)$ ($N = 6n + 2n_3 + n_0$)	A_g	ia	p	0	1	$3n + n_3 - 1$
	B_u	a	v	1	0	$3n + n_3 + n_0 - 1$
	E_{1u}	a	v	2	0	$3n + n_3 + n_0 - 1$
	E_{2g}	ia	tp	0	2	$3n + n_3 - 1$

https://doi.org/10.1515/9783110736366-013

Punktgruppe (Grundgleichung)	Rasse	Aktivität		T	R	Anzahl von V (Teilgleichungen)
		IR	RA			
C_{3v}	A_1	a	p	1	0	$3n + 2n_v + n_0 - 1$
$(N = 6n + 3n_v$	A_2	ia	v	0	1	$3n + n_v - 1$
$+ n_0)$	E	a	tp	2	2	$6n + 3n_v + n_0 - 2$
C_{3h}	A'	ia	p	0	1	$3n + 2n_h + n_3 - 1$
$(N = 6n + 3n_h$	A''	a	v	1	0	$3n + n_h + n_3 + n_0 - 1$
$+ 2n_3 + n_0)$	E'	a	tp	2	0	$3n + 2n_h + n_3 + n_0 - 1$
	E''	ia	dp	0	2	$3n + n_h + n_3 - 1$
D_3	A_1	ia	p	0	0	$3n + n_2 + n_3$
$(N = 6n + 3n_2$	A_2	a	v	1	1	$3n + 2n_2 + n_3 + n_0 - 2$
$+ 2n_3 + n_0)$	E	a	tp	2	2	$6n + 3n_2 + 2n_3 + n_0 - 2$
D_{3h}	A_1'	ia	p	0	0	$3n + 2n_v + 2n_h + n_2 + n_3$
$(N = 12n + 6n_v$	A_1''	ia	v	0	0	$3n + n_v + n_h$
$+ 6n_h + 3n_2$	A_2'	ia	v	0	1	$3n + n_d + n_2$
$+ 2n_3 + n_0)$	A_2''	a	v	1	0	$3n + n_v + 2n_h + n_2 - 1$
	E'	ia	tp	2	0	$6n + 3n_v + 4n_h + 2n_2 + n_3 + n_0 - 1$
	E''	a	dp	0	2	$6n + 3n_v + 2n_h + n_2 + n_3 - 1$
D_{3d}	A_{1g}	ia	p	0	0	$3n + 2n_d + n_2 + n_6$
$(N = 12n + 6n_d$	A_{1u}	ia	v	0	0	$3n + n_d + n_2$
$+ 6n_2 + 2n_6$	A_{2g}	ia	v	0	1	$3n + n_d + 2n_2 - 1$
$+ n_0)$	A_{2u}	a	v	1	0	$3n + 2n_d + 2n_2 + n_6 + n_0 - 1$
	E_g	ia	tp	0	2	$6n + 3n_d + 3n_2 + n_6 - 1$
	E_u	a	v	2	0	$6n + 3n_d + 3n_2 + n_6 + n_0 - 1$
C_4	A	a	p	1	1	$3n + n_0 - 2$
$(N = 4 + n_0)$	B	ia	tp	0	0	$3n$
	E	a	dp	2	2	$3n + n_0 - 2$
S_4	A	a	p	0	1	$3n + n_2 - 1$
$(N = 4n + 2n_2$	B	ia	tp	1	0	$3n + n_2 + n_0 - 1$
$+ n_0)$	E	a	dp	2	2	$3n + 2n_2 + n_0 - 2$
C_{4v}	A_1	a	p	1	0	$3n + 2n_v + 2n_d + n_0 - 1$
$(N = 8n + 4n_v$	A_2	ia	v	0	1	$3n + n_v + n_d - 1$
$+ 4n_d + n_0)$	B_1	ia	tp	0	0	$3n + 2n_v + n_d$
	B_2	ia	dp	0	0	$3n + n_v + 2n_d$
	E	a	dp	2	2	$6n + 3n_v + 3n_d + n_0 - 2$
C_{4h}	A_g	ia	p	0	1	$3n + 2n_h + n_4 - 1$
$(N = 8n + 4n_v$	A_u	a	v	1	0	$3n + n_h + n_4 + n_0 - 1$
$+ 4n_d + n_0)$	B_g	ia	tp	0	0	$3n + n_h$
	B_u	ia	v	0	0	$3n + n_h$
	E_g	ia	dp	0	2	$3n + n_h + n_4 - 1$
	E_u	a	v	2	0	$3n + 2n_h + n_4 + n_0 - 1$

Punktgruppe (Grundgleichung)	Rasse	Aktivität		T	R	Anzahl von V (Teilgleichungen)
		IR	RA			
D_{2d} ($N = 8n + 4n_d + 4n_2 + 2n_4 + n_0$)	A_1	ia	p	0	0	$3n + 2n_d + n_2 + n_4$
	A_2	ia	v	0	1	$3n + n_d + 2n_2 - 1$
	B_1	ia	tp	0	0	$3n + n_d + n_2$
	B_2	a	dp	1	0	$3n + 2n_d + 2n_2 + n_4 + n_0 - 1$
	E	a	dp	2	2	$6n + 3n_d + 3n_2 + 2n_4 + n_0 - 1$
D_4 ($N = 8n + 4n_2 + 4n_2' + 2n_4 + n_0$)	A_1	ia	p	0	0	$3n + n_2 + n_2' + n_4$
	A_2	a	v	1	1	$3n + 2n_2 + 2n_2' + n_4 + n_0 - 2$
	B_1	ia	tp	0	0	$3n + n_2 + 2n_2'$
	B_2	ia	dp	0	0	$3n + 2n_2 + n_2'$
	E	a	dp	2	2	$6n + 3n_2 + 3n_2' + 2n_4 + n_0 - 2$
D_{4h} ($N = 16n + 8n_v + 8n_d + 8n_h + 4n_2 + 4n_2' + 2n_4 + n_0$)	A_{1g}	ia	p	0	0	$3n + 2n_v + 2n_d + 2n_h + n_2 + n_2' + n_4$
	A_{1u}	ia	v	0	0	$3n + n_v + n_d + n_h$
	A_{2g}	ia	v	0	1	$3n + n_v + n_d + 2n_h + n_2 + n_2' - 1$
	A_{2u}	a	v	1	0	$3n + 2n_v + 2n_d + n_h + n_2 + n_2' + n_4 + n_0 - 1$
	B_{1g}	ia	tp	0	0	$3n + 2n_v + n_d + 2n_h + n_2 + n_2'$
	B_{1u}	ia	v	0	0	$3n + n_v + 2n_d + n_h + n_2'$
	B_{2g}	ia	dp	0	1	$3n + n_v + 2n_d + 2n_h + n_2 + n_2'$
	B_{2u}	ia	v	0	0	$3n + 2n_v + n_d + n_h + n_2$
	E_g	ia	dp	0	2	$6n + 3n_v + 3n_d + 2n_h + n_2 + n_2' + n_4 - 1$
	E_u	a	v	2	0	$6n + 3n_v + 3n_d + 4n_h + 2n_2 + 2n_2' + n_4 + n_0 - 1$
C_6 ($N = 6n + n_0$)	A	a	p	1	1	$3n + n_0 - 2$
	B	ia	v	0	0	$3n$
	E_1	a	dp	2	2	$3n + n_0 - 2$
	E_2	ia	p	0	0	$3n$
C_{6v} ($N = 12n + 6n_v + 6n_d + n_0$)	A_1	a	p	1	0	$3n + 2n_v + 2n_d + n_0 - 1$
	A_2	ia	v	0	1	$3n + n_v + n_d - 1$
	B_1	ia	v	0	0	$3n + 2n_v + n_d$
	B_2	ia	v	0	0	$3n + n_v + 2n_d$
	E_1	a	dp	2	2	$6n + 3n_v + 3n_d + n_0 - 2$
	E_2	ia	p	0	0	$6n + 3n_v + 3n_d$
C_{6h} ($N = 12n + 6n_h + 2n_6 + n_0$)	A_g	ia	p	0	1	$3n + 2n_h + n_6 - 1$
	A_u	a	v	1	0	$3n + n_h + n_6 + n_0 - 1$
	B_g	ia	v	0	0	$3n + n_h$
	B_u	ia	v	1	0	$3n + 2n_h$
	E_{1g}	ia	dp	0	2	$3n + n_h + n_6 - 1$
	E_{1u}	a	v	2	0	$3n + 2n_h + n_6 + n_0 - 1$
	E_{2g}	ia	tp	0	0	$3n + 2n_h$
	E_{2u}	ia	v	0	0	$3n + n_h$

Punktgruppe (Grundgleichung)	Rasse	Aktivität		T	R	Anzahl von V (Teilgleichungen)
		IR	RA			
	A_1	ia	p	0	0	$3n + n_2 + n_2' + n_6 + n_6 + n_0 - 2$
D_6	A_2	a	v	1	1	$3n + 2n_2 + 2n_2'$
$(N = 12n + 6n_2$	B_1	ia	v	0	0	$3n + n_2 + 2n_2'$
$+ 6n_2' + 2n_6$	B_2	ia	v	0	0	$3n + 2n_2 + n_2'$
$+ n_0)$	E_1	a	dp	2	2	$6n + 3n_2 + 3n_2' + 2n_6 + n_0 - 2$
	E_2	ia	tp	0	0	$6n + 3n_2 + 3n_2'$
	A_{1g}	ia	p	0	0	$3n + 2n_v + 2n_d + 2n_h + n_2 + n_2' + n_6$
	A_{1u}	ia	v	0	0	$3n + n_v + n_d + n_h$
	A_{2g}	ia	v	0	1	$3n + n_v + n_d + 2n_h + n_2 + n_2' - 1$
D_{6h}	A_{2u}	a	v	1	0	$3n + 2n_v + 2n_d + n_h + n_2 + n_2' + n_6 + n_0 - 1$
$(N = 24n + 12n_v$	B_{1g}	ia	v	0	0	$3n + n_v + 2n_d + n_h + n_2'$
$+ 12n_d + 12n_h$	B_{1u}	ia	v	0	0	$3n + 2n_v + n_d + 2n_h + n_2 + n_2'$
$+ 6n_2 + 6n_2'$	B_{2g}	ia	v	0	0	$3n + 2n_v + n_d + n_h + n_2$
$+ 2n_6 + n_0)$	B_{2u}	ia	v	0	0	$3n + n_v + 2n_d + 2n_h + n_2 + n_2'$
	E_{1g}	ia	dp	0	2	$6n + 3n_v + 3n_d + 2n_h + n_2 + n_2' + n_6 - 1$
	E_{1u}	a	v	2	0	$6n + 3n_v + 3n_d + 4n_h + 2n_2 + 2n_2' + n_6 + n_0 - 1$
	E_{2g}	ia	tp	0	0	$6n + 3n_v + 3n_d + 4n_h + 2n_2 + 2n_2'$
	E_{2u}	ia	v	0	0	$6n + 3n_v + 3n_d + 2n_4 + n_2 + n_2'$
T	A	ia	p	0	0	$3n + n_2 + n_3$
$(N = 12n + 6n_2$	E	ia	dp	0	0	$3n + n_2 + n_3$
$+ 4n_3 + n_0)$	T	a	dp	3	3	$9n + 5n_2$
	A_g	ia	p	0	0	$3n + n_3 + n_2 + 2n_d$
T_h	A_u	ia	v	0	0	$3n + n_3 + n_d$
$(N = 24n + 8n_3$	E_g	ia	dp	0	0	$3n + n_3 + n_2 + n_d$
$+ 6n_2 + 12n_d$	E_u	ia	v	0	0	$3n + n_3 + n_d$
$+ n_0)$	T_g	ia	dp	3	0	$9n + 3n_3 + 2n_2 + 4n_d - 1$
	T_u	a	v	0	3	$9n + 3n_3 + 3n_2 + 5n_d + n_0 - 1$
	A_1	ia	p	0	0	$3n + 2n_d + n_2 + n_3$
T_d	A_2	ia	v	0	0	$3n + n_d$
$(N = 24n + 12n_d$	E	ia	dp	0	0	$6n + 3n_d + n_2 + n_3$
$+ 6n_2 + 4n_3$	T_1	ia	v	0	3	$9n + 4n_d + 2n_2 + n_3 - 1$
$+ n_0)$	T_2	a	dp	3	0	$9n + 5n_d + 3n_2 + 2n_3 + n_0 - 1$
	A_1	ia	p	0	0	$3n + n_3 + n_4 + n_2$
$(N = 24n + 8n_3$	A_2	ia	v	0	0	$3n + n_3 + 2n_2$
$+ 6n_4 + 12n_2$	E	ia	dp	0	0	$6n + 3n_3 + n_4 + 3n_2$
$+ n_0)$	T_1	a	v	0	3	$9n + 3n_3 + 3n_4 + 5n_2 + n_0 - 1$
	T_2	ia	dp	3	0	$9n + 3n_3 + 2n_4 + 4n_2 - 1$

Punktgruppe (Grundgleichung)	Rasse	Aktivität		T	R	Anzahl von V (Teilgleichungen)
		IR	RA			
O_h ($N = 48n + 24n_h + 24n_d + 12n_2 + 8n_3 + 6n_4 + n_0$)	A_{1g}	ia	p	0	0	$3n + 2n_h + 2n_d + n_2 + n_3 + n_4$
	A_{1u}	ia	v	0	0	$3n + n_h + n_d$
	A_{2g}	ia	v	0	0	$3n + 2n_h + n_d + n_2$
	A_{2u}	ia	v	0	0	$3n + n_h + 2n_d + n_2 + n_3$
	E_g	ia	dp	0	0	$6n + 4n_h + 3n_d + 2n_2 + n_3 + n_4$
	E_u	ia	v	0	0	$6n + 2n_h + 3n_d + n_2 + n_3$
	T_{1g}	ia	v	0	3	$9n + 4n_h + 4n_d + 2n_2 + n_3 + n_4 - 1$
	T_{1u}	a	v	3	0	$9n + 5n_h + 5n_d + 3n_2 + 2n_3 + 2n_4 + n_0 - 1$
	T_{2g}	ia	dp	0	0	$9n + 4n_h + 5n_d + 2n_2 + 2n_3 + n_4$
	T_{2u}	ia	v	0	0	$9n + 5n_h + 4n_d + 2n_2 + n_3 + n_4$
I ($N = 60n + 30n_2 + 20n_3 + 12n_5 + n_0$)	A	ia	p	0	0	$3n + n_2 + n_3 + n_5$
	T_1	a	v	3	0	$9n + 5n_2 + 3n_3 + 3n_5 + n_0 - 1$
	T_2	ia	dp	0	3	$9n + 5n_2 + 3n_3 + n_5 - 1$
	G	ia	dp	0	0	$12n + 6n_2 + 4n_3 + 2n_5$
	H	ia	dp	0	0	$15n + 7n_2 + 5n_3 + 3n_5$
I_h ($N = 120n + 60n_h + 30n_2 + 20n_3 + 12n_5 + n_0$)	A_g	ia	p	0	0	$3n + 2n_h + n_2 + n_3 + n_5$
	A_u	ia	v	0	0	$3n + n_h$
	T_{1g}	ia	v	3	0	$9n + 4n_h + 2n_2 + n_3 + n_5 - 1$
	T_{1u}	a	v	0	3	$9n + 5n_h + 3n_2 + 2n_3 + 2n_5 + n_0 - 1$
	T_{2g}	ia	dp	0	0	$9n + 4n_h + 2n_2 + n_3$
	T_{2u}	ia	v	0	0	$9n + 5n_h + 3n_2 + 2n_3 + n_5$
	G_g	ia	dp	0	0	$12n + 6n_h + 3n_2 + 2n_3 + n_5$
	G_u	ia	v	0	0	$12n + 6n_h + 3n_2 + 2n_3 + n_5$
	H_g	ia	dp	0	0	$15n + 8n_h + 4n_2 + 3n_3 + 2n_5$
	H_u	ia	v	0	0	$15n + 7n_h + 3n_2 + 2n_3 + n_5$
$C_{\infty v}$ ($N = n_0$)	Σ^+	a	p	1	1	$n_0 - 1$
	Π	a	dp	2	2	$n_0 - 2$
	Δ	ia	p	0	0	0
$D_{\infty h}$ ($N = 2n_\infty + n_0$)	Σ_g^+	ia	p	0	0	n_∞
	Σ_u^+	a	v	1	1	$n_\infty + n_0 - 1$
	Π_g	ia	dp	0	2	$n_\infty - 1$
	Π_u	a	v	2	0	$n_\infty + n_0 - 1$
	Δ_g	ia	tp	0	0	0
C_{5v} ($N = 10n + 5n_v + n_0$)	A_1	a	p	1	0	$3n + 2n_v + n_0 - 1$
	A_2	ia	v	0	1	$3n + n_v - 1$
	E_1	a	dp	2	2	$6n + 3n_v + n_0 - 2$
	E_2	ia	p	0	0	$6n + 2n_v$

Punktgruppe (Grundgleichung)	Rasse	Aktivität IR	Aktivität RA	T	R	Anzahl von V (Teilgleichungen)
D_{5h} ($N = 20n + 10n_v + 10n_h + 5n_2 + 2n_5 + n_0$)	A_1'	ia	p	0	0	$3n + 2n_v + 2n_h + n_2 - n_5$
	A_2''	ia	v	0	0	$3n + n_v + n_h$
	A_2'	ia	v	0	1	$3n + n_v + 2n_h + n_2 - 1$
	A_2''	a	v	2	0	$3n + 2n_v + n_h + n_2 + n_5 + n_0 - 1$
	E_1'	a	v	1	0	$6n + 3n_v + 4n_h + 2n_2 + n_5 + n_0 - 1$
	E_1''	ia	dp	0	2	$6n + 3n_v + 2n_h + n_2 + n_5 - 1$
	E_2'	ia	tp	0	0	$6n + 3n_v + 4n_h + 2n_2$
	E_2''	ia	p	0	0	$6n + 3n_v + 2n_h + n_2$
D_{4d} ($N = 16n + 8n_d + 8n_2 + 2n_8 + n_0$)	A_1	ia	p	0	0	$3n + 2n_d + n_2 + n_8$
	A_2	ia	v	0	1	$3n + n_d + 2n_2 - 1$
	B_1	ia	v	0	0	$3n + n_d + n_2$
	B_2	a	v	1	0	$3n + 2n_d + 2n_2 + n_8 + n_0 - 1$
	E_1	a	v	2	0	$6n + 3n_d + 3n_2 + n_8 + n_0 - 1$
	E_2	ia	tp	0	0	$6n + 3n_d + 3n_2$
	E_3	ia	dp	0	2	$6n + 3n_d + 3n_2 + n_8 - 1$

C Tanabe-Sugano-Diagramme

Verlagsrechte vorhanden:
Vgl. J.E. Huheey, E.A. Keiter, R.L. Keiter: Anorganische Chemie, 4. Aufl. WdG, Berlin 2012, Seite 1211–1213.

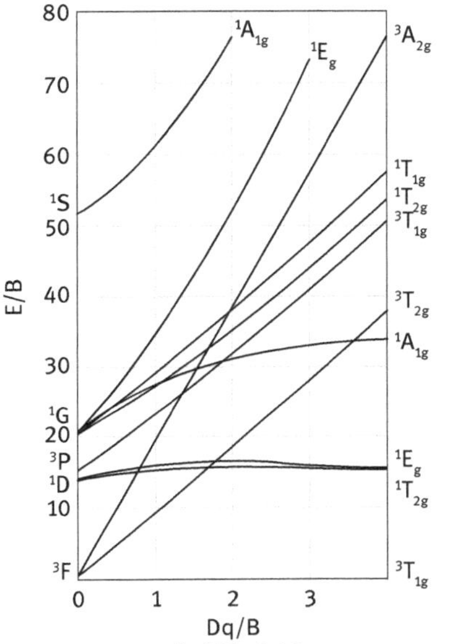

d^2, C/B=4.42

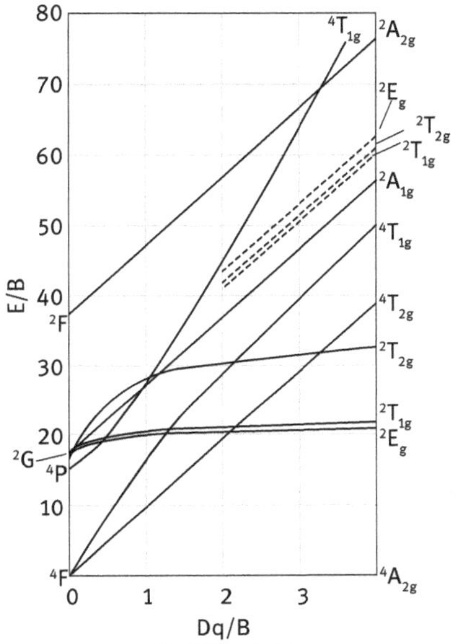

d^3, C/B = 4.50

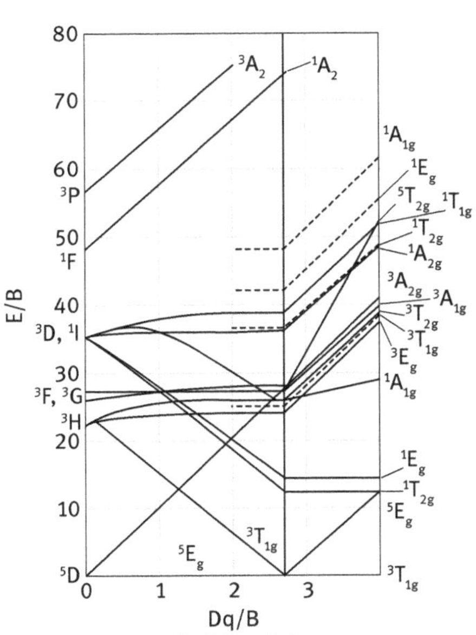

d^4, C/B = 4.6

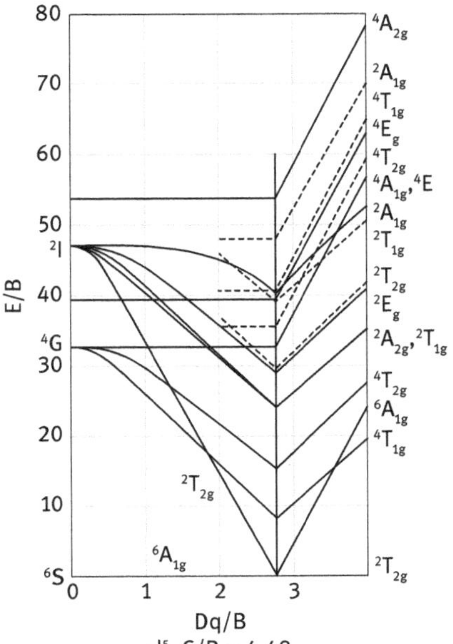

d^5, C/B = 4.48

https://doi.org/10.1515/9783110736366-014

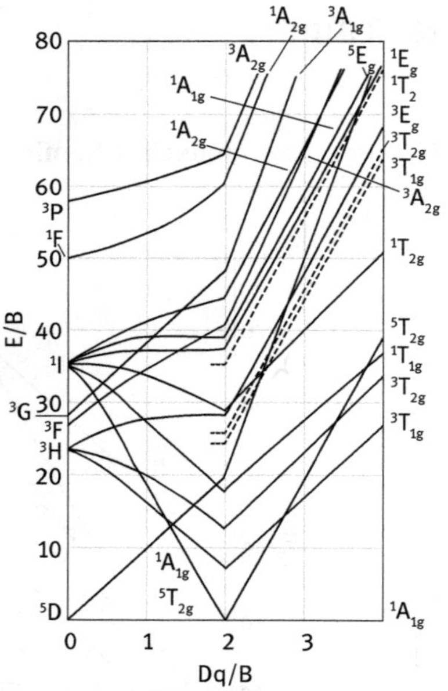

d^6

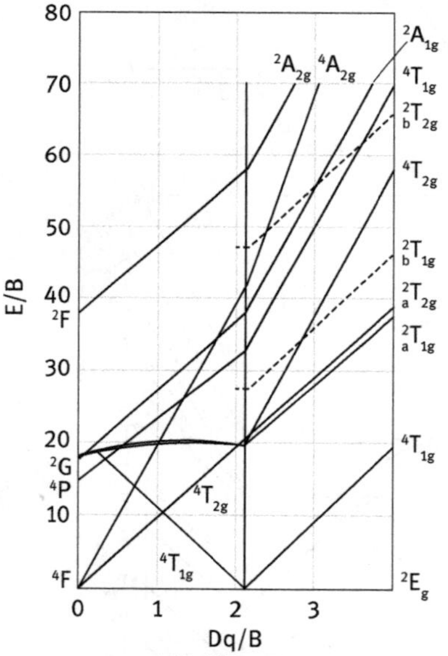

d^7, C/B=4.63

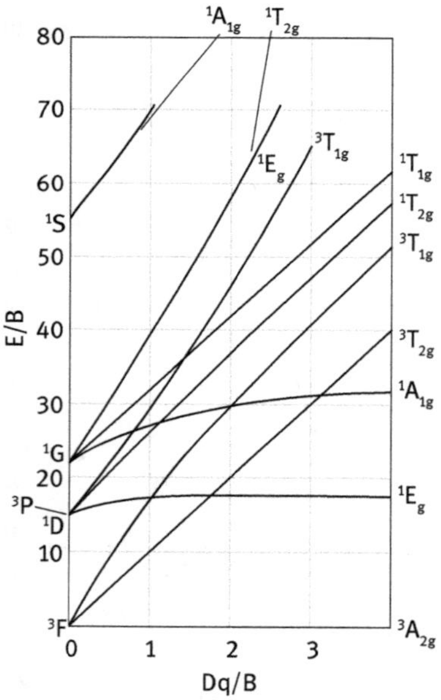

d^8, C/B = 4.71

D Lösungen der Übungsaufgaben

2.3

1. E, C_5, C_5^2, C_2, i, S_{10}, S_{10}^3, σ_d $\quad D_{5d}$
2. Beide sind aus zwei Einzeloperationen zusammengesetzte Elemente. Bei der Kopplung treten die Einzelelemente nicht als eigenständige Operationen auf, während sie bei der Kombination ihre Eigenständigkeit behalten.
3. Eigentliche Symmetrieoperationen (Drehungen) sind solche, die dem Molekül ohne Änderung möglich sind. Uneigentliche Symmetrieoperationen (Drehspiegelungen) erfordern den Bruch und die erneute Knüpfung chemischer Bindungen.
4. PF_5: P im Koordinatenursprung, z in F_{ax}–P–F_{ax}, x in P–F_{eq}, y orthogonal zu x, y
   SO_2Cl_2: S im Koordinatenursprung, z in Verlängerung der Winkelhalbierenden OSO und ClSCl, x und y orthogonal zu z in den Ebenen SO_2 und SCl_2.
   SF_4: S im Koordinatenursprung, z in der Winkelhalbierenden $F_{eq}SF_{eq}$, x in Projektion der Ebene $F_{ax}SF_{ax}$, y orthogonal zu z, x.
   XeF_6: Xe im Koordinatenursprung, z in Xe–F_{ax}, x in einer Xe–F_{eq}.
5. Die S_n zugehörige Spiegelung σ_h erzeugt nur für geradzahlige Werte von n Identität.

3.6

1. Cyclohexan, Wannenform C_{2v}
   Cyclohexan, Sesselform D_{3d}
   Cyclohexan, Twistform D_{2h}
2. Vorgehensweise entspr. Abbildung 3.1
   BF_3: spezielle Gruppe –, C_n $(n > 1)$ +, nur S_{2n} –, $n\,C_2 \perp C_n$ +, σ_h +, D_{3h}
   SiF_4: spezielle Gruppe +, C_∞ –, C_3 +, T_d
   BrF_3: spezielle Gruppe –, C_n $(n > 1)$ +, nur S_{2n} –, $n\,C_2 \perp C_n$ –, σ_h –, σ_v +, C_{2v}
3. C_4

	E	C_4^1	C_2	C_4^3
E	E	C_4^1	C_2	C_4^3
C_4^1	C_4^1	C_2	C_4^3	E
C_2	C_2	C_4^3	E	C_4^1
C_4^3	C_4^3	E	C_4^1	C_2

https://doi.org/10.1515/9783110736366-015

D_3

	E	C_3^1	C_3^2	C_2	C_2'	C_2''
E	E	C_3^1	C_3^2	C_2	C_2'	C_2''
C_3^1	C_3^1	C_3^2	E	C_2'	C_2''	C_2
C_3^2	C_3^2	E	C_3^1	C_2''	C_2	C_2'
C_2	C_2	C_2''	C_2'	E	C_3^2	C_3^1
C_2'	C_2'	C_2	C_2''	C_3^1	E	C_3^2
C_2''	C_2''	C_2'	C_2	C_3^2	C_4^1	E

4. Die Erfüllung der Gruppenaxiome ergibt sich aus der Multiplikationstabelle (vgl. Aufgabe 3).
5. Für die Punktgruppe D_3 existieren folgende Untergruppen:

$$C_3\,,\quad D_2\,,\quad C_2(3\times)\,,\quad C_1$$

Die Ähnlichkeitstransformation führt zu folgenden konjugierten Elementen:

$$C_2 \times C_3^1 \times C_2 = C_3^2 (C_2 = C_2^{-1})$$
$$C_3^1 \times C_2 \times C_3^2 = C_2'' (C_3^2 = C_3^{-1})$$
$$C_3^1 \times C_2'' \times C_3^2 = C_2'$$
$$C_3^1 \times C_2' \times C_3^2 = C_2$$

In der Punktgruppe D_3 sind die Elemente C_3^1 und C_3^2 sowie C_2, C_2' und C_2'' jeweils zueinander konjugiert und somit derselben Klasse zugehörig.

6. Die zyklischen Operationen C_n und S_n lassen sich durch direkte Verknüpfung in E überführen. Somit verbleibt als Punktgruppe mit dem Erzeugenden Element E nur C_1.
7. Die Betrachtung geht vom Polyeder des Würfels aus:
   - $8C_3$ in Richtung der Raumdiagonalen
   - $3C_2$ in Richtung der die Flächenmitten verbindenden Achsen
   - i Zentrum des Würfels
   - $8S_6$ in Richtung der Raumdiagonalen
   - $3\sigma_h$ Spiegelebenen, die jeweils das Symmetriezentrum und 4 Flächenmitten enthalten
8. Die Verknüpfung orthogonaler Spiegelebenen erzeugt Elemente C_2, die hier nicht enthalten sind.
9. Eine gerade Anzahl von „Chiralitätszentren“ (vgl. Aufgabe 10) erlaubt den Ausgleich der Raumvektoren x, y und z. Ein anschauliches und oft zitiertes Beispiel liefert die Weinsäure, die als Enantiomerenpaar (Symmetrie jeweils C_1) und in der meso-Form (Symmetrie C_s bzw. C_i) vorliegen kann.

10. Der insbesondere in der organischen Chemie oft verwendete Begriff „Chiralitätszentrum" meint meist ein Tetraederzentrum, das vier verschiedene Substituenten trägt (lokale Symmetrie C_1) und somit in der Regel (vgl. jedoch Aufgabe 9) Chiralität erzeugt. Chiralität ist jedoch eine Gesamteigenschaft des Moleküls und somit nicht zwingend an lokale Symmetrien gebunden. Oft zitierte Beispiele für Chiralität in organischen Molekülen ohne Präsenz von Chiralitätszentren sind sterisch aufwendig o, o'-substituierte Biphenyle und Helicene.

4.4

1.

42	36	30		12	9	12		12	29	67
96	82	66		16	12	16		18	36	46
150	126	102		5	2	5		19	48	71

2. Sämtliche in diesem Buch verwendete Matrizen sind quadratisch (gleiche Anzahl von Zeilen und Spalten) und lassen sich somit durch Multiplikation verknüpfen. *Operationsmatrizen* entsprechen Operationen unabhängig von der zugehörigen Punktgruppe; sie enthalten Beiträge der Raumvektoren x, y und z jeweils in Zeilen und Spalten und bilden die Änderung von Vektoren bei der Durchführung der jeweiligen Operation ab. Sie lassen sich für Operationen $C_{n(z)}$ ($E = C_1$) aus der allgemeinen Rotationsmatrix, für S_n ($S_1 = \sigma$, $S_2 = i$) aus deren Produkt mit der Spiegelmatrix $\sigma_{xy} = \sigma_\mathrm{h}$ ableiten.
Permutationsmatrizen beschreiben das Ergebnis des Platztausches von Atomlagen eines definierten Moleküls bei Durchführung der jeweiligen Operation. Die Zahl der Zeilen und Spalten entspricht der jeweiligen Atomzahl. Bei Durchführung der Operation lagekonstante Atome werden auf der Hauptdiagonalen von links oben nach rechts unten platziert und mit den Zahlenwerten 1 markiert. Die dem Platzwechsel unterworfenen Atome werden durch Änderung der Ordinatenwerte gekennzeichnet.
Transformationsmatrizen beinhalten sowohl den Koordinatenwechsel wie auch den Platztausch. Bei ihrer Konstruktion werden zunächst die Permutationsmatrizen konstruiert und nachfolgend die Zahlenwerte 1 durch die der Operation zugehörigen Operationsmatrizen ersetzt. Hierdurch enthalten die Transformationsmatrizen bei n Atomen jeweils $3n$ Zeilen und Spalten. Die Zahl der zur Beschreibung der Bewegungsvorgänge erforderlichen Matrizen entspricht der Ordnung h der Punktgruppe. Da sich die vektoriellen Beiträge der platztauschenden Atome gegenseitig aufheben, ist zur Auswertung lediglich die Berücksichtigung der lagekonstanten Atome, d. h. der auf dem Hauptdiagonalen liegenden Zahlenwerte, erforderlich.

3.

$$C_{2(x)}: \begin{matrix} 1 & 0 & 0 \\ 0 & -1 & 0 \\ 0 & 0 & -1 \end{matrix} \qquad C_{2(y)}: \begin{matrix} -1 & 0 & 0 \\ 0 & 1 & 0 \\ 0 & 0 & -1 \end{matrix}$$

$$\sigma_{xz}: \begin{matrix} 1 & 0 & 0 \\ 0 & -1 & 0 \\ 0 & 0 & 1 \end{matrix} \qquad \sigma_{yz}: \begin{matrix} -1 & 0 & 0 \\ 0 & 1 & 0 \\ 0 & 0 & 1 \end{matrix}$$

4. CH_2Cl_2 (C_{2v})

$$E: \begin{matrix} 1 & 0 & 0 & 0 & 0 \\ 0 & 1 & 0 & 0 & 0 \\ 0 & 0 & 1 & 0 & 0 \\ 0 & 0 & 0 & 1 & 0 \\ 0 & 0 & 0 & 0 & 1 \end{matrix} \qquad C_2: \begin{matrix} 0 & 0 & 0 & 0 & 1 \\ 0 & 0 & 0 & 1 & 0 \\ 0 & 0 & 1 & 0 & 0 \\ 0 & 1 & 0 & 0 & 0 \\ 1 & 0 & 0 & 0 & 0 \end{matrix}$$

$$\sigma_v: \begin{matrix} 1 & 0 & 0 & 0 & 0 \\ 0 & 1 & 0 & 0 & 0 \\ 0 & 0 & 1 & 0 & 0 \\ 0 & 0 & 0 & 0 & 1 \\ 0 & 0 & 0 & 1 & 0 \end{matrix} \qquad \sigma_{v'}: \begin{matrix} 0 & 1 & 0 & 0 & 0 \\ 1 & 0 & 0 & 0 & 0 \\ 0 & 0 & 1 & 0 & 0 \\ 0 & 0 & 0 & 1 & 0 \\ 0 & 0 & 0 & 0 & 1 \end{matrix}$$

NH_3 (C_{3v})

$$E: \begin{matrix} 1 & 0 & 0 & 0 \\ 0 & 1 & 0 & 0 \\ 0 & 0 & 1 & 0 \\ 0 & 0 & 0 & 1 \end{matrix} \qquad C_3^1: \begin{matrix} 1 & 0 & 0 & 0 \\ 0 & 0 & 0 & 1 \\ 0 & 1 & 0 & 0 \\ 0 & 0 & 1 & 0 \end{matrix}$$

$$C_3^2: \begin{matrix} 1 & 0 & 0 & 0 \\ 0 & 0 & 1 & 0 \\ 0 & 0 & 0 & 1 \\ 0 & 1 & 0 & 0 \end{matrix} \qquad \sigma_v: \begin{matrix} 1 & 0 & 0 & 0 \\ 0 & 1 & 0 & 0 \\ 0 & 0 & 0 & 1 \\ 0 & 0 & 1 & 0 \end{matrix}$$

$$\sigma_{v'}: \begin{matrix} 1 & 0 & 0 & 0 \\ 0 & 0 & 0 & 1 \\ 0 & 0 & 1 & 0 \\ 0 & 1 & 0 & 0 \end{matrix} \qquad \sigma_{v''}: \begin{matrix} 1 & 0 & 0 & 0 \\ 0 & 0 & 1 & 0 \\ 0 & 1 & 0 & 0 \\ 0 & 0 & 0 & 1 \end{matrix}$$

5. H_2O_2 (C_2)
Operationsmatrizen

$$E: \begin{matrix} 1 & 0 & 00 \\ 0 & 1 & 00 \\ 0 & 0 & 1 \end{matrix} \qquad C_{2(z)}: \begin{matrix} -1 & 0 & 0 \\ 0 & -1 & 0 \\ 0 & 0 & 1 \end{matrix}$$

Permutationsmatrizen

$$E: \quad \begin{matrix} 1 & 0 & 0 & 0 \\ 0 & 1 & 0 & 0 \\ 0 & 0 & 1 & 0 \\ 0 & 0 & 0 & 1 \end{matrix} \qquad\qquad C_{2(z)}: \quad \begin{matrix} 0 & 0 & 0 & 1 \\ 0 & 0 & 1 & 0 \\ 0 & 1 & 0 & 0 \\ 1 & 0 & 0 & 0 \end{matrix}$$

Transformationsmatrizen

$$E: \quad \begin{matrix} 1 & 0 & 0 & 0 & 0 & 0 & 0 & 0 & 0 & 0 & 0 & 0 \\ 0 & 1 & 0 & 0 & 0 & 0 & 0 & 0 & 0 & 0 & 0 & 0 \\ 0 & 0 & 1 & 0 & 0 & 0 & 0 & 0 & 0 & 0 & 0 & 0 \\ 0 & 0 & 0 & 1 & 0 & 0 & 0 & 0 & 0 & 0 & 0 & 0 \\ 0 & 0 & 0 & 0 & 1 & 0 & 0 & 0 & 0 & 0 & 0 & 0 \\ 0 & 0 & 0 & 0 & 0 & 1 & 0 & 0 & 0 & 0 & 0 & 0 \\ 0 & 0 & 0 & 0 & 0 & 0 & 1 & 0 & 0 & 0 & 0 & 0 \\ 0 & 0 & 0 & 0 & 0 & 0 & 0 & 1 & 0 & 0 & 0 & 0 \\ 0 & 0 & 0 & 0 & 0 & 0 & 0 & 0 & 1 & 0 & 0 & 0 \\ 0 & 0 & 0 & 0 & 0 & 0 & 0 & 0 & 0 & 1 & 0 & 0 \\ 0 & 0 & 0 & 0 & 0 & 0 & 0 & 0 & 0 & 0 & 1 & 0 \\ 0 & 0 & 0 & 0 & 0 & 0 & 0 & 0 & 0 & 0 & 0 & 1 \end{matrix}$$

$$C_{2(z)}: \quad \begin{matrix} 0 & 0 & 0 & 0 & 0 & 0 & 0 & 0 & 0 & -1 & 0 & 0 \\ 0 & 0 & 0 & 0 & 0 & 0 & 0 & 0 & 0 & 0 & -1 & 0 \\ 0 & 0 & 0 & 0 & 0 & 0 & 0 & 0 & 0 & 0 & 0 & 1 \\ 0 & 0 & 0 & 0 & 0 & 0 & -1 & 0 & 0 & 0 & 0 & 0 \\ 0 & 0 & 0 & 0 & 0 & 0 & 0 & -1 & 0 & 0 & 0 & 0 \\ 0 & 0 & 0 & 0 & 0 & 0 & 0 & 0 & 1 & 0 & 0 & 0 \\ 0 & 0 & 0 & -1 & 0 & 0 & 0 & 0 & 0 & 0 & 0 & 0 \\ 0 & 0 & 0 & 0 & -1 & 0 & 0 & 0 & 0 & 0 & 0 & 0 \\ 0 & 0 & 0 & 0 & 0 & 1 & 0 & 0 & 0 & 0 & 0 & 0 \\ -1 & 0 & 0 & 0 & 0 & 0 & 0 & 0 & 0 & 0 & 0 & 0 \\ 0 & -1 & 0 & 0 & 0 & 0 & 0 & 0 & 0 & 0 & 0 & 0 \\ 0 & 0 & 1 & 0 & 0 & 0 & 0 & 0 & 0 & 0 & 0 & 0 \end{matrix}$$

5.8

1. Punktgruppe C_{2h}, Gruppenordnung $h = 4$, Elemente E, $C_2 i$, σ_h
   Es handelt sich um eine nicht entartete Gruppe (C_n, $n \leq 2$), jedes der vier Elemente bildet eine eigene Klasse, der vier Rassen gegenüberstehen. Als Charaktere treten nur die Zahlenwerte 1 und -1 (symmetrisch und antisymmetrisch) auf.

Die totalsymmetrische Darstellung (A_g) enthält, wie auch die der Identität E zugehörigen Charaktere, ausschließlich die Zahlenwerte 1.

	E	C_2	i	σ
A_g	1	1	1	1
	1			
	1			
	1			

Aus dem Orthogonalitätsprinzip (Regel 4) lässt sich die Gegenwart von jeweils zwei Charakteren −1 pro Klasse und Rasse herleiten. Hieraus resultiert die Charakterentafel. Die fehlenden Mulliken-Symbole ergeben sich aus dem symmetrischen bzw. antisymmetrischen Verhalten der Rassen gegenüber C_2 (A, B) und i (Index g bzw. u).

	E	C_2	i	σ
A_g	1	1	1	1
B_g	1	−1	1	−1
A_u	1	1	−1	−1
B_u	1	−1	−1	1

2. Die Gegenwart gleichberechtigter orthogonaler Drehachsen gestattet keine eindeutige Zuordnung. Der Index wird hier zur Zählgröße.
3. Die Markierung durch den entsprechenden Index ist hier unnötig, da in der Punktgruppe O_h nur jeweils eine Rasse E_g und E_u existiert (vgl. auch Aufgabe 2).
4. D_2:

Γ_{Red}	E	$C_{2(z)}$	$C_{2(y)}$	$C_{2(x)}$
	3	1	1	−1

$$a(A) = \tfrac{1}{4}[(1 \times 1 \times 3) + (1 \times 1 \times 1) + (1 \times 1 \times 1) + (1 \times 1 \times -1)] = 1$$
$$a(B_1) = \tfrac{1}{4}[(1 \times 1 \times 3) + (1 \times 1 \times 1) + (1 \times 1 \times -1) + (1 \times -1 \times -1)] = 1$$
$$a(B_2) = \tfrac{1}{4}[(1 \times 1 \times 3) + (1 \times -1 \times 1) + (1 \times 1 \times 1) + (1 \times -1 \times -1)] = 1$$
$$a(B_3) = \tfrac{1}{4}[(1 \times 1 \times 3) + (1 \times -1 \times 1) + (1 \times -1 \times 1) + (1 \times 1 \times -1)] = 0$$

$$\Gamma_{\text{Irred}} = A_1 + B_1 + B_2$$

Hierzu analog:

$$C_{2v}\Gamma_{\text{Irred}} = 2A_1 + A_2 + B_1$$
$$C_{3v}\Gamma_{\text{Irred}} = 2A_1 + E$$
$$C_{2h}\Gamma_{\text{Irred}} = 2A_g + A_u + B_u$$

5. $B_2 \times E\,(D_{2d})$

	E	$2S_4$	C_2	$2C_2'$	$2\sigma_d$
B_2	1	−1	1	−1	1
E	2	0	−2	0	0
$B_2 \times E$	2	0	−2	0	0

$$a(A_1) = \tfrac{1}{8}[(1 \times 1 \times 2) + (2 \times 1 \times 0) + (1 \times 1x - 2) + (2x1x - 0) + (2x1x0)] = 0$$
$$a(A_2) = \tfrac{1}{8}[(1 \times 1 \times 2) + (2 \times 1 \times 0) + (1 \times 1 \times -2) + (2 \times -1 \times 0) + (2 \times -1 \times 0)] = 0$$
$$a(B_1) = \tfrac{1}{8}[(1 \times 1x2) + (2 \times -1 \times 0) + (1 \times 1 \times -2) + (2 \times 1 \times 0) + (2 \times -1 \times 0)] = 0$$
$$a(B_2) = \tfrac{1}{8}[1 \times 1 \times 2) + (2 \times -1 \times 0) + (1 \times 1 \times -2) + (2 \times -1 \times 0) + (2 \times 1 \times 0)] = 0$$
$$a(E) = \tfrac{1}{8}[(1 \times 2 \times 2) + (2 \times 0 \times 0) + (1 \times -2 \times -2) + (2 \times 0 \times 0) + (2 \times 0 \times 0)] = 1$$

$B_2 \times E = E$ (das Ergebnis lässt sich auch direkt aus der Charakterentafel ablesen)

Hierzu analog:

$$E_g \times E_u(D_{3d}) = A_{1u} + A_{2u} + E$$
$$T_1 \times T_2(O) = A_2 + E + T_1 + T_2$$

6. Korrelation C_{2v}/C_2

C_{2v}	E	C_2	σ_v	$\sigma_{v'}$
C_2	E	C_2	–	–

C_{2v}:	A_1	1	1
	A_2	1	1
	B_1	1	−1
	B_2	1	−1
C_2:	A	1	−1
	B	1	−1

aus der Charakterentafel ergibt sich:

$$C_{2v} \rightarrow C_2 \qquad A_1, A_2, B_1, B_2 \rightarrow 2A, 2B$$

Hierzu analog Korrelation C_{2v}/C_s:

$$C_{2v} \rightarrow C_s \qquad A_1, A_2, B_1, B_2 \rightarrow 2A', 2A''$$

Korrelation D_{6h}/D_{2h}

D_{6h}:	E	C_6	C_3	C_2	C_2'	C_2''	i	S_3	S_6	σ_h	σ_d	σ_v
D_{2h}:	E	–	–	$C_{2(z)}$	$C_{2(y)}$	$C_{2(x)}$	i	–	–	$\sigma_{(xy)}$	$\sigma_{(xz)}$	$\sigma_{(yz)}$

Eine Gegenüberstellung der beiden Punktgruppen zugehörigen Klassen ergibt sich für die nicht entarteten Rassen A und B durch Vergleich der Charaktere. Die in D_{6h} entarteten Rassen E gehen durch die Symmetrieerniedrigung nach D_{2h} in nicht entartete Rassen über. Auch hier lässt sich das Ergebnis aus der Charakterentafel entnehmen.

$D_{6h} \rightarrow D_{2h}$	$D_{6h} \rightarrow D_{2h}$
$A_{1g} \rightarrow A_g$	$E_{1g} \rightarrow B_{2g} + B_{3g}$
$A_{2g} \rightarrow B_{1g}$	$E_{2g} \rightarrow A_g + B_{1g}$
$B_{1g} \rightarrow B_{2g}$	$E_{1u} \rightarrow B_{2u} + B_{3u}$
$B_{2g} \rightarrow B_{3g}$	$E_{2u} \rightarrow A_u + B_{1u}$
$A_{1u} \rightarrow A_u$	
$A_{2u} \rightarrow B_{1u}$	
$B_{1u} \rightarrow B_{2u}$	
$B_{2u} \rightarrow B_{3u}$	

Den sicheren, allerdings aufwendigen Weg eröffnet, wie nachfolgend am Beispiel der Reduktion von E_{1g} gezeigt, die Anwendung der Reduktionsformel:

$$\begin{aligned}
a(A_g) &= \tfrac{1}{8}[(1 \times 1 \times 2) + (1 \times 1 \times -2) + ((1 \times 1 \times 0) + (1 \times 1 \times 0)\\
&\quad + (1 \times 1 \times 2) + (1 \times 1 \times -2) + (1 \times 1 \times 0) + (1 \times 1 \times 0)] = 0\\
a(B_{1g}) &= \tfrac{1}{8}[(1 \times 1 \times 2) + (1 \times 1 \times -2) + (1 \times -1 \times 0) + (1 \times -1 \times 0)\\
&\quad + (1 \times 1 \times 2) + (1 \times 1 \times -2) + (1 \times -1 \times 0) + (1 \times -1 \times 0)] = 0\\
a(B_{2g}) &= \tfrac{1}{8}[1 \times 1 \times 2) + (1 \times -1 \times -2) + (1 \times 1 \times 0) + (1 \times -1 \times 0)\\
&\quad + (1 \times 1 \times 2) + (1 \times -1 \times -2) + (1 \times 1 \times 0) + (1 \times -1 \times 0)] = 1\\
a(B_{3g}) &= \tfrac{1}{8}[(1 \times 1 \times 2) + (1 \times -1 \times -2) + (1 \times -1 \times 0) + (1 \times 1 \times 0)\\
&\quad + (1 \times 1 \times 2) + (1 \times -1 \times -2) + (1 \times -1 \times 0) + (1 \times 1 \times 0)] = 1\\
a(A_u) &= \tfrac{1}{8}[(1 \times 1 \times 2) + (1 \times 1 \times -2) + (1 \times 1 \times 0) + (1 \times 1 \times 0)\\
&\quad + (1 \times -1 \times 2) + (1 \times -1 \times -2) + (1 \times -1 \times 0) + (1 \times -1 \times 0)] = 0\\
a(B_{1u}) &= \tfrac{1}{8}[(1 \times 1 \times 2) + (1 \times 1 \times -2) + (1 \times -1 \times 0) + (1 \times -1 \times 0)\\
&\quad + (1 \times -1 \times 2) + (1 \times -1 \times -2) + (1 \times 1 \times 0) + (1 \times 1 \times 0)] = 0\\
a(B_{2u}) &= \tfrac{1}{8}[1 \times 1 \times 2) + (1 \times -1 \times -2) + (1 \times 1 \times 0) + (1 \times -1 \times 0)\\
&\quad + (1 \times -1 \times 2) + (1 \times 1 \times -2) + (1 \times -1 \times 0) + 1 \times 1 \times 0)] = 0\\
a(B_{3u}) &= \tfrac{1}{8}[(1 \times 1 \times 2) + (1 \times -1 \times -2) + (1 \times -1 \times 0) + (1 \times 1 \times 0)\\
&\quad + (1 \times -1 \times 2) + (1 \times 1 \times -2) + (1 \times 1 \times 0) + (1 \times -1 \times 0)] = 0
\end{aligned}$$

$$(E_{1g} \rightarrow B_{2g} + B_{3g})$$

6.5

1. cis-1,3-Butadien C_{2v}
   trans-1,3-Butadien C_{2h}
   Cyclobutadien D_{4h}
   cis: reduz.

E,	C_2,	σ_v,	$\sigma_{v'}$
30	0	10	0

					Aktivität
1/4(1 30	1+1 0	1+1 10	1+1 0 1)	= 10 − 1 = $9A_1$	IR und RA(p)
1	1	−1	−1)	= 5 − 1 = $4A_2$	RA(dp)
1	−1	1	−1)	= 10 − 2 = $8B_1$	IR und RA(dp)
1	−1	−1	1)	= 5 − 2 = $3B_2$	IR und RA(dp)

trans: reduz.

E,	C_2,	i,	σ_h
30	0	0	10

					Aktivität
1/4(1 30	1+1 0	1+1 0	1+1 10 1)	= 10 − 1 = $9A_g$	RA(p)
1	−1	1	−1)	= 5 − 2 = $3B_g$	Ra(dp)
1	1	−1	−1)	= 5 − 1 = $4A_u$	IR
1	−1	−1	1)	= 10 − 2 = $8B_u$	IR

cyclo: reduz.

E,	C_4,	C_2,	C_2',	C_2'',	i,	S_4,	σ_h,	σ_v,	σ_d
24	0	0	−4	0	0	0	8	4	0

1/16(1 24 1+1 0 1+2 0 1+2 (−4) 1+2 0 1+1 0 1+2 0 1+1 8 1+2 4 1+2 0 1)= $2A_{1g}$

1	1	1	−1	−1	1	1	1	−1	−1)= $1A_{2g}$
1	−1	1	−1	1	−1	1	−1	1	−1)= $2B_{1g}$
1	−1	1	−1	1	1	−1	1	−1	1)= $2B_{2g}$
2	0	−2	0	0	2	0	−2	0	0) = $1E_g$
1	1	1	1	1	−1	−1	−1	−1	−1)= $0A_{1u}$
1	1	1	−1	−1	−1	−1	−1	1	1)= $1A_{2u}$
1	−1	1	1	−1	−1	1	−1	−1	1)= $0B_{1u}$
1	−1	1	−1	1	−1	1	−1	1	−1)= $2B_{2u}$
2	0	−2	0	0	−2	0	2	0	0) = $3E_u$

Aktivität:

IR	$1A_{2u} + 3E_u$
Raman	$2A_{1g}$(p) + $2B_{1g}$(dp) + $2B_{2g}$(dp) + $1E_g$(dp)

2. Die allgemeine Drehspiegelmatrix ergibt sich aus dem Produkt der Matrizen $C_{n(z)}$ (allgemeine Rotationsmatrix) und σ_{xy}.

$$\underset{C_{n(z)}}{\begin{matrix} \cos\phi & -\sin\phi & 0 \\ \sin\phi & \cos\phi & 0 \\ 0 & 0 & 1 \end{matrix}} \times \underset{\sigma_{xy}}{\begin{matrix} 1 & 0 & 0 \\ 0 & 1 & 0 \\ 0 & 0 & -1 \end{matrix}} = \underset{S_{n(z)}}{\begin{matrix} \cos\phi & -\sin\phi & 0 \\ \sin\phi & \cos\phi & 0 \\ 0 & 0 & -1 \end{matrix}}$$

Nach Einsetzen der gesuchten Winkelwerte resultiert ($a = 0,5\sqrt{3}$).

$$\underset{S_3}{\begin{matrix} -0{,}5 & -a & 0 \\ a & -0{,}5 & 0 \\ 0 & 0 & -1 \end{matrix}} \qquad \underset{S_4}{\begin{matrix} 0 & -1 & 0 \\ 1 & 0 & 0 \\ 0 & 0 & -1 \end{matrix}} \qquad \underset{S_6}{\begin{matrix} 0{,}5 & -a & 0 \\ a & 0{,}5 & 0 \\ 0 & 0 & -1 \end{matrix}}$$

3. Die mathematische Ableitung des allgemeinen Zusammenhangs zwischen Punktgruppensymmetrie und Translationssymmetrie ist aufwendig. Ein Blick in die Charakterentafeln zeigt jedoch, dass, falls vorhanden, Translationssymmetrien in einer Rasse T gebündelt werden. Im Falle nur zweifach vorliegender Entartung sind die Translationsfreiheitsgrade T_x und T_y einer E-Rasse zugeordnet, während T_z im Falle von C_{nv} jeweils der totalsymmetrischen Darstellung A_1 angehört.

4.

NH_3 (C_{3v})	E	$2C_3$	$3\sigma_v$	
$\Gamma_{IK(NH)}$	3	0	1	lagekonstante NH-Bindungen

Reduktion durch Vergleich der Charaktere ergibt:

$$\Gamma_{\nu(NH)} \quad A_1 + E$$

SiH_4 (T_d)	E	$8C_3$	$3C_2$	$6S_4$	$6\sigma_d$	
$\Gamma_{IK(SiH)}$	4	1	0	0	2	lagekonstante SiH-Bindungen

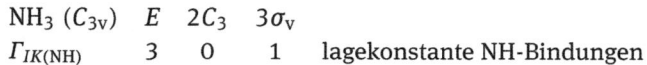

Reduktion vermittels der Reduktionsformel ergibt:

$$a(A_1) = \tfrac{1}{24}[(1 \times 1 \times 4) + (8 \times 1 \times 1) + (3 \times 1 \times 0) + (6 \times 1 \times 0) + (6 \times 1 \times 2)] = 1$$

$$a(A_2) = \tfrac{1}{24}[(1 \times 1 \times 4) + (8 \times 1x \times 1) + (3 \times 1 \times 0) + (6 \times -1 \times 0) + (6 \times -1 \times 2)] = 0$$

$$a(E) = \tfrac{1}{24}[(1 \times 2 \times 4) + (8 \times -1 \times 1) + (3 \times 2 \times 0) + (6 \times 0 \times 0) + (6 \times 0 \times 2)] = 0$$

$$a(T_1) = \tfrac{1}{24}[(1 \times 3 \times 4) + (8 \times 0 \times 1) + (3 \times -1 \times 0) + (6 \times 1 \times 0) + (6 \times -1 \times 2)] = 0$$

$$a(T_2) = \tfrac{1}{24}[1 \times 3 \times 4) + (8 \times 0 \times 1) + (3 \times -1 \times 0) + (6 \times -1 \times 0) + (6 \times 1 \times 2)] = 1$$

$$\Gamma_{v(\mathrm{SiH})} \quad A_1 + T_2$$

Ethylen (D_{2h})	E	$C_{2(x)}$	$C_{2(y)}$	$C_{2(z)}$	i	$\sigma_{(xy)}$	$\sigma_{(xz)}$	$\sigma_{(yz)}$
$\Gamma_{IK(\mathrm{CC})}$	1	1	1	1	1	1	1	1

lagekonstante CC-Bindungen

Reduktion durch Vergleich der Charaktere ergibt:

$$\Gamma_{v(\mathrm{CC})} \quad A_g$$

$\Gamma_{IK(\mathrm{CH})}$	4	0	0	0	0	4	0	0

lagekonstante CH-Bindungen

Reduktion durch Vergleich der Charaktere (hier kommen rechnerisch nur die für σ_{xy} den Charakter 1 enthaltenden Rassen in Betracht) ergibt:

$$\Gamma_{v(\mathrm{CH})} \quad A_g + B_{1g} + B_{2u} + B_{3u}$$

7.11

1.

$\mathbf{C_{2v}}$	E	C_2	σ_{xz}	σ_{yz}	T/R	T
A_1	1	1	1	1	T_z	x^2, y^2, z^2
A_2	1	1	−1	−1	R_z	xy
B_1	1	−1	1	−1	T_x, R_y	xz
B_2	1	−1	−1	1	T_y, R_x	yz

$\Gamma_1 \otimes \Gamma_\mu \otimes \Gamma_2 \subseteq A_1$	Grundzustand: A_1 (y, z in der Papierebene)
$A_1 \quad A_1 \quad A_1 = A_1$	
$B_2 \quad B_2 \quad A_1 = A_1$	
$B_1 \quad B_1 \quad A_1 = A_1$	Diese Schwingung ist senkrecht zur Molekülebene – für ein dreiatomiges Molekül nicht möglich.
$A_2 \quad B_2 \quad B_1 = A_1$	Ausgangszustand ist nicht der Grundzustand
$A_2 \quad B_1 \quad B_2 = A_1$	Ausgangszustand ist nicht der Grundzustand – für ein dreiatomiges Molekül nicht möglich.

2. | | |
|---|---|
| Ethan: D_{3d}, (S_6) | keine optische Aktivität |
| trans-1,2-Dichlorcyclopropan: C_2 | optische Aktivität |
| Wasserstoffperoxid: C_2 | optische Aktivität |
| Fluorchlormethan: C_s (σ_h) | keine optische Aktivität |
| meso-Weinsäure: C_s (σ_h) | keine optische Aktivität |
| dextro-Weinsäure: C_2 | optische Aktivität |

3. Vier Schwingungen der Rasse T_{1u}
4. a. Cyclobutadien (angenommen quadratisch und planar): D_{4h}
   IR: $1A_{2u}(z) + 3E_u(x, y)$
   Raman: $2A_{1g}(p) + 2B_{1g}(dp) + 2B_{2g}(dp) + 1E_g(dp)$
   b. Vinylcyclopropen: C_{2v}
   IR und Raman: $7A_1 + 6B_1 + 3B_2$
   nur Raman: $2A_2$
   c. Cyclobutin: C_{2v}
   IR und Raman: $6A_1 + 5B_1 + 3B_2$
   Nur Raman: $4A_2$
   d. Vinylacetylen: C_s
   IR und Raman: $13A' + 5A''$
   e. Butatrien: D_{2h}
   IR: $3B_{1u}(z) + 3B_{2u}(y) + 2B_{3u}(x)$
   Raman: $4A_g(p) + 2B_{2g}(dp) + 3B_{3g}(dp)$
   f. Vinylacetylen
5. SF_4
   a) Symmetrie

$$E, C_2, \sigma_v, \sigma_{v'} = C_{2v}$$

   Einordnung in das Koordinatensystem:

$$z = C_2 = \text{Winkelhalbierende } F_{eq}{-}S{-}F_{eq}, \quad x = F_{ax}{-}S{-}F_{ax}$$

b) Reduzible Darstellung der Transformationsfreiheitsgrade vermittels der Formeln $\chi_{\text{red}} = N(2\cos\phi \pm 1)$:

	E	C_2	σ_v	$\sigma_{v'}$
$\Gamma_{tr(\text{red})}$	15	−1	3	3

c) Irreduzible Darstellung der Transformationsfreiheitsgrade durch Anwendung der Reduktionsformel:

$$\Gamma_{tr(\text{irred})} = 5A_1 + 2A_2 + 4B_1 + 4B_2$$

d) Reduzible Darstellung der Valenzschwingungsfreiheitsgrade nach der Methode der Inneren Koordinaten:

		E	C_2	σ_v	$\sigma_{v'}$
$\Gamma_{v(\text{red})}$	S–F$_{ax}$	2	0	2	0
	S–F$_{eq}$	2	0	0	2

e) Irreduzible Darstellung der Valenzschwingungsfreiheitsgrade durch Anwendung der Reduktionsformel:

$$\Gamma_{v(\text{irred})} \quad \text{S–F}_{ax} = A_1 + B_1$$

$$\text{S–F}_{eq} = \text{A}_1 + \text{B}_2$$

f) Freiheitsgrade der Translation und Rotation aus der Charakterentafel:

$$\Gamma_T = A_1 + B_1 + B_2$$

$$\Gamma_R = A_2 + B_1 + B_2$$

g) Irreduzible Darstellung der Deformationsschwingungsfreiheitsgrade nach der Differenzmethode:

	A_1	A_2	B_1	B_2
$\Gamma_{tr(\text{irred})}$	5	2	4	4
$-\Gamma_{v(\text{irred})}$S–F$_{ax}$	1	0	1	0
$-\Gamma_{v(\text{irred})}$S–F$_{eq}$	1	0	0	1
$-\Gamma_T$	1	0	1	1
$-\Gamma_R$	0	1	1	1
$\Gamma_{\delta(\text{irred})}$F–S–F	2	1	1	1

h) IR- und Raman-aktive Schwingungen aus der Charakterentafel:
IR-aktive Schwingungen: $A_1 + B_1 + B_2$
Raman-aktive Schwingungen: $A_1 + A_2 + B_1 + B_2$

i) Ergebnis:
$\Gamma_{v(\text{irred})}$S–F$_{ax}$ A_1 (IR, Raman), B_1 (IR, Raman)
$\Gamma_{v(\text{irred})}$S–F$_{eq}$ A_1 (IR, Raman), B_2 (IR, Raman)
$\Gamma_{\delta(\text{irred})}$F–S–F $2A_1$ (IR, Raman), A_2 (Raman), B_1 (IR, Raman), B_2 (IR, Raman)

6. Entsprechend der Gegenwart von vier S–F-Bindungen sind vier Freiheitsgrade der Valenzschwingungen zu erwarten. In der nicht entarteten Punktgruppe C_{2v} bildet jeder Freiheitsgrad eine eigene Rasse (vier Banden), während in den entarteten Punktgruppen C_{3v} und C_{4v} eine geringere Anzahl an Banden zu erwarten ist.
7. Vorgehensweise wie bei Aufgabe 5 (a–g)
   a) NO_3^-
      $\Gamma_{v(\text{irred})}$NO $A_1' + E'$
      $\Gamma_{\delta(\text{irred})}$ONO $A_2'' + E'$
   b) $S_2O_3^{2-}$
      $\Gamma_{v(\text{irred})}$SS A_1
      $\Gamma_{v(\text{irred})}$SO $A_1 + E$
      $\Gamma_{\delta(\text{irred})}$OSO, SSO $A_1 + 2E$
      $\Gamma_{\delta(\text{irred})}$OSO $A_1 + E$ (analog NH_3)
      $\Gamma_{\delta(\text{irred})}$SSO E (Differenz)
8. $Ni(CO)_4$ (T_d)
   Vorgehensweise wie bei Aufgabe 5
   a) Reduzible Darstellung der Transformationsfreiheitsgrade vermittels der Formeln:

$$\chi_{\text{red}} = N(2\cos\phi \pm 1)$$

	E	$8C_3$	$3C_2$	$6S_4$	$6\sigma_d$
$\Gamma_{tr(\text{red})}$	27	0	−1	−1	5

   b) Irreduzible Darstellung der Transformationsfreiheitsgrade durch Anwendung der Reduktionsformel:

$$\Gamma_{tr(\text{irred})} = 2A_1 + 2E + 2T_1 + 5T_2$$

   c) Reduzible Darstellung der Valenzschwingungsfreiheitsgrade nach der Methode der inneren Koordinaten:

		E	$8C_3$	$3C_2$	$6S_4$	$6\sigma_d$
$\Gamma_{v(\text{red})}$	Ni–C	4	1	0	0	2
	C–O	4	1	0	0	2

   d) Irreduzible Darstellung der Valenzschwingungsfreiheitsgrade durch Anwendung der Reduktionsformel:

$$\Gamma_{v(\text{irred})}\text{Ni–C} = A_1 + T_2$$
$$\text{C–O} = A_1 + T_2$$

   e) Freiheitsgrade der Translation und Rotation aus der Charakterentafel:

$$\Gamma_T = T_2$$
$$\Gamma_R = T_1$$

g) Irreduzible Darstellung der Deformationsschwingungsfreiheitsgrade nach der Differenzmethode:

	A_1	A_2	E	T_1	T_2
$\Gamma_{tr(\text{irred})}$	2	0	2	2	5
$-\Gamma_{\nu(\text{irred})}\text{Ni–C}$	1	0	0	0	1
$-\Gamma_{\nu(\text{irred})}\text{C–O}$	1	0	0	0	1
$-\Gamma_T$	0	0	0	0	1
$-\Gamma_R$	0	0	0	1	0
$\Gamma_{\delta(\text{irred})}$	0	0	2	1	2

h) Zuordnung der Deformationsschwingungen
C–Ni–C wird durch Analyse des Fragments NiC_4 analog a–g erhalten. Hierbei ergibt sich:

$$\Gamma_{\delta(\text{irred})}\text{C–Ni–C} = E + T_2$$

Somit verbleibt durch Differenzbildung:

$$\Gamma_{\delta(\text{irred})}\text{Ni–C–O} = E + T_1 + T_2$$

i) IR- und Raman-aktive Schwingungen aus der Charakterentafel:
IR-aktive Schwingungen: T_2
Raman-aktive Schwingungen: $A_1 + E + T_2$

j) Ergebnis:

$$\Gamma_{\nu(\text{irred})}\text{C–O} = A_1 \text{ (Raman)} + T_2 \text{ (IR, Raman)}$$
$$\Gamma_{\nu(\text{irred})}\text{Ni–C} = A_1 \text{ (Raman)} + T_2 \text{ (IR, Raman)}$$
$$\Gamma_{\delta(\text{irred})}\text{C–Ni–C} = E \text{ (Raman)} + T_2 \text{ (IR, Raman)}$$
$$\Gamma_{\delta(\text{irred})}\text{Ni–C–O} = E \text{ (Raman)} + T_1 + T_2 \text{ (IR, Raman)}$$

9. Entsprechend der Regel $3N - 5$ verbleibt für ein zweiatomiges Molekül nur ein Schwingungsfreiheitsgrad, bei dem die Atome entlang der Bindungsachse ausgelenkt werden. Für CO ($C_{\infty v}$) sind sämtliche Klassen symmetrisch, d. h., die Schwingung entspricht der Klasse A_1 (Σ^+).
10. Unter Verwendung der Schoenflies-Symbole ergibt sich für die
Drehspiegelung $C_n \times \sigma_h = S_n$
Drehinversion $C_n \times i = C_n \times C_2 \times \sigma_h$
Drehspiegelung und Drehinversion unterscheiden sich folglich durch das Element C_2.

8.4

1. In den Quantenbedingungen unterliegender Mehrkomponentensystemen koppeln Drehimpulse nicht durch Addition ihrer Beträge, sondern ihrer Quantenzahlen. Am Beispiel des Eigendrehimpulses zweier Elektronen ($s_1, s_2 = 1/2$) bedeutet dies:

$$s_1(\rightarrow) = s_2(\rightarrow) = \hbar\sqrt{3/4} \approx 0,86\hbar$$

Bei paralleler Ausrichtung ergibt sich:

$$S(\rightarrow) = s_1(\rightarrow) + s_2(\rightarrow) \approx 1,72\hbar$$

Unter Berücksichtigung der Quantenbedingung ergibt sich:

$$S(\rightarrow) = \hbar\sqrt{X(X+1)} = \hbar\sqrt{2} \approx 1,41\hbar(X = s_1 + s_2 = 1)$$

2. Entsprechend der Spin- und Bahnmultiplizität werden Kästen für $M_S = 4/2, 3/2, 2/2, 1/2, -1/2, -2/2, -3/2, -4/2$ sowie $M_L = 4, 3, 2, 1, 0, -1, -2, -3, -4$ erhalten. Tatsächlich ergibt sich für die Ableitung der Terme jedoch unter Beachtung des Pauli-Verbots und der Redundanz-Bedingung die vergleichsweise einfache, dem System $2p_2$ entsprechende Termfolge ^3P, ^1D, ^1S.
3. ^{2}S(Li), ^{1}S(Be), ^{2}P(B), ^{3}P(C), ^{4}S(N), ^{3}P(O), ^{2}P(F), ^{1}S(Ne)
4. Der Grundterm des Thalliumatoms ($6s^2 6p^1$) lautet 6^2P. Unter Berücksichtigung der Auswahlregeln des Interkombinationsverbots ($\Delta S = 0$) und des Laporte-Verbots ($\Delta L = \pm 1$) sind Übergänge in die Folgeterme n^2S und n^2D ($n > 6$) erlaubt. Aus den hierbei erreichten Termen sind weitere Übergänge, gleichfalls unter Beachtung der Auswahlregeln, möglich. Zur Frage der Feinaufspaltung durch Spin-Bahn-Kopplung vgl. Aufgabe 8.5.
5. Die Terme ^{6}F und ^{6}D des Vanadinatoms resultieren aus der Elektronenanordnung $4s^1 3d^4$. Die Feinaufspaltung des Übergangs $^6F \rightarrow {}^6D$ ergibt sich aus der Spin-Bahn-Kopplung und den hieraus resultierenden Quantenzahlen des Gesamtdrehimpulses J. Hierbei gilt die Auswahlregel $\Delta J = 0, \pm 1$. Die Kopplung erzeugt für ^{6}F die Werte $J = 11/2, 9/2, 7/2, 5/2, 3/2$ und $1/2$ sowie für ^{6}D die Werte $J = 9/2, 7/2, 5/2, 3/2$ und $1/2$. Hieraus resultiert für den Übergang $^6F \rightarrow {}^6D$ eine Feinstruktur von 14 Linien.

9.10

1. (a) Elektronenanordnung: $Cr^0 = 4s^1 3d^5$; $Cr^{3+} = d^3$
   (b) Symmetrie: $E, 2C_3, 3C_2$ = Punktgruppe D_3
   (c) Russel-Saunders-Terme von Cr^{3+} für die Grundterme von d^3 ergibt sich nach der Mikrozustandskarte (aufwendig) oder nach der Zählregel unter Berücksichtigung der hundschen Regeln sowie der Auswahlregeln: ^{4}F, ^{4}P

(d) Ermittlung der Spaltterme in der Symmetrie D_3, Vorgehensweise nach der Methode des schwachen Feldes:

^{4}P

	E	C_3	C_2	
$P_g(K_h)$	3	0	−1	(durch Umrechnung der Charaktere von K_h auf die realen ϕ-Werte von D_3)

Symmetrieerniedrigung nach D_3 ergibt:

$A_2(D_3)$	1	1	−1
$E(D_3)$	2	−1	0

$^4P_g(K_h) \rightarrow {}^4A_2(D_3) + {}^4E(D_3)$

^{4}F

	E	C_3	C_2	
$F_g(K_h)$	7	1	−1	(durch Umrechnung der Charaktere von K_h auf die realen ϕ-Werte von D_3)

Symmetrieerniedrigung mithilfe der Reduktionsformel ergibt:

$$A_1(D_3) + 2A_2(D_3) + E(D_3)$$

(e) Ergebnis
Für $Cr(acac)_3$ liegen in der Punktgruppe D_3 sieben Quartett-Terme ($^4A_1$, $3\,^4A_2$, $3\,^4E$) vor; hierdurch sind folgende Elektronenanregungen (sechs Banden) möglich:

$$^4A_1 \rightarrow {}^4A_2 \quad (3\times)$$
$$^4A_1 \rightarrow {}^4E \quad (3\times)$$

2. Vorgehensweise analog zu Aufgabe 1
(a) $Ni^{2+} = d^8$
(b) Russel-Saunders-Terme ^{3}F, ^{3}P
(c) $[Ni(H_2O)_4]^{2+}$ Punktgruppe D_{2d} (nicht T_d!)
$[Ni(H_2O)_6]^{2+}$ Punktgruppe T_h (nicht O_h!)
(d) Ermittlung der Spaltterme in der Symmetrie D_3, Vorgehensweise nach der Methode des schwachen Feldes:
1. $[Ni(H_2O)_4]^{2+}$ (D_{2d})

	E	$2S_4$	C_2	$2C_2'$	$2\sigma_d$
$P_g(K_h)$	3	1	−1	−1	−1
$F_g(K_h)$	7	−1	−1	−1	−1

Reduktion ergibt:

$$^3P_g(K_h) \rightarrow {}^3A_2(D_{2d}) + {}^3E(D_{2d})$$
$$^3F_g(K_h) \rightarrow {}^3A_2(D_{2d}) + {}^3B_1(D_{2d}) + {}^3B_2(D_{2d}) + {}^3E(D_{2d})$$

2. $[Ni(H_2O)_6]^{2+}$ (T_h)

	E	$4C_3$	$4C_3^2$	$3C_2$	i	$4S_6$	$4S_6^5$	$3\sigma_h$
$P_g(K_h)$	3	0	0	−1	3	0	0	−1
$F_g(K_h)$	7	1	1	−1	7	1	1	−1

Reduktion ergibt:

$$^3P_g(K_h) \rightarrow {}^3T_g(T_h)$$
$$^3F_g(K_h) \rightarrow {}^3A_g(T_h) + 2\,{}^3T_g(T_h)$$

(e) Ergebnis:
Die Symmetrieerniedrigung im Tetraquokomplex gegenüber dem Hexaquokomplex führt zu einer Erhöhung der Bandenzahl (fünf bei sechs Termen gegenüber drei bei vier Termen); somit kann aus dem UV/VIS-Spektrum auf die Zusammensetzung des Komplexes geschlossen werden.

3. (a) $Ni^{2+} = d^8$
(b) Russel-Saunders-Terme ^3F, ^3P
(c) $[NiCl_4]^{2-}$, tetraedrisch Punktgruppe T_d, quadratisch planar Punktgruppe D_{4h}
(d) Ermittlung der Spaltterme in der Symmetrie T_d, Vorgehensweise nach der Methode des schwachen Feldes:

1.

T_d	E	$8C_3$	$3C_2$	$6S_4$	$6\sigma_d$
$P_g(K_h)$	3	0	−1	1	−1
$F_g(K_h)$	7	1	−1	−1	−1

Reduktion ergibt:

$$^3P_g(K_h) \rightarrow {}^3T_1(T_d)$$
$$^3F_g(K_h) \rightarrow {}^3A_2(T_d) + {}^3T_1(T_d) + {}^3T_2(T_d)$$

2.

D_{4h}	E	$2C_4$	C_2	$2C_2'$	$2C_2''$	i	$2S_4$	σ_h	$2\sigma_v$	$2\sigma_d$
$P_g(K_h)$	3	1	−1	−1	−1	3	1	−1	−1	−1
$F_g(K_h)$	7	−1	−1	−1	−1	7	−1	−1	−1	−1

Reduktion ergibt:

$$^3P_g(K_h) \rightarrow {}^3A_{1g}(D_{4h}) + {}^3E_g(D_{4h})$$
$$^3F_g(K_h) \rightarrow {}^3A_{2g}(D_{4h}) + {}^3B_{1g}(D_{4h}) + {}^3B_{2g}(D_{4h}) + 2\,{}^3E_g(D_{4h})$$

(f) Ergebnis:
In der höher symmetrischen Punktgruppe T_d tritt gegenüber D_{4h} eine geringere Bandenzahl (drei bei vier Termen gegenüber sechs bei sieben Termen) auf; somit kann aus dem UV/VIS-Spektrum auf die Symmetrie des Komplexes (hier: T_d) geschlossen werden.

4. Nach dem Tanabe-Sugano-Diagramm liegen die Übergänge bei einem Dq/B-Wert von 0,9. Auf der Ordinate des Tanabe-Sugano-Diagramms beträgt für den Übergang $^4T_{1g}(F) \rightarrow ^4T_{2g}(F)$ beim Dq/B-Wert von 0,9 der E/B-Quotient ≈ 8.
   Daraus folgt: $8000/B \approx 8, B = 8000/8 = 1\,000\,\text{cm}^{-1}$.
   $Dq/B = 0,9, Dq/1000 = 0,9, Dq = 900, 10Dq = 9\,000\,\text{cm}^{-1}$.

10.1.3.2

1. 9a: enantiotop, Singulett
   9b: enantiotop, Singulett in $CDCl_3$
   9c: diastereotop, AB-System
2. 10a: Punktgruppe C_{2v},
   Methylengruppen als Ganzes zueinander homotop;
   Austausch kreiert zwei Stereozentren, die R und S sind,
   also zwei meso-Verbindungen;
   Protonen innerhalb einer Methylengruppe diastereotop
   Protonen geben eine Signalgruppe als
   AB-System, da obere und untere Protonen verschieden sind;
   zwei ^{13}C-Signale im Ring
   10b: Punktgruppe C_{2h}
   Methylengruppen als Ganzes zueinander enantiotop,
   Austausch kreiert SS oder RR;
   Protonen innerhalb einer Methylengruppe homotop
   Austausch kreiert in beiden Fällen RR;
   Protonen geben ein Singulett;
   zwei ^{13}C-Signale im Ring
   10c: Punktgruppe C_{2h}
   Methylengruppen als Ganzes zueinander homotop,
   Austausch kreiert kein neues Stereozentrum,
   Verbindungen aufeinanderlegbar;
   Protonen innerhalb einer Methylengruppe enantiotop;
   Austausch kreiert ein neues Stereozentrum,
   das zueinander enantiomer wird
   1 Protonensingulett
   3 verschiedene ^{13}C-Signale

10.1.4.1

3. Punktgruppe C_S

(a) Die Methylenprotonen innerhalb einer Methylengruppe sind zueinander diasterotop.
(b) Die Ethoxygruppen sind zueinander enantiotop.
(c) Man erwartet vier ^{13}C-Signale.
(d) ABX_3-System doppelter Intensität, korrekte Zeichnung:

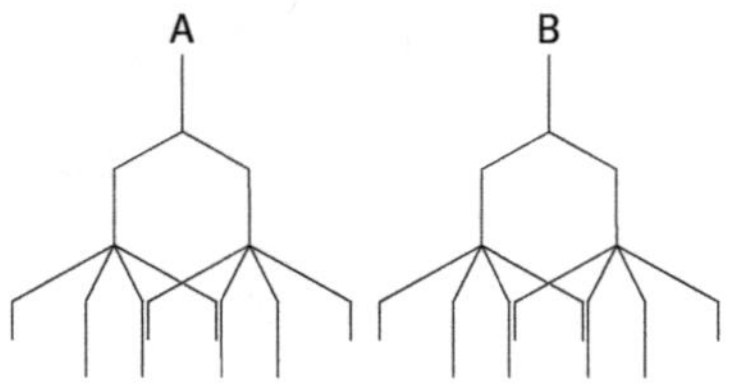

4. (a) Alle Methylengruppen sind diastereotop.
(b) Die Methylgruppen zeigen zwei Signale, weil sie diastereotop sind und nahe am stereogenem Zentrum liegen.
5. Diastereotope Methylengruppen treten in Verbindungen auf, welche z. B. infolge vorhandener Chiralität keine Symmetrieebene haben. Die Methylgruppen in **28** haben jedoch eine lokale C_3-Achse und Drehung um 120° überführt die Protonen ineinander. Dies zeigt auch der Substitutionstest:
Alle Verbindungen **28a**–**28c** sind identisch, die Methylprotonen sind homotop.

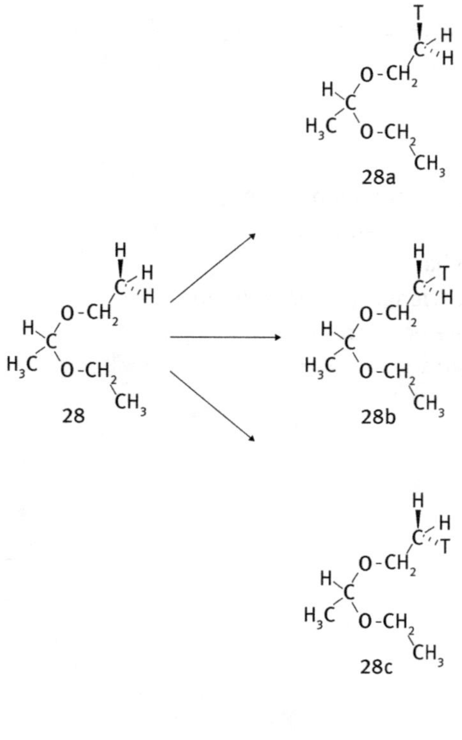

10.2.1

6. Kopplung aus Linienabständen:

$$\nu_1 - \nu_2 = \nu_3 - \nu_4 = J$$

Schwerpunkt S:

$$S = \tfrac{1}{2}(\nu_A + \nu_B) = \tfrac{1}{2}(\nu_1 + \nu_4) = \tfrac{1}{2}(\nu_2 + \nu_3)$$

Zusammenhang zwischen Spektrallinien und chemischer Verschiebung

$$\nu_1 - \nu_3 = \nu_2 - \nu_4 = \sqrt{(\nu_A - \nu_B)^2 + J^2}$$

Berechnung der Intensitäten:

$$\frac{I_2}{I_1} = \frac{I_3}{I_4} = \frac{\nu_1 - \nu_4}{\nu_2 - \nu_3}$$

7. Dadurch, dass A und A' magnetisch nicht äquivalent sind, ergibt sich eine AA'-Kopplung, wie ebenfalls auf der anderen Seite eine BB'-Kopplung. $J_{AA'}$ und $J_{BB'}$ sind aber grundsätzlich verschieden, so dass das Spinsystem mit den folgenden Parametern zu den Systemen höherer Ordnung zählt:

$$\delta_A$$
$$\delta_X$$
$$J_{AB} = J_{A'B'}$$
$$J_{AB'} = J_{A'B}$$
$$J_{AA'}$$
$$J_{XX'}$$

Wenn man statt „J_{AB}“ „J_{12}“ schreibt und statt „$J_{A'X}$“ „J_{42}“ schreibt, kann man auch sagen, dass unterschiedlich zu nummerierende Kerne diese Kopplung ergeben und diese daher, obwohl numerisch gleich, unterscheidbar ist.

10.2.5

8. (a) Der linke Teil des AA'BB'-Spinsystems gehört zu den Protonen 3/5 von Estragol **16**. Diese besitzen eine nicht aufgelöste ^4J-Fernkopplung zur Methylengruppe **8**.
   (b) siehe z. B. H. Günther „NMR Spektroskopie“ Thieme, 3. Auflage 1992, S. 169–181; englische Auflage 2013.

10.3.3

9. In DMF tauschen die beiden Methylgruppen A und B wechselseitig aus. Beide Formen von DMF sind äquivalent und haben die gleiche Energie, daher sind die Integrale der beiden Formen immer 1 : 1. In Methylcyclohexan tauschen die Methylgruppen A und B von der axialen in die äquatoriale Position und umgekehrt. Die beiden Molekülformen haben unterschiedliche Energien und daher sind die Integrale ebenfalls temperaturabhängig. Bei einer Linienformanalyse muss das sich ändernde Gleichgewicht zusätzlich berücksichtigt werden.
10.

	E_a [kJ/mol]	log A	$\Delta G^{\#}_{298}$ [kJ/mol]	$\Delta H^{\#}$ [kJ/mol]	$\Delta S^{\#}$ [J/mol]
Bullvalene	55,1	13,4	51,8	52,9	3,6
Barbaralone	48,1		42,3	45,6	11,3

Siehe: H. Nakanishi, O. Yamamoto Nuclear magnetic resonance study of exchanging systems VII. ^{13}C NMR Spectra of Barbaralone and its degenerate Cope Rearrangement *Chemistry Letters* (1975), 513–516.

Literatur

C. N. Banwell, E. M. McCash, *Molekülspektroskopie*, Oldenburg Verlag, München, 1994.
L. Baumgartner, *Gruppentheorie*, Walter de Gruyter & Co., Berlin, 1949.
S. Berger, S. Braun, *200 And More NMR Experiments*, Wiley-VCH, Weinheim, 2004, S. 58.
P. R. Bunker, *Molecular Symmetry and Spectroscopy*, Academic Press Inc., San Diego, 1979.
N. B. Colthub, L. H. Daly, S. E. Wiberley, *Introduction to Infrared and Raman Spectroscopy*, 3rd edition, Academic Press, Boston, 1990.
F. A. Cotton, *Chemical Applications of Group Theory*, 3rd edition, John Wiley & Sons, New York, 1971.
G. Duxbury, *Infrared Vibration-Rotation Spectroscopy*, John Wiley & Sons Ltd., Chichester, 2000.
B. N. Figgis, M. A. Hitchman, *Ligand Field theory and its Applications*, Wiley-VCH, New York, 2000.
W. Finkelnburg, *Einführung in die Atomphysik*, 11. und 12. völlig neubearbeitete und ergänzte Auflage, Springer, Berlin, 1967.
H. Günther, *NMR Spektroskopie*, 3. Auflage, Thieme, 1992.
I. Hargittai, Ma. Hargittai, *Symmetry through the Eyes of a Chemist*, VCH, Weinheim, 1986.
J. M. Hollas, *Modern Spectroscopy*, 4th edition, John Wiley & Sons, Ltd., Chichester, 2004.
J. M Hollas, *Moderne Methoden in der Spektroskopie*, Vieweg, Braunschweig, 1995.
G. Herzberg, *Molecular Spectra and Molecular Structure*, Van Nostrand Reinhardt Co., New York, 1945.
S. Hüfner, *Photoelectron Spectroscopy*, Springer Verlag, Berlin, 2003.
R. G. Jones, The Use of Symmetry in Nuclear Magnetic Resonance, *NMR Basic Principles and Progress* **1** (1969), 97–174.
K. Jug, *Mathematik in der Chemie*, 2. Auflage, Springer, Berlin, 1993.
S. F. A. Kettle, *Symmetry and Structure*, John Wiley & Sons, Chichester, 1995.
M. Ladd, *Symmetry and Group Theory in Chemistry*, Horwood Publishing, Chichester, 1998.
A. M. Lesh, *Introduction to Symmetry and Group Theory for Chemists*, Kluwer Academic Publishers, Dordrecht, 2004.
D. A. Long, *The Raman Effect*, John Wiley & Sons, Ltd., Chichester, 2002.
K. Marat, Spinworks. ftp://davinci.chem.umanitoba.ca/pub/marat/SpinWorks/
P. Misra, M. A. Dubinskij (editors), *Ultraviolet Spectroscopy and UV Lasers*, Marcel Dekker Inc., New York, 2002.
K. Nakamoto, *Infrared and Raman Spectra of Inorganic and Coordination Compounds A/B*, John Wiley & Sons Inc., New York, 1997.
D. Papoušek, *Vibrational-Rotational Spectroscopy and Molecular Dynamics*, World Scientific, Singapore, 2004.
D. Papoušek, M. R. Aliev, *Molecular Vibration/Rotation Spectra*, Academia, Prague, 1982.
D. S. Schonland, *Molecular Symmetry*, D. van Nostrand Co., Ltd., London, 1965.
A. Sharma, S. G. Schulman, *Introduction to Fluorescence Spectroscopy*, John Wiley & Sons Inc., New York, 1999.
E. I. Solomon, A. B. P. Lever, *Inorganic Electronic Structure and Spectroscopy*, Wiley-Interscience, New York, 1999.
A. Vincent, *Molecular Symmetry and Group Theory*, 2nd edition, J. Wiley & Sons Ltd., Chichester, 1998.
D. Wald, *Gruppentheorie für Chemiker*, VCH, Weinheim, 1985.
U. Weber, H. Thiele, *NMR-Spectroscopy: Modern Spectral Analysis*, Wiley-VCH, Weinheim, 1998.

https://doi.org/10.1515/9783110736366-016

Stichwortverzeichnis

https://doi.org/10.1515/9783110736366-017

www.ingramcontent.com/pod-product-compliance
Lightning Source LLC
Chambersburg PA
CBHW080919220326
41598CB00034B/5621
* 9 7 8 3 1 1 0 7 3 6 3 5 9 *